高等学校计算机专业系列教材

新编计算机科学概论

第2版

蔡敏 刘艺 吴英 等编著

U0219505

Computer Science
An Overview Second Edition

机械工业出版社
China Machine Press

图书在版编目（CIP）数据

新编计算机科学概论 / 蔡敏等编著 . --2 版 . -- 北京：机械工业出版社，2022.10
高等学校计算机专业系列教材
ISBN 978-7-111-71816-1

I. ①新… II. ①蔡… III. ①计算机科学 - 高等学校 - 教材 IV. ① TP3

中国版本图书馆 CIP 数据核字（2022）第 192204 号

本书首先从整体上介绍计算机科学的概念和内涵，随后就数据的表示与编码、计算机体系结构、计算机硬件组成、数据结构与算法、程序设计语言、操作系统、数据库与数据科学、软件工程、计算机网络、信息系统安全等内容依次展开介绍，最后介绍计算机科学近年来的新发展。

全书逻辑清晰，从历史和发展的角度来说，介绍了计算机科学发展过程中各阶段的主要成果；从技术的角度来说，层层推进，将计算机整体结构由底层的数据表示和编码逐步推进到上层的计算机操作系统、软件和网络。本书特别适合作为高等院校计算机相关专业的基础课程教材和非计算机专业的公共基础课程教材。

出版发行：机械工业出版社（北京市西城区百万庄大街 22 号　邮政编码：100037）

责任编辑：曲 熠	责任校对：李小宝　李 婷
印　　刷：涿州市京南印刷厂	版　　次：2023 年 1 月第 2 版第 1 次印刷
开　　本：185mm×260mm　1/16	印　　张：23.5
书　　号：ISBN 978-7-111-71816-1	定　　价：69.00 元

客服电话：（010）88361066　68326294

前　言

首先，感谢广大读者和采用《新编计算机科学概论》作为教材的教师！在你们的支持下，《新编计算机科学概论》第 1 版发行后不断重印，发行数量已经过万。现在，在这几年使用的基础上，我们紧跟计算机科学的发展步伐，汇集教学实践的宝贵经验，对《新编计算机科学概论》进行修订，为读者提供新的计算机科学领域知识。

在计算机科学发展突飞猛进，不断改变人类社会的今天，学习"计算机科学概论"课程将是一次美妙和激动人心的探索，可能为你今后从事任何充满挑战和令人兴奋的 IT 职业奠定扎实的基础。

计算机科学学科的发展充满了挑战和机遇，"计算机科学概论"课程是该学科的重要基础。随着计算机在各个领域的广泛、深入应用，很多非计算机专业（包括非理工科专业）都把"计算机科学概论"课程列为公共基础课程之一。

作为基础课程的教材，本书所设定的读者可以既没有计算机的应用经验，也不具备相关的计算机知识。即使是对计算机一无所知的人，也能够通过学习本书获取大量计算机科学的基本知识；已经具备一定的计算机应用经验和相关知识的读者，将在本书中发现很多有用的、更加深入的理论知识，以丰富计算机领域知识，提升自己的专业水平。

作为面向 IT 专业同时兼顾非 IT 专业的基础课程教材，本书力求做到：知识体系完整，覆盖面广，内容翔实，文风严谨，深入浅出，并且符合国内高校的教学实践需要。同时，本书紧跟时代潮流，在注重基础知识的同时，介绍计算机科学在大数据、云计算、物联网、人工智能、元宇宙等领域的新发展和新应用。

最重要的一点是，本书在吸取国内同类课程教学改革经验的基础上，遵循教育部高等学校大学计算机课程教学指导委员会发布的《大学计算机基础课程教学基本要求》，同时大胆参考了国际计算机协会（ACM）推荐的 CC 和 CS 系列课程体系，与国际 IT 教材接轨，广泛覆盖了计算机科学的主要领域。

本书结构

本书是为"计算机科学概论 / 计算机科学导论"课程编写的。这些课程将为计算机及相关专业的本科生勾画出计算机科学的体系框架，为有志于从事 IT 行业的学生奠定计算机科学知识基础，架设进一步深入学习专业理论的桥梁。本书强调对核心概念的认知而不是数学模型或技术细节，通过大量的图表、示例增强读者对知识的理解和掌握，通过范例阐释概念和相关模型，通过小结和习题帮助读者掌握自己的学习情况。本书中提供的示例代码可以不加修改，直接在 Python 环境中运行。

本书包括 12 章，各章的主要内容如下：

- **第 0 章，绪论**。本章从整体上介绍计算机科学的概念和内涵，概要介绍计算机发展历史，并分析计算机对现代社会的影响。

IV

- **第 1 章，数据的表示与编码**。数据是计算机处理的基本元素，本章讨论数据的内涵、表示和运算，以及不同的数据编码方式。
- **第 2 章，计算机体系结构**。本章重点讨论计算机的体系结构，从系统的角度介绍计算机系统的层次结构，进而从体系结构的角度分别分析计算机硬件系统和软件系统的结构，并比较深入地讨论了处理器结构。
- **第 3 章，计算机硬件组成**。本章专门讨论计算机硬件系统的组成，讲述计算机主要硬件部分的原理、结构、实现和发展趋势，讨论主流计算机的常用硬件。
- **第 4 章，数据结构与算法**。本章讲解数据结构和算法的概念，包括算法的描述方法和基本结构，并讨论了计算机中最常用的数据结构和算法。
- **第 5 章，程序设计语言**。本章讲述计算机程序设计语言的发展和分类，介绍程序设计语言的类型等基本知识，讨论程序编译的基本原理和过程。通过学习本章与第 4 章，读者可以对计算机软件设计有一定的认知。
- **第 6 章，操作系统**。本章讨论计算机的操作系统，阐述操作系统的内涵、功能、基本构成和运行原理。
- **第 7 章，从数据库到数据科学**。本章深入讨论数据的丰富内涵，阐述管理大量数据的数据库方法的基本概念、原理，结合关系数据库讨论 SQL 的基本情况，介绍数据挖掘技术和数据仓库的基本原理。本章还探讨了大数据的内涵和相关的存储管理技术、可视化等技术，最后介绍数据科学。
- **第 8 章，软件工程**。本章讨论规模化的软件开发方法，包括软件过程、需求分析、软件工程方法、软件质量管理、软件项目管理等内容。
- **第 9 章，计算机网络**。本章从计算机网络的形成与发展开始，讲述计算机网络体系结构、组建网络和互联网的基本技术及网络应用，特别是近年快速发展的移动互联网。
- **第 10 章，信息系统安全**。本章从信息系统的安全威胁入手，讲述信息安全威胁和常用的信息安全技术以及我国在信息安全方面的法制建设情况。
- **第 11 章，计算机科学新发展**。本章介绍云计算、物联网、区块链、人工智能、虚拟现实等近年来发展迅速的计算机科学领域的热点分支方向。

尽管本书包含的内容较多，但实际的教学进度和授课内容可以灵活确定，因为这取决于课堂教学的安排、读者的实际技能及读者对所讨论主题的熟悉程度。教学课时数建议安排在 40 ～ 60 课时。

本书特色

本书特别有助于入门者学习。本书在讲述理论知识的同时，注重理论发展的历史背景、思考方法；在注重知识的系统性、完整性的同时，关注知识发展的动态性、渐进性；在关注知识传授有效性的同时，重点培养和引导读者思考、分析、探索问题。

本书的主要特色如下：

- **概念和知识面**。贯穿本书，我们始终强调概念比数学模型更重要，对概念的理解必然左右对模型的认知。同时，我们还特别注意拓展读者的知识面，使读者能够从更宽的层面了解计算机科学。
- **图文并茂**。全书有大量精心设计和筛选的图片，这些图片可以增进读者对文字叙述的理解。

- **教辅。**
- **小结与习题。**每一章的结尾都包括本章小结和本章习题。本章小结包括对本章所有关键内容和知识点的简明概述，可以作为复习的重要参考。本章习题包括复习题和练习题。
  - 复习题：测试本章中所有主要知识点和核心概念，帮助学生巩固重点内容。
  - 练习题：检查学生能否运用所学的概念和知识独立思考、解决问题。

本版主要修订内容

鉴于使用过《新编计算机科学概论》的教师和读者比较认可其结构和选材，第 2 版的编写采用了"主体结构保持相对稳定，具体内容视情况局部更新调整"的指导原则。主要的修订内容包括：

- **内容更新。**第 2 版结合计算机科学领域近年的发展情况，更新了第 1 版中已经过时的部分内容，补充了计算机科学领域新的发展热点，同步更新了课后的复习题和练习题，将第 1 版以 C 语言为主的示例更新为当前流行的以 Python 语言为主的示例，并且这些示例可直接上机运行。补充和更新的部分约占全书总量的 1/4。新增内容紧跟技术发展前沿，把握主流趋势，从理念、技术、应用等多个维度着手，主要更新了计算思维、大数据、可视化、数据科学、云计算、物联网、区块链、人工智能、虚拟现实等方面的相关内容。
- **保留部分的修改完善。**在本次修订中，我们对全书所有章节进行了梳理，对第 1 版有所疏漏的部分进行了改正，修改完善的部分超过全书总量的 1/4。同时，为适应青年读者的阅读习惯，对一些阐述方式进行了调整。
- **保持全书的体系结构。**遵循教育部高等学校大学计算机课程教学指导委员会发布的《大学计算机基础课程教学基本要求》，同时参考 ACM 推荐的 CC 和 CS 系列课程体系，本书在保持第 1 版整体结构不变的同时，对部分章节的编排进行了局部调整。为容纳新的发展热点，将全书教学单元由第 1 版的 11 个拓展为 12 个。

致谢

本书是在多年科研和教学的基础上编写的，主要参考了编写团队已发表的文章和著作以及科研、教学中积累的资料。书中内容还参考了其他中外文教材、资料，由于无法在此一一列举，现谨向这些教材和资料的作者表示衷心的感谢！

本书的编写工作主要由蔡敏、刘艺负责，编写团队包括吴英（南京航空航天大学）、李宇（海军 91208 部队）、郭晴晴（江苏警官学院）、王若兮（南京三江学院）、薛丽敏（海军工程大学）、洪蕾等，最后由蔡敏统稿。团队通力合作，使得本书顺利付梓。

一本书的出版离不开许多人的支持，尤其是这本书。本书在编写和出版过程中得到了机械工业出版社和编写团队全体成员的鼎力支持。此外，还要感谢我们的家人和朋友的支持与帮助。

由于作者水平有限，书中难免有疏漏和不妥之处，恳请各位专家、同人和读者不吝赐教，在此表示衷心感谢！

编者

2022 年 10 月于南京

目　　录

第0章 绪　　论

本章介绍计算机科学的内涵，讨论计算机科学的主要研究领域。简要回顾计算机的发展历史，并分析计算机对现代社会的影响。

如无特殊说明，本书中所说的计算机是指现代的电子计算机。

计算机科学是在现代电子计算机发明以后，随着计算机技术的发展和应用的广泛普及逐渐形成的一门新兴学科。与传统领域相比，它的发展非常迅速，与多学科交叉，技术体系复杂，涵盖面极其广泛，其影响几乎涉及社会的所有层面。

0.1 计算机科学与计算思维

计算机科学是本书的核心，计算思维是计算机科学和教育领域非常重要的概念，在近十年里对计算科学领域的发展和教育产生了十分重大的影响。

0.1.1 计算

计算是人类发明的一项基本技能，其最基本的意思是指算术，是指对数值的计算。最简单的计算通常是用两个已知的数求解出一个作为结果的数。远古的先民们由于生活和生产的需要，为了表示事物量的概念，创建了数，并发明出相应的计算方法，计算方法实际上体现了数与数之间的关系，这一领域的发展逐渐形成了数学。现在任何一个受过一定教育的人，都能够根据一定的规则，如数制、运算方法等，进行相应的计算。《现代汉语词典》对计算的基本解释是：根据已知数通过数学方法求得未知数。

当然，计算在汉语里也有谋略的含义，但在自然科学领域通常指的是包括算术在内的各种数值计算和逻辑运算。我们知道逻辑的历史也十分久远，但比起算术来说还是要晚一些。逻辑是按照一定规则进行推理，科学的发展使得逻辑推理和计算相通，发展出基于数学和逻辑学交叉的数理逻辑。基于数的计算可以归结为量的变化，而基于逻辑的运算，可归结为是或不是（也可以称为真或假、成立或不成立）的判断。

《大学计算机基础课程教学基本要求》中将计算（Computation）解释为：经过一系列状态转换的运算或信息处理的过程。其核心是可计算性和计算复杂性。

人们遇到的问题从可计算性上大体可以分为两类，一类是可以计算的，一类是不可以计算的。所谓可以计算的，是指通过人们已知的计算方法，经过有限的步骤，在一个合理的时间范围内能够得到相应结果的问题；反之则被归入不可计算类，比如本章稍后提到的梵天塔问题，就是属于尽管人们已经有了解决的思路，但是由于其规模过大导致实际无法求解的问题。当然，现在的一些不可计算类问题可能是受到人类当前认知水平的限制，还没有找到合理的解决方法，随着时代的发展，我们可能会解决一些目前看似无解的问题，当然，也会有新的不可解问题出现，等待人们去进一步探索。

对于每一个可计算的问题，通常会有多种解决方法。例如典型的计算累加和问题，将自然数从 1 开始进行累加，加到 n，可以用最基本的加法，通过 $n-1$ 次加法运算得到结果；而数学王子高斯研究出了高斯求和公式，也就是等差数列求和公式，仅用1次加法、1次乘法和1次除法就可以得出结果。这两种方法，前者思路简单，但当n较大时，需要耗费较多的运算次数，其效率显然不如后者；后者的设计思路较前者而言要复杂得多，并且总的计算量基本与n的大小无关，然而当n较小时，其效率可能反而不如前者。由此人们发现不同方法之间的复杂程度是不一样的。当然，对于不同问题，不同的求解方法之间的差别更大，因此人们提出了计算复杂性的概念，用来刻画问题求解难易程度的不同。计算复杂性与可计算性相关，当复杂程度增长到一定程度时，即可认为该问题属于不可计算问题。

随着计算问题的规模和复杂程度的增加，以及人们对快速得到计算结果的渴望，人们不断运用智慧创造出诸多帮助计算的工具，这些工具中最成功的就是我们现在熟知的计算机，计算机实际上就是能进行数学运算的机器，现代的计算机是在电子工程技术与数学的基础上创造和发展起来的。

0.1.2　计算思维

计算思维（Computational Thinking）作为一个特定的概念，一般认为是由美国的亚裔学者周以真（Jeannette M. Wing）首先倡导的，其2006年3月在美国计算机权威期刊 *Communications of the ACM* 上发表了专题论文正式倡导这一概念，并进行了比较系统的阐述。在论文中周教授指出计算思维可以理解为将计算机科学的基础概念运用于求解问题、设计系统和理解人类行为等一系列思维活动中，计算思维涵盖计算科学的全部广度范围。计算思维能够将一个问题清晰、抽象地描述出来，并将问题的解决方案表示为一个信息处理的流程。

如今计算思维这一概念已被广泛接受，教育部高等学校大学计算机课程教学指导委员会将计算思维的培养列入《大学计算机基础课程教学基本要求》（下文中简称《要求》）中，认为计算思维能力是信息社会公民的基本素质。在网络和智能设备广泛应用的现代社会中，计算思维作为一种解决问题的有效工具，人人都应当掌握。

计算思维又称构造思维，是指从具体的算法设计规范入手，通过算法过程的构造与实施来解决给定问题的一种思维方法。其以设计和构造为特征，以计算机科学为代表。《要求》中提出计算思维表达体系包括8个类别，分别是计算、抽象、自动化、设计、评估、通信、协调和记忆，具体要点如表0-1所示。

表 0-1　计算思维核心概念及相应重点

分类	关注点	核心概念	相应重点
计算	可计算性和计算复杂性	计算模型、可计算性、计算复杂性	了解计算发展的历史；了解图灵机、可计算性、计算复杂性等基本概念
抽象	关注对象的本质特征	抽象、抽象层次、概念模型、实现模型	理解抽象及其过程；了解概念模型与实现模型；掌握利用概念模型对问题进行分析和建模；了解抽象层次及虚拟机概念
自动化	信息处理的算法设计	算法、程序、迭代、递归、启发式策略、随机策略、智能	理解算法、程序概念；掌握迭代、递归等基本方法；了解典型问题算法求解策略
设计	可靠和可信系统的构建	分解、复合、折中、可靠性、安全性、重用性	了解分解、复合、试错、折中等设计系统的基本方法；了解信息封装、接口、原型系统等概念；了解实现重用性、安全性、可靠性的思想
评估	复杂系统的性能评价	评价指标与基准、瓶颈、冗余、容错、性能仿真	了解度量系统性能的指标和常见方法；理解瓶颈、冗余、容错的概念；了解可视化建模与仿真

（续）

分类	关注点	核心概念	相应重点
通信	不同过程和对象间的可靠信息传递	信息及其表示、信息量（熵）、编码与解码、信息压缩、信息加密、校验与纠错、协议	理解信息编码思想；理解信息在计算机内的表示与存储方式；掌握基本编码方法；了解通信可靠性保障的基本思想
协调	多个自主计算实体间的有效配合和时序控制	同步、并发、并行、事件、服务	理解并发、并行、同步、死锁、事件、服务的概念；了解常见的协同策略与机制
记忆	信息的表示、存储和检索	数据类型、数据结构、数据组织、检索与索引、局部性与缓存	理解常用数据结构类型和数据结构的概念；了解数据类型、数据结构与算法和程序的相互关系；掌握选择数据类型和数据结构的方法；了解提高数据管理、访问效率的常用方法

计算思维的核心概念经过了高度的概括和理论总结，其倡导者周以真认为计算思维具有以下特性：概念化而非程序化；根本的而非刻板的技能；是人的而非计算机的思维方式；数学和工程思维的互补与融合；是思想而非人造物；面向所有人、所有的领域；智力上的挑战和引人入胜的科学问题依旧亟待理解和解决。本教材将尽力在各章节中体现相关内容，形成合理的知识体系。

0.1.3 计算机科学

计算机科学是研究计算机及其周围各种现象和规律的科学，亦即研究计算机系统结构、程序系统（即软件）、人工智能以及计算本身的性质和问题的学科。计算机是一种由电能驱动，在一定控制下能够自动进行算术和逻辑运算的电子设备，通俗地说就是能够进行计算的机器。计算机处理的对象是数据，而数据是用来承载信息的载体，计算机是通过处理数据的形式来实现处理信息的目的，因而也可以说，计算机科学是研究信息处理的科学。

自计算机发明以来，曾经围绕着计算机科学能否独立成为一门学科产生过许多争论。最早的计算机科学学位课程是由美国普渡大学于 1962 年开设的，随后斯坦福大学也开设了相应的学位课程。但针对计算机科学这一名称在当时引起了激烈的争论。毕竟当时的计算机主要用于数值计算，因此大多数科学家认为使用计算机仅仅是编程问题，不需要深刻的科学思考，没有必要专门设立学位。当时很多人认为计算机从本质上说是一种职业而非学科。

20 世纪七八十年代计算技术得到空前快速的发展，并开始渗透到大多数学科领域中，但以往的争论仍在继续。计算机科学能否作为一门学科，计算机科学是理科还是工科或者只是一门技术。针对这些争论，1985 年 ACM 和 IEEE-CS 联手成立攻关组开始了对计算作为一门学科的存在性证明，经过近 4 年的工作攻关组提交了一份题为"作为学科的计算机科学"（Computing as a Discipline）的报告，完成了这一任务。该报告的主要内容刊登在 1989 年 1 月的 *Communications of the ACM* 杂志上。

知识扩展

ACM

计算机协会（Association for Computing Machinery，ACM）是一个国际科学教育计算机组织，它致力于发展最新科学、工程技术和应用领域中的信息技术。它强调在专业领域或在社会感兴趣的领域中培养、发展开放式的信息交换，推动高级的专业技术和通用标准的发展。

1947 年 ACM 创立于美国，是世界上创立较早的科学性及教育性计算机组织，规模为同类组织之最，现有约 10 万名成员，其中约一半以上在美国之外，ACM 专门成立了中国委员会。其创立者和成员都是数学家和电子工程师，其中之一约翰·莫奇利（John Mauchly）是 ENIAC 的发明者之一。成立这个组织的初衷是为计算机领域和新兴工业的科学家和技术人员提供一个共同交换信息、经验知识和创新思想的平台。经过几十年的发展，ACM 的成员为今天我们所谓的"信息时代"做出了巨大贡献。他们所取得的成就大部分出版在 ACM 相关刊物上，并获得了 ACM 颁发的各种领域中的杰出贡献奖，如 A. M. Turing（图灵）奖。

计算机科学领域的最高荣誉是 ACM 设立的图灵奖，被誉为计算机科学的诺贝尔奖。它的获得者都是本领域最为出色的科学家和先驱。华人中首获图灵奖的是姚期智先生，他于 2000 年以其对计算理论做出的诸多"根本性的、意义重大的"贡献而获得这一崇高荣誉。

IEEE-CS

电气电子工程师协会 – 计算机分会（Computer Society of the Institute for Electrical and Electronic Engineers，IEEE-CS）是一个国际性的电子技术与信息科学领域专业人员组成的协会，是世界上最大的专业技术组织之一，会员遍布世界 170 多个国家。其历史可以追溯到 1884 年在美国纽约成立的美国电气工程师协会（AIEE）和 1912 年成立的无线电工程师协会（IRE），1963 年 1 月 1 日 AIEE 和 IRE 合作建立了 IEEE。计算机分会目前是 IEEE 的 39 个专业分会之中规模最大的一个，拥有约 85 000 名成员，是世界领先的计算机专业组织，其历史可以追溯到 1946 年。

ACM 是这样定义计算机科学的：**计算机科学（计算学科）是对描述和变换信息的算法过程的系统研究，包括它的理论、分析、设计、有效性、实现和应用。**ACM 认为，全部计算科学的基本问题是"什么能够（有效地）自动进行"。现如今"计算机科学"一词是一个非常广泛的概念，在本书里，我们将其定义为"与计算机相关的问题"。

计算机科学是一门实用性很强、发展极其迅速的面向广大社会的学科，它建立在数学、电子学（特别是微电子学）、磁学、光学、精密机械等多门学科的基础之上。但是，它并不是简单地应用某些学科的知识，而是经过高度综合形成一整套有关信息表示、变换、存储、处理、控制和利用的理论、方法和技术的体系。它是包含各种各样的与计算和信息处理相关内容的系统学科，从抽象的算法分析、形式化语法等，到更具体的内容如编程语言、程序设计、软件和硬件等。作为一门学科，它与数学、计算机程序设计、软件工程和计算机工程等学科之间存在不同程度的交叉和覆盖。

计算机科学的研究领域主要包括：数值和符号计算、算法和数据结构、体系结构、操作系统、程序设计语言、软件方法学和工程、数据库和信息检索、计算理论、人工智能和机器人学等。

1. 数值和符号计算

本领域研究有效和精确地求解由数学模型所导出方程的一般方法。基本问题包括：怎样才能按照给定精度很快地解出给定类型的方程；怎样对方程进行符号运算，如积分、微分和化简为最小项等；怎样把这些问题的回答加入到有效、可靠、高质量的数学软件包中。

2. 体系结构

体系结构主要研究将硬件和软件组织成有效和可靠系统的方法。基本问题包括：在一个机器中实现信息处理、存储和通信的最好方法是什么；如何设计和控制大的计算系统并且使它们能够在有错误和故障的情况下完成预期的工作；什么类型的体系结构能使许多处理单元有效地协同工作，实现并行计算；怎样测度计算机的性能。

3. 操作系统

操作系统主要研究允许多种资源在程序执行中有效配合的控制机制。基本问题包括：在计算机系统运行的各级上可见的对象和允许的操作是什么；每一类资源允许有效使用的最小操作集是什么；怎样组织接口，使得用户只处理资源的抽象形式，而可以不管硬件的实际细节；对作业调度、存储器管理、通信、软件资源存取、并发任务间的通信、可靠性和安全的有效控制策略是什么；系统应该在什么功能上扩展；怎样组织分布式计算，使得许多由通信网络连接起来的自治的机器能够参与同一计算。

4. 数据结构和算法

数据结构主要研究一些特定类型的问题及相对应的数据结构和解决方法。基本问题包括：对给定类型的问题，最好的算法是什么；它们要求多少存储空间和时间；空间与时间的折中方案是什么；存取数据最好的方法是什么；最好算法的最坏情况是什么；按平均来说算法的运行好到何种程度；算法一般化程度，即某种类型的问题可以用类似的方法处理。

5. 程序设计

程序设计领域主要研究执行算法的虚拟机的符号表达、算法和数据的符号表达以及从高级语言到机器语言的有效翻译。基本问题包括：由一种语言给出的虚拟机的可能的组织（数据类型、运算、控制结构、引入新类型和运算的机制）是什么；这些抽象的组织怎样在计算机上实现；用什么样的符号表达（语法）可以有效地指明计算机应该做什么。

6. 软件工程

软件工程领域主要研究满足技术要求、安全、可靠、可信的程序和大型软件系统的设计。基本问题包括：程序和程序设计系统开发背后的原理是什么；怎样证明程序或系统满足技术要求；怎样给定技术要求，使之不遗漏重要的情况，而且可以分析它的安全性；怎样使软件系统通过不同阶段不断改进；怎样将软件设计得易理解和易修改。

7. 数据科学和信息检索

本领域主要研究对大量持续可分享的数据集合进行组织，使之能够进行有效的查询和刷新。基本问题包括：用什么样的模型化概念去表示数据元和它们之间的关系；怎样把存储、定位、匹配和检索等基本操作组合成有效的事务处理；这些事务处理怎样与用户有效地交互；怎样把高级查询翻译成高性能的程序；什么样的机器结构能有效地检索和刷新；怎样保护数据，以抵制非法存取、泄露或破坏；怎样保护大型数据库使其不会由于同时刷新而导致不相容；当数据分散在许多机器上时，怎样使安全保护和访问性能二者得以兼顾；怎样索引和分类正文，以达到有效检索。经过长期的发展，数据逐渐从服务于处理成为价值的核心，许多应用围绕数据展开，人们也越来越重视数据的价值，以数据为中心的研究越来越深入，逐步形成了数据科学。

8. 人工智能和计算理论

本领域研究动物和人类（智能）行为模型。基本的问题包括：摹本的行为模型是什么，我们怎样建造机器来模拟；由规则赋值、推理、演绎和模式计算所描写的智能可以达到什么程度；由这些模型模拟行为的机器最终能达到什么性能；感知的数据应如何编码，使得类似的模式有类似的编码结果；驱动码怎样和感知码相联系；如何表示学习系统的体系结构，以及这些系统如何表示它们对外部世界的认知；怎样才能用有穷离散过程精确地逼近连续或无穷的过程；怎么处理逼近导致的误差等。

注 意　　读者在阅读上述部分及本章后面的部分中可能会发现某些概念或术语比较生僻，这些概念和术语会在后续章节逐一介绍。

0.1.4　计算机与计算机模型

阿兰·麦席森·图灵（Alan Mathison Turing）在 1937 年首次提出了一个通用的计算设备的设想。他设想所有的计算都可能在一种特殊的机器上执行，这就是现在所说的**图灵机**。尽管图灵对这种机器进行了数学上的描述，但他更关注计算的哲学定义，而不是建造一台真实的机器。他将该模型建立在人们进行计算过程的行为上，并将这些行为抽象到用于计算的机器模型中，这才真正改变了世界。

通用图灵机是对现代计算机的首次描述，只要提供合适的程序该机器就能做任何运算。可以证明，通用图灵机和一台很强大的计算机能进行同样的运算。我们所需要的仅仅是提供这两者所需的数据以及说明如何运算的程序。实际上，通用图灵机能做任何可计算的运算。

基于通用图灵机建造的计算机都是在存储器中存储数据。在 1944 ~ 1945 年期间，冯·诺依曼（John von Neumann）指出，鉴于程序和数据在逻辑上是相同的，因此程序也能存储在计算机的储存器中。基于**冯·诺依曼模型**建造的计算机分为四个子系统：存储器、算术/逻辑单元、控制单元和输入/输出（I/O）单元。冯·诺依曼模型中要求程序必须存储在内存中，这和早期只有数据才存储在存储器中的计算机结构完全不同。现代计算机的存储单元主要用来存储程序及其响应数据，这意味着数据和程序应该具有相同的格式，这是因为它们都存储在存储器中。实际上它们都是以**位模式**（0 和 1 序列）存储在内存中的。

计算机科学的大部分研究是基于"图灵机模型"和"冯·诺依曼模型"的，它们是绝大多数实际机器的计算模型。作为此模型的开山鼻祖，邱奇 – 图灵论题（Church-Turing Thesis）表明，尽管在计算的时间、空间效率上可能有所差异，现有的各种计算设备在计算的能力上却是等同的。尽管这个理论通常被认为是计算机科学的基础，可是科学家也研究其他种类的机器，如在实际层面上的并行计算机和在理论层面上的概率计算机和量子计算机等。从这个意义上来说，计算机只是一种计算的工具。著名的计算机科学家 Dijkstra 有一句名言："计算机科学之关注于计算机，并不甚于天文学之关注于望远镜。"

0.1.5 计算机科学中的经典问题

在人类社会的发展过程中人们提出过许多具有深远意义的科学问题，其中一些问题对计算机科学分支领域的形成和发展产生重要的影响。另外，在计算机科学的发展过程中，为了便于理解计算机科学中有关问题和概念，人们还给出了不少反映该学科某一方面本质特征的典型实例。计算机科学中典型问题的提出及研究不仅有助于我们深度理解该学科，而且还对该学科的发展有着十分重要的推动作用。下面分别对图论中有代表性的哥尼斯堡七桥问题、算法与算法复杂性领域中有代表性的梵天塔问题，以及哲学家共餐问题进行分析。计算机科学中其他的典型问题，请读者参考有关资料。

1. 哥尼斯堡七桥问题

18 世纪的东普鲁士有一座名叫哥尼斯堡（Konigsberg）的城堡，城中有一座岛。普雷格尔（Pregol）河的两条支流环绕其旁，并将整个城市分成北区、东区、南区和岛区 4 个区域。全城共有 7 座桥，将 4 个城区连起来。如图 0-1 所示。人们常通过这 7 座桥到各城区游玩，于是产生了一个有趣的数学难题：寻找走遍这 7 座桥，且每座桥只许通过一次最后回到原出发点的路径。该问题就是著名的哥尼斯堡七桥问题。

1736 年大数学家莱昂哈德·欧拉发表了关于哥尼斯堡七桥问题的论文——《与位置几何有关的一个问题的解》。他在文中指出，从一点出发不重复地走遍七桥最后又回到原出发点是不可能的。为了解决哥尼斯堡七桥问题，欧拉用 4 个字母 A、B、C、D 代表 4 个城区并用 7 条线表示 7 座桥。如图 0-2 所示。

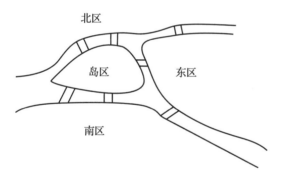

图 0-1 哥尼斯堡七桥问题示意图

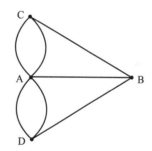

图 0-2 哥尼斯堡问题的欧拉图

在图 0-2 中，只有 4 个点和 7 条线，这样做是基于该问题本质考虑的。它抽象出问题最本质的东西，忽视问题非本质的东西，如桥的长度等，从而将哥尼斯堡七桥问题抽象为一个数学问题，即经过图中每条边一次且仅一次的回路问题。欧拉在论文中论证了这样的回路是不存在的，后来人们把存在这种回路的图称为欧拉图。

欧拉在论文中将问题进行了一般化处理，即对给定的任意一个河道图与任意多座桥，判定是否能每座桥仅走过一次且回到原点，并用数学方法给出了 3 条判定的规则：

1）如果通奇数座桥的地方不止两个，满足要求的路线是找不到的。

2）如果只有两个地方通奇数座桥，可以从这两个地方之一出发，找到所要求的路线。

3）如果没有一个地方是通奇数座桥的，则无论从哪里出发所要求的路线都能实现。

欧拉的论文为图论的形成奠定了基础。如今，图论已广泛应用于计算机科学、运筹学、信息论、控制论等学科之中，并已成为我们对现实问题进行抽象的一个强有力的数学工具。随着计算机科学的发展，图论在计算机科学中的作用越来越大，同时图论本身也得到了充分的发展。

在图论中还有一个很著名的哈密尔顿回路问题。该问题是爱尔兰著名学者威廉·哈密尔顿爵士（W. R. Hamilton）于 1859 年提出的一个数学问题。其大意是在某个图 G 中能否找到这样的路径，即从一点出发，不重复地走过所有节点，最后又回到原出发点。哈密尔顿回路问题与欧拉回路问题看上去十分相似，然而又是完全不同的两个问题。哈密尔顿回路问题是访问每个节点一次，而欧拉回路问题是访问每条边一次。对于欧拉回路是否存在，前面已给出充分必要条件，然而对于哈密尔顿回路是否存在，至今仍未找到满足该问题的充分必要条件。

2. 梵天塔问题

相传印度教的天神梵天在创造地球这一世界时，建了一座神庙。神庙里竖有三根宝石柱子，柱子由一个铜座支撑。梵天将 64 个直径大小不一的金盘，按照从大到小的顺序依次套放在第一根柱子上，形成一座金塔，如图 0-3 所示，即所谓的梵天塔。天神让庙里的僧侣们将第一根柱子上的 64 个金盘，借助第二根柱子，全部移到第三根柱子上，即将整个塔迁移。同时定下 3 条规则：

1）每次只能移动一个金盘。

2）金盘只能在三根柱子上来回移动，不能放在他处。

3）在移动过程中，三根柱子上的金盘必须始终保持大盘在下，小盘在上。

天神说，当这 64 个金盘全部移到第三根柱子上后，世界末日就要到了。这就是著名的梵天塔问题。

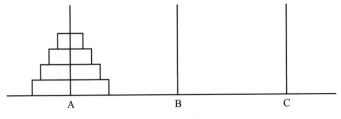

图 0-3　梵天塔问题示意图

用计算机求解一个实际问题，首先要从这个实际问题中抽象出一个数学模型，然后设计一个求解此数学模型的算法，最后根据算法编写程序，经过调试、编译、链接和运行，从而完成该问题的求解。从实际问题中抽象出一个数学模型的实质，就是用数学的方法抽取其主要的、本质的内容，最终实现对该问题的正确认识。

梵天塔问题是一个典型的需要用递归方法来解决的问题。递归是计算机科学中的一个重要概念，所谓递归就是将一个较大的问题，归约为一个或多个子问题的求解方法。当然要求这些子问题比原问题简单一些，并且在结构上与原问题相同。

根据递归方法，我们可以将 64 个金盘的梵天塔问题，转化为求解 63 个金盘的梵天塔问题。为便于研究，可以构造如图 0-3 所示模型，即设法将 A 柱上的金盘按规则移动到 C 柱上。如果 63 个金盘的梵天塔问题能够解决，则可以将 63 个金盘先移动到 B 柱上，再将最后一个金盘直接移动到 C 柱上，最后将 63 个金盘从 B 柱移动到 C 柱上。这样则可以解决 64 个金盘的梵天塔问题。依此类推，求解 63 个金盘的梵天塔问题，可以转化为求解 62 个金盘的梵天塔问题，求解 62 个金盘的梵天塔问题，可以转化为求解 61 个金盘的梵天塔问题，直到转化为求解 1 个金盘的梵天塔问题。再由 1 个金盘的梵天塔问题求解出 2 个金盘的梵天塔问题，直到解出 64 个金盘的梵天塔问题。

下面是 Python 语言对该问题求解算法的代码描述：

```
def hanoi(n,a,b,c):
  if(n==1):
    print(a,"->",c)
    return
  hanoi(n-1,a,c,b)
  hanoi(1,a,b,c)
  hanoi(n-1,b,a,c)
k=input('输入 A 柱上盘的数量')
num=int(k)
print('把 ',num,' 个盘全部移动到 C 柱的顺序为：')
hanoi(num,"a","b","c")
```

代码中，n 表示 n 个金盘的梵天塔问题，a 表示 A 柱，b 表示 B 柱，c 表示 C 柱。函数 hanoi(n-1,a,c,b) 表示 $n-1$ 阶梵天塔，从 A 柱借助 C 柱移到 B 柱，函数 move(1,a,b,c) 表示将 A 柱最后一个金盘移到 C 柱。函数 hanoi(n-1,b,a,c) 表示 $n-1$ 个盘，从 B 柱借助 A 柱移到 C 柱。

上文的 Python 语言是一个完整的程序代码，可以在 Python 环境中执行这个程序，运行时，程序会严格地按照递归的方法将问题求解出来并显示每步移动的方法。现在的问题是，当 $n=64$ 时，即有 64 个金盘时需要移动多少次金盘和要用多少时间？根据前面算法的思路，n 个金盘的梵天塔问题需要移动金盘的次数是 $n-1$ 个金盘的梵天塔问题需要移动的金盘次数的 2 倍加 1。于是：

$$
\begin{aligned}
h(n) &= 2h(n-1) + 1 \\
&= 2(2h(n-2) + 1) + 1 \\
&= 2^2 h(n-2) + 2 + 1 \\
&= 2^3 h(n-3) + 2^2 + 2 + 1 \\
&\quad\vdots \\
&= 2^n h(0) + 2^{n-1} + \cdots + 2^2 + 2 + 1 \\
&= 2^{n-1} + \cdots + 2^2 + 2 + 1 \\
&= 2^n - 1
\end{aligned}
$$

因此要完成梵天塔的搬迁需要移动金盘的次数为 $2^{64} - 1 = 18\ 446\ 744\ 073\ 709\ 551\ 615$ 次。如果每秒移动一次，一年有 $31\ 536\ 000$ s，则需要花费大约 5849 亿年的时间，假定计算机每秒移动 1 亿次，也需要花费大约 5849 年的时间。由此可见，理论上可以计算的问题，实际上并不一定可行。这属于可计算性和计算复杂性方面的研究内容。

随着计算机科学技术的飞速发展，我国研制的"神威·太湖之光"超级计算机已经达到 $93\ 015$TFLOPs 的运算能力（2021 年 6 月公布的数据），如果每次浮点运算相当于移动 1 次金盘，则"神威·太湖之光"超级计算机大约用 180s，即 3min 左右就可以完成 64 个金盘的梵天塔问题的求解。

3. 哲学家共餐问题

对哲学家共餐问题可以做这样的描述：5 个哲学家围坐在一张圆桌旁，每个人的面前摆有一碗面条，碗的两旁各摆有一根筷子。

假设哲学家的生活，除了吃饭就是思考问题（这是一种抽象，即对该问题而言其他活动都无关紧要）。而吃饭的时候，需要左手拿一根筷子，右手拿一根筷子，然后开始进餐。吃完后，又将筷子摆回原处继续思考问题。那么一个哲学家的生活进程可表示为：

1）思考问题。

2）饿了停止思考，左手拿一根筷子，如果左侧哲学家已持有它，则需等待。

3）右手拿一根筷子，如果右侧哲学家已持有它，则需等待。

4）进餐。

5）放右手筷子。

6）放左手筷子。

7）重新回到思考问题状态。

现在的问题是如何协调 5 个哲学家的生活进程，使得每一个哲学家最终都可以进餐。考虑下面的两种情况：

1）按哲学家的活动进程，当所有的哲学家都同时拿起左手的筷子时，则所有的哲学家都将拿不到右手的筷子，并处于等待状态。那么哲学家都将无法进餐并最终饿死。

2）将哲学家的活动进程修改一下，变为当右手的筷子拿不到时，就放下左手的筷子。这种情况是不是就没有问题了？答案是，不一定。因为可能在一个瞬间所有的哲学家都同时拿起左手的筷子，则自然拿不到右手的筷子，于是都同时放下左手的筷子。等一会又同时拿起左手的筷子，如此永远重复下去，则所有的哲学家一样都无法进餐。

以上两个方面的问题其实反映的是程序并发执行时进程同步的两个问题：一个是死锁（Deadlock），另一个是饥饿（Starvation）。

为了提高系统的处理能力和机器的利用率，并发程序被广泛地使用。因此必须彻底解决并发程序中的死锁和饥饿问题，于是人们将 5 个哲学家问题推广为更具一般性的 n 个进程和 m 个共享资源的问题，并在研究过程中给出了解决这类问题的不少方法和工具，如 Petri 网并发程序语言等。

与程序并发执行时进程同步有关的经典问题，还有读写者问题（Reader-Writer Problem）、睡眠理发师问题（Sleeping Barber Problem）等。

针对以上提到的这些计算机科学中的典型问题，在计算机科学发展的过程中，人们提出了很多解决方法，我们在后面几个章节的学习当中将会分别介绍。希望读者在阅读本书的时候，主要领会解决这些问题的方法，甚至可以经常跳出本书的框架，结合自己的经验，试试看能否找到更好的方法。

0.2 计算机的历史

虽然计算机的历史相对于人类的文明史只是短短的一瞬间，但其影响却是举足轻重的。

0.2.1 计算机前传

在 1946 年美国研制成功第一台现代意义上的电子数字计算机 ENIAC 之前，计算机器的发展经历了一个漫长的过程。根据计算机器的特点可以将其划分为 3 个时代：算盘时代、机械时代和机电时代。

1. 算盘时代

这是计算机器发展史上时间最长的一个阶段。这一阶段出现了表示语言和数字的文字及其书写工具、作为知识和信息载体的纸张和书籍，以及专门存储知识和信息的图书馆。这一时期最主要的计算工具是算盘，其特点是通过手动完成从低位到高位的数字传送（十进位传送），数字由算珠的数量表示，数位则由算珠的位置确定，执行运算就是按照一定的规则移动算珠的位置。

2. 机械时代

随着齿轮传动技术的产生和发展，计算机器进入了机械时代。这一时期计算装置的特点是借助于各种机械装置（齿轮、杠杆等）自动传送（十进位），而机械装置的动力则来自计算人员的手。如 1641 年法国人帕斯卡利用齿轮技术制成了第一台加法机，德国人莱布尼茨在此基础上又制造出能进行加减乘除的演算机。

1822 年英国人巴贝奇制成了第一台差分机（Difference Engine），这台机器可以计算平方表及函数数值表。1834 年巴贝奇又提出了分析机（Analytical Engine）的设想，他是提出用程序控制计算思想的第一人。值得指出的是分析机中有两个部件，用来存储输入数字和操作结果的"Store"和在其中对数字进行操作的"Mill"，与现代计算机相应部件存储器和中央处理器的功能十分相似。遗憾的是，该机器的开发因经费短缺而失败。

3. 机电时代

计算机器的发展在电动机械时代的特点是使用电力作为动力，但计算机结构本身还是机械式的。1886 年赫尔曼·霍勒瑞斯（Herman Hollerith）制成了第一台机电式穿孔卡系统——造表机，成为第一个成功把电和机械计算结合起来制造电动计算机器的人。这台造表机最初用于人口普查卡片的自动分类和计算卡片的数目。该机器获得了极大的成功，于是 1896 年霍勒瑞斯创立了造表公司 TMC（Tabulating Machine Company），这就是 IBM 公司的前身。电动计算机器的另一代表是由美国人霍华德·艾肯（Howard Aiken）提出的，IBM 公司生产的自动序列控制演算器 ASCC（即 Mark I），结合了霍勒瑞斯的穿孔卡技术和巴贝奇的通用可编程机器的思想。1944 年 Mark I 正式在哈佛大学投入运行，IBM 公司从此走向开发与生产计算机之路。从 20 世纪 30 年代起，科学家认识到电动机械部件可以用简单的真空管来代替。在这种思想的引导下，世界上第一台电子数字计算机在爱荷华州立大学（Iowa State University）产生了。1941 年，德国人康拉德·朱斯（Konrad Zuse）制造了第一台使用二进制数的全自动可编程计算机。此外，朱斯还开发了世界上第一个程序设计语言 Plankalkül。该语言被视为现代算法程序设计语言和逻辑程序设计的鼻祖。此后，在包括图灵、冯·诺依曼在内的数学家研究成果的影响下，在美国军方的资助下，在包括约翰·莫奇利（John William Mauchly）和约翰·埃克特（John Presper Echert Jr.）在内的物理学家和电气工程师的直接组织参与下，1946 年世界上第一台高速通用计算机 ENIAC 在宾夕法尼亚大学研制成功。从此电子计算机进入了一个快速发展的新时代。

0.2.2　现代计算机

现代电子计算机的历史可以追溯到 1943 年英国研制的巨人计算机和同年美国哈佛大学和 IBM 公司共同设计的 Mark I。今天计算机已经历了四代并得到了迅速的发展。

1. 第一代计算机（1946 ～ 1957 年）

第一代计算机利用真空管制造电子元件，利用穿孔卡作为主要的存储介质。体积庞大，重量惊人，耗电量巨大。UNIVAC Ⅰ是第一代计算机的代表，它是继 ENIAC 之后，由莫奇利和埃克特再度合作设计的。

电子管计算机时期的计算机主要用于科学计算。主存储器是决定计算机技术面貌的主要因素。当时，主存储器有水银延迟线存储器、阴极射线示波管静电存储器、磁鼓和磁芯存储器等类型，通常按此对计算机进行分类。在电子管计算机时期，一些计算机配置了汇编语言和子程序库，科学计算用的高级语言 FORTRAN 崭露头角。

（1）第一台电子计算机 ENIAC

世界上第一台电子计算机 ENIAC（Electronic Numerical Integrator And Computer，读作"埃尼阿克"）是美国宾夕法尼亚大学研制的。1942 年在美国军方的资助下，该大学成立以莫奇利和埃克特为首的研制小组，ENIAC 于 1946 年 2 月 15 日正式投入运行，目的是用于计算非常复杂的弹道非线性方程组。众所周知，这些方程组是没有办法求出准确解的，只能用近似方法进行计算，因此研究一种精准快捷的计算方法很有必要。整个项目花费了 48 万美元的研制经费，这在当时算得上是一笔巨款。

从技术上看 ENIAC 采用十进制进行计算，在结构上没有明确的 CPU（中央处理器）概念，主要采用电子管作为基本电子元件。它用了约 18 000 只电子管，每只电子管的体积大约与一只家用的 25W 灯泡相当，还有数千只二极管和数以万计的电阻、电容等基本元器件。整个计算机外形尺寸达到 2.4m 高、1m 宽、30.5m 长，占地约 170m^2，重达 30t，耗电功率高达 150kW，如图 0-4 所示。其内存有 20 多字节，每秒钟能进行 5000 次加法运算或 400 次乘法运算（人脑的运算速度约为每秒 5 次加法运算），还能进行平方和立方运算，计算正弦和余弦等三角函数的值及其他一些更复杂的运算，这样的性能在当时已经是人类技术的最高水平。ENIAC 和现代 PC 的比较见表 0-2。

图 0-4　世界上第一台电子计算机 ENIAC

表 0-2 ENIAC 和现代 PC 比较

	ENIAC	PC
耗资	48 万美元（1940 年）	600 美元（2008 年）
重量	30t	10kg
占地	170m^2	0.25m^2
主要器件	约 18 000 只电子管等	100 块集成电路（数千万只晶体管）
运算速度	5000 次 /s	5000 万次 /s

（2）冯·诺依曼与 EDVAC

约翰·冯·诺依曼（John Von Neumann），美籍匈牙利人。1903 年 12 月 28 日出生于匈牙利犹太人家庭，1957 年 2 月 8 日，在美国因患癌症去世。冯·诺依曼在数学的诸多领域都进行了开创性的工作，并做出了重大贡献，曾任美国数学会主席，是 20 世纪最杰出的数学家之一。冯·诺依曼对人类的最大贡献是对计算机科学、计算机技术、数值分析和经济学中的博弈论领域的开拓性工作。鉴于他在电子计算机的发明中所起到的关键性作用，他被西方人誉为"计算机之父"。1944 年他和奥斯卡·摩根斯坦（Oskar Morgenstern）合作出版的经济学著作《博弈论与经济行为》（*The Theory of Games and Economic Behaviour*）一书标志着系统的博弈理论的形成，他被经济学家誉为"博弈论之父"。同时，他在物理和化学领域也有相当的造诣，做出极其重要的贡献。总而言之，冯·诺依曼是 20 世纪最伟大的全才之一（如图 0-5 所示）。

图 0-5 约翰·冯·诺依曼

1944 ～ 1945 年间，冯·诺依曼主持设计了 EDVAC（Electronic Discrete Variable Automatic Computer）方案，该方案明确了计算机由 5 个部分组成，包括：运算器、逻辑控制装置、存储器、输入和输出设备，并描述了这 5 部分的职能和相互关系。1946 年，冯·诺依曼和戈德斯坦、勃克斯等人在 EDVAC 方案的基础上，提出了一个更加完善的设计报告《电子计算机逻辑设计初探》。这两份设计思想的核心便是著名的"冯·诺依曼"计算机结构，这个概念被誉为"计算机发展史上的一个里程碑"。它标志着电子计算机时代的真正开始，并指导着以后的计算机设计。

其设计思想之一是二进制。他根据电子元件双稳工作的特点，建议在电子计算机中采用二进制，并预言二进制的采用将极大简化机器的逻辑线路，实践已经证明了其正确性。如今，逻辑代数的应用已成为设计电子计算机的重要手段，在 EDVAC 中采用的主要逻辑线路也一直沿用着，只是对实现逻辑线路的工程方法和逻辑电路的分析方法做了改进。

程序内存是冯·诺依曼的另一杰作。通过对 ENIAC 的考察，冯·诺依曼敏锐地抓住了它的最大弱点——没有真正的存储器。ENIAC 只有 20 个暂存器，它的程序是外插型的，指令存储在计算机的其他电路中。这样，解题之前就必须先想好所需的全部指令，通过手工把相应的电路连通。这种准备工作要花费几小时甚至几天时间，而计算本身只需几分钟。计算的高速与程序的手工存在着很大的矛盾。针对这个问题，冯·诺依曼提出了程序内存的思想：把运算程序存在机器的存储器中，程序设计员只需要在存储器中寻找运算指令，机器就会自行计算，这样就不必每个问题都重新编程，从而大大加快了运算进程。这一思想标志着自动运算的实现和电子计算机的成熟，现已成为电子计算机设计的基本原则。

直到 1952 年 1 月，EDVAC 才正式研制完成。制造它共使用了大约 6000 个电子管和 12 000 个二极管，功率约 56kW，占地面积 45.5m²，重 7850kg。与 ENIAC 相比，体积、重量、功率都减小许多，而运算速度提高了 10 倍，冯·诺依曼的设想在这台计算机上得到了完美的体现，可以说 EDVAC 是第一台现代意义的通用计算机。

随着科学技术的进步，今天人们认识到"冯·诺依曼结构"的不足，它制约了计算能力的进一步提高，进而提出了"非冯·诺依曼结构"的设想。关于"冯·诺依曼结构"的具体理论我们将在后面的章节中详细讨论。

2. 第二代计算机（1958～1964 年）

使用晶体管的计算机被称作第二代计算机。与真空管计算机相比，晶体管计算机在大幅提升计算能力和可靠性的同时，工作耗电量和自身的发热量都大大降低。第二代计算机利用磁芯制造内存，使用磁鼓和磁盘取代穿孔卡作为主要的外部存储设备。此时还出现了高级程序设计语言，如 FORTRAN 和 COBOL。

晶体管计算机时期，主存储器均采用磁芯存储器，磁鼓和磁盘开始用作主要的辅助存储器。不仅用于科学计算的计算机持续发展，而且中、小型计算机，特别是用于小型数据处理的廉价计算机开始大量生产。

1964 年，在集成电路计算机发展的同时，计算机也进入了产品系列化的发展时期。半导体存储器逐步取代了磁芯存储器的主存储器地位，磁盘成了不可缺少的辅助存储器，并且开始普遍采用虚拟存储技术。随着各种半导体只读存储器和可改写的只读存储器的迅速发展，以及微程序技术的发展和应用，计算机系统中开始出现固件子系统。

在晶体管计算机阶段，事务处理的 COBOL 语言、科学计算机用的 ALGOL 语言和符号处理用的 LISP 等高级语言开始被广泛使用。操作系统初步成型，使计算机的使用方式由手工操作改变为自动作业管理。

1953 年 4 月 7 日，IBM 公司（International Business Machines Corporation，国际商业机器公司）正式对外发布自己的第一台电子计算机 IBM 701。并邀请了冯·诺依曼、肖克利和奥本海默等 150 名各界名人出席揭幕仪式，为自己的第一台计算机宣传。该年 8 月，IBM 发布了应用与会计行业的 IBM 702 计算机。

次年，IBM 推出了中型计算机 IBM 650，以低廉的价格和优异的性能在市场中获得了极大的成功，至此 IBM 在市场中确立了领导者的地位。

3. 第三代计算机（1964～1971 年）

1964 年 4 月 7 日，在 IBM 成立 50 周年之际，由年仅 40 岁的吉恩·阿姆达尔（G. Amdahl）担任主设计师，历时四年研发的 IBM 360 计算机问世，标志着第三代计算机的全面登场，这也是 IBM 历史上最为成功的机型之一。

这一代计算机的特征是使用集成电路代替晶体管，使用硅半导体制造存储器，广泛使用微程序技术，简化处理器设计，操作系统开始出现。系列化、通用化和标准化是这一时期计算机设计的基本思想。

计算机发展进入集成电路时期后，计算机中形成了相当规模的软件子系统，高级语言种类进一步增加，操作系统日趋完善，具备批量处理、分时处理、实时处理等多种功能。数据库管理系统、通信处理程序、网络软件等也不断增添到软件子系统中。软件子系统的功能不断增强，明显地改变了计算机的使用属性，使用效率显著提高。

4. 第四代计算机（1972 年至今）

20 世纪 70 年代以后，计算机使用集成电路的集成度迅速从中小规模发展到大规模、超大规模的水平，微处理器和微型计算机应运而生，各类计算机的性能迅速提高。随着字长为 4 位、8 位、16 位、32 位和 64 位的微型计算机相继问世和广泛应用，对小型计算机、通用计算机和专用计算机的需求量也相应增长。

微型计算机在社会上大量应用后，一座办公楼、一所学校、一个仓库常常拥有数十台乃至数百台计算机。实现它们互连的局域网随即兴起，进一步推动了计算机应用系统从集中式系统向分布式系统的发展。

1981 年 8 月 12 日，经过了一年的艰苦开发，由后来被 IBM 内部尊称为"PC 之父"的唐·埃斯特利奇（D. Estridge）领导的开发团队完成了 IBM 个人计算机的研发，IBM 宣布了 IBM PC 的诞生，由此掀开了改变世界历史的一页，IBM PC 如图 0-6 所示。

1983 年，苹果公司推出了划时代的 Macintosh（国内称之为"麦金塔"）计算机，不仅首次采用了图形界面的操作系统，并且第一次使个人计算机具有了多媒体处理能力。

图 0-6　IBM PC

（1）个人计算机普及

这个无终止的时代开始于 1985 年。这个时代个人微型计算机市场迅速扩大，见证了掌上计算机和台式计算机的诞生、第二代存储媒体（CD-ROM、DVD 等）的改进、多媒体的应用和虚拟现实现象的产生，如图 0-7 所示。

在此期间微处理器产生并高速发展，主要特征是采用了大规模和超大规模集成电路，使用集成度更高的半导体元件作为主存储器。这一代计算机是把信息采集、存储处理、通信和人工智能结合在一起的智能计算机系统。它不仅能进行一般化的信息处理，而且能面向知识处理，具有形式化推理、联想、学习和解释的能力，能帮助人类开拓未知的领域和获得新知识。

图 0-7　苹果公司推出的使用 Mac OS X 10.5.3 操作系统的双核台式机

（2）平板电脑

平板电脑是计算机产品的最新形式。平板电脑（Tablet Personal Computer，简称 Tablet PC、Flat PC、Tablet、Slates）是一种小型、方便携带的个人计算机，以触摸屏作为基本的输入设备。用户通过触控笔或数字笔甚至手指来进行操作，无须使用传统的键盘或鼠标。平板电脑最早由微软的比尔·盖茨提出，从微软提出的平板电脑概念产品上来看，平板电脑就是一款无须翻盖、没有键盘、小到可以放入手提袋但却功能完整的 PC。

2010 年 1 月 27 日，在美国旧金山芳草地艺术中心举行的苹果公司发布会上，富有传奇色彩的首席执行官史蒂夫·乔布斯亲自发布了平板电脑产品——iPad（见图 0-8）。iPad 定位介于苹果的智能手机 iPhone 和笔记本电脑产品之间，通体只有四个按键，与 iPhone 布局一样，提供浏览互联网、收发电子邮件、观看电子书、播放音频或视频等功能，成为当时市场上最成功的平板产品。

图 0-8　苹果公司推出的 iPad 平板电脑

0.2.3　计算机的未来

在可预见的未来，计算机将向更高性能、更加易用、联网更广泛和更专业的应用发展。就计算机本身而言，随着硬件技术和算法设计的进步，计算机的处理能力将进一步提高，当前已经达到 442PFLOPs，约合 44 亿亿 FLOPs 运算的计算能力。随着处理器对存储器管理能力的提高和内存硬件成本的不断降低，计算机的内存将不断扩大，这将支持计算机处理更加复杂和规模更大的问题。

同时计算机将具备更多的智能成分，它将具有多种感知能力、一定的思考与判断能力及一定的自然语言处理能力。能够提供自然的输入手段（如语音输入、手写输入），让人产生身临其境感觉的各种交互设备已经出现，以便于人们用人类所熟悉的方式与计算机进行交互。

新型计算机系统不断涌现。众所周知，现代电子计算机的核心部件是以硅为基础的芯片，如今成熟的硅基芯片制造技术已经进入 5nm 时代，即将步入 3nm 时代，随着芯片设计和制造技术的高速发展，意味着硅技术越来越接近其物理极限，现在人们普通认为 1nm 将是硅基芯片的天花板，届时硅基芯片将无法继续发展，为此世界各国的研究人员正在加紧研发新型计算机，计算机从体系结构到器件与技术都要产生一次量的乃至质的飞跃。新型的量子计算机、光子计算机、生物计算机、纳米计算机等将会逐步走进我们的生活，遍布各个领域。

网络继续蔓延且基于网络的应用不断提升。已经有人提出"网络就是计算机"的概念。网络不仅改变了计算机的应用模式，也为性能计算解决方案提供了新的途径。

随着第四代计算机向智能化方向发展，将推动新一代计算机的出现。新一代计算机的研制是各国计算机界研究的热点，如知识信息处理系统（KIPS）、神经网络计算机、生物计算机等。知识信息处理系统是从外部功能方面模拟人脑的思维方式，使计算机具有人的某些智能，如学习和推理的能力。神经网络计算机则从内部结构上模拟人脑神经系统，其特点是具有大规模的分布并行处理、自适应和高度容错的能力。生物计算机是使用以人工合成的蛋白质分子为主要材料制成的生物芯片的计算机，它具有生物体的某些机能，如自我调节和再生能力等。

第五代计算机指具有人工智能的新一代计算机，它具有推理、联想、判断、决策和学习等功能。计算机的发展将在什么时候进入第五代？什么是第五代计算机？对于这样的问题，并没有一个明确统一的说法。

马斯克 2021 年底宣布 Neuralink 的脑机接口技术已获得 FDA 许可，2022 年将投入临床实验。

人类大脑作为地球上最高级的生物智能，是一个十分复杂的信息处理系统。从 20 世纪 50 年代阿兰·图灵提出的"机器是否能够思考？"这一问题开始以及后来的达特茅斯会议后，人们对模拟人类大脑，制造出和人类大脑有相似思考方式的智能机器的研究便从未停歇。21 世纪初，随着大数据、云计算、深度学习的时代到来，人工智能开始出现大规模的商业落地应用。但其实目前得以广泛应用的人工智能系统是基于机器学习的统计模型构造的，这类系统具备自我学习的能力，但不具有人类思维，尚属于弱人工智能。由于人类对大脑的运作以及信息处理机制尚不清晰，构建基于人类思维方式的通用人工智能也因此进展缓慢，但目前也是学术界和业界不可忽视的研究热点。

在人工智能技术迎来新一代发展浪潮时，随着脑电波检测的极大进步，脑机接口技术也得以蓬勃发展。近 20 年来，脑机接口技术日趋成熟，商业化发展正在起步。脑机接口通过外部设备与人或动物大脑连接，在计算机的处理下使设备与大脑间能交换信息。目前通过脑机接口能帮助患有严重脊髓损伤的患者（如四肢瘫痪的人），通过脑机技术，让患者能够意识与计算机或手机交互，帮助他们获得意识自由。

有一点可以肯定，在未来社会中，计算机、网络、通信技术将会三位一体化。新时代的计算机将把人从重复、枯燥的信息处理中解脱出来，从而改变我们的工作、生活和学习方式，给人类和社会拓展了更大的生存和发展空间。当现代电子计算迎来它的百年诞辰时，我们会面对各种各样的未来计算机。

0.3 计算机的分类

分类是人们研究复杂问题的基本方法之一，对于复杂的事物，按一定规则进行划分，能够有效提高研究的效率。计算机科学进步到今天，计算机已经发展出很多形式，对计算机分类的方法也有很多，比如前文按计算机的发展历史划分也是一种分类方式，如果按照处理数据的基本方式可以分为模拟计算机和数字计算机等两大类，模拟计算机处理的是模拟信号量，而数字计算机处理的是数字信号，当今的计算机以数字计算机为主，通常不加特殊说明都是指的数字计算机。

一种比较常用的分类方法是根据事物的规模进行划分，计算机系统根据其规模可以分为巨型机、大型机、中型机、小型机和微型机。

0.3.1 巨型机

巨型机现在通常被称为超级计算机或高性能计算机（High Performance Computing），比如前文提到的我国自主研发的"太湖·神威之光"超级计算机系统，有多达 10 649 600 个处理器，峰值计算能力为 93 014.6 TFLOPs，耗电功率为 15 371kW，也就说如果其满负荷运行 1h 约用电 15 000kW·h。我国研制的另一台超级计算机"天河二号"拥有 4 981 760 个处理器，耗电功率 18 482kW，峰值计算能力为 61 444.5 TFLOPs。巨型机的主要特点是高速度和大容量，通常配有多种多部设备和功能强大的专用软件系统，价格也非常昂贵，是当代计算机工业的巅峰，代表了一个国家或人类的计算能力水平。此类系统主要用于尖端的科技领域，如天气预报、地质勘探、航天研究、军事领域等。

0.3.2   大型机、中型机、小型机

大、中、小型计算机主要是在互联网普及之前，用作计算中心的主机，主要担负各类企业的商业应用，通常企业使用的主计算机与企业的规模相对应。另外，在一些大学等研究机构，根据研究工作的需要，也配备有相应的此类计算机。这类计算机通常采用"主机 + 终端"模式，主机主要负责处理相关事物，而终端则是操作计算机的人员工作的设备，通常情况下一台主机能够同时支持数十至数百台终端，以保障企业的正常运行，如民航的订票系统、生产企业的生产管理系统等。这类计算机的典型代表是 IBM 的 Mainframe Z 系列产品，前文提到的 IBM 360 系统也是当时大型计算机的典型代表。

0.3.3   微型机与工作站

有一类规模较小的计算机是为个人服务的，换句话说是设计出来给个人使用的计算机，前文提到的个人计算机就是这一类，在计算机科学领域称其为微型计算机，简称微机。其特点是功能全、体积小、价格便宜。现在微机更是发展出台式、便携式和平板式等多种形式。台式机是最早出现的微型计算机，为方便经常出差工作的商务人员，又发展出便携式计算机，其功能与台式机相当，但是体积小、重量轻，当然在性能上与台式机有一定的差距，但仍然是一台全功能的微型计算机。平板电脑也属于微型计算机，但其已经没有传统计算机的形式，主要应用于特定的场景，有些平板电脑可以通过扩展程序坞实现与传统微型计算机相当的功能。在微型计算机中还有一种比较特殊的类型，通常被称为工作站。从本质上说，工作站也是设计用来给个人使用的微型计算机，只是其功能和性能定位不同，需要为用户提供更为强大、专业化的性能，通常在图形处理和多任务并行方面的性能有所增强，可以将工作站理解为一类性能强悍的微型计算机。

随着网络时代的到来，计算机由原来相对独立的工作模式迅速向联网工作模式转换，现在绝大多数微型计算机都是充当联网终端的角色，逐渐出现了服务器与客户机的概念。服务器与客户机指的都是计算机，只是服务器通常是在网络的后台，提供数据的存储、处理等功能服务，而客户机是指用户直接操作的前端计算机，需要上网的用户通过前端的客户机连接到网络，进而能够使用服务器的资源。由于服务器需要为多个用户服务，其功能比较强大，并且对可靠性要求也较高；而客户机通常由微机担任，现在能够上网的平板电脑和智能手机也担任的客户机的角色。可以说服务器与客户机是网络时代对计算机的一种分类方式。

随着技术的发展，特别是物联网的发展，嵌入式系统（Embedded System）得到了空前的发展。嵌入式系统不是独立的计算机系统，往往设计成能够独立进行运作的器件，集成在其他领域的系统中，提供智能控制、信息处理、网络连接等功能。可以将嵌入式系统理解为针对应用场景定制的、经过专门设计的超微型计算机系统，它已经完全没有了传统计算机系统的外形。嵌入式系统广泛应用于工业、自动控制等领域，赋予所集成的系统智能性，形成了智能工业加工设备、智能家电等创新产品。

0.4   计算机与社会

计算机的出现和迅猛发展给人类社会带来了很多新问题。在伦理上，人们面临着许多挑战传统社会行为准则的抉择。计算机技术及其应用应该规范到什么程度？在哲学上，人们开始了智能行为的存在与智能本身的争论。同时，整个社会也在讨论新的计算机应用是代表新

的自由还是新的控制？

尽管这些话题不属于计算机科学本身的一部分，但计算机技术的发展的确给人们提出了许多难题，我们重点讨论以下几个话题。

0.4.1 计算机与生活

在人们的日常生活中，计算机通常是以电子商品的形式出现。当你需要一台计算机时，首先会想到去商店购买一台，与选购电冰箱、洗衣机类似。购买回来以后，将其作为一种工具在需要时进行使用。然而，电子计算机不是一件单纯的商品，今天它与我们生活的联系可能高于其他任何一种电子产品。

1. 依赖与控制

计算机的诞生，使生产自动化迈进了一个崭新的时代。计算机控制着人类自动化、半自动化设备，使各个领域的生产率大幅提高，使社会生产力达到前所未有的高度。

由计算机控制对数值的计算与信息处理，使人从"属于"机器转变为支配机器的主人，同时使非常多的人从一些机械劳动中解放出来。据专家调查统计，计算机所担负的工作量若换用人脑和双手去工作，需要几千亿个文化较高的脑力劳动者承担。

几乎全部的行业和部门管理工作都引进了计算机，在提高效率、加快节奏的同时，大大节省了人力、物力，从而带来更大的经济效益。

在科学研究上计算机也显示出越来越大的功能，如它能模拟化学反应的细节。航天科学更是从开始就与计算机有非常密切的关系。

现在正在研制的"人工智能型"计算机将会在生活中的每个领域发挥越来越大的作用，而担任主角之一的"信息高速公路"将使人类社会的发展跨入一个崭新的时代。

计算机科学已经改变了我们的社会。根据调查，90% 左右的美国家庭使用计算机上网；而中国的网民人数已经突破 10 亿。一方面计算机给社会带来了效率和便捷，另一方面每个人的生活中都不可避免用到计算机，人们离开它就很难生活。这是否意味着人类社会对计算机已经形成了一种依赖。一旦离开计算机，人们的生活将会变得困难。

实际上，大规模的计算机故障已经导致人们无法从银行终端取钱、医生无法诊治病人、交通系统瘫痪等一系列严重后果。人类对计算机的过分依赖会不会发展到被自己所设计的人工智能所控制，会不会出现电影《黑客帝国》中的恐怖一幕，未来的人类和计算机等智能机器究竟会是一种什么样的关系？

2. 对生活方式影响

计算机的发展赋予世界一种全新的工作、娱乐和交流方式。计算机、电信和民用电子技术结合在一起，把你所需要的所有信息和服务汇聚到一起并提供给你使用，无论你在何处，你在干什么，也无论你使用何种设备。由此产生的结果是，联网的智能型设备将会激增，从笔记本电脑到具有上网功能的手机与自动驾驶功能的汽车计算机。你的文件、日程安排表、地址簿、电子邮件及你所需要的任何其他东西都将连接到所有这些设备上，使其在你所需要的任何地方供你使用。例如，你通过办公室的计算机订好了某个城市的酒店，当你到达该城市时你的手机将接收去酒店的导航信息，而同时你已经收到酒店会议安排的电子邮件，在外出的几天你家里的计算机正在按照你的指令下载你喜欢的免费影片。

计算机在改变我们生活方式的同时，也把社会划分为使用计算机信息技术和不使用这些技术的两类人群。前者通过使用计算机信息技术获得更多的发展机会，后者因为贫穷无法支付购买计算机硬件和信息服务的费用而变得更加落后。因为各种原因无法享用计算机信息技术带来的公共服务而把一部分人排除在数字化社会之外，这是否已经导致了社会不公正和新的歧视？

计算机对社会生活的影响还有很多方面，以下是一些值得讨论的话题：

1）一些传统上本来不收费的公共服务，被采用了计算机技术的自动化服务取代，并收取大量的费用，是否公正？

2）政府对计算机技术及其应用应当规范到什么程度？政府是否可以随意限制公民通过计算机网络获取信息的自由？政府规范的依据是什么？

3）某银行的网上服务系统只能使用微软操作系统及 IE 浏览器访问，是否剥夺了用户选择使用其他厂商操作系统及浏览器的权利？在公共服务中选择专用的计算机产品是否构成歧视或垄断，带来不公平？

4）我们轻易下载最新免费歌曲时，会不会造成唱片业的损失？当计算机世界为我们带来太多免费的享用时，有没有想过最后是谁在为"免费的午餐"买单？免费的计算机资源是好事还是坏事？

0.4.2　有关计算机的伦理

计算机技术的迅猛发展和网络的普及，将计算机的伦理（Computer Ethics）问题提到了社会的紧迫议事日程。当前的计算机伦理道德状况不容乐观，计算机系统及网络带来的黑客、病毒、垃圾、隐私侵犯和不健康信息等问题发人深省。其实计算机科学技术成果给人类带来的一切危害都不是科学技术本身的过错，而是背后那些用科学技术成果作恶的人。我们不应当因为计算机科学技术被恶人用来作恶就因噎废食，归罪于计算机科学技术的发展；也不应当希望计算机科学和工程技术工作者制造本不存在的"有益无害"的科技产品，而应当要求一切使用计算机科学技术和工程成果的人们遵守基本的社会伦理道德。

作为计算机工作者应当在积极研究创新的同时，与全体社会成员一起，理性地、负责任地应用计算机技术，促进经济的发展和社会的进步；反对利用计算机信息网络传播计算机病毒、垃圾邮件、各种非法或不良信息；反对入侵、干扰或攻击他人的信息系统，窃取国家秘密、侵犯他人隐私；抵制利用计算机信息网络进行恐怖活动和发动信息战争，危害社会公共利益、威胁国家安全和世界和平。而这一切与计算机科学发展和应用相关的道德伦理就是我们需要遵守的计算机伦理原则。

计算机伦理的发展历程可以追溯到 20 世纪 50 年代，到 80 年代计算机社会伦理问题大量暴露，90 年代开始成为无法回避的问题。进入 21 世纪，计算机信息安全事件给整个社会造成的损失相当惊人。计算机网络成为道德相对主义和极端个人主义生长的土壤。信息社会对计算机和信息专业人员的依赖性大大增加，这是计算机系统和网络脆弱性的一个重要方面。调查显示，对计算机系统和网络的威胁大多来自内部人员。因此对计算机专业人员的伦理要求显得尤为重要。

在一些发达国家，较早成立了专门的研究机构来研究和讨论计算机伦理。其中较著名的如美国计算机伦理协会所制定的"计算机伦理十诫"，具体内容为：

1）你不应该用计算机去伤害他人。

2）你不应该去影响他人的计算机工作。

3）你不应该到他人的计算机文件里去窥探。

4）你不应该用计算机去偷盗。

5）你不应该用计算机去作假证。

6）你不应该复制或使用你没有购买的软件。

7）你不应该使用他人的计算机资源，除非你得到了准许或者做出了补偿。

8）你不应该剽窃他人的精神产品。

9）你应该注意你正在写入的程序和你正在设计的系统的社会效应。

10）你应该始终注意，你使用计算机时是在进一步加强你对你的人类同胞的理解和尊敬。

还有美国南加利福尼亚大学关于计算机网络伦理的声明指出了 6 种网络不道德行为的类型：

1）有意地造成网络交通混乱或擅自闯入网络及其相连的系统。

2）商业性地或欺骗性地利用大学计算机资源。

3）偷窃资料、设备或智力成果。

4）未经许可而接近他人的文件。

5）在公共用户场合做出引起混乱或造成破坏的行动。

6）伪造电子邮件信息。

计算机网络伦理的建立使人在进入网络、使用服务器等网络行为中有了较为明确的规则。

计算机伦理在使用计算机系统和网络为社会和人类做出贡献，尊重知识产权以及他人的隐私权、唤起行为主体道德感、树立合理价值观、形成网络秩序等方面，发挥了明显作用。随着国际互联网络（Internet）的大规模普及，计算机伦理和网络伦理甚至已成为一些发达国家高等院校的教育课程，被正式纳入一种西方世界称为"计算机文化"（Cyberculture）的文化现象中，这表明人类对自己命运的关注已更加自觉，并能主动将滞后的法律无法规范的一系列计算机引发的社会问题用计算机伦理加以约束。

0.4.3 与计算机有关的犯罪

随着计算机普及率的提高，人们利用计算机进行的活动日益增多，与此同时计算机犯罪的类型和领域也不断地增加和扩展，从而使"计算机犯罪"这一术语随着时间的推移而不断获得新的含义。

计算机犯罪的概念可以有广义和狭义之分：广义的计算机犯罪是指行为人故意直接对计算机实施侵入或破坏，或者利用计算机实施有关金融诈骗、盗窃、贪污、挪用公款、非法窃取秘密或其他犯罪行为的总称；狭义的计算机犯罪仅指行为人违反法律规定，故意侵入政府、企业、科研院校等重要部门的计算机信息系统造成安全危害，或者利用各种技术手段对计算机信息系统的功能及有关数据、应用程序等进行破坏，制作并传播计算机病毒，影响计算机系统正常运行且造成严重后果的行为。

计算机犯罪可能采取各种形式，常见形式包括以下几个方面。

1. 破坏

犯罪分子有时会企图破坏计算机、程序或文件。近年来，计算机病毒已是臭名远扬。病毒是一种程序，它在网络和操作系统中"迁移"，并附加到不同的程序和数据库上。

病毒的一个变种是蠕虫病毒。这种破坏性程序用自我复制的信息填满计算机系统，以阻塞系统，使系统的运行减慢或停止。最臭名昭著的是因特网蠕虫病毒，1988 年它行遍北美，途中使成千上万的计算机瘫痪。

病毒一般是通过插入计算机软盘、U 盘或从网络上下载的程序进入计算机。病毒可造成严重危害——某些"磁盘杀手"病毒能毁坏系统上的所有信息，因此建议计算机用户在接收来自其他途径的新程序和数据时一定要小心。

虽然有病毒检查程序可供使用，但不幸的是新的病毒不断被开发出来，而且并不是所有的病毒都能被检测出来。

2. 盗窃

盗窃可能采取多种形式——盗窃硬件、盗窃软件、盗窃数据以及盗窃计算机时间等。在经济利益的驱动下，犯罪分子更喜欢窃取网络账号、银行账号以及有价值的密码和数据，如客户名单或隐私数据。某些员工使用公司的计算机时间来处理其他事务也可以看作是盗窃行为。

为个人利益对程序进行的未经授权的拷贝也是一种盗窃形式，这被称为软件盗版。盗版软件在许多国家和地区所占比例较高。

3. 操控

黑客进入某人的计算机网络并进行恶意的操作和控制，这样做是违法的。即使某些恶作剧式的操控似乎没有危害，它也可能给网络用户造成很大的焦虑和时间浪费。而有些黑客入侵重要部门进行的操控则可能危害社会安全，带来严重后果。

0.5 计算机科学的发展

在人类文明发展的历史上，我国曾经在早期计算工具的发明创造方面书写过光辉的一页。远在商代，中国就创造了十进制计数方法，领先于世界千余年。到了周代，发明了当时最先进的计算工具——算筹。这是一种用竹、木或骨制成的颜色不同的小棍。计算每一个数学问题时，通常编出一套歌诀形式的算法，一边计算，一边不断地重新布棍。中国古代数学家祖冲之，就是用算筹计算出圆周率在 3.141 592 6 和 3.141 592 7 之间，这一结果比西方早一千年。

珠算盘是中国的又一独创，也是计算工具发展史上的第一项重大发明。这种轻巧灵活、携带方便、与人民生活关系密切的计算工具，最早出现于汉朝，到元朝时渐趋于成熟。珠算盘不仅对中国经济的发展起到有益的作用，而且传到日本、朝鲜、东南亚等地区，经受了历史的考验，至今仍在使用。

中国发明了指南车、水运浑象仪、记里鼓车和提花机等，不仅对自动控制机械的发展有卓越的贡献，而且对计算工具的演进产生了直接或间接的影响。例如，张衡制作的水运浑象仪，可以自动地与地球运转同步，后经唐、宋两代的改进，成为世界上最早的天文钟。

记里鼓车则是世界上最早的自动计数装置，提花机原理对计算机程序控制的发展有过间接的影响。中国古代用阳、阴两爻构成八卦，也对计算技术的发展有过直接的影响。莱布尼茨写过研究八卦的论文，系统地提出了二进制算术运算法则，他认为世界上最早的二进制表示法就是中国的八卦。

经过漫长的沉寂，新中国成立后，中国计算技术迈入了新的发展时期，先后建立了研究机构，在高等院校建立了计算技术与装置专业和计算数学专业，并且着手创建中国计算机制造业。

1958 年和 1959 年，我国先后制成第一台小型和大型电子管计算机。20 世纪 60 年代中期，我国成功研制一批晶体管计算机，并配制了 ALGOL 等语言的编译程序和其他系统软件；60 年代后期，我国开始研究集成电路计算机；70 年代，我国已批量生产小型集成电路计算机；80 年代以后，我国开始重点研制微型计算机系统并推广应用，在大型计算机、特别是巨型计算机技术方面也取得了重要进展，建立了计算机服务业，逐步健全了计算机产业结构。

龙芯一号 CPU 是神州龙芯公司推出的兼顾通用及嵌入式 CPU 特点的新一代 32 位 CPU，它是以中国科学院计算技术研究所研制的通用 CPU 为核心，由神州龙芯公司拥有知识产权。基于 0.18 微米 CMOS 工艺的龙芯一号 32 位微处理器的投片成功，并通过了以 SPEC CPU2000 为代表的一批性能和功能测试程序的严格测试，标志着我国在现代通用微处理器设计方面实现了"零"的突破，打破了我国长期依赖国外 CPU 产品的无"芯"的历史，也标志着国产安全服务器 CPU 和通用的嵌入式微处理器产业化的开始。目前国产 CPU 主要有中科龙芯、中科海光、华为鲲鹏，还有北大众志（MPRC）的 CPU、方舟 CPU 等。

在计算机科学的研究方面，我国在有限元计算方法、数学定理的机器证明、汉字信息处理、计算机系统结构和软件等方面都有所建树。在计算机应用方面，中国在科学计算与工程设计领域取得了显著成就。在有关经营管理和过程控制等方面，计算机应用研究和实践也日益活跃。

本章小结

计算机科学（计算学科）是对描述和变换信息的算法过程的系统研究，包括它的理论、分析、设计、有效性、实现和应用。计算思维是从思维的层次上对计算机科学的认识。

计算机科学是一门交叉学科，它将各个学科的知识经过高度综合，形成一整套有关信息表示、变换、存储、处理、控制和利用的理论、方法和技术。

计算机科学的几个分支领域包括：数值和符号计算、算法和数据结构、体系结构、操作系统、程序设计语言、软件方法学和工程、数据库和信息检索、计算理论、人工智能和机器人学等。

哥尼斯堡七桥问题、梵天塔问题、哲学家共餐问题等都是计算机科学中有趣的经典问题。

计算机的发展经历了从机械时代到电子时代的发展，电子时代的计算机发展极其迅速，迄今为止已经发展超过四代，并仍以高速向前发展。我国计算机也在追赶世界计算机发展的步伐。

由于计算机科学的交叉特性，随着计算机的发展带来的社会问题日益凸显，为计算机科学的发展带来了新课题。计算机将影响社会控制、生活方式、伦理道德以及犯罪方面。

附：Python 环境安装指南

为方便读者练习本书中提到的有关程序，进一步理解算法的含义，建议读者安装基本的 Python 环境。Python 是当前非常流行的计算机程序开发设计语言之一，是解释型脚本语言，应用范围非常广泛。需要注意的是，Python 有 Python 2 和 Python 3 两大版本体系，两者有很大区别，本教材中的例子均对应于 Python 3 版本。

安装基本步骤：

1）下载和安装 Python 环境。

2）下载和安装编辑环境。

3）下载和安装 Python 第三方库。

1. 下载和安装 Python 环境

Python 的官方网站是 https://www.python.org/。网站上提供 Python 多个版本选择下载，大家可以根据自己的机器类型、操作系统版本进行下载，各版本通常是向下兼容的。以 Windows 系统的 PC 为例，2021 年 10 月提供的最新版本是 3.10.0，这个版本是不能在 Windows 7 及其之前的平台运行的，也就是需要在 Windows 10 系统上安装，安装文件根据 Windows 10 又分 32 位和 64 位两种版本，Apple 的 Macintosh（MacOS）、iOS 系统和其他平台如 Linux、AIX、IBM iOS、OS/390、z/OS、RISC OS、Solaris、VMS、HP-UX 等也有相应的版本。

Python 中文网（https://www.cnpython.com/）提供了大量免费的 Python 3 教程，可供朋友们学习。

从成熟性和稳定性及第三方库的丰富性、操作系统的适用性等角度考虑，本教材并不推荐朋友们使用最新的 Python 版本，如果没有相应的需要，使用 2018 年 6 月推出的 Python 3.7.0 版本，完全可以完成大多数工作，包括运行本教材中的全部示例。

64 位的 python 3.7.0 安装程序下载链接是：

https://www.python.org/ftp/python/3.7.0/python-3.7.0-amd64.exe。

32 位的 python 3.7.0 安装程序下载链接是：

https://www.python.org/ftp/python/3.7.0/python-3.7.0.exe。

注：此版本不支持 Windows XP 及更早版本。

Python 环境安装成功后，开始菜单栏中增加了一个名为"Python+ 版本号"的程序组，组中通常有 4 个程序，即 Python+ 版本号、IDLE（Python+ 版本号）、Python Manuals、Python Module Docs，朋友们可根据需要创建桌面快捷方式。

2. 下载和安装编辑环境

Python 本身是自带编辑工具的，Python 环境安装成功后，会有其自带的 IDLE 可供使用，而 Pycharm、Sublime Text 4 都是功能更为强大的集成编程环境，提供更为丰富的程序编辑和调试体验，感兴趣的朋友可以到相关网站下载。

Pycharm 的下载地址是 https://www.jetbrains.com/pycharm/download/。网站提供有专业版（Professional）和社区版（Community），其中专业版功能更加强大，是收费版本；社区版是免费版本，能够满足大多数爱好者的使用要求。本教材中的例子，用社区版即可满足。Pycharm 也是区分 Windows、Macintosh、Linux 平台的，使用 Apple 的朋友请注意，Pycharm 对于不同处理器的产品，分别提供了 Intel 和 Apple Silicon 两个版本。

Sublime Text 4 的下载地址是 https://www.sublimetext.com/download。与 Pycharm 类似，提供 Windows、Macintosh、Linux 三类平台选择，其中 Linux 平台区分 Intel 处理器和 ARM 处理器。

专门的编辑环境不是必需的安装选项，本教材中的例子使用 Python 自带的 IDLE 即可顺利运行，而专门的编辑环境能够提供更好的编程体验。

3. 下载和安装 Python 第三方库

Python 语言本身只是提供一个基本的编程调试和运行的环境，其功能之所以强大，离不开丰富的第三方库（Package，也称作包），这些第三方库多由开源软件的爱好者们开发，并经过长期的实际运用，功能强大且成熟稳定。Python 之所以现在如此流行，与其丰富的第三方有很大的关联。本书并不推荐朋友使用最新版本的 Python 环境，特别是需要使用第三方库的朋友，原因是第三方库需要等 Python 环境的版本更新后，才会逐步更新，而且有的库更新可能需要较长的时间，也就是说最新版 Python 环境的第三方库会比较少。

为方便大家找到需要的第三方库，Python 提供了索引，即 Python Package Index，其网址为：https://pypi.org，可以根据需要检索、下载和安装相应的第三方库。为方便运行本教材中提到的一些程序示例，建议安装 NumPy、Matplotlib、Pandas、SciPy 等库。

为了安装顺利进行，建议在安装前到 pypi 下载安装包。

NumPy（Numerical Python）是 Python 的一种数值计算扩展包，目前提供 1.21.2 版本（https://pypi.org/project/numpy/），numpy-1.21.2-cp37-cp37m-win_amd64.whl (14.0MB) 是对应于 Windows64 位系统的 Python 3.7 安装文件，而 numpy-1.21.2-cp39-cp39-win_amd64.whl (14.0MB) 是对应于 Windows 64 位系统的 Python 3.9 安装文件，请读者根据自己的计算机、操作系统和 Python 版本，下载相应的安装文件。

Matplotlib 是 Python 中类似 MatLab 的绘图工具，目前提供 3.4.3 版本（https://pypi.org/project/matplotlib/），matplotlib-3.4.3-cp37-cp37m-win32.whl (7.0MB) 是对应于 Windows 32 位系统，Python 3.7 的安装文件，matplotlib-3.4.3-cp39-cp39-win_amd64.whl (7.1MB) 是对应于 Windows 64 位系统，Python 3.9 的安装文件。Matplotlib 中文网 https://www.matplotlib.org.cn/ 是这个库的学习资源。安装 matplotlib 库需要 numpy、kiwisolver、python_dateutil、cycler、pyparsing、six 等库，建议提前下载或安装，其中 python_dateutil、cycler、six 等库不区分版本。

Pandas 的名字据说衍生自术语"panel data"（面板数据）和"Python data analysis"（Python 数据分析），该库纳入了大量库和一些标准的数据模型，主要用于对数据进行导入、清洗、处理、统计和输出，是基于 NumPy 库的数据分析工具库。目前提供 1.3.3 版本（https://pypi.org/project/pandas/），pandas-1.3.3-cp37-cp37m-win32.whl (8.9MB) 是对应于 Windows 32 位系统，Python 3.7 的安装文件，pandas-1.3.3-cp39-cp39-win_amd64.whl (10.2MB) 是对应于 Windows64 位系统，Python 3.9 的安装文件。安装 Pandas 库会用到 pytz 库，这个库主要用于时区转换，建议也事先下载，pytz 当前的版本是 2021.3，pytz-2021.3-py2.py3-none-any.whl (503.5kB) 表示这个库适用于 Python 各版本和所有操作系统版本。

SciPy 是一个基于 NumPy 的数学算法工具库，包含的模块有最优化、线性代数、积分、插值、特殊函数、快速傅里叶变换、信号处理和图像处理、常微分方程求解和其他科学与工程中常用的计算，主要用于数学、科学、工程学等领域。目前提供 1.7.1 版本（https://pypi.org/project/scipy/），scipy-1.7.1-cp37-cp37m-win32.whl (30.4MB) 是对应于 Windows 32 位系统，Python 3.7 的安装文件，scipy-1.7.1-cp39-cp39-win_amd64.whl (33.8MB) 是对应于 Windows 64 位系统，Python 3.9 的安装文件。

Scikit-learn（以前称为 scikits.learn，也称为 sklearn）库，是 Python 的机器学习算法库，具有各种分类、回归和聚类算法，包括支持向量机、随机森林、梯度提升、k 均值和 DBSCAN；基于 NumPy，SciPy 和 matplotlib 构建。目前提供 1.0 版本（https://pypi.org/project/scikit-learn/）。scikit_learn-1.0-cp37-cp37m-win32.whl (6.4MB) 是对应于 Windows 32 位系统，Python 3.7 的安装文件，scikit_learn-1.0-cp39-cp39-win32.whl (6.4MB) 是对应于 Windows 64 位系统，

Python 3.9 的安装文件。安装 Scikit-learn 库会用到 Joblib 库，Joblib 对 NumPy 进行了特定的优化，在处理大型数据时速度更快、更健壮，提供函数的透明磁盘缓存和延迟重新计算（记忆模式）、简单并行计算，属于轻量级管道的工具。Joblib 当前的版本是 1.1.0，joblib-1.1.0-py2.py3-none-any.whl (307.0kB) 表示这个库适用于 Python 各版本和所有操作系统版本。

安装 Python 第三方库的基本操作方法如下：

1）进入 cmd 界面，建议以管理员身份运行。

2）输入 pip，测试是否已安装 pip。

3）若 pip 版本较低，可输入以下命令，将 pip 在线升级至当前最新版。

```
python -m pip install --upgrade pip
```

4）用 cd 命令，切换到 Scripts 路径下，在当前路径，输入以下命令行，可以实现离线安装 NumPy、Matplotlib、Pandas、SciPy 包（前提是，已经下载对应包的 whl 文件存放在指定路径下，下列示例中假设 Python 的安装位置为 D:/Python，第三方库的安装文件已经下载完成并保存到 D:/Python/Scripts/ 文件夹中）。

本地安装命令的格式是：Pip install +"库文件全名"，以安装 32 位 Windows 操作系统的 Python 3.7 环境为例，可使用如下命令操作：

1）安装 NumPy：

```
Pip install D:/Python/Scripts/numpy-1.11.3+mkl-cp37-cp37m-win_amd32.whl
```

2）安装 Matplotlib：

```
Pip install D:/Python/Scripts/matplotlib-1.5.3-cp37-cp37m-win_amd32.whl
```

3）安装 Pandas：

```
Pip install D:/Python/Scripts/ pandas-1.3.3-cp37-cp37m-win32.whl
```

4）安装 SciPy：

```
Pip install D:/Python/Scripts/ scipy-1.7.1-cp37-cp37m-win32.whl
```

5）安装 Scikit-learn：

```
Pip install D:/Python/Scripts/ scikit_learn-1.0-cp39-cp39-win32.whl
```

如果网络条件较好，可以直接进行联网安装，网络安装的命令格式是：Pip install +"库名"，如：

1）安装 NumPy：

```
Pip install numpy
```

2）安装 Matplotlib：

```
Pip install matplotlib
```

3）安装 Pandas：

```
Pip install pandas
```

4）安装 SciPy：

```
Pip install scipy
```

5）安装 Scikit-learn：

```
Pip install Scikit-learn
```

朋友们会发现，联网安装方式的命令更加简明，并且不需要关心 Python 和操作系统的版本，安装程序会自动寻找相应的版本进行安装，但需要注意的是，由于网络情况的变化，安装可能不是每次都运行成功，有的时候可能需要多次尝试。

如果系统已经安装过相应的库，则会提示，如：

```
Requirement already satisfied: scipy in d:\python\python39\lib\site-packages
    (1.7.1)
Requirement already satisfied: numpy<1.23.0,>=1.16.5 in d:\python\python39\
    lib\site-packages (from scipy) (1.21.2)
```

表示这台机器上已经安装过 SciPy 和 NumPy 库，用 pip list 命令可以显示系统中已经安装过的库及相应版本，显示列表按库名字典序显示。例如：

```
D:\Python\Python39\Scripts>pip list
Package          Version
---------------- ---------
Package          Version
-------------- -------
cycler           0.10.0
joblib           1.1.0
kiwisolver       1.3.2
matplotlib       3.4.3
numpy            1.21.2
pandas           1.3.3
Pillow           8.3.2
pip              21.2.3
pyparsing        2.4.7
python-dateutil  2.8.2
pytz             2021.3
scikit-learn     1.0
scipy            1.7.1
setuptools       57.4.0
six              1.16.0
threadpoolctl    3.0.0

beautifulsoup4    4.10.0
bs4               0.0.1
certifi           2021.5.30
charset-normalizer 2.0.4
cycler            0.10.0
idna              3.2
joblib            1.1.0
kiwisolver        1.3.2
matplotlib        3.4.3
numpy             1.21.2
pandas            1.3.3
Pillow            8.3.2
pip               21.2.4
pipp              0.0.1
pyparsing         2.4.7
python-dateutil   2.8.2
pytz              2021.3
requests          2.26.0
```

```
scikit-learn      1.0
scipy             1.7.1
setuptools        49.2.1
six               1.16.0
soupsieve         2.2.1
threadpoolctl     3.0.0
urllib3           1.26.6
```

本章习题

一、复习题

1. 试简述可计算性。

2. 试简述计算复杂性。

3. 试简述计算思维。

4. 简述计算机科学的研究领域。

5. 简述现代计算机的发展简史。

6. 试分析计算机对社会的影响。

7. 试列出与计算机科学相关的学科及技术。

8. 尝试到网络上搜索关于计算机学科中几个典型问题的资料。

9. 简述电子数字计算机的应用情况。

10. 谈谈你对电子计算机的印象。

11. 试述计算模型与计算机的联系和区别。

12. 试列举你所知道的操作系统。

二、练习题

(一) 填空题

1. 教育部高等学校大学计算机课程教学指导委员会制定的《大学计算机基础课程教学基本要求》中提出计算思维表述体系包括_____、_____、_____、_____、_____、_____、_____、_____8个类别。

2. ACM 是_____组织的简称。

3. 1937 年,_____提出了通用的计算设备即图灵机的设想。

4. 基于冯·诺依曼模型的计算机包括四个子系统,它们分别是_____、_____、_____和_____。

5. 1946 年,美国研制成功第一台高速电子数字计算机,它被命名为_____。

6. 第一代电子计算机的主存储器主要使用水银延迟线存储器、阴极射线示波管存储器和_____存储器。

7. 第一次使个人计算机具有多媒体处理能力的微型计算机是_____。

8. 我国古代数学家_____利用算筹计算出圆周率在 3.141 592 6 和 3.141 592 7 之间。

9. 中国推出的龙芯一号 CPU 是神州龙芯公司推出的兼顾通用及嵌入式 CPU 特点的新一代 CPU,它是_____位的。

10. 计算机科学的大部分研究是基于"_____"和"_____"的,它们是绝大多数实际机器的计算模型。

11. 冯·诺依曼设计思想中要求_____和_____必须存储在内存中。实际上它们都是以位模式(_____和_____序列)存储在内存中的。

12. 第四代计算机是把信息采集存储处理、_____和_____结合在一起的智能计算机系统。它不仅能进行一般信息处理，而且能面向知识处理，具有形式化推理、_____、学习和_____的能力，将能帮助人类开拓未知的领域和获得新的知识。

13. 第四代计算机主要特征是采用了_____和_____集成电路。新一代计算机的研制是各国计算机界研究的热点，如知识信息处理系统 KIPS，_____，_____。

14. 以微处理器为核心的微型计算机属于第_____代计算机。

（二）选择题

1. 计算机科学是一门实用性很强的学科，它涵盖了许多学科的知识，但是它并没有涵盖_____学科的知识。
   A. 电子学   B. 磁学   C. 精密机械   D. 心理学

2. 计算机科学的分支领域包括_____。
   A. 算法和数据结构   B. 操作系统   C. 程序设计语言   D. 数据库和信息检索

3. 高级程序设计语言是从_____时代开始出现的。
   A. 电子管时代   B. 晶体管时代   C. 集成电路时代   D. 机械计算机时代

4. 电子计算机主要是以_____划分发展阶段的。
   A. 集成电路   B. 电子元件   C. 电子管   D. 晶体管

5. 世界上首次提出存储程序计算机体系结构的是_____。
   A. 莫奇利   B. 图灵   C. 乔治·布尔   D. 冯·诺依曼

6. 计算机之所以能自动连续运算，是由于计算机采用了_____原理。
   A. 布尔逻辑   B. 存储程序   C. 数字电路   D. 集成电路

7. 计算机在实现工业自动化方面的应用主要表现在_____。
   A. 数据处理   B. 数值计算   C. 人工智能   D. 实时控制

8. 目前广泛使用的人事档案管理、财务管理等软件，按计算机应用分类，应属于_____。
   A. 实时控制   B. 科学计算   C. 计算机辅助工程   D. 数据处理

9. 早期的计算机主要是用来进行_____。
   A. 科学计算   B. 系统仿真   C. 自动控制   D. 动画设计

10. 下列不属于计算机主要性能指标的是_____。
    A. 字长   B. 内存容量   C. 重量   D. 时钟脉冲

11. 计算机最主要的工作特点是_____。
    A. 存储程序与自动控制   B. 高速度与高精度
    C. 可靠性与可用性   D. 具有记忆能

12. 下列_____是计算机的主要特点。
    A. 运行速度快处理能力强   B. 具有大容量存储和高速度存取能力
    C. 具有比人类更强的思维能力   D. 具有存储程序和逻辑判断的能力

13. 下列属于计算机病毒特征的有_____。
    A. 免疫性   B. 潜伏性   C. 激发性   D. 传染性

14. 关于计算机病毒，下列叙述正确的有_____。
    A. 计算机病毒不会对计算机硬件造成危害
    B. 计算机病毒是一种程序
    C. 防止病毒感染的有效方法是使用正版软件
    D. 传染病毒最常见的途径是使用软盘来传递数据

15. 随着网络使用的日益普及，_____成了病毒传播的主要途径之一。

    A. Web 页面   B. 电子邮件   C. BBS   D. FTP

16. 计算机的核心是_____。

    A. 存储器   B. 中央处理器   C. 软件   D. I/O 设备

17. 信息化社会的核心基础是_____。

    A. 通信   B. 控制   C. Internet   D. 计算机

18. 第一台电子计算机使用的逻辑部件是_____。

    A. 集成电路   B. 大规模集成电路   C. 晶体管   D. 电子管

19. 根据计算机使用的电信号来分类，电子计算机分为数字计算机和模拟计算机，其中数字计算机是以_____为处理对象。

    A. 字符数字量   B. 物理量   C. 数字量   D. 数字、字符和物理量

20. 目前的计算机与过去的计算工具相比，所具有的特点有_____。

    A. 具有记忆功能，能够存储大量信息，可供用户随时检索和查询

    B. 按照程序自动进行运算，完全取代人的脑力劳动

    C. 具有逻辑判断能力，所以说计算机具有人的全部智能

    D. 以上都对

（三）判断题

1. 计算机科学是一门研究如何制造计算机的学科。   （   ）

2. 图灵造出了世界上第一台计算机，这台计算机被称为图灵机。   （   ）

3. 计算机对于计算机科学的作用就相当于望远镜对于天文学的作用。   （   ）

4. 现代计算机已经发展到第五代。   （   ）

（四）讨论题

1. 由于计算机系统在银行的大量使用，使得我们可以使用各种银行卡进行非现金交易。如果因为计算机出错，导致你的银行卡上多出 100 万元，而你在不知情的状况下使用了这些钱，你的行为算不算盗窃银行钱财？你应该负有什么责任？如果因为同样的计算机出错导致银行从你的卡上多扣了出一百元，算不算银行盗窃你的钱财？银行应该负有什么责任？如果计算机系统出错的地方恰好你是编写的一段程序，你应该负有什么责任？

2. 在网上我们经常会看到一些奇怪的文字，这是网民为对付敏感字过滤系统而采取的办法。因特网的使用应当被监视和管制吗？能够被监视和管制吗？对因特网的管制会对我们造成什么影响。

3. 如何在自己的个人计算机上安装 Python 语言编程环境。

第1章　数据的表示与编码

数据是计算机处理的对象，学习数据在计算机中的表示方法是了解计算机工作原理的基础，计算机只能对用特定方式表示的数据进行存储、加工等处理。本章我们讨论数据在计算机中的表示和运算，以及不同数据类型的编码和存储。

从根本上看，数据分为数值型数据和非数值型数据两大类。其中，数值型数据用于表示整数、实数等数值性数据的信息，其表示方式涉及数字系统的底数、数码符号等方面；非数值型数据用于表示文字符号、声音、图形图像之类的信息。在计算机中，根据处理的不同要求，需要对数据采用不同的编码方式进行表示。

1.1　数和数制

发明计算机的最初目的是进行数值计算，计算机中首先表示的数据就是各种数字信息。随着应用的发展，现代计算机数据以不同的形式出现，如数字、文字、图像、声音和视频等。但是，在计算机内部，这些数据都是以数字的形式存储和处理的。

1.1.1　数字系统

我们通常使用**数码符号**（简称数符或数码）来表示数字（如 $0 \sim 9$）。但是，在任何语言中的符号（字符）数量都是有限的，这意味着数码需要重复使用。

为了重复使用有限的数码符号，人类在长期的实践中摸索出数字的两类表示系统：**位置化的数字系统**和**非位置化的数字系统**。前者虽然使用相同的数码符号，但是其数值与位置有关而不一定相同。后者的每个数码符号有固定的数值，不随其位置变化。

知识扩展

巴比伦文明发展了首个位置化数字系统，称为**巴比伦数字系统**。它继承了闪族人和阿卡得人的数字系统，将其发展为位置化的六十进制（以 60 为底）数字系统，该底现今还用于时间和角度。例如，1h 为 60min，1min 为 60s。同样，1° 为 60′，1′ 为 60″。作为底为 b 的位置化系统需要 b 个符号（数码），我们希望一个位置化的六十进制系统有 60 种符号。但是巴比伦人没有符号 0，而且通过堆叠表示 1 和 10 的两个符号构造出 59 个符号。

位置化数字系统中，在数字中符号所占据的位置决定了其表示的值。在该系统中，一个数字这样表示：

$$\pm (S_{k-1} \cdots S_2 S_1 S_0 . S_{-1} S_{-2} \cdots S_{-l})_b$$

它的值是：

$$n = \pm S_{k-1} \times b^{k-1} + \cdots + S_1 \times b^1 + S_0 \times b^0 + S_{-1} \times b^{-1} + S_{-2} \times b^{-2} + \cdots + S_{-l} \times b^{-l}$$

其中，S 是一套符号集，b 是**底数**（或**基数**），它等于 S 符号集中的符号总数，其中 S_i 指该符号的位置是 i。注意我们使用的表达式可以从右边或从左边扩展。也就是说，b 的幂可以从一个方向由 0 到 $k-1$，还可以从另一个方向由 -1 到 $-l$。b 的非负数幂与该数字的整数部分有关，而负数幂与该数字的小数部分有关。± 符号表示该数字可正可负。

例如，二进制数（101.11）$_2$ 在位置化数字系统中表示为：101.11，它的值可以如下求出：

2^2	2^1	2^0		2^{-1}	2^{-2}	位置量
1	0	1	.	1	1	数字
$R = + \ 1 \times 2^2$	$+ \ 0 \times 2^1$	$+ \ 1 \times 2^0$		$+ \ 1 \times 2^{-1}$	$+ \ 1 \times 2^{-2}$	值

也就是，二进制数（101.11）$_2$ 相等的十进制数为 $N = 4 + 0 + 1 + 0.5 + 0.25 = 5.75$。

非位置化数字系统也使用有限的数字符号，每个符号有一个值。但是符号所占用的位置通常与其值无关——每个符号的值是固定的。为求出该数字的值，我们把所有符号表示的值相加。

罗马数字是非位置化数字系统的一个典型例子。该系统由罗马人发明，并在欧洲一直使用到 16 世纪。它仍在体育比赛、钟表刻度和其他应用中使用。该数字系统有一套符号 $S=\{I, V, X, L, C, D, M\}$，每个符号的取值如下所示。

符号	I	V	X	L	C	D	M
值	1	5	10	50	100	500	1000

下面显示了一些罗马数字和它们的值：

III	→	1+1+1	=	3
IV	→	5–1	=	4
VIII	→	5+1+1+1	=	8
XVIII	→	10+5+1+1+1	=	18
XIX	→	10+(10–1)	=	19
LXXII	→	50+10+10+1+1	=	72
CI	→	100+1	=	101
MMVII	→	1000+1000+5+1+1	=	2007
MDC	→	1000+500+100	=	1600

注意　在计算机中使用的是位置化数字系统而不是非位置化数字系统。

1.1.2　计数与进制

数字是人们经常接触到的抽象代码，单独的数字不与任何具体事物相联系。大多数人使用的数字系统是以 10 为底的，也就是十进制。

进制的由来

知识扩展　十进制计数法的发明可能源于人类习惯使用 10 个手指计数。

玛雅文明发明的二十进制（以 20 为底）数字系统，称为玛雅数字系统。他们以 20 为底可能是因为他们使用手指和脚趾一起来计数。

十二进制曾经很流行。十二进制可能来自一只手除拇指以外的四个手指的指节个数，它们曾被用来计数。12 这个数字很有用，它有很多因子，它还是 1 到 4 最小的公倍数。十二进制的乘法和除法比十进制方便，而加法也同样简单。

六十进制是苏美尔人和他们在美索不达米亚的继承者所使用的。60 有大量因子，包括前 6 个自然数。六十进制系统被认为是十进制和十二进制合并过程中产生的。巴比伦文明的六十进制可能与天文历法计时有关。

十六进制曾经在中国的重量单位上使用过。

数学在某种意义上来说称得上是一种世界语言。不论哪种语言，所有的人都用同样的方式来表示数字，只是具体写法和发音不同。多数历史学家认为，数字最初创造出来是用来数数的，即计数。比如人数、财产数、商品交易量等。

我们现在使用的数字系统通常称为阿拉伯数字系统，或称为印度 – 阿拉伯数字系统。它起源于印度，但由阿拉伯数学家传入欧洲。印度 – 阿拉伯数字系统是与位置相关的，也就是说，一个数字依据位置的不同代表不同的数量。数字的位置和数字的大小一样，都同样重要。实质上，数字的位置更重要。100 和 1 000 000 中都有一个 1，但它们相差一万倍。

多位数中的各位置（也就是我们所说的位）都有特定的意义，如图 1-1 所示。这 7 个方格可以表示从 0 ～ 99 999 999 的任何一个数字：

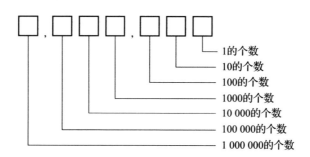

图 1-1 多位数中数位的表示

每一个位置（位）与 10 的一个整数次幂相对应。下面是 10 的各次幂：

$$10^1 = 10$$
$$10^2 = 100$$
$$10^3 = 1000 （千，K）$$
$$10^4 = 10\ 000$$
$$10^5 = 100\ 000$$
$$10^6 = 1\ 000\ 000 （百万，M）$$
$$10^7 = 10\ 000\ 000$$
$$10^8 = 100\ 000\ 000$$
$$10^9 = 1\ 000\ 000\ 000 （十亿，G）$$

与位置相关的计数系统的优点不在于它的便利程度，而在于当它用在不是十进制的系统中时也可以使用同样的方法，如二进制。

1.1.3　二进制和位

二进制数字系统是最简单的数字系统。其底数为 2，数字的取值范围是 0 和 1，计数规则是"逢 2 进位"。二进制数字系统中只有两个数字 0 和 1。如果只需表达"是"或"不是"的话，不必用一个句子或者词语来表达，只要用一个位，即只要一个 0 或 1 即可。

位的英文是"bit"（比特）代表"binary digit"，其通常的意义是"一小部分，程度很低或数量很少"。这个意义用来表示比特是非常精确的，1bit 即一个二进制数字位确实是一个非常小的量。在计算机领域，位是组成信息块的基本单位。1 位具备最少的信息量，更复杂的信息需要多个位来表示。

美国独立战争期间，Paul Revere 使用灯光通知美国人敌人入侵消息的方法就是一个利用位传递信息的例子。他告诉他的朋友：如果敌军今晚入侵，你就在北教堂的钟楼拱门上悬挂点亮的提灯作为信号。一盏提灯代表敌军由陆路入侵，两盏提灯代表敌军由海路入侵。没有入侵的情况就不挂提灯。如图 1-2 所示。

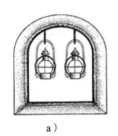 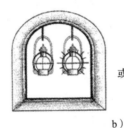 或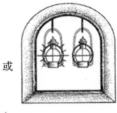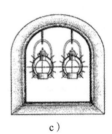

a）　　　　　　　　　　b）　　　　　　　　　　c）

图 1-2　灯标示意图

每一盏提灯都代表一个位。亮着的灯表示位值为 1，未亮的灯表示位值为 0。将上述问题抽象为数学表示如下：

a）0 0：敌军今晚不会入侵。

b）0 1 或 1 0：敌军正由陆路入侵。

c）1 1：敌军正由海路入侵。

很容易想到，如果只有一盏提灯，那么只能表示有或没有敌军入侵，并不能表示敌人从哪个方向来。这个例子说明，一个二进制位只能表示两种状态，更多的状态可以通过多个二进制位的组合来实现。电子计算机用的就是这个基本原理。

位是信息的基本单位，也是存储在计算机中的最小单位。在现代电子计算机中是用电子器件的两态性来实现二进制的位。例如电子开关要么合上要么断开，如果用 1 表示合上状态，0 表示断开状态，那么一个开关就能表示一个二进制位。当然，计算机需要定义足够大的数值范围才能工作。一个电子开关只有两个状态，即能表示一个二进制位。为了表示更多的数值状态，可以将多个开关并列使用。例如，8 位宽度（即 8 个开关），可以表示 256 种不同状态（00000000 ～ 11111111）。通常，k 位的组合可以表达 2^k 种不同状态，每个状态分别是 k 个 0 和 1 的位序列组合。我们称该 0 和 1 的序列为编码，每个编码对应一个特定的值或状态。电子计算机使用二进制来表示信息，仅仅是因为用电子器件实现二进制位比较简单，并不表示二进制比我们常用的十进制更先进。

莱布尼茨二进制与阴阳八卦

知识扩展

　　莱布尼茨不仅发明了二进制，而且赋予了它宗教的内涵。莱布尼茨一直与在中国传教的好朋友布维保持着频繁的书信往来。莱布尼茨曾将很多布维的文章翻译成德文发表刊行。恰恰是布维向莱布尼茨介绍了《周易》和八卦的系统，并说明了《周易》在中国文化中的权威地位。

　　八卦是由 8 个符号组成的占卜系统，而这些符号分为连续的横线与间断的横线两种，即后来被称为"阴""阳"的符号，在莱布尼茨眼中，这个来自古老中国文化的符号系统与他发明的二进制可谓异曲同工，因此断言：二进制乃是具有世界普遍性的、最完美的逻辑语言。

1.1.4　八进制和十六进制

　　因为数据在计算机中最终以二进制的形式存在，所以使用二进制可以更直观地解决问题。但是，二进制数太长了，不适合人的书写和思考。用较大的进制数可以有效缩短数字串的长度，于是引入了八进制和十六进制。进制越大，数的表达长度也就越短。

　　八进制就是逢 8 进位，用 0 ～ 7 这 8 个符号组成数字表示，其基数为 8。八进制数第 0 位的权值为 8 的 0 次方，第 1 位权值为 8 的 1 次方，第 2 位权值为 8 的 2 次方，以此类推。

　　十六进制就是逢 16 进位，用 0 ～ 9 这 10 个数字，再加上 A ～ F 6 个字母共 16 个符号组成数字表示，其基数为 16。十六进制数第 0 位的权值为 16 的 0 次方，第 1 位权值为 16 的 1 次方，第 2 位权值为 16 的 2 次方，以此类推。

　　为了避免混淆，在使用不同进制时采用后缀表示进制，比如用 2、8、10、16 表示二、八、十和十六进制数；也可用字母表示，通常用 D 表示十进制，用 B 表示二进制，用 O 或 Q 表示八进制，用 H 表示十六进制数。例如十六进制数 FDA59B 可以表示为 $(FDA59B)_{16}$ 或 FDA59BH。

　　2、8、16，分别是 2 的 1、3、4 次方。这三种进制之间可以非常直接地互相转换。1 个八进制位可以表示 3 个二进制位，1 个十六进制位表示 4 个二进制位。八进制数或十六进制数实际上是缩短了的二进制数，但保持了二进制数的表达特点，可以说是人们为了方便书写和记忆引入的二进制的缩写形式。

例　题

例 1-1：用十六进制表示十进制数 686。

解：

与十进制数 686 等值的十六进制数是 $(2AE)_{16}$

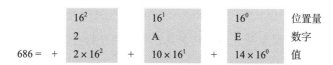

	16^2	16^1	16^0	位置量
	2	A	E	数字
686 =	$+\ 2 \times 16^2$	$+\ 10 \times 16^1$	$+\ 14 \times 16^0$	值

1.1.5　不同进制间的相互转换

　　由于计算机中使用二进制数，我们日常生活中使用十进制，而在进行程序设计和调试时，根据机器和编程环境的需要可能分别会使用八进制和十六进制。下面我们讨论一下这几种数制之间的转换关系。

1. 任意进制数转换为十进制数

根据以下公式我们将数码符号 S_i 乘以其在数字系统中的位置量（或权量）b^k 并求和便得到在十进制中的数，其中 b 是基数。例如，在二进制中，$b=2$；在六十进制中，$b=60$。

$$n = \pm S_{k-1} \times b^{k-1} + \cdots + S_1 \times b^1 + S_0 \times b^0 + S_{-1} \times b^{-1} + S_{-2} \times b^{-2} + \cdots + S_{-l} \times b^{-l}$$

例 题

例 1-2：将二进制数（ 100.11 ）$_2$ 转换为十进制数。

解：

二进制数的底为 2，使用公式：

$$n = \pm S_{k-1} \times 2^{k-1} + \cdots + S_1 \times 2^1 + S_0 \times 2^0 + S_{-1} \times 2^{-1} + \cdots + S_{-l} \times 2^{-l}$$

二进制	1	0	0	1	1
位置量	2^2	2^1	2^0	2^{-1}	2^{-2}
各部分结果	4 +	0 +	0 +	0.5 +	0.25

最后求和得到的结果是：（ 100.11 ）$_2$ = 4.75

我们也可以使用竖式方法快速计算。例如，将一个十六进数 2AF5 换算成十进制数，方法如下：

$$
\begin{aligned}
第\ 0\ 位：5 \times 16^0 &= \quad\quad 5 \\
第\ 1\ 位：F \times 16^1 &= \quad\ 240 \\
第\ 2\ 位：A \times 16^2 &= 2\ 560 \\
第\ 3\ 位：2 \times 16^3 &= 8\ 192\ + \\
\hline
&\quad 10\ 997
\end{aligned}
$$

直接计算就是：

$$5 \times 16^0 + F \times 16^1 + A \times 16^2 + 2 \times 16^3 = 10\ 997$$

现在可以看出，所有进制换算成十进制，关键在于各自的权值不同。

2. 十进制数转换为任意制数

我们能够将十进制数转换到与其等值的任意底，需要两个过程，一是用于整数部分另一个是用于小数部分。整数部分的转换使用连除法，小数部分的转换使用连乘法。

重 要

将十进制数转换为任意制数，整数部分的转换使用连除法，小数部分的转换使用连乘法。

（1）整数部分转换

我们称十进制数的整数部分为源，已转换好的整数部分的数为目标。反复除源并得到商和余数。余数插入目标中,商变为新的源。一直除到商为 0 为止,最后将所有余数逆序排列得到最终目标。

表 1-1 演示了如何将十进制数 120 转换成八进制数。要将 120 转换为八进制,先将要转换的数 120 除以 8,得到商 15 和余数 0;把商 15 作为新的源继续除以 8,得到商 1 和余数 7;再把商 1 作为新的源继续除以 8,得到商 0 和余数 1;最后将所有余数逆序排列得到最终结果为 170。

表 1-1 将十进制数 120 转换成八进制数的连除法

被除数(源)	计算过程(除)	商(新源)	余数(目标)
120	120/8	15	0
15	15/8	1	7
1	1/8	0	1

那么,如何将十进制数转换成十六进制数呢?十进制数转换成十六进制数,是一个连续除 16 的过程。例如,将十进制数 120 转换成十六进制数,唯一变化是除数由 8 变成了 16。如表 1-2 所示,120 转换为十六进制,结果为 78。请读者拿笔纸,按照类似的方法,将十进制数 120 转换成二进制数,看看结果如何。

表 1-2 将十进制数 120 转换成十六进制数的连除法

被除数(源)	计算过程(除)	商(新源)	余数(目标)
120	120/16	7	8
7	7/16	0	7

(2)小数部分转换

小数部分的转化可使用连乘法。我们称十进制数的小数部分为源,已转换好的整数部分的数为目标。反复乘源并得到结果。结果的整数部分插入目标中,而小数部分成为新的源。

表 1-3 演示了如何将十进制数 0.625 转换为二进制数。因为 0.625 没有整数部分,该例子显示小数部分如何计算。这里是以 2 为底数。在左边一列写上这个十进制数,连续乘 2,并记录结果的整数和小数部分。小数部分作为新源,整数部分作为目标。当小数部分为 0,或达到足够的位数时结束。结果是 $0.625=(0.101)_2$。

表 1-3 将十进制数 0.625 转换为二进制数的连乘法

被乘数(源)	计算过程(乘)	小数部分(新源)	整数部分(目标)
0.625	0.625×2	0.25	1
0.25	0.25×2	0.5	0
0.5	0.5×2	0	1

表 1-4 演示了如何将十进制数 178.6 转换为十六进制数,要求精确到小数 2 位。鉴于 178.6 有整数部分和小数部分,我们需要分开转换。如表中所示,我们以 16 为底,进行连除法和连乘法,并将分别求出的整数和小数(精确到小数点后 2 位)相加,得到的最终结果是 $178.6=(B2.99)_{16}$。

表 1-4 将十进制数 178.6 转换为十六进制数

被除数（源）	整数部分（目标）	被乘数（源）	小数部分（目标）
178	2	0.6	9
11	B	0.6	9
0		0.6	

3. 二进制和十六进制数互相转换

二进制和十六进制的互相转换比较重要。每个程序员都能轻松将数字从二进制转换到十六进制，反之亦然。这是因为在这两个底之间存在一种关系：二进制中的 4 位恰好是十六进制中的 1 位。

例如对于二进制数 1111，你可能还要这样计算：

$$1 \times 2^0 + 1 \times 2^1 + 1 \times 2^2 + 1 \times 2^3 = 1 \times 1 + 1 \times 2 + 1 \times 4 + 1 \times 8 = 15$$

然而，由于 1111 才 4 位，所以我们必须直接记住它每一位的权值，并且是从高位往低位记：8、4、2、1。即最高位的权值为 $2^3 = 8$，然后依次是 $2^2 = 4$，$2^1 = 2$，$2^0 = 1$。

如果能记住以上权值，对于任意一个 4 位的二进制数，我们都可以很快算出它对应的十进制值。这样也就方便二进制和十六进制的互相转换。

例 1-3：将二进制数（11111101101010010110011011）₂ 转换为十六进制。

解：

要将二进制数（11111101101010010110011011）₂ 转换为十六进制，可以以 4 位为一段，分别转换为十六进制，最终得到结果是：

$$(FDA59B)_{16}$$

1111，1101，1010，0101，1001，1011

 F   D   A   5   9   B

例 1-4：将十六进制数 FD 转换为二进制数。

先转换 F，它在十六进制中是 15。8 + 4 + 2 + 1 = 15，所以四位全为 1，得到 1111。

接着转换 D，它在十六进制中是 13。8 + 2 + 1 = 13，得到 1011。

所以 FD 转换为二进制数为 1111 1011。

二进制数要转换为十六进制，就是以 4 位为一段，分别转换为十六进制。反之亦然。

同样，如果一个二进制数很长，我们需要将它转换成十进制数时，除了前面学过的方法，我们还可以先将这个二进制转换成十六进制，然后再转换为十进制。

例如，将二进制数 01101101 转化为十进制数，可以将其先转为十六进制数 6D，再转换为十进制数：$6 \times 16 + 13 = 109$。

同理，我们还可以在二进制、八进制、十六进制之间快速转换。通过表 1-5 所示的进制转换表，我们可以总结出它们之间的规律。

表 1-5 进制转换表

进位制	二进制	八进制	十进制	十六进制
规则	逢二进一	逢八进一	逢十进一	逢十六进一
底数	2	8	10	16
数符集	0, 1	0, 1, 2, ···, 7	0, 1, 2, ···, 9	0, 1, ···, 9, A, ···, F
权值	2^i	8^i	10^i	16^i
表示	B	O	D	H

1.2 数值的表示与运算

由于计算机只能直接识别和处理用 0、1 两种状态表示的二进制形式的数据，所以在计算机中无法按人们日常的书写习惯用正负号加绝对值来表示数值。像表示数字一样，需要用二进制代码 0 和 1 来表示正负号。这样，在计算机中表示带符号的数值数据时，数符和数据均采用 0、1 进行了代码化。这种采用二进制表示形式的连同符号一起代码化了的数据，在计算机中统称为机器数或机器码。而与机器数对应的用正、负符号加绝对值来表示的实际数值称为数的真值。机器数可分为无符号数和带符号数两种，无符号数是指计算机字长的所有二进制位均表示数值，带符号数是指机器数分为符号和数值两部分，且均用二进制代码表示。

1.2.1 整数的表示

整数是没有小数部分的整型数字。例如，123 是整数而 1.23 不是。整数可以被当作小数点位置固定的数字：小数点固定在最右边。因此，定点表示法用于存储整数。在这种表示法中，小数点是假定的且不存储。为了更有效地利用计算机内存，无符号和有符号的整数在计算机中的存储方式是不同的。

1. 无符号整数

无符号整数在计算机中的应用非常广泛。例如，我们希望限定一个任务的执行次数，使用一个无符号整数即可，用它来记录该任务还有多少次执行次数。另外，我们还可以使用无符号整数表示不同内存单元的地址，这与生活中的用法很相似，如第 129 号信箱或第 131 号信箱。我们可以将一个无符号整数表示为一连串的二进制数字序列。

2. 有符号整数

在实际算术运算中存在大量的负数。我们可以在 2^k 个位中，专门用一个位表示正负符号，这样实际上将数一分为二，一半表示正数，另一半表示负数。这种方法称为符号位表示法，就是我们后面提到的原码表示法；第二种思路也是早期计算机所采用的方法，将一个正数的所有位全部取反，即得到该正数所对应的负数编码，例如 "+5" 表示为 "00101"，那么 "-5" 则为 "11010"，我们称之为反码表示法。不同的编码方法会导致不同的加法器逻辑复杂度。前面提到的两种编码方法，符号位法和反码表示法，在硬件逻辑设计上都相当复杂。例如，对符号相反的两个数求和，加法器不能将它们直接逐位相加。因此，需要设计更适合硬件操作的编码方案，那就是补码表示法。几乎目前所有的计算机都采用这种编码方式。

3. 原码、反码和补码

数值有正负之分，所谓**原码**是用一个数的最高位存放符号（0 为正，1 为负），后续的其他位与数的真值相同。假设机器能处理的位数为 8，即字长为 1 个 8 位字节，原码能表示数值的范围为（-127 ～ 0，0 ～ 127）。

　　请注意原码不等同源码。这里的原码是编码中的专用术语，而"源码"通常是指程序的源代码。

注　意

　　用原码这种数值的表示方法可以对数进行算术运算，用带符号位的原码进行乘除运算时结果正确，但是在加减运算的时候就会出现问题，例如，字长为 8 位的原码，计算机把减法当作一个正数和一个负数的加法来计算。

　　例如十进制的计算（$1 - 1 = ?$）：$(1)_{10} - (1)_{10} = (1)_{10} + (-1)_{10} = (0)_{10}$，而 $(00000001)_{原} + (10000001)_{原} = (10000010)_{原} = (-2)$ 显然不正确。

　　数值的反码表示法是用最高位存放符号，并将原码的其余各位逐位取反。反码的取值空间和原码相同且一一对应。下面是反码的减法运算。

　　例如，对于十进制数：$(1)_{10} - (2)_{10} = (1)_{10} + (-2)_{10} = (-1)_{10}$，$(00000001)_{反} + (11111101)_{反} = (11111110)_{反} = (-1)$ 正确。

　　然而对于：

$$(1)_{10} - (1)_{10} = (1)_{10} + (-1)_{10} = (0)_{10}$$

　　用反码进行计算：

$$(00000001)_{反} + (11111110)_{反} = (11111111)_{反} = (-0)$$

　　可以看到，将计算的结果取其反码后会出现有 (-0)。问题出现在 (+0) 和 (-0) 上，在人们的计算概念中零是没有正负之分的，于是就引入了补码概念。

　　在补码表示法中，正数的补码表示与原码相同，即最高符号位用 0 表示正，其余位为数值位。而负数的补码则为它的反码，并在最低有效位（即 D_0 位）加 1 所形成。

　　在二进制补码表示法中，最左位决定符号。如果它是 0，该整数为正；如果是 1，该整数为负。

重　要

　　处理器内部默认采用补码表示有符号数，8 位表达的整数范围是 -128 ～ +127，16 位表达的范围是 -32 768 ～ +32 767。负数的补码就是对反码加一，而正数不变，正数的原码反码补码是一样的。在补码中用 -128 代替了 -0，所以补码的表示范围为 -128 ～ 0 ～ 127 共256 个整数。

　　注意 -128 没有相对应的原码和反码，-128 = $(10000000)_2$

注　意

　　补码的加减运算示例如下：

$$(1)_{10} - (1)_{10} = (1)_{10} + (-1)_{10} = (0)_{10}$$
$$(00000001)_{补} + (11111111)_{补} = (00000000)_{补} = (0) \text{ 正确}$$
$$(1)_{10} - (2)_{10} = (1)_{10} + (-2)_{10} = (-1)_{10}$$
$$(00000001)_{补} + (11111110)_{补} = (11111111)_{补} = (-1) \text{ 正确}$$

补码的设计目的是：

1）使符号位能与有效值部分一起参加运算，从而简化运算规则。

2）使减法运算转换为加法运算，进一步简化计算机中运算器的线路设计。

所有这些转换都是在计算机的最底层进行的，我们在使用汇编、C 等程序设计语言中使用的是原码，数据在计算机中是以补码的形式存在的。

重要

补码的运算规则： $[X+Y]_{补} = [X]_{补} + [Y]_{补}$

$[X-Y]_{补} = [X]_{补} + [-Y]_{补}$

若已知 $[Y]_{补}$，求 $[-Y]_{补}$ 的方法是：将 $[Y]_{补}$ 的各位（包括符号位）逐位取反再在最低位加 1 即可。例如，$[Y]_{补} = 101101$ $[-Y]_{补} = 010011$。

例题

例 1-5：求 105 和 –105 的二进制补码。

解：

正数的补码不变，负数进行补码运算。

105 的二进制原码	0 1 1 0 1 0 0 1
105 的二进制补码	0 1 1 0 1 0 0 1（正数补码不变）
105 的二进制反码	1 0 0 1 0 1 1 0（逐位取反）
–105 的二进制补码	1 0 0 1 0 1 1 1（反码加 1）

例 1-6：将用二进制补码表示法存储在 8bit 存储单元中的 11100000 还原成整数原值。

解：

最左位是 1，因此符号为负。在整数转换为十进制前进行补码运算。

	1 1 1 0 0 0 0 0
进行补码运算	0 0 0 1 1 1 1 1 + 1（取反加 1）
得到二进制数	0 0 1 0 0 0 0 0
整数转换为十进制	3 2
加上符号得到原值	–3 2

---

4. 原码、反码和补码之间的转换

原码、反码和补码这三种编码既有相同点，又有各自的不同，主要体现在以下几个方面：

1）正数的 3 种编码都等于真值本身，而负数各不相同。

2）符号位都在最高位，补码和反码的符号位可作为数值位的一部分看待，与数值位一起参加运算，但是原码的符号位不允许和数值位一样看待，需要分开处理。

3）真值零的原码和反码都有两种不同的表示形式，而补码的表示形式只有一种。

从表示范围来看，原码和反码的表示范围是对称的，而补码负数表示范围比正数表示范围多一个数，表示定点小数时的最负的数是 -1，表示定点整数时最负的数是 $-2n$。

因为正数的原码、反码和补码的表示形式是相同的，而负数则各不相同，所以 3 种码制之间的相互转换实际上就是其负数形式的转换。

1）将反码表示的数据转换成原码。

转换方法：负数的符号位保持不变，数值部分逐位取反。

2）将补码表示的数据转换成原码。

转换方法：利用互补的道理对补码再次求补即得到原码。

3）将原码表示的数据转换成补码。

转换方法：负数的符号位保持不变，数值部分逐位取反后，最低位加 1 便得到负数的补码。

5. 溢出

因为存储空间大小（即存储单元的位的数量）的限制，可以表达的整数范围是有限的。在 n-bit 存储单元中，我们可以存储的无符号整数仅在 $0 \sim 2^n-1$ 之间。例如，我们保存整数 11 到一个仅为 4 位大小的存储单元中，不会出现问题。但是又试图再加上 9，就发生了溢出的情况。表示十进制数 20 的最小位数是 5 位，也叫是说 $20=(10100)_2$，所以计算机丢掉最左边的位，并保留最右边的 4 位 $(0100)_2$。最终人们看到新的整数显示为 4 而不是 20。

1.2.2　实数的表示

实数是带有整数部分和小数部分的数字，用于维持正确度或精度的解决方法是使用浮点表示法。该表示法允许小数点浮动：我们可以在小数点的左右有不同数量的数码。实数一般用浮点数表示，因为它的小数点位置不固定，所以称为浮点数。它是既有整数又有小数的数，纯小数可以看作实数的特例。

浮点表示法在科学中用于表示很小或很大的十进制数。在称作**科学计数法**的该表示法中，定点部分在小数点左边只有 1 个数码而且位移量是 10 的幂次。例如：57.625、-1984.045、0.004 56 都是实数，以上 3 个数又可以表示为：

$$57.625 = 5.7625 \times 10^1$$
$$-1984.045 = -1.984\ 045 \times 10^3$$
$$0.004\ 56 = 4.56 \times 10^{-3}$$

1. 规范化

为了使表示法的固定部分统一，科学计数法（用于十进制）和浮点表示法（用于二进制）都在小数点左边使用了唯一的非零数码，这称为**规范化**。十进制系统中的数码可能是 1 到 9，而二进制系统中该数码是 1。在下面，d 是非零数码，x 是一个数码，y 是 0 或 1。

十进制 → $\pm d.xxxxxxxxxxxxx$　注意：d 是 1 到 9，每个 x 是 0 到 9

二进制 → $\pm 1.yyyyyyyyyyyyyy$　注意：每个 y 是 0 或 1

2. 符号、指数和尾数

在一个数规范化之后，计算机中只存储了一个数的三部分信息：符号、指数和尾

数（小数点右边的位）。小数点和定点部分左边的位 1 并没有存储——它们是隐含的。例如，
+1000111.0101 规范化后变成为：

$$+ \quad 2^6 \quad \times \quad 1.0001110101$$
$$+ \quad 6 \quad\quad\quad 0001110101$$

$$\uparrow \quad\quad\quad \uparrow \quad\quad\quad\quad\quad \uparrow$$

符号　　指数　　　　　　尾数

符号：一个数的符号可以用一个二进制位来存储（0 或者 1）。

指数：指数（2 的幂）定义为小数点移动的位数。注意幂可以为正也可以为负。余码表示法（后面讨论）是用来存储指数位的方法。

尾数：尾数是指小数点右边的二进制数。它定义了该数的精度。尾数是作为无符号整数存储的。如果我们把尾数和符号一起考虑，我们可以说这个组合是作为符号加绝对值格式的整数存储的。但是，我们需要记住它不是整数——而是像整数那样存储的小数部分。我们强调这点是因为在尾数中，如果我们在数字的**右边**插入多余的零，这个值将会改变，而在一个真正的整数中，如果我们在数字的**左边**插入多余的零，这个值是不会改变的。

尾数是带符号的小数部分，像以符号加绝对值表示法存储的整数那样对待。

注　意

3. 余码表示法

为了让正的和负的整数都可以作为无符号数存储，计算机通常采用余码表示法。在余码表示法中，使用一个正整数（称为一个偏移量）加到每个数字中，用于把他们同一移到非负的一边。这个偏移量的值是 $2^{m-1} - 1$，m 是内存单元存储指数的大小。

例如，我们可以用 3 位存储单元在数字系统中表示 8 个整数。使用一个单元作为 0，分开其他 7 个（不等地），我们可以在 $-3 \sim 4$ 的范围中表示整数（此时有正负数）。在该范围中增加 3 个单位到每个整数中，我们可以统一把所有整数向右移，使其均为正整数而无须改变这些整数的相对位置，避免了相互调整。新系统称为余 3 码系统，或者偏移量为 3 的偏移表示法。

这种新的表示法与移位前的表示法相比，其优点在于在余码系统中的所有整数都是正数，当我们在这些整数上进行比较或运算时不需要考虑符号。对于 3bit 存储单元，如我们希望那样，偏移量是 $2^2 - 1 = 3$。

4. 实例

我们可以借助下面的实际例子说明在实数表示中是如何应用上面的方法的。假如一个字节存储的实数是 01011011。利用前面的知识分析这个位模式，可以看出符号位是 0，指数是 101，尾数是 1011。为了解码这个字节，我们首先要求出它的尾数，并在它的左边放置一个小数点，于是得到：

.1011

接着，我们求解指数部分（101）的内容。这里使用的是余 3 码存储的整数。用其表示

的值减去偏移量 3，得到 5 − 3 = 2，因此，我们所举例子的指数表示为正数 2。这就要求我们将上面所得结果的小数点向右移动 2 位（负指数域就意味着向左移动小数点）。因此，我们可以得到：

    10.11

这就是 2.75 的二进制表示。接着，我们看到例子中的符号位是 0，因此表示的数值是非负。可以得出结论：字节 01011011 表示 2.75。如果模式是 11011011（除了符号位都与之前相同），表示的数值就为 −2.75。

1.2.3 位的算术运算

算术运算包括加、减、乘、除等，适用于整数和浮点数。

1. 整数算术运算

首先我们集中讲整数的算术运算。所有类似于加，减，乘，除等的算术运算均适用于整数，我们先研究加和减，乘法运算可以在软件中通过连加的方式或在硬件中通过其他技术实现。除法运算可以在软件中通过连减的方式或在硬件中通过其他技术执行。

对整数的所有形式都可以进行加和减的运算。不过我们给出二进制补码形式，因为现在在计算机中整数只能以补码形式存储。

二进制补码中加法就像十进制中的加法一样：列与列相加，如果有进位，就加到下一列上。但是在二进制中，两位相加的结果只能是 0 或 1。在加法中，得到一个 1 的进位需要进到下一列上。现在我们可以定义二进制补码中两个整数相加的法则。

二进制补码中两个整数相加的法则

两个位相加，将进位加到下一列。如果最左边的列相加后还有进位，则舍弃它。

重 要

例 题

例 1-7：用二进制补码表示方法计算 17 加 22。

解：

$$(+17)+(+22)=(+39)$$

这些数字在 8 位存储单元中用二进制补码分别表示为 00010001 和 00010110。结果对于任何分配大小来说是类似的。

```
进位            1
          0 0 0 1 0 0 0 1 +
          0 0 0 1 0 1 1 0
          ─────────────────
结果      0 0 1 0 0 1 1 1
```

结果是十进制数 39。

例 1-8：请按补码形式计算 24 加 −17。

解：

$$(+24)+(-17)=(+7)$$

这两个数的补码可按如下描述运算：

$$
\begin{array}{r}
\text{进位}\qquad 1\,1\,1\,1\,1\\
0\,0\,0\,1\,1\,0\,0\,0\,+\\
1\,1\,1\,0\,1\,1\,1\,1\\
\hline
\text{结果}\qquad 0\,0\,0\,0\,0\,1\,1\,1
\end{array}
$$

结果是 +7，注意最后的进位被舍去（从行的最左侧算起）。

例 1-9：请按补码形式计算 –35 加 20。

解：

$$(-35)+(+20)=(-15)$$

这两个数的补码可按如下描述运算：

$$
\begin{array}{r}
\text{进位}\qquad 1\,1\,1\\
1\,1\,0\,1\,1\,1\,0\,1\,+\\
0\,0\,0\,1\,0\,1\,0\,0\\
\hline
\text{结果}\qquad 1\,1\,1\,1\,0\,0\,0\,1
\end{array}
$$

结果是 –15。

2. 浮点数的算术运算

浮点数（实数）也可以进行包括加、减、乘、除在内的算术运算。我们只介绍加法和减法，因为乘法和除法是加法和减法的多次重复运算。

浮点型加减法被 IEEE 标准格式规范化之后变得详尽而又复杂。我们在这里并不对其所有细节和特例进行讲解，而只是给出总体概述。

浮点数加减法是同一个处理过程，步骤如下：检验符号，如果符号相同，相加其值，结果符号与它们相同。如果符号不同，比较绝对值，绝对值大的减去小的，结果符号取绝对值大的一方。移动小数点，使两者阶数相同。也就是说，当阶数不同时，数值小的一方将小数点左移，但要使值不变。将变换后的数值进行加减运算（包括整数和小数部分）。

1.3　非数值信息的编码

编码通常指在人和机器之间进行信息转换的一种体系，是人们在实践中逐步创造的一种用较少的符号来表达较复杂信息的表示方法。比如我们前面谈到的数字，实际上就是一种编码，用一串数符代表规模更大的数。人们用 0 ～ 9 这十个数字的组合，表达的概念远比 10 要丰富得多。编码的基本目的是信息交流，人们研究编码，是为了以更简便的形式表达更丰富的信息。

随着现代计算机运用的深入，计算机不仅仅进行科学计算，实际上更大量的工作是用于处理人们日常工作和生活中最常使用的信息形式，也就是所谓的非数值型数据。计算机中使用不同的编码来表示和存储数字、文字符号、声音、图片和图像（视频）等不同类型的信息。计算机科学中研究编码的目的是方便计算机表示、处理和存储各种类型的信息。由于计算机硬件能够直接识别和处理的只是 0、1 这样的二进制信息，因此必须研究在计算机中如何通过二进制编码来表示和处理这些非数值型数据。由于非数值型数据所使用的二进制编码并不表示数值，所以也将非数值型数据称为符号数据。

数字计算机的存储器按位存储，所以需要在计算机上处理的信息必须按位的形式表示。毕竟世界上大量堆积的信息是文本形式的，就像装满图书馆的书报和杂志。通过对二进制编码的研究，使得计算机不仅能处理数字，还能表示、存储、处理和提供人类交流中所使用的各种信息，包括视觉信息（文字和图片）、听觉信息（语言、声音及音乐）、还有混合信息（动画和电影）等。所有这些信息类型都要求使用它们自己的编码方式。

1.3.1　字符的编码

1. ASCII 码

字符是非数值型数据的基础，字符与字符串数据是计算机中用得最多的非数值型数据。在使用计算机的过程中，人们需要利用字符与字符串编写程序、表示文字及各类信息，以便与计算机进行交流。为了使计算机硬件能够识别和处理字符，必须对字符按一定规则用二进制进行编码，使得系统里的每一个字母都有唯一的编码；文本中还存在数字和标点符号，所以也必须有它们的编码。简单地说，所有的字母、数字和符号都要编码，这样的系统叫作字符编码集，每一个编码叫作字符编码。注意文本中的数字与前面我们讨论的数值是不一样的。在文本中的数字，计算机将其视为字母，而不能进行算术运算。

电子计算机是美国人首先发明的，他们最先制定了符合他们使用习惯的美国标准信息交换标准码（American Standard Code for Information Interchange），即 ASCII 码。

ASCII 编码是由美国国家标准学会（American National Standard Institute，ANSI）制定的标准单字节字符编码方案，用于基于文本的数据。它最初是美国国家标准，供不同计算机在相互通信时用作共同遵守的西文字符编码标准，后来被国际标准化组织（International Organization for Standardization，ISO）定为国际标准，称为 ISO 646 标准。适用于所有拉丁字母。

ASCII 码使用指定的 7 位或 8 位二进制数组合来表示 128 或 256 种可能的字符。标准 ASCII 码也称为基础 ASCII 码，使用 7 位二进制数来表示所有的大写和小写字母、数字 0 ～ 9、标点符号，以及在美式英语中使用的特殊控制字符。图 1-3 为标准 ASCII 表。

其中：0 ～ 32 及 127（共 34 个）是控制字符或通信专用字符（其余为可显示字符），如控制符 LF（换行）、CR（回车）、FF（换页）、DEL（删除）、BS（退格）、BEL（振铃）等；通信专用字符 SOH（文头）、EOT（文尾）、ACK（确认）等。ASCII 值为 8、9、10 和 13 分别转换为退格、制表、换行和回车字符，它们并没有特定的图形显示，但会对文本显示有不同的影响。33 ～ 126（共 94 个）是字符，48 ～ 57 为 0 到 9 十个阿拉伯数字，65 ～ 90 为 26 个大写英文字母，97 ～ 122 为 26 个小写英文字母，其余为一些标点符号、运算符号等。

同时还要注意，在标准 ASCII 中，其最高位（b7）用作奇偶校验位。所谓奇偶校验，是指在代码传送过程中来检验是否出现错误的一种方法，一般分奇校验和偶校验两种。奇校验规定：正确的代码一个字节中 1 的个数必须是奇数，若非奇数则在最高位 b7 添 1。偶校验规定：正确的代码一个字节中 1 的个数必须是偶数，若非偶数则在最高位 b7 添 1。

后 128 个称为扩展 ASCII 码，许多系统都支持使用扩展 ASCII。扩展 ASCII 码允许将每个字符的第 8 位用于确定附加的 128 个特殊符号字符、外来语字母和图形符号。

ASCII 码是计算机世界里最重要的标准，但它存在严重的国际化问题。ASCII 码只适用于美国，它并不完全适用于其他以非英语为主要语言的国家，如希腊文、阿拉伯文、希伯来文和西里尔文。对于东方以汉字为代表的象形文字这一巨大的集合更是无能为力。

Ctrl	Dec	Hex	Char	Code	Dec	Hex	Char	Dec	Hex	Char	Dec	Hex	Char
^@	0	00		NUL	32	20		64	40	@	96	60	`
^A	1	01		SOH	33	21	!	65	41	A	97	61	a
^B	2	02		STX	34	22	..	66	42	B	98	62	b
^C	3	03		ETX	35	23	#	67	43	C	99	63	c
^D	4	04		EOT	36	24	$	68	44	D	100	64	d
^E	5	05		ENQ	37	25	%	69	45	E	101	65	e
^F	6	06		ACK	38	26	&	70	46	F	102	66	f
^G	7	07		BEL	39	27	'	71	47	G	103	67	g
^H	8	08		BS	40	28	(	72	48	H	104	68	h
^I	9	09		HT	41	29	)	73	49	I	105	69	i
^J	10	0A		LF	42	2A	*	74	4A	J	106	6A	j
^K	11	0B		VT	43	2B	+	75	4B	K	107	6B	k
^L	12	0C		FF	44	2C	,	76	4C	L	108	6C	l
^M	13	0D		CR	45	2D	−	77	4D	M	109	6D	m
^N	14	0E		SO	46	2E	.	78	4E	N	110	6E	n
^O	15	0F		SI	47	2F	/	79	4F	O	111	6F	o
^P	16	10		DLE	48	30	0	80	50	P	112	70	p
^Q	17	11		DC1	49	31	1	81	51	Q	113	71	q
^R	18	12		DC2	50	32	2	82	52	R	114	72	r
^S	19	13		DC3	51	33	3	83	53	S	115	73	s
^T	20	14		DC4	52	34	4	84	54	T	116	74	t
^U	21	15		NAK	53	35	5	85	55	U	117	75	u
^V	22	16		SYN	54	36	6	86	56	V	118	76	v
^W	23	17		ETB	55	37	7	87	57	W	119	77	w
^X	24	18		CAN	56	38	8	88	58	X	120	78	x
^Y	25	19		EM	57	39	9	89	59	Y	121	79	y
^Z	26	1A		SUB	58	3A	:	90	5A	Z	122	7A	z
^[	27	1B		ESC	59	3B	;	91	5B	[	123	7B	{
^\	28	1C		FS	60	3C	<	92	5C	\	124	7C	|
^]	29	1D		GS	61	3D	=	93	5D	]	125	7D	}
^~	30	1E	▲	RS	62	3E	>	94	5E	^	126	7E	~
^_	31	1F	▼	US	63	3F	?	95	5F	_	127	7F	⌂*

*ASCII码的第127个代码为DEL。在MS-DOS下，此代码与ASCII 8（BS）具有相同的效果。
DEL代码可以通过CTRL+BKSP键生成。

图 1-3 标准 ASCII 表

2. 汉字的编码

汉字也是字符，与西文字符相比，汉字数量大，字形复杂，同音字多，这就给汉字在计算机内部的存储、传输、交换、输入、输出等带来了一系列的问题。为了能直接使用西文标准键盘输入汉字，还必须为汉字设计相应的输入编码，以适应计算机处理汉字的需要。

（1）国标码

1980 年我国颁布了《信息交换用汉字编码字符集基本集》代号为 GB2312-80，是国家规定的用于汉字信息处理使用的代码依据，这种编码称为国标码。在国标码的字符集中共收录了 6763 个常用汉字和 682 个非汉字字符（图形、符号），其中一级汉字 3755 个，以汉语拼音为序排列，二级汉字 3008 个，以偏旁部首进行排列。

国标 GB2312-80 规定，所有的国标汉字与符号组成一个 94×94 的矩阵，在此方阵中，每一行称为一个"区"（区号为 01～94），每一列称为一个"位"（位号为 01～94），该方阵实际组成了一个 94 个区，每个区内有 94 个位的汉字字符集，每一个汉字或符号在码表中都有一个唯一的位置编码，称为该字符的区位码。

使用区位码方法输入汉字时，必须先在表中查找汉字并找出对应的代码才能输入。区位码输入汉字的优点是无重码，而且输入码与内部编码的转换方便。

（2）机内码

汉字的机内码是计算机系统内部对汉字进行存储、处理、传输统一使用的代码，又称为汉字内码。汉字内码与 ASCII 对应，用二进制对汉字进行的编码。由于汉字数量多，一般用两个字节来存放汉字的内码，即双字节字符集（Double-Byte Character Set，DBCS）。在计算机内汉字字符必须与英文字符区别开，以免造成混乱。英文字符的机内码是用一个字节来存放 ASCII 码，一个 ASCII 码占一个字节的低 7 位，最高位为"0"，为了区分，汉字机内码中两个字节的最高位均置为"1"。

例如，汉字"中"的国标码为 5650H，即 $(0101011001010000)_2$；机内码为 D6D0H，即 $(1101011011010000)_2$。

需要注意的是，在汉字字符集中，为了显示和打印等排版的需要，也定义了与英文和其他语言中的符号，这些符号在计算机中是作为中文文字处理的，不再是它原来语种的符号。这些符号称为全角符号，比如字符"Ａ"与字母"A"之间的区别。

（3）汉字的输入编码

汉字输入通常有键盘输入、语音输入、手写输入等方法，都有一定的优缺点。键盘输入方式是将每个汉字用一个或几个英文键表示，这种表示方法称为汉字的"输入编码"。输入编码与内码不同，它是专为解决汉字输入设计的，汉字输入后仍是用内码存储在计算机中，这种转换由系统中特殊的部分自动进行。输入编码的基本元素是标准键盘上可见的字母符号。汉字输入编码种类很多，根据输入编码的方式大体可将汉字输入编码分为四类：

1）数字编码，如电报码、区位码等。特点：难以记忆，不易推广。

2）字音编码，如拼音码等。特点：简单易学，但重码多。

3）字形编码，如五笔字型、表形码等。特点：重码少，输入快，但不易掌握。

4）音形编码，如自然码、快速码等。特点：规则简单，重码少，但不易掌握。

3. Unicode 码

尽管多年来 ASCII 码占据主要地位，但是现在其他更具扩展性的代码也越来越普及，这些代码能够表示各种语言的文档资料。其中之一是 Unicode，它是由硬件及软件的多家主导厂商共同研制开发的，并很快得到计算界的支持。这种代码采用唯一的 16 位模式来表示每一个符号。因此，Unicode 由 65 536 个不同的位模式组成——足以表示用中文、日文和希伯来文等语言书写的文档资料。

Unicode 即统一码，又称万国码，是一种以满足跨语言、跨平台进行文本转换、处理的要求为目的设计的计算机字符编码。它为每种语言中的每个字符设定了统一并且唯一的二进制编码。Unicode 的编码方式与 ISO 10646 的通用字元集（亦称通用字符集）概念相对应，使用 16 位的编码空间，也就是每个字符占用两个字节。实际上目前版本的 Unicode 尚未填充满这 16 位编码，保留了大量空间作为特殊使用或将来扩展。上述 16 位 Unicode 字符构成基本多文种平面（Basic Multilingual Plane，BMP）。Unicode 中定义了 16 个辅助平面，辅助平面字符占用 4 字节编码空间，共需占据 32 位，理论上最多能表示 2^{31} 个字符，完全可以涵盖一切语言所用的符号。

对于中文而言，Unicode 16 编码里面已经包含了 GB18030 里面的所有汉字（27 484 个字），目前 Unicode 标准准备把康熙字典中的所有汉字放入到 Unicode 编码中。

总之，Unicode 扩展自 ASCII 字元集。Unicode 使用 16 位元编码，并可扩展到 32 位，这使得 Unicode 能够表示世界上所有的书写语言中可能用于计算机通信的字元、象形文字和其他符号。Unicode 最初打算作为 ASCII 的补充，可能的话，最终将代替它。

1.3.2　静态图像的编码

静态图像是与动态图像相对应的概念，专门指单幅的图形。在计算机应用中经常需要用到各种图像的显示与处理，如统计图、照片等。

1. 位图图像

在用位图表示图像的方法中，图像被分成像素矩阵，也称点阵，每个像素是一个小点。像素的大小取决于分辨率。同样大小的图像，分辨率越高，意味着每个点越小，图像质量越精细，显示得更加清楚，但是需要更多的内存来存储图像。一般用单位长度的点数来描述图像分辨率，比如一般屏幕显示的分辨率为 72dpi（Dot Per Inch，每英寸的点数）。打印机通常可以支持到 300 ～ 600dpi。

在把图像分成像素之后，每一个像素被赋值为一个位模式，模式的尺寸和值取决于图像。对于一个仅有黑白点组成的图像（例如棋盘），一个 1 位模式已足够表示一个像素。0 模式表示黑像素，1 模式表示白像素。然后，模式被一个接一个记录并存储在计算机中。

对于多级灰度的图像，可以增加位模式的长度来表示灰色级。例如，可以使用 2 位模式来显示四重灰度级。黑色像素被表示成 00，深灰色像素被表示成 01，浅灰色像素被表示成 10，白色像素被表示成 11。位模式越大，能够表示的明暗变化越细致。

如果是表示彩色图像，则每一种彩色像素被分解成 3 种主色：红、绿和蓝（RGB）。然后将测出每一种颜色的强度，并将一种位模式（通常 8 位）分配给它。换句话说，每一个像素有 3 位模式：一个用于表示红色的强度，一个用于表示绿色的强度，一个用于表示蓝色的强度。常用的彩色模式为 8 位和 24 位。8 位模式能够提供 256 种可用颜色，具备一定的色彩，且文件不是很大。24 位模式又称为真彩模式，它能够提供 1677 万种可用色（$256 \times 256 \times 256 = 16\ 777\ 216$），能够真实体现自然的所有颜色，是颜色质量最高的格式之一。

位图文件的基本编码格式为 BMP（bitmap 的缩写）文件。BMP 是一种与硬件设备无关的图像文件格式，使用非常广泛。它采用位映射存储格式，图像深度可选 1 位、4 位、8 位及 24 位等模式。由于没有采用任何压缩技术，BMP 文件所占用的空间很大。BMP 文件存储数据时，图像的扫描方式是按从左到右、从下到上的顺序。在有些资料中也将位图格式称为光栅格式。

标签图像文件（Tagged Image File Format，TIFF）格式是图像专业领域使用较广泛的一种编码形式，主要用来存储照片和艺术图等对图像质量要求较高的平面图像。该格式支持

256色、24位真彩色、32位色、48位色等多种色彩位，同时支持RGB、CMYK以及YCbCr等多种色彩模式，支持多平台。

2. 图像压缩编码

为了存储和传输数据，在保留原有内容的条件下，缩小所涉及数据的大小是有益的（有时也是必须的）。这个技术称为**数据压缩**。数据压缩方案有两类。一类是**无损压缩**，一类是**有损压缩**。无损方案在压缩过程中是不丢失信息的，如文本数据的压缩。有损方案在压缩过程中是会发生信息丢失的。通常有损技术比无损技术提供更大的压缩，因此在可以忽略小错误的数据压缩中应用很广，如图像和音频。

图形压缩编码的考虑主要由于位图文件体积太大，对存储和传输都产生很大压力，因此人们研究通过编码的形式，在保证图像具备一定质量的前提下，缩小图像文件的大小。TIFF文件不压缩时，文件体积较大；同时它支持RAW、RLE、LZW、JPEG、CCITT3/4等多种压缩编码方式，可以将文件体积压缩到较小的尺寸。

压缩编码按其对图像质量的影响可分为无损压缩和有损压缩两类。所谓无损压缩是指压缩后图像质量没有下降，只是文件大小减小，压缩后再需要显示时，能够百分之百地还原成未压缩时的图像状态。有损压缩是指在影响图像使用的前提下，为加大压缩效率，尽可能减小文件的大小，可以接受一些图像质量上的损失，有损压缩后不能够百分之百地还原。

当前最主流的图像压缩方式是JPEG（Joint Photographic Experts Group，联合图像专家组）编码格式，文件后缀名为".jpg"或".jpeg"。前面介绍过，TIFF文件也可以使用该压缩编码实现。JPEG压缩技术十分先进，既能支持无损压缩，也支持大压缩比的有损压缩。JPEG是一种很灵活的格式，具有调节图像质量的功能，允许用不同的压缩比例对文件进行压缩，支持多种压缩级别，压缩比率通常在10∶1到40∶1之间，压缩比越大，品质就越低，可以根据使用需要在图像质量和文件尺寸之间找到平衡点。JPEG格式压缩的主要是高频信息，对色彩的信息保留较好，适合应用于互联网，可减少图像的传输时间。

随着高素质数码相机的普及，RAW格式文件应用越来越多。RAW格式被称为数字底片，既拍摄时从影像传感器得到的电信号在模数转换（A/D转换）后，不经过其他处理而直接存储的影像文件格式，反映的是从影像传感器中得到的最原始的信息。RAW的图片尺寸相对较大，其字节数通常为拍摄像素数的1.5倍左右。其优点是影像质量最高，很多参数可以在不影响画质的情况下进行后期调整，缺点是RAW格式不同于BMP、JPEG等格式，RAW的代码中没有头文件，这使得很多软件无法支持对它的读取和编辑，通用性差。随着技术的进步，越来越多的软件支持对RAW格式的浏览和编辑。

3. 矢量图

位图图像表示法存在的问题是，一幅特定的图像采用精确位模式表示后，必须存储在计算机中。随后，如果想重新调整图像的大小，就必须改变像素的大小，这将产生波纹状或颗粒状的图像。而矢量图表示方法并不存储位模式，它是将图像分解成一些曲线和直线的组合，其中每一曲线或直线由数学公式表示。例如，一根直线可以通过它的端点坐标来作图，圆则可以通过它的圆心坐标和半径长度来作图。这些公式的组合都被存储在计算机中。当图像要显示或打印时，将图像的尺寸作为输入传给系统，系统重新设计图像的大小并用相同的公式画出图像。在这种情况下，每一次画图，公式也将重新估算一次。

一般工程制图软件都使用矢量图方式保存，以便于按图元的方式对图像进行编辑。典型的格式是 Autodesk 公司的 AutoCAD 所使用的 DWG 格式。

1.3.3　动态数据的编码

1. 音频

　　音频包括各种声音信息形式。基本想法即将音频转换成数字的数据，并使用位模式存储它们。音频实际上是模拟量，具有连续性，而计算机中可表示的数字并不是连续的，即所谓离散的，需要一个过程将音频连续的模拟量转化为离散的数字，这个过程称之为采样。采样的具体方法是以相等的间隔来测量信号的值，并量化采样值。采样的时间间隔称为采样频率。量化就是给采样值分配值（从一个值集中），将采样值做近似处理。具体原理大家可以参考信号处理技术中的采样定理。

　　与描述静态图像类似，采样频率越高，相当于图像分辨率越高，则音频文件越大；采样量化越精细，相当于像素深度越大，音频文件也越大。采样频率一般有 11 025Hz（11kHz）、22 050Hz（22kHz）和 44 100Hz（44kHz）三种，采样位数一般是 8 位或 16 位。音频文件的尺寸通常很大，在计算机中也是以压缩编码形式存在为主。未压缩音频文件的大小可按下面的公式估算：

　　　　音频文件大小 =（采样频率 × 量化位数 × 声道）× 时间 /8（1B = 8bit）

　　其中，声道是音频文件一个特殊的地方。声道是在空间上区分音频来源的一种技术，通过多声道合成技术可以形成逼真的立体现场感觉，一般话音使用单声道就可以了，普通的音乐使用双声道可以产生立体声效果，高级的方式可以使用 4 ~ 6 个声道甚至 8 个声道来合成高保真的立体声环境。以单声道为基准，多一个声道，文件的大小几乎增加一倍。

　　音频编码方式也有非压缩编码和压缩编码两类，压缩编码又分为有损压缩和无损压缩两种。基本的音频编码是 PCM（Pulse Code Modulation，脉冲编码调制）。PCM 编码的最大的优点就是音质好，最大的缺点就是未压缩导致体积大。我们常见的 Audio CD 就采用了 PCM 编码，一张光盘的容量只能容纳 72min 的音乐信息。基本的 WAV 文件通常都使用 PCM 编码，因此它们通常都很大。目前公认的无损音频编码是 APE，在真正的无损的前提下提供50% ~ 70% 的压缩比。

　　MP3（MPEG Audio Layer-3）是目前最为普遍的音频压缩编码格式，是 MPEG-1 的衍生编码方案。MP3 可以做到 12：1 的压缩比并保持音质基本可接受。

2. 视频

　　视频是单幅图像在时间上的连续表示，是典型的动态数据类型。一部电影就是一系列的帧一张接一张地播放而形成运动的图像。动态视频的基础是前面讨论过的静态单幅图像，在这里称为帧。通过研究，发现帧与帧之间的图像内容通常有很大相关性，动态视频压缩的基础理论就是在单幅图像压缩的基础上，再结合帧与帧之间的相关性，进行进一步压缩。其基本思想是：如果前一帧有的内容，下一帧可以不记录，只记录与前一帧的变化即可通过前一帧经适当处理生成后一帧。显然，这种思想对处理能力有相当高的要求。这也是为什么视频是在计算机硬件发展到一定程度后才大量运用的原因之一。另外，在动态图像应用中，音频通常是伴随同时进行的，现在很难想象一部没有声音的动画或电影能受到欢迎。

目前最有影响的视频编码技术是 MPEG（Moving Pictures Experts Group，动态图像专家组），它属于国际标准化组织（ISO/IEC 制定的技术标准）。MPEG 标准主要有 MPEG-1、MPEG-2、MPEG-4、MPEG-7 及 MPEG-21 等。MPEG 标准的视频压缩编码技术主要利用了具有运动补偿的帧间压缩编码技术以减小时间冗余度，利用 DCT 技术以减小图像的空间冗余度，利用熵编码在信息表示方面减小了统计冗余度。这几种技术的综合运用，大大增强了压缩性能。

随着高清视频的发展，ISO/IEC 与国际电联（ITU-T）合作联合组建的联合视频组（JVT）共同制定了新的数字视频编码标准，发布了 H.264 高性能的视频编解码技术，ISO/IEC 称之为 MPEG-4 AVC（Advanced Video Coding，高级视频编码），成为 MPEG-4 标准的第 10 部分即 MPEG-4 Part 10（标准号 ISO/IEC 14496-10）。

H.264 最大的优势是具有很高的数据压缩比率，在同等图像质量的条件下，H.264 的压缩比是 MPEG-2 的两倍以上，是 MPEG-4 的 1.5 ～ 2 倍。通常 MPEG-2 压缩比为 25：1，而 H.264 的压缩达到惊人的 102：1。H.264 是在 MPEG-4 技术的基础之上建立起来的，其编解码流程主要包括 5 个部分：帧间和帧内预测（Estimation）、变换（Transform）和反变换、量化（Quantization）和反量化、环路滤波（Loop Filter）、熵编码（Entropy Coding）。H.264/MPEG-4 AVC（H.264）是最新、最有前途的视频压缩标准，被普遍认为是最有影响力的行业标准。它保留了以往压缩技术的优点和精华又具有其他压缩技术无法比拟的许多优点：

1）低码流（Low Bit Rate）：在同等图像质量下，采用 H.264 技术压缩后的数据量只有 MPEG2 的 1/8、MPEG4 的 1/3。

2）高质量的图像：H.264 能提供连续、流畅的高质量图像（DVD 质量）。

3）容错能力强：H.264 有效地处理在不稳定网络环境下容易发生的丢包等错误。

4）网络适应性强：H.264 提供了网络适应层（Network Adaptation Layer），使得 H.264 的文件能容易地在不同网络上传输（如互联网、CDMA、GPRS 等）。

目前，H.264 最直接的应用是在网络视频领域，通过互联网或无线网络传输，提供高质量视频服务，包括视频点播、视频会议、远程监控等。

本章小结

设计计算机的最初目的是进行数值计算，计算机中首先表示的数据就是各种数字信息。随着应用的发展，现在计算机数据以不同的形式出现，如数字、文字、图像、声音和视频等。但是，在计算机内部，这些数据形式还是以数字的形式存储和处理的。

为了重复使用有限的数码符号，人类在长期的实践中摸索出数字的两类表示系统：位置化的数字系统和非位置化的数字系统。

二进制数字系统是最简单的数字系统。其底数为 2，数字的取值范围是 0 和 1。二进制数由基本单位——位（bit）组成，多个二进制位构成二进制数。为有效缩短数字串的长度，引入了八进制和十六进制。八进制就是逢 8 进位，十六进制就是逢 16 进位。将十进制数转换为任意制数，整数部分的转换使用连除法，小数部分的转换使用连乘法。二进制数要转换为十六进制，就是以 4 位为一段，分别转换为十六进制。反之亦然。

计算机内部将二进制数编码用来表示数值，这些编码有原码、反码和补码等。整数可表示为定点数，无符号和有符号的整数在计算机中存储方式是不同的。当存储的数据超过存储器分配的有限存储空间时，就发生了溢出。实数是带有整数部分和小数部分的数字。用于维持正确度或精度的解决方法是使用浮点表示法。现在在计算机中整数只能以补码形式存储，通常使用二进制补码进行数值运算。

编码是人们用较少的符号来表达较复杂信息的表示方法。现代计算机大量的工作是用于处理非数值型数据，其中字符是非数值型数据的基础，人们最早用 ASCII 码表示英文字符，我国用国标码表示汉字，国际上用 Unicode 编码表示各国字符。

计算机制定了各种格式表示图像、音频和视频的编码，如表示图像的 JPG、TIFF 等编码，表示音频的 MP3 编码以及表示视频的 MPEG 编码等。

本章习题

一、复习题

1. 试述数制的概念。

2. 列举出你所知道的数字系统。

3. 谈谈二进制、八进制和十六进制等数字表示方法各有什么优点和缺点。

4. 为什么使用二进制计算的时候会出现溢出？

5. 反码和补码相对于原码有什么优点？计算机中的数是用原码表示的还是用反码、补码表示的？

6. 汉字编码有哪几种？各自的特点是什么？

7. 图像是如何压缩存储的？哪一种图像占用空间最小，为什么？

8. ASCII 码是什么编码？为什么国际上推行 Unicode 码？

9. 列举出你所知道的汉字输入码。

10. 尝试从互联网上查阅现行网络视频协议的种类。

二、练习题

（一）填空题

1. 数据的最小单位是_____，它也是计算机中存储器的最小单位。

2. 为了使表示法的固定部分统一，科学计数法（用于十进制）和浮点表示法（用于二进制）都在小数点左边使用了唯一的非零数码，这称为_____。

3. 1980 年我国颁布了代号为 GB2312-80 的国标码，共收录了 6 763 个常用汉字和 682 个非汉字字符（图形、符号），这些字符以_____进行排列，这种编码又称为_____。

4. 可以增加位模式的长度来表示灰色级，位模式越大，能够表示的明暗变化越_____。

5. MPEG Audio Layer-3 简称_____，是目前最为普及的音频压缩编码格式，是 MPEG-1 的衍生编码方案。

6. "N" 的 ASCII 码为 4EH，由此可推算出 ASCII 码为 01001010B 所对应的字符是_____。

7. 多媒体技术的主要特点是信息载体的多样性、多种信息的综合处理和集成处理，多媒体系统是一个_____。

8. 一个非零的无符号二进制整数，若在其右边末尾加上两个 "0" 形成一个新的无符号二进制整数，则新的数是原来数的_____倍。

9. 以国标码为基础的汉字机内码是两个字节的编码，每个字节的最高位为_____。

10. 完成下列不同进制数之间的转换

$$(\ 246.625 \ )_{10} = (\quad)_2 = (\quad)_8 = (\quad)_{16}$$

$$(AB.D)_{16} = (\quad)_2 = (\quad)_8 = (\quad)_{10}$$

$$(\ 1110101 \ )_2 = (\quad)_{10} = (\quad)_8 = (\quad)_{16}$$

（二）选择题

1. 巴比伦文明发展了首个位置化数字系统，这个数字系统的数制是_____。

    A. 十进制   B. 二进制   C. 六十进制   D. 八进制

2. 补码的设计目的是_____。

    A. 使符号位能参与运算，简化运算规则

    B. 使减法转换为加法，简化运算器的线路设计

    C. 增加相同位的二进制数所能表示的数的范围

3. 下列属于汉字输入编码的有_____。

    A. 拼音码   B. 五笔字型   C. 区位码   D. 表形码

4. 下列图像格式中占用空间最大的是_____。

    A. BMP   B. JPEG   C. GIF   D. 矢量图

5. 音频文件的采样频率一般有_____。

    A. 11kHz   B. 22kHz   C. 44kHz   D. 55Hz

6. 下列字符中，ASCII 码最小的是_____。

    A. K   B. a   C. h   D. H

7. 微处理器处理的数据基本单位为字。一个字的长度通常是_____。

    A. 16 个二进制位   B. 32 个二进制位

    C. 64 个二进制位   D. 与微处理器芯片的型号有关

8. 条形码不属于_____。

    A. 人读数据   B. 机读数据   C. 计算数据   D. 输出数据

9. 合法的十六进制数为_____。

    A. 100011   B. 368   C. BA2   D. G26

10. 设在 1024×768 像素的显示器上显示一幅真彩色（24 位）的图形，其显存容量需_____个字节。

    A. $1024 \times 768 \times 24$ B. $1024 \times 768 \times 3$ C. $1024 \times 768 \times 2$ D. $1024 \times 768 \times 12 \times 2$

11. 多媒体信息包括_____。

    A. 音频、视频   B. 光盘、声卡   C. 影像、动画   D. 文字、图形

12. 在计算机领域中，媒体分为_____等几类。

    A. 感觉媒体   B. 表示媒体   C. 表现媒体   D. 存储媒体和传输媒体

13. 计算机中数据的表示形式是_____。

    A. 八进制   B. 十进制   C. 二进制   D. 十六进制

14. 计算机硬件能直接识别和执行的只有_____。

    A. 高级语言   B. 符号语言   C. 汇编语言   D. 机器语言

15. 计算机中，一个浮点数由两部分组成，它们是_____。

    A. 阶码和尾数   B. 基数和尾数   C. 阶码和基数   D. 整数和小数

16. 在计算机中采用二进制，是因为_____。

    A. 这样可以降低硬件成本   B. 两个状态的系统具有稳定性

    C. 二进制的运算法则简单   D. 上述三个原因

17. 利用标准 ASCII 码表示一个英文字母和利用国标码 GB2312-80 表示一个汉字，分别需要_____个二进制位。

    A. 7 和 8   B. 7 和 16   C. 8 和 8   D. 8 和 16

18. 按照 GB2312-80 标准，在计算机中，汉字系统把一个汉字表示为_____。

A. 汉语拼音字母的 ASCII 代码　　　　　B. 十进制数的二进制编码

C. 按字形笔画设计的二进制码　　　　　D. 两个字节的二进制编码

19. 与十六进制数（BC）等值的二进制数是_____。

A. 10111011　　　　B. 10111100　　　　C. 11001100　　　　D. 11001011

20. 汉字从键盘录入到存储，涉及汉字输入码和_____。

A. DOC 码　　　　B. ASCII 码　　　　C. 区位码　　　　D. 机内码

21. 十进制整数 100 化为二进制数是_____。

A. 1100100　　　　B. 1101000　　　　C. 1100010　　　　D. 1110100

22. 为了避免混淆，八进制数在书写时常在后面加字母_____。

A. H　　　　B. O　　　　C. D　　　　D. B

23. 执行下列逻辑与运算：10111111·11100011，其运算结果是_____。

A. 10100011　　　　B. 10010011　　　　C. 10000011　　　　D. 10100010

24. 根据国标规定，每个汉字在计算机内占用_____存储。

A. 一个字节　　　　B. 二个字节　　　　C. 三个字节　　　　D. 四个字节

25. 在描述计算机的存储器容量时，1M 的准确含义是_____。

A. 1 米　　　　B. 1000　　　　C. 1024K　　　　D. 1024×1024

（三）换算题

1. 将下列十进制数转换成二进制、八进制、十六进制数。

A. 123　　　　B. 78　　　　C. 54.613　　　　D. 37.859

2. 将下列十六进制数转换成二进制、八进制、十进制数。

A. 1E3.A4　　　　B. D8.C2　　　　C. 5F. 1C　　　　D. 3B. 52

3. 用 8 位二进制数写出下列各数的原码、反码和补码。

A. 15　　　　B. 113　　　　C. –76　　　　D. –121

（四）判断题

1. 对于同样的内容，位图比矢量图需要占用更大的存储空间。　　　　　　　　　（　　　）

2. 在其他条件相同时，采样频率与音频文件大小成正比。　　　　　　　　　　（　　　）

3. 二进制数字系统是最简单的数字系统。　　　　　　　　　　　　　　　　　（　　　）

（五）讨论题

1. 请比较有符号数补码 321FH 和 A521H 的大小。

2. 在我国，车牌号由一个英文字母加 5 位十进制数字（0～9）组成，可以表示牌号的理论总数是多少？如果牌号规定前面的数字不允许有 0，可用的车牌号码是多少？

3. 某公司想为每个员工分配一个唯一的二进制位 ID 以便计算机管理。如果有 500 位员工，则最少需要多少位来表示？如果又增加了 200 名员工，则是否需要调整位数，如果需要调整应该调整到多少位合适？请解释你的答案。

第2章　计算机体系结构

本章重点讨论计算机体系结构。从体系结构上看，计算机系统包括硬件和软件两大部分。硬件是计算机系统的物质基础，软件是系统运行的灵魂，两者相辅相成，缺一不可。本章先从系统结构的角度介绍了计算机系统的层次结构，在讨论层次结构时引入了虚拟机的概念，虚拟机的引入有助于我们正确理解各种计算机语言的实质和实现途径，从而更好地进行计算机语言的研究和应用。本章还从体系结构的角度分析了系统硬件的结构，并重点讨论了处理器的体系结构。最后在分析硬件结构的基础上，介绍了计算机软件系统的结构。

硬件部分主要从计算机设计角度描述计算机体系结构的思想、概念、组成和实现方式，软件部分主要从用户的角度讨论软件在计算机系统中的层次和作用。

2.1　计算机系统的多级层次结构

计算机是一个复杂的系统，是由硬件和软件结合而成的有机整体，如同一切复杂的自然系统和人为系统一样，计算机内部也存在多级的层次结构。这种多层次结构是人们对计算机的一种深入的、本质的认识和应用，它是随着计算机的发展而逐步建立起来的。

要了解计算机系统的多级层次结构，需要引入**虚拟机**（Virtual Machine）概念。

最早的计算机只有机器语言，计算机能直接执行用机器语言所编的程序。机器语言是由二进制代码表示的计算机机器指令和数据组合而成。**指令**是用来指定计算机实现某种控制或执行某个运算的操作命令代码。一台计算机全部指令的集合，称为**指令系统**。不同的计算机有不同的指令系统，或者说有不同的机器语言。同一个题目到不同的计算机上计算时，必须编写不同机器语言的程序。机器语言是最低级的语言，它是面向机器的，其指令和数据都用二进制表示，使用机器语言编制程序的工作量很大，程序的书写、输入、调试和阅读都十分困难，只有少数受过专门训练的专业人员才能胜任，使用、调试和维护都需要耗费大量的人力和时间。这大大限制了计算机的应用。

到 20 世纪 50 年代，人们想出了用一些具有一定含义的文字、符号和数字，称为"助记符"，按规定的格式来表示各种不同的机器指令。例如，用"ADD"表示加法，"MOV"表示数据传输等。再用这些助记符来编写程序，这就是**汇编语言**。由于这种符号语言便于记忆，比直接采用机器语言编程方便多了。但计算机只能理解机器语言，为此需要一个能够把汇编语言翻译成机器语言的工具，这就是汇编程序。汇编程序将汇编语言编写的源程序转换成为机器语言的目的程序，再在计算机上执行，从而实现了程序设计工作的部分自动化。在这种情况下，对用户来说，他所面对的是一台使用汇编语言的虚拟机器。这台汇编语言机器没有实际的机器硬件与之相对应，它的功能完全是由软件实现的，因此称为虚拟机。可以想象这台使用汇编语言的虚拟机器 M2 是在实际机器 M1 之上，如图 2-1a 所示。

虽然用汇编语言编写程序比用机器语言编写程序进了一大步，但汇编语言还是一种很初级的语言，它的语义结构和数学语言的差别巨大；并且汇编语言与机器结合紧密，它的每条指令与机器指令几乎是一一对应的，因此必须搞清楚该机器的结构和指令系统才能使用汇编语言，这对于大多数人来说依然很费力。为了从根本上改变程序设计的方式和便于程序交流，达到不学习具体的计算机结构也能方便地使用计算机的目的，一种接近于数学语言的"算法语言"被创造出来。

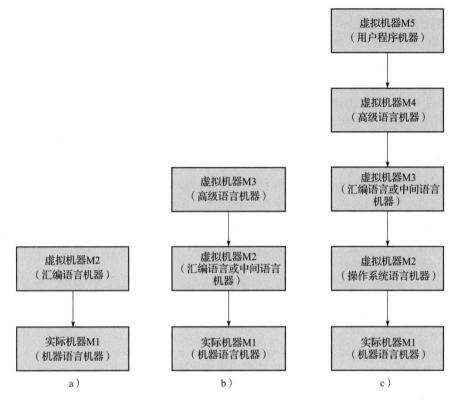

图 2-1 计算机的多级层次结构示意图

算法语言也称为高级语言，它定义了一套基本符号以及怎样使用这套基本符号设计程序的规则。算法语言比较接近数学语言，与具体机器无关，直接学习该高级语言的规则就可以使用计算机编写程序，既方便又省事，这为计算机的推广应用提供了方便。目前常用的算法语言有 BASIC、Pascal、C、Java 等。用高级语言编写的程序称为源程序，机器不能直接识别执行，必须把高级语言的程序翻译成为机器语言，计算机才能识别和执行。如图 2-1b 所示，使用高级语言时，用户所面对的是使用高级语言的虚拟机器 M3，图 2-1b 还表示了当高级语言不能直接被翻译为机器语言时的情况。高级语言先翻译为汇编语言或者某个中间语言，经过中间语言的翻译然后成为机器语言的目的程序，最后在机器上执行。这种翻译通常有两种方法：

1）**编译法**：给计算机高级语言编制一套用机器语言编写的编译程序，它先把源程序全部翻译成目的程序，再提供给机器执行。编译程序的作用类似汇编程序，但是高级语言更复杂，其翻译的难度较汇编要大得多。编译法在编译过程中需要额外时间，并且能够在编译中优化目的程序，编译后目的程序可以多次反复执行，还可以拿到相同的其他机器上直接执行，因此执行的效率较高。Pascal、C 语言等属于编译型高级语言。由于各种高级语言和各机器语言都不相同，因此对于不同的计算机和不同的高级语言都要有对应有编译程序。编译法的具体情况我们将在后续的第 5 章详细介绍。

2）**解释法**：与编译法不同，它不是先把源程序全部编译为目的程序后再执行，而是把程序的语句逐条翻译成目的程序并且立即逐条执行，即解释一条执行一条。这种方法每运行一次就需要解释一遍，浪费许多时间，也不能优化目的程序，因此执行效率低。BASIC 语言是典型的解释型高级语言。

图 2-1 c 表示了操作系统存在时的计算机系统的层次结构划分。

1）实际机器 M1：即执行机器语言的物理机，它是计算机软硬件的分界线，在它以上是各层次的软件和汇编语言（关系最直接的是汇编语言，它与机器语言有着一一对应的简单关系），在它以下是计算机的硬件。除了计算机的专门设计者之外很少有人熟悉和了解它。汇编语言的编译程序必须是机器语言编制的，它能够被计算机硬件直接执行，是十分难懂的二进制编码信息。

2）虚拟机器 M2：即操作系统虚拟机，是计算机操作人员所熟悉的虚拟机器，操作人员所看到的计算机是能够在键盘和鼠标操作下管理计算机的资源的机器。操作系统能够管理高级语言和汇编语言的运行，从操作系统所提供的基本操作和对计算机系统进行管理的角度来看，它是计算机软硬件功能的最直接的延伸，在高级语言和汇编语言之下，实际物理机器之上。需要提醒注意的是，操作系统中会提供很多工具，这些工具大多属于应用程序，如 Windows 中提供的许多附件。

3）虚拟机器 M3：即汇编语言程序员所熟悉的虚拟机器，他所看到的计算机是只能进行算术运算和逻辑运算等一些简单运算和操作的机器。而该层次的程序员要用计算机解决问题，必须比较深入地了解计算机的硬件结构并且善于把复杂的计算分解处理为简单的计算机运算和操作流程，才能胜任自己的工作。

4）虚拟机器 M4：即高级语言程序员使用的虚拟机器，他所看到的计算机是一个能够理解接近于人类自然语言的算法语言计算机，高级语言虚拟机可以按照程序员的要求完成运算和处理。而该层次的程序员可以不完全了解计算机的硬件，也可以不完全懂得编译和操作系统的设计。

5）虚拟机器 M5：运行的是为某一个具体应用专门设计的应用软件。这一层次的用户所看到的计算机是能够解决专门问题的智能机器。他对计算机的理解是建立在大量软件及硬件基础上的虚拟机器 M5，因此用户可以完全不理解计算机的软件和硬件而方便地使用计算机。比如我们用 Word 软件进行文字处理时，使用的是应用程序 Word 提供的控制菜单和快捷按钮。

计算机硬件由数字逻辑电路构成。实际上，现代计算机的控制器大多采用微程序控制器构造，这一层里包含有微程序层。在图 2-1 中没有表示该层。**微程序**是处理器内部用来处理外部指令的程序，也称微码，是最内层的程序，与处理器硬件直接相关，被固化于控制器内的只读存储器中，因此称为"固件"。它的任务是用软件的方法将一条机器指令分解为一系列微指令，即控制命令。除了硬件设计专业人员，一般人不知道它的存在。

在计算机的层次结构中，凡是由软件实现的机器界面称为虚拟机，即图 2-1 中第 2 层以上均属虚拟机，需要说明的是这些层次结构中的软、硬件的界面可能存在着一定程度的交叉，并且不同的机器结构，其软、硬件之间的功能分配也不同。从理论上讲，任何可以由软件完成的功能均可由硬件来替代，反之由硬件实现的功能也完全可以用软件来模拟。硬件实现意味着高速度和高成本，软件实现则意味着有较高的灵活性。最初由于硬件成本的高昂，许多工作不得不采用软件实现，随着集成电路技术向大规模 / 超大规模（LSI/VLSI）方向进步，硬件成本不断下降；而计算机应用领域的不断扩展，使得软件的设计成本不断上升，于是一些本来由软件完成的传统任务逐步改为硬件完成，称为软件的硬化，这造成硬件界面某种程度的上移。

对计算机结构进行层次上的划分，可以使各层相对独立，有利于简化处理问题的难度。在某一段时间处理某一层中的问题时，只需集中精力解决当前最需要关心的核心问题即可，而不必牵扯上下层中的其他问题。在这种多层次结构中，上面的一层是建立在下一层的基础上实现出来的，实现的功能更强大，更接近人类解决问题的思维方式和处理问题的具体过程，对使用人员更方便，使用这一层提供的功能时，不必关心下一层的实现细节。下面一层是实现上一层的基础，更接近计算机硬件实现的细节，实现的功能相对简单，人们使用这些功能更困难，但机器执行更直接。在实现这一层的功能时，可能无法了解其上一层的目标和将要解决的问题，也不必理解其更下一层实现中的有关细节问题，只要使用下一层所提供出来的功能来完成本层次的功能处理即可。

现代计算机是一个功能复杂的软硬件系统。从普通使用者到计算机操作人员，从程序设计人员到硬件工程师，所看到的计算机系统各有完全不同的属性。大家在学习使用计算机时，需要准确把握自己的定位，根据各个层次的关系，集中精力掌握好自己直接面对的层次，当然对于其他层次的了解有助于更加全面、深刻地理解计算机系统。

2.2   体系结构的基本概念

体系结构的概念是从软件设计者的角度对计算机硬件系统的观察和分析。结构是指各部分之间的关系。通过分析系统的组成和结构，可以指导更好的软件设计。

2.2.1   计算机体系结构

计算机体系结构（Computer Architecture）通常是指程序设计人员所见到的计算机系统的属性，是硬件子系统的结构概念及其功能特性。经典的"计算机体系结构"定义是 1964 年 C. M. Amdahl 在介绍 IBM 360 系统时提出的。

按照计算机系统的多级层次结构，不同级程序员所看到的计算机具有不同的属性。例如，传统机器程序员所看到计算机的主要属性是该机指令集的功能特性，而高级语言虚拟机程序员所看到计算机的主要属性是该机所配置的高级语言所具有的功能特性。显然，不同的计算机系统，从传统机器级程序员或汇编语言程序员看，是具有不同属性的。但是，从高级语言（如 Pascal）程序员角度看，它们几乎没有什么差别，是具有相同属性的。或者说，这些传统机器级所存在的差别是高级语言程序员所"看不见"的，也是不需要他们知道的。在计算机技术中，对这种本来是存在的事物或属性，但从某种角度看是不存在的或不需要了解的概念称为**透明性**。通常，在一个计算机系统中，低层机器的属性对高层机器的程序员往往是透明的，如传统机器级的概念性结构和功能特性，对高级语言程序员来说是透明的。

由此看出，在层次结构的各个层级上都有它的体系结构。这里所讨论的体系结构是指传统机器级的体系结构，即一般所说的机器语言程序员所看到的传统机器级所具有的属性。这些属性是机器语言程序设计者（或者编译程序生成系统）为使其所设计（或生成）的程序能在机器上正确运行，所需遵循的计算机属性，包含其概念性结构和功能特性两个方面。这些属性是计算机系统中由硬件或固件完成的功能，程序员在了解这些属性后才能编出在传统机器上正确运行的程序。因此，经典计算机体系结构概念的实质是计算机系统中软硬件接口的确定，其接口之上是软件的功能，接口之下是硬件和固件的功能。

这里比较全面地讨论了经典的计算机体系结构概念。随着计算机技术的发展，计算机体系结构所包含的内容是不断变化和发展的。目前经常使用的是广义的计算机体系结构的概念，它既包括经典的计算机体系结构的概念范畴，还包括了对计算机组成和计算机实现技术的研究。

这其中最重要的问题都直接和计算机的指令系统有关，例如，计算机的字长，计算机硬件能够直接识别和处理的数据类型及其表示、存储、读写方式，指令系统的组成，指令类别、格式和功能，支持的寻址方式，存储器、输入输出设备和 CPU 之间数据传送的方式和控制，也包括中断的类型和处理流程，对各种运行异常或者出错的检测和处理方案等等，这些都是程序设计人员编写出高质量程序并确保其正常运行必须深入了解的计算机的属性。计算机体系结构主要研究硬件和软件功能的划分，确定硬件和软件的界面，即哪些功能应划分给硬件子系统完成，哪些功能应划分到软件子系统中完成。

2.2.2　计算机组成

计算机组成（Computer Organization）是在计算机体系结构确定并且分配了硬件系统的概念结构和功能特性的基础上，设计计算机各部件的具体组成和它们之间的连接关系，实现机器指令级的各种功能和特性。同时，为实现指令的控制功能，还需要设计相应的软件系统来构成一个完整的运算系统。在第 3 章我们将讨论计算机的组成。

从这一点又可以说，计算机组成是计算机体系结构的逻辑实现。为了实现相同的计算机体系结构所要求的功能，完全可以有多种不同的计算机组成设计方案。因为半导体器件性能的提高，新技术成果的面世，或者又有新的价格性能比需求的出现，都会带来计算机组成的变化。

1. 系列机

同一个计算机体系结构可以对应多个不同的计算机组成，最典型的例子就是**系列机**（Family Computer）。系列机的出现被认为是计算机发展史上的一个重要里程碑。直到现在，各计算机厂家仍按系列机的思想发展自己的计算机产品。现代计算机不但系统系列化，其构成部件也系列化，如处理器、硬盘等。至今对计算机领域影响最大也是产量最大的系列计算机是 IBM PC 及其兼容系列机和 Intel 的 80x86 系列微处理器。

所谓系列机，就是指在一个厂家内生产的具有相同的体系结构，但具有不同组成和实现的一系列不同型号的机器。如 IBM 370 系列有 370/115、125、135、145、158、168 等一系列从低速到高速的各种型号。它们各有不同的性能和价格，采用不同的组成和实现技术，但程序设计者所看到的机器属性却是相同的。在中央处理器中，它们都执行相同的指令集，但在低档机上可以采用指令分析和指令执行顺序进行的方式，而在高档机上则采用重叠、流水和其他并行处理方式等。

重　要　计算机组成是计算机体系结构的逻辑实现。为了实现相同的计算机体系结构所要求的功能，完全可以有多种不同的计算机组成设计方案。一种体系结构可以有多种组成。

---

2. 兼容机

同样，一种组成可以有多种物理实现。系列机从程序设计者的角度看都具有相同的机器属性，因此按这个属性（体系结构）编制的机器语言程序以及编译程序都能通用于各档机器，我们称这种情况下的各机器是**软件兼容**的，即同一个软件可以不加修改地运行于体系结构相同的各档机器上，而且它们所获得的结果一样，差别只在于运行时间的不同。长期以来，软件工作者希望有一个稳定的环境，使他们编制出来的程序能得到广泛的应用，机器设计者又希望根据硬件技术和器件技术的进展不断地推出新的机器，而系列机的出现较好地解决了软件要求环境稳定和硬件、器件技术迅速发展之间的矛盾，对计算机的发展起到了重要的推动作用。

有些计算机厂家为了能利用大的计算机厂家的开发成果，也研制一些可以实现软件兼容的产品。我们把不同厂家生产的具有相同体系结构的计算机称为**兼容机**（Compatible Machine）。兼容机一方面由于采用新的计算机组成和实现技术，因此具有较高的性能价格比；另一方面又可能对原有的体系结构进行某种扩充，使它具有更强的功能，因此在市场上有较强的竞争能力。

系列机为了保证软件的兼容，要求体系结构不改变，这无疑又妨碍了计算机体系结构的发展。实际上，系列机的软件兼容还有向上兼容、向下兼容、向前兼容和向后兼容之分。所谓向上（下）兼容指的是按某档机器编制的程序，不加修改就能运行于比它高（低）档的机器。所谓向前（后）兼容指的是按某个时期投入市场的某种型号机器编制的程序，不加修改就能运行于在它之前（后）投入市场的机器。如图 2-2 所示。

为了适应系列机中性能不断提高和应用领域不断扩大的要求，后续各档机器的体系结构也是可以改变的。如增加浮点运算指令以提高速度，或者增加事务处理指令以满足事务处理方面的需要等。但这种改变必须是原有体系结构的扩充，而不是任意地更改或缩小。这样，对系列机的软件向下和向前兼容可以不

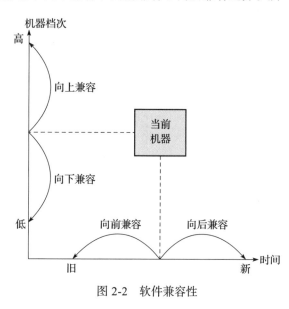

图 2-2　软件兼容性

做要求，向上兼容在某种情况下可能做不到（如在低档机器上增加了面向事务处理的指令），但向后兼容却是肯定要做到的。因此，可以说向后兼容是软件兼容的根本特征，也是系列机的根本特征。一个系列机体系结构设计的好坏，是否有生命力，就看是否能在保证向后兼容的前提下，不断地改进其组成和实现。

2.2.3　计算机实现

计算机实现（Computer Implementation）是计算机组成的物理实现。包括中央处理器、主存储器、输入输出接口和设备的物理结构，所选用的半导体器件的集成度和速度，器件、模块、插件、底板的划分，电源、冷却、装配等技术，生产工艺和系统调试等各种问题。一

句话解释，就是把完成逻辑设计的计算机组成方案转换为真实的计算机，也就是把满足设计、运行、价格等各项要求的计算机系统真正地制作并调试出来。

计算机中控制数据操作的电路称为**中央处理器**（CPU，通常简称为处理器）。在 20 世纪中期，CPU 属于大部件，由若干机架中的电子线路组成。集成电路技术的进步极大地缩小了这些部件。今天计算机中的处理器，如英特尔公司出品的酷睿（Core）和至强（Xeon）系列处理器以及 AMD 公司生产的锐龙（Ryzen）和速龙（Athlon）系列处理器都是很小的矩形薄片，我们看到的是封装后的产品，大约 2in × 3in[⊖]，实际芯片还要小得多，封装一方面是保护芯片同时也为了方便引线和安装，通过将其引脚插在计算机主电路板（称为**主板**）的插座上实现安装。

如图 2-3 所示，CPU 由两部分组成：一是**算术 / 逻辑部件**，包含执行数据操作的电路（如加法和减法运算）；另一部分是**控制部件**，包括协调计算机活动的电路。为了临时存储信息，CPU 包含有类似于主存储器的单元，称为**寄存器**。这些寄存器可分为**通用寄存器**或者**专用寄存器**（我们将在第 3 章中详细讨论计算机硬件）。

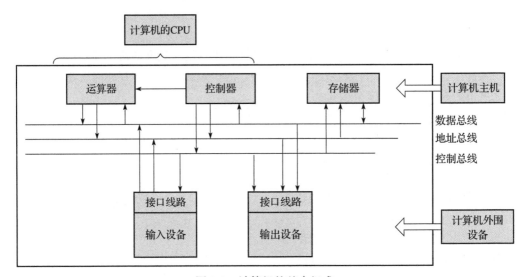

图 2-3　计算机的基本组成

通用寄存器用于临时存储正在由 CPU 操作的数据。这些寄存器存储算术 / 逻辑部件电路的输入值以及该部件所产生的结果。为了操作存储在主存储器中的数据，控制部件要把存储器里的数据传送到通用寄存器，通知算术 / 逻辑部件由哪些寄存器保存数据，激活算术 / 逻辑部件中有关的电路，并告知算术 / 逻辑部件哪个寄存器将接收结果。

为了传输位模式，计算机 CPU 和主存储器通过一组称为**总线**的线路进行连接。利用总线，CPU 给出相关存储单元的地址以及读信号，从主存储器中取出数据（读），同理，CPU 可以向主存储器中放入数据，方法是给出目标文件单元和待存储数据的地址以及写信号（写），如图 2-3 所示。

基于此设计，完成存储在主存储器中的两个数值相加的任务就不仅仅是执行加法运算的问题，实际上，其全部过程可分为 5 个步骤（见图 2-4）。简言之，数据必须从主存储器传输到 CPU 中的寄存器，数值必须与写入寄存器中的结果相加，最后所得结果必须存储到存储单元。

⊖　英寸。1in=2.54cm。——编辑注

步骤1：从存储器中取出一个要加的数放入一个寄存器中。
步骤2：从存储器中取出另一个要加的数放入另一个寄存器中。
步骤3：激活加法电路，以步骤1和2所用的寄存器作为输入，用
　　　　另一个寄存器存放相加的结果。
步骤4：将该结果存入存储器。
步骤5：停止。

图 2-4　主存储器中的数值相加

早期计算机不是很灵活——每个设备所执行的步骤作为机器的一部分被存入控制部件中。为了增加其灵活性，早期电子计算机的设计使得控制部件可以方便地重新布线。其灵活性通过插拔装置实现，类似于老式的电话交换台上把跳线的端子插到接线孔中。

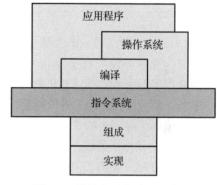

计算机体系结构、计算机组成和计算机实现是3个不同的概念，各自有不同的含义，但是又有着密切的联系，而且随着时间的推移和技术的进步，这些含意也会有所改变。在某些情况下，有时也无须特意地去区分计算机体系结构和计算机组成的不同含义。三者之间的关系如图 2-5 所示。

由图可见，体系结构在整个计算机系统中占据核心地位，是设计和理解计算机的基础性工作。

图 2-5　计算机系统关系示意图

2.3　冯·诺依曼结构和哈佛结构

阿兰·图灵在 1937 年首次提出了一个通用的计算设备的设想。他设想所有的计算都可能在一种特殊的机器上执行，这就是现在所说的**图灵机**。如果我们把计算机定义成一个**数据处理器**，计算机就可以被看作是一个接收输入数据、处理数据、产生输出数据的黑盒。尽管这个模型能够体现现代计算机的功能，但是它的定义还是太狭窄，因为按照这种定义，便携式计算器也可以认为是计算机。

基于通用图灵机建造的计算机都是在储存器中存储数据的。在 1944 ～ 1945 年，冯·诺依曼指出，鉴于程序和数据在逻辑上是相同的，因此程序也能存储在计算机的存储器中。

冯·诺依曼体系结构（Von Neumann Architecture）又称作普林斯顿体系结构（Princeton Architecture），这是由于冯·诺依曼当时在普林斯顿大学任职。该结构自提出以来，主导了电子计算机半个多世纪的发展，是计算机发展史上最重要的体系结构，是通用计算机使用的最主要结构。

2.3.1　冯·诺依曼理论

冯·诺依曼理论的思想是：应该把程序也存储在存储器里，让计算机自己负责从存储器里提取指令，执行指令，并循环式地执行这两个动作，如图 2-6 所示。这样计算机在执行程序的过程中，就可以完全摆脱外界的影响，以自己可能的速度（电

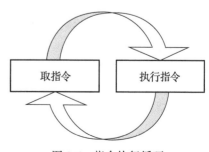

图 2-6　指令执行循环

子的速度）自动地运行。按照这种原理构造出来的计算机就是"存储程序控制计算机"，也被称作"冯·诺依曼计算机"，简称冯·**诺依曼机**。

知识扩展

从 20 世纪初开始，物理学和电子学科学家们就在争论制造可以进行数值计算的机器应该采用什么样的结构。人们被十进制这个人类习惯的计数方法所困扰，著名的 ENIAC 就是用的十进制，那时研制模拟计算机的呼声更为响亮和有力。20 世纪 40 年代，冯·诺依曼大胆地提出：抛弃十进制，采用二进制作为数字计算机的数制基础。同时，他还提出预先编制计算程序，然后由计算机来按照事先制定的计算顺序来执行数值计算工作的思想，奠定了冯·诺依曼结构的理论基础，这就是著名的"存储程序控制原理"。

1946 年 6 月，冯·诺依曼在"关于电子计算装置逻辑结构初探"报告中正式提出了以二进制、程序存储和程序控制为核心的一系列思想，对 ENIAC 的缺陷进行了有效的改进，从而奠定了冯·诺依曼计算机的体系结构基础。计算机经过了几十年的发展，其体系结构也产生了许多改进，但冯·诺依曼提出的数字计算机原则仍然没有突破。

冯·诺依曼理论的要点：

- 指令像数据那样存放在存储器中，并可以像数据那样进行处理。
- 指令格式使用二进制机器码表示。
- 使用程序存储控制方式工作。

这 3 条合称冯·诺依曼原理。EDVAC 是最早采用冯·诺依曼体系结构的计算机。大半个世纪过去了，直到今天商品化的计算机还基本遵循着冯·诺依曼提出的原理。

2.3.2 冯·诺依曼体系结构

从冯·诺依曼原理的角度看，一台完整的计算机系统必须具有如下功能：运算、自我控制、存储、I/O 和用户界面。其中，运算、自我控制、存储、I/O 功能由相应全称命名的功能模块实现，各模块之间通过连接线路传输信息，我们一般将其统称为计算机硬件系统；用户界面主要由软件实现，我们一般将其统称为计算机软件系统。因此，我们可以这样理解，现代计算机是由遵循冯·诺依曼原理的硬件和软件系统所构建的运算处理系统。冯·诺依曼体系结构主要具有以下特点：

- 指令与数据均用二进制代码形式表现，电子线路采用二进制。
- 存储器中的指令与数据形式一致，机器对它们同等对待，不加区分。
- 指令在存储器中按执行顺序存储，并使用一个指令计数器来控制指令执行的方向，实现顺序执行或转移，即算法是顺序型的。
- 存储器的结构是按地址访问的顺序线性编址的一维结构。
- 计算机由 5 大部分组成：运算器、控制器、存储器、输入设备、输出设备。
- 指令由操作码和地址码两部分组成，操作码确定操作的类型，地址码指明操作数据存储的地址。
- 一个字长的各位同时进行处理，即在运算器中是并行的字处理。
- 运算器的基础是加法器。

二进制在工程上实现容易，因为具有两个稳定状态的电子器件众多，因此用二进制表示数据具有抗干扰能力强，可靠性高的优点，这是数字计算机最关键的因素。另一方面，数制基数越小，表示数的符号就越少，相应的运算规律也就越简单。例如十进制乘法有"九九乘法表"的 55 条规则，如果要采用电路实现十进制乘法，将非常的复杂。而二进制的乘法只有 3 条规则，即 $0 \times 0 = 0$、$0 \times 1 = 0$（或者 $1 \times 0 = 0$）、$1 \times 1 = 1$。用电路实现二进制乘法规则，只需一个两输入端的与门就可实现。二进制的"1"和"0"还正好与逻辑推理中的真和假对应，可以非常方便地实现逻辑运算和逻辑判断。

冯·诺依曼计算机的结构如图 2-7 所示。整个结构以运算器为中心，数据流动必须经过运算器，并由控制器进行控制。其 5 大部件相互关系及工作过程如下：

1）通过输入设备输入原始数据、计算程序以及给控制器的控制命令等，由控制器控制，将有关部分存入存储器（存储程序和数据）。

2）在控制器控制下从存储器读取出一条指令到控制器，经译码分析将指令转换为控制信号控制运算器动作，需要的话，还要从存储器读取数据到运算器中。

3）运算器在控制器控制下完成规定操作，并将结果送回存储器或送到输出设备输出。

4）从存储器读取下一条指令，重复第 2 步以后的步骤，直到程序中包含的全部指令都执行完成或收到停止的指令为止。

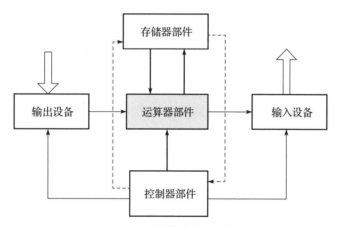

图 2-7　以运算器为中心的结构

运算器是用二进制进行算术和逻辑运算的部件。它由算术逻辑单元（ALU）和若干通用寄存器组成。ALU 由组合逻辑电路构成，完成算术和逻辑运算。其中，算术运算指加减乘除和求补码等，它以加法运算为核心，减法通过补码变减为加，乘除通过一系列的加法和移位来完成。逻辑运算完成"与""或""非"和"异或"等基本逻辑运算。寄存器用来存放参加运算的数据以及保存运算结果。运算器除了完成运算之外，还可以传送数据，因此，运算器是计算机的关键部件之一，它的功能和运算速度对计算机来说至关重要。

控制器是计算机的指挥中心，它的作用是从存储器中取出指令，然后分析指令，发出由该指令规定的一系列操作命令，完成指令的功能。控制器是计算机的关键部件，它的功能直接关系到计算机性能，是计算机最复杂、最关键的部件。

I/O 设备是计算机与外界联系的设备，因此也称为外设。计算机通过外设获得各种外界信息，并且通过外设输出运算处理结果。因此，计算机能够在各行各业中大显身手，完成人类难以实现的运算速度，控制机器生产完成人类不能够达到的产品数量和质量。常见的主要外设有：键盘、鼠标器、扫描仪、显示器、打印机、绘图仪等。前三者是典型的输入设备，而后三者是典型的输出设备。这些外设是人机联系最密切的设备。

2.3.3　冯·诺依曼结构的演变

冯·诺依曼结构是一种宏观的自动计算结构，现代通用电子计算机在设计时基本沿用了冯·诺依曼体系结构的原理。传统的冯·诺依曼型计算机系统是串行执行的。其主要缺点有以下几点：

1）由于处理器与存储器之间的特殊关系，处理器要频繁访问存储器，而处理器的速度要高出存储器几个数量级，存在处理器与存储器之间的瓶颈；同时，由于其执行指令是串行的，由此造成指令串行执行效率低，不能充分发挥处理器功效。

2）在使用计算机语言的时候，人们常常使用高级语言，而高级语言与机器语言之间的差别是较大的，要用不同的编译和解释程序将高级语言的源程序翻译成机器可以识别的机器语言，从而带来较大的工作量。

3）由于冯·诺依曼型计算机采用的是按地址访问的顺序存储空间，对于复杂的数据结构，必须经过地址映像存放才能解决问题，因此也带来了不便。

对于传统的冯·诺依曼计算机系统存在的缺点，计算机系统结构的设计者在极力寻求解决问题的方法，有两种方法可以使用：一种是改良的方法，即在现有的机型上进行不断改进，使系统更合理、更有效；另一种方法是革命的方法，那就是彻底推翻冯·诺依曼计算机系统的结构，重新设计更完整、更合理的系统。显然，革命的方法不论从哪个方面讲代价都是很大的，而且设计周期也会很长，况且设计出来的新的结构也不一定就是完美的。因此，系统结构的设计者选择了改良的方法对现有的计算机体系结构进行改进，在实践中不断探索，以便设计更好的系统。

随着电子技术的发展和实际使用的需要，现代计算机在结构设计上比起冯·诺依曼结构有了进一步的演变，特别是在微观结构方面，基于LSI/VLSI技术的发展而有了更加明显的变化。与冯·诺依曼结构相比，现代计算机结构主要在以下方面有所演变：

1）将运算器与控制器集中于一块芯片，称为处理器，并常用它作为中央处理器件（CPU），有时甚至将部分存储器和输入输出接口都集中到微处理器上，称作单片机。

2）采用先行控制、流水线等方法，开发并行性。采用先行控制技术和流水线技术，提高系统作业的吞吐率。引入流水线技术，将传统的串行执行方式转变为并行方式，充分利用处理器内部的功能部件，采用精简指令系统，单周期执行一条或多条指令以提高程序执行效率。

3）采用多体交叉存储器，增加存储带宽。采用多体交叉存储器，可以在一个存储器访问周期中同时对多个存储单元进行访问，可以进行多字的一次性存取，从而增加存储带宽。

4）现代机器采用总线结构。总线的作用是将计算机各个部件连接起来，并实现各部件之间正确的数据传输。总线包括单总线、双总线和多总线结构。

5）以存储器为核心，使I/O设备和处理器可并行工作。传统的冯·诺依曼系统以运算器为核心，存储器和I/O设备都直接对应运算器，从而使得各种I/O设备无法与处理器并行工作。采用以存储器为核心的结构，可以提高I/O设备和处理器并行工作的能力，从而改进系统的性能。

6）采用总线（bus）技术。总线是连接计算机有关部件的一组信号线，是计算机中用来传送信息代码的公共通道。冯·诺依曼机的五大部分之间都可以用总线连接。

采用总线结构主要有以下优点：

- 简化了系统结构，便于系统设计制造。
- 大大减少了连线数目，便于布线，减小体积，提高系统的可靠性。
- 便于接口设计，所有与总线连接的设备均采用类似的接口。
- 便于系统的扩充、更新与灵活配置，易于实现系统的模块化。
- 便于设备的软件设计，所有需要控制接口的软件就是对不同的口地址进行操作。
- 便于故障诊断和维修，同时也降低了成本。

在后面各章节中我们将分别介绍这些概念和技术。

2.3.4 哈佛结构

哈佛结构（Harvard Architecture，HARC）是一种将程序指令存储和数据存储分开的存储器结构，这一点与冯·诺依曼结构有本质的区别，由哈佛大学的学者提出。中央处理器首先到程序指令存储器中读取程序指令内容，解码后得到数据地址，再到相应的数据存储器中读取数据，并进行下一步的操作（通常是执行）。程序指令存储和数据存储分开，可以使指令和数据有不同的数据宽度，如 Microchip 公司的 PIC16 芯片的程序指令是 14 位宽度，而数据是 8 位宽度。

哈佛结构的微处理器通常具有较高的执行效率。其程序指令和数据指令是分开组织和存储的，执行时可以预先读取下一条指令。哈佛结构采用程序和数据空间独立的体系结构，目的是减轻程序运行时的访存瓶颈。例如一条指令同时取两个操作数的运算中，在流水线处理时，同时还有一个取指令操作，如果程序和数据通过一条总线访问，取指令和取数据必会产生冲突，而这对大运算量循环的执行效率是很不利的。哈佛结构能基本上解决取指和取数的冲突问题。

目前使用哈佛结构的中央处理器和微控制器有很多，除了上面提到的 Microchip 公司的 PIC 系列芯片，还有 Motorola 公司的 MC68 系列、Zilog 公司的 Z8 系列、ATMEL 公司的 AVR 系列和 ARM 公司的 ARM11 和 Cortex-M 系列，此外 51 单片机也属于哈佛结构。

2.3.5 改进型哈佛结构

哈佛结构是经过两个独立的总线分别访问程序存储器和数据存储器的，而实际上，绝大多数现代计算机使用的是改进型哈佛结构（Modified Harvard Architecture），指令和数据共享同一个地址空间，但缓存是分开的。该结构体系具备一条独立的地址总线和一条独立的数据总线，利用唯一地址总线访问程序存储模块和数据存储模块，唯一数据总线完成程序存储模块或数据存储模块与 CPU 之间的数据传输，两条总线由程序存储器和数据存储器分时共用。可以看作哈佛结构和冯·诺依曼结构两种结构的折中，也可以说是混合结构。

2.4 处理器体系结构

电子计算机自问世以来，其体系结构经历了长足的发展，到今天为止，计算机体系结构设计已发展成为计算机科学体系中的重要组成部分。

从本质上讲，计算机体系结构是一门设计计算机的学科，包括计算机的指令系统设计、结构设计、实现技术，以及与系统软件操作系统和编译器相关的一系列技术。处理器技术是计算机体系结构的核心。处理器体系结构按照指令系统结构可分为复杂指令集计算机（Complex Instruction Set Computer，CISC）和精简指令集计算机（Reduced Instruction Set Computer，RISC）两类。

2.4.1　指令系统

指令是指控制计算机执行某种操作的命令，也称为**机器指令**。指令的作用是协调各硬件部件之间的工作关系，它反映了计算机所拥有的基本功能，是计算机运行的最小功能单位。一台计算机中所有机器指令的集合，称为这台计算机的指令集或者指令系统。

指令系统的设计是计算机体系结构设计中的一个核心问题。体系结构是计算机设计者所面对的计算机属性，它们首先看到的是计算机的主要结构——指令系统。指令系统是传统计算机体系结构设计的任务，即程序员面对的（看得见的）指令系统的设计。一般说来，一个完善的指令系统应具有完备性、有效性、规整性和兼容性四个方面的特性。

计算机指令系统的特征一般包括以下几个方面：

1）指令格式。一条指令通常由操作码（也称机器字）字段和地址码字段组成。

2）指令长度。一个指令字中包含二进制代码的位数，称为该指令字的长度。而机器字长是指计算机能直接处理的二进制数据的位数，它决定了计算机的运算精度，它与处理器内的寄存器长度是等价的。指令字长和机器字长是两个不同的概念，指令字长可以等于机器字长，也可以是机器字长的 1.5 倍或 2 倍等。

3）指令操作码在处理器内的存储形式。一般存放于存储器或通用寄存器中。

4）指令周期。计算机完成的基本功能是执行程序，要执行的程序由一串指令组成，并且存放在存储器中，处理器通过执行程序指定的指令来完成实际的工作。一般可以将指令的执行过程分为两步完成：第一步，从内存中读出指令并送入处理器，这个阶段称为取指阶段；第二步，对指令的操作码进行解释，并完成指定的操作，这个阶段称为执行阶段。完成指令的这两个阶段所需要的时间，就构成了指令的一个指令周期。

5）指令类型。一台计算机指令系统的指令一般从几十条到几百条不等。不同类型的计算机，其硬件的功能差异很大，相应地其指令系统的差别也很大。但无论其规模大小，一般都包含如下的一些基本功能类型的指令：

- 数据传送类指令。
- 算术运算类指令。
- 逻辑运算指令。
- 移位操作指令。
- I/O 类指令。
- 串操作指令。
- 程序控制转移类指令。
- 处理机控制类指令。

6）指令系统支持的寻址方式。所谓指令系统的寻址方式，就是形成操作数有效地址的方法。一般在指令的地址码字段中存放的并不是操作数所在内存的实际地址，一般被称为"形式地址"或"逻辑地址"。存放操作数的内存储器的地址，才是操作数的实际地址，一般称为"有效地址"。每种机器的指令系统都有自己的一套寻址方式。不同计算机的寻址方式的意义和名称并不统一，但基本上可以归结为以下几种：立即寻址、直接寻址、间接寻址、寄存器寻址、基址寻址、变址寻址、相对寻址和堆栈寻址以及它们的变形与组合。在指令中，一般需要设置一位或几位用作方式字段，用来确定当前指令使用的是何种寻址方式。

以上特征构成了一台计算机指令系统最基本的特点，根据指令系统不同的特点，计算机体系结构呈现出不同的形式。目前，根据指令系统功能结构的不同，计算机体系结构发展趋势呈现两种截然不同的方向：

- 复杂指令集计算技术（CISC）：强化指令功能，实现软件功能向硬件功能转移。
- 精简指令集计算技术（RISC）：尽可能地降低指令集结构的复杂性，以达到简化实现、提高性能的目的。

相同的指令系统可以通过"硬件布线"或"微程序"的方法来实现。前者通过处理器的硬件电路来实现，后者通过"微程序"来实现。如果指令集以硬连接的形式实现，那么对于复杂指令来说，电路设计就非常困难；反之，若用微程序来实现指令集，可以实现复杂指令。现代处理器一般都使用微码（即微程序）来实现。

在使用微码技术的处理器中，实际存在着两套不同层次的指令：一套是面向程序员的高层的指令；一套是面向硬件实现的底层的微码。在指令与微码之间存在着一个"解释器"，它将指令翻译成对应的微码序列。由此可以想象，指令与微码之间的关系实际上是"子程序调用"思想的推广。

微码相对于指令的特点：

1）微码代表的是简单的基本操作，而指令可能非常复杂。

2）微码具备快速取指操作能力，所有的微码都位于 ROM 中，而指令位于内存中。

3）微码的格式规则且简单，易于译码。

4）微码的执行速度快，而指令相对较慢。

现代 CISC 处理器均采用微码实现。

2.4.2 CISC 结构

复杂指令集计算技术（Complex Instruction Set Computing，CISC）是早期计算机体系结构设计的主流思想，突出特点是指令系统庞大，指令格式、指令长度不统一，指令系统功能丰富强大。

1. CISC 设计思想

CISC 的设计思想兴盛于 20 世纪六七十年代，主要设计原则是：

1）指令越丰富功能越强，编译程序越好写，指令效率越高。

2）指令系统越丰富，越可减轻软件危机。

3）指令系统丰富，尤其是存储器操作指令的增多，可以改善系统结构的质量。

4）以微程序控制器为核心，指令存储器与数据存储器共享同一个物理存储空间。

如图 2-8 所示是一个典型的 CISC 处理器结构。

CISC 追求的目标是：强化指令功能，减少程序的指令条数，以达到提高性能的目的。

操作系统的实现在很大程度上取决于体系结构的支持。主要表现在对以下方面的支持：

- 中断处理。
- 进程管理。

- 存储管理和保护。
- 系统工作状态的建立与切换。

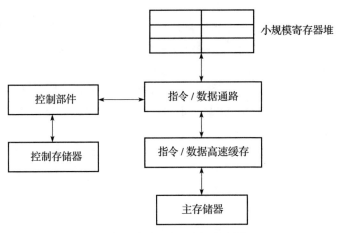

图 2-8 典型 CISC 处理器结构

美国 Intel 公司设计的奔腾（Pentium）处理器是 CISC 体系结构的优秀典范，它具有 191 种指令和 9 种寻址方式。

2. CISC 的缺陷

大量丰富的指令、可变的指令长度、多样的寻址方式是 CISC 的特点，但当其发展提高到一定程度后，指令系统的复杂性便成为其进一步提高功能的包袱，也就是 CISC 缺点所在。1979 年，以美国人 David Patterson 为首的一批科学家对指令系统结构的合理性进行了深入研究，研究结果表明，CISC 结构存在下列主要问题：

- 指令使用率不均衡。在 CISC 结构的指令系统中，各种指令的使用频率相差悬殊。据统计，约有 20% 的指令使用频率最大，占运行时间的 80%。也就是说，有 80% 的指令只在 20% 的运行时间内才会用到，即所谓的"二八规律"。
- 结构复杂不利于 VLSI 实现。CISC 结构指令系统的复杂性导致整个计算机系统结构的复杂性，不仅增加了研制时间和成本，而且还容易造成设计错误。另外，CISC 结构指令系统的复杂性还给 VLSI 设计带来了很大负担，大量的复杂指令必然增加译码的难度，许多复杂指令需要很复杂的操作，不利于提高运行速度，且容易导致芯片工作不稳定。
- 不利于采用先进结构提高性能。在 CISC 结构的指令系统中，由于各条指令的功能不均衡，不利于采用先进的计算机体系结构技术（如流水线技术）来提高系统的性能，阻碍了计算机整体能力的进一步提高。

针对上述问题，人们提出了 RISC 结构设想。

知识扩展

二八定律，也叫巴莱多定律，是 19 世纪末 20 世纪初意大利经济学家巴莱多发明的。他认为，在任何一组东西中，最重要的只占其中一小部分，约 20%，其余 80% 的尽管是多数，却是次要的，因此又称二八法则。人类的社会实践活动证明，二八法则具有广泛的适用性，不仅适用于经济学、管理学、心理学等社会科学，在计算机领域也普遍适用。

2.4.3 RISC 结构

相对于 CISC，RISC（Reduced Instruction Set Computing，精简指令集计算技术）的指令系统相对简单，只要求硬件执行很有限且最常用的那部分指令，大部分复杂的操作则使用成熟的编译技术，由简单指令合成。

1. RISC 设计思想

根据 1979 年对指令系统结构合理性研究的成果正式提出了 RISC 的概念。RISC 并非只是简单地减少指令，而是把着重点放在了如何使计算机的结构更加简单合理及提高运算速度上。通过优先选取使用频率最高的简单指令，避免复杂指令；将指令长度固定，指令格式和寻址方式种类减少；以控制逻辑为主，不用或少用微码控制等措施来达到上述目的。

RISC 思想的核心是：RISC 技术是一种新的计算机体系结构设计思想，它包括一切能简单有效地提高计算机性能的思想和方法。从现代计算机系统设计和应用统计得出两个规律："Simple is fast" 和 "Small is fast"，即：简单事件可以更快速处理；小规模器件的速度可以做得更快，体现了 RISC 思想的精髓。概括地说，RISC 指令集设计时根据阿姆达尔（Amdahl）定律选择使用概率高的指令构成指令集，这些大概率指令一般是简单指令，因此控制器可以设计得简单、高速，且占处理器电路芯片的面积少，空出较多的集成电路芯片面积用来增加寄存器数量。在编译的配合下减少访存次数，减少指令间的各种相关和竞争，尽可能得到最佳指令序列，从而提高计算机系统的整体性能。

知识扩展

阿姆达尔定律

系统优化某部件所获得的系统性能的改善程度，取决于该部件被使用的频率，或所占总执行时间的比例。

提出 RISC 设计的目标主要是为进一步提高处理器性能，我们首先了解一下处理器性能的计算机公式：

$$处理器执行时间 = IC \times CPI \times CC$$

处理器执行时间：执行一般代码所需的处理器时间（通常用时钟周期的个数计算）。

IC：代码的指令条数（Instruction Count），与指令集设计编译器的优化有关。

CPI：平均执行每条指令的时钟周期数，与指令集设计、体系结构等技术有关。

CC：时钟周期（Clock Cycle）与计算机组成、IC 工艺等技术有关。

处理器执行时间决定了处理器的性能，处理器执行时间越短，表示处理器性能越卓越。根据性能公式，要缩短处理器时间，可以通过减小 IC、CPI 或者 CC 实现，由于精简 IC、CC 的技术手段有限，因此，缩短 CPI 成为缩短处理器时间的主要技术途径。RISC 技术对比 CISC 最大的优势就是对 CPI 的精简能力。

2. RISC 结构特征

从指令系统结构上看，RISC 体系结构一般具有如下特点：

1）精简指令系统。可以通过对过去大量的机器语言程序进行指令使用频度的统计，来选取其中常用的基本指令，并根据对操作系统、高级语言和应用环境等的支持增设一些最常用的指令。

2）减少指令系统可采用的寻址方式种类，一般限制在 2 或 3 种。

3）在指令的功能、格式和编码设计上尽可能地简化和规整，让所有指令尽可能等长。

4）单机器周期指令，即大多数的指令都可以在一个机器周期内完成，并且允许处理器在同一时间内执行一系列的指令。

RISC 结构在使用相同的芯片技术和相同运行时钟下，其运行速度将是 CISC 的 2 ～ 4 倍。由于 RISC 处理器的指令系统是精简的，因此它的内存管理单元、浮点单元等都能设计在同一块芯片上。RISC 处理器比相对应的 CISC 处理器设计更简单，所需要的时间将变得更短，并可以比 CISC 处理器应用更多先进的技术，开发更快的下一代处理器。但是 RISC 结构的多指令操作使得程序开发者必须小心地选用合适的编译器，而且编写的代码量会变得非常大。另外，RISC 体系的处理器需要更快的内存，为解决此问题通常在处理器内部集成一级高速缓存。图 2-9 是一个典型的 RISC 处理器结构。

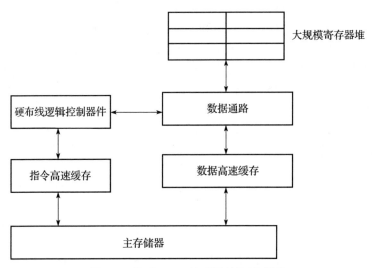

图 2-9　典型 RISC 处理器结构示意图

RISC 计算机具备结构简单、易于设计和程序执行效率高的特点，因此得到了广泛应用。当今 UNIX 领域 64 位处理器大多采用了 RISC 技术，代表产品有：IBM、Apple 和 Motorola 三个公司联合开发的 PowerPC 系列处理器、Sun 公司的 SPARC 处理器和 SGI 公司的 MIPS 处理器等。另外在嵌入式系统领域 RISC 技术也有广泛应用。

与 CISC 架构相比较，尽管 RISC 架构有上述的优点，但并不能认为 RISC 架构就可以取代 CISC 架构。事实上，RISC 和 CISC 各有优势，而且两者正在逐步融合，现代的 CPU 往往采用 CISC 的外围，内部加入了 RISC 的特性，出现了所为谓的 CRIP（CISC-RISC Processor）技术，Pentium 的后期产品和以后的 Pentium Pro、AMD 的 K5 等处理器都运用了 CRIP 技术，它们的内核都是基于 RISC 体系结构的，接收 CISC 指令后将其分解成 RISC 指令以便在同一时间内能够执行多条指令。可见，处理器融合 CISC 与 RISC 两种技术，从软件与硬件两方面取长补短，将成为未来的发展方向之一。

3. ARM 与 RISC- V

RISC 结构目前在应用领域中影响力最大的是 ARM 和 RISC- V 这两个体系，下面我们分别简要介绍。

（1）ARM

ARM（Advanced RISC Machine）所采取的是 IP（Intellectual Property，知识产权）授权的商业模式，注意这里的 IP 不是指互联网协议。ARM 的所有者并不直接生产芯片，而是将其设计授权给其他应用产品开发者，利用 ARM 作为内核生产相应的产品。

ARM 处理器自诞生以来，其在移动端高性能、低功耗的优势非常突出，但在大型计算端的优势并没有显现出来，也没有发挥出市场优势。

随着人类智能世界的发展，业务与数据的多样性驱动计算的多样性，多种计算架构共存的异构计算成为发展的必然。华为推出的基于 ARM 架构的芯片，在多核、众核、低功耗等方面具有技术优势。

随着目前移动互联网技术的快速发展，ARM 已经成为移动终端领域主流的处理器。在服务器和桌面系统领域，虽然 x86 处理器依然占据很大的市场份额，但 ARM 处理器由于其低功耗、众核、高并发的优势，也广泛地被市场选择和应用。

2020 年 10 月华为发布了其 5nm 制程工艺支持 5G 的 SoC 麒麟 9000 系列芯片，该系列芯片集结极速 5G、强劲性能、AI 智慧与卓越影像于一体，而其内核则是基于 2019 年 6 月发布的 ARM Cortex-A77 内核。

目前全球移动设备处理器大多是基于 ARM 架构的，包括大量的手机和平板，现在也有一些开始进入桌面和服务器领域。

图 2-10　华为麒麟 9000 处理器

（2）RISC-V

RISC-V（发音为"risk-five"，最后一个字母是罗马数字）是 2011 年推出的一个基于精简指令集（RISC）原则的开源的指令集架构（Instruction Set Architecture，ISA）。其目标是成为一个通用的指令集架构，能适应包括从最小的嵌入式控制器到高性能计算机等各种规模的处理器；能够兼容各种流行的软件和编程语言；适应所有实现技术，包括现场可编程门阵列（FPGA）、专用集成电路（ASIC）、全定制芯片，甚至未来的设备技术；对所有微体系结构样式都有效，如微编码或硬连线控制、顺序或乱序执行流水线、单发射或超标量等；支持广泛的专业化，成为定制加速器的基础；稳定的、基础的指令集架构保持不变。

RISC-V 是模块化的，其核心是一个名为 RV32I 的基础 ISA，运行一个完整的软件栈。RV32I 是固定，这为编译器编写者、操作系统开发人员和汇编语言程序员提供了稳定的目标。模块化来源于可选的标准扩展，根据应用程序的需要，硬件可以包含或不包含某些扩展。模块化的特性使得 RISC-V 具有了袖珍化、低能耗等对于嵌入式应用至关重要的特点。RISC-V 编译器得知当前硬件包含哪些扩展后，可以生成当前硬件条件下的最佳代码。

2.4.4　并行处理与流水线技术

从 20 世纪 40 年代开始的现代计算机发展历程可以分为两个明显的发展时代：串行计算时代和并行计算时代。每一个计算时代都从体系结构发展开始，接着是系统软件（特别是编译器与操作系统）、应用软件，最后随着问题求解环境的发展而达到顶峰。

自 20 世纪 80 年代来，单处理器的性能一直以最高速度增长。但由于计算机电路的操作速度最终取决于光速，而现在的许多电路已运行在纳秒级上，因此单处理器体系结构的发展正在接近极限。为了超越单处理器的性能，一种合乎逻辑的方法就是把多个微处理器联结起来，形成并行计算机。

并行计算机是由一组处理单元组成的。这组处理单元通过相互之间的通信与协作，以更快的速度共同完成一项大规模的计算任务。因此，并行计算机的两个最主要的组成部分是计算节点和节点间的通信与协作机制。并行计算机体系结构的发展也主要体现在计算节点性能的提高以及节点间通信技术的改进两方面。

1. 并行处理概念

只要在同一时刻或是在同一时间间隔内完成两种或两种以上性质相同或不同的工作，它们在时间上能互相重叠，就称为并行处理。并行处理有两个特征：

1）同时性（Simultaneity）：两个或多个事件在同一时刻发生。

2）并发性（Concurrency）：两个或多个事件在同一时间间隔内发生。

对于计算机而言，并行处理可以从 3 个方面理解：

1）从计算机系统中执行程序的角度。包括指令内部的并行处理，一条指令内部各个微操作之间的并行；指令之间的并行，多条指令的并行执行；任务或进程之间的并行，多个任务或程序段的并行执行；以及作业或程序之间的并行，多个作业或多道程序的并行。

2）从计算机系统中数据处理的角度。主要是字符位串和二进制位之间的并行处理。

3）从计算机信息加工的各个步骤和阶段角度。包括存储器操作并行、处理器操作步骤并行（流水线技术）、处理器操作并行（多处理器系统）和网络节点操作并行等。

2. 多处理器结构

并行处理计算机结构通常包括以下 3 种形式。

- 流水线计算机：主要通过时间重叠，让多个部件在时间上交错重叠地并行执行运算和处理，以实现时间上的并行。
- 阵列处理机：主要通过资源重复，设置大量算术逻辑单元，在同一控制部件作用下同时运算和处理，以实现空间上的并行。
- 多处理器系统：主要通过资源共享，让共享 I/O 子系统、数据库资源及共享或不共享存储的一组处理机在统一的操作系统全盘控制下，实现软件和硬件各级上相互作用，达到时间和空间上的异步并行。

流水线技术将在下一节介绍，阵列处理机属于并行处理结构的特例，不具有普遍意义。因此，我们着重介绍多处理器系统。

按照著名的弗林（Flynn）计算机分类模型，根据计算机的指令和数据流的并行性，把所有的计算机分为以下 4 类：

（1）SISD

SISD（Single Instruction Stream Single Data Stream，单指令流单数据流）指计算机的指令部件每次只对一条指令进行译码和处理，并只对一个操作部分分配数据，是按照排序的方式进行顺序处理，也就是说通常由一个处理器和一个存储器组成，它通过执行单一的指令流对单一的数据流进行操作，指令按顺序读取，数据在每一时刻也只能读取一个，传统的冯·诺依曼机均属此类。弱点是单片处理器处理能力有限，同时，这种结构也没有发挥数据处理中的并行性潜力，在实时系统或高速系统中，很少采用 SISD 结构。

（2）SIMD

SIMD（Single Instruction Stream Multiple Data Stream，单指令流多数据流）属于并行运算计算机，计算机有多个处理单元，由单一的指令部件控制，按照同一指令流的要求为它们分配各不相同的数据并进行处理。系统结构由一个控制器、多个处理器、多个存储模块和一个互连总线（网络）组成。所有"活动的"处理器在同一时刻执行同一条指令，但每个处理器执行这条指令时所用的数据是从它本身的存储模块中读取的。对操作种类多的算法，当要求存取全局数据或对于不同的数据要求做不同的处理时，它是无法独立完成的。另外，SIMD 一般都要求有较多的处理单元和极高的 I/O 吞吐率，如果系统中没有足够多的适合 SIMD 处理的任务，采用 SIMD 是不合算的，如阵列处理机，联机处理。

（3）MISD

MISD（Multiple Instruction Stream Single Data Stream，多指令流单数据流）用于流水线处理计算机，计算机具有多个处理单元，按照多条不同的指令要求同时对同一数据流及其处理输出的结果进行不同的处理，是把一个单元的输出作为另一个单元的输入。这种结构在目前常见的计算机系统中很少见，但是如果把早期的自动控制系统也作为计算机来看待的话，则在早期的自动控制系统中比较常见。在 CPU 进行复杂处理的过程中，其数据流在很多时候依然是按照这种模式运行。

（4）MIMD

MIMD（Multiple Instruction Stream Multiple Data Stream，多指令流多数据流）又称为多处理机系统，是指能实现指令、数据作业、任务等各级全面并行计算的多机处理系统，典型的 MIMD 系统由多台处理机、多个存储模块和一个互连网络组成，每台处理机执行自己的指令，操作数也是各取各的。MIMD 结构中每个处理器都可以单独编程，因而这种结构的可编程能力是最强的。但由于要用大量的硬件资源解决可编程问题，硬件利用率不高。常见的有 MPP（Massively Parallel Processor）系统、目前科研机构中的分布式计算系统。

知识扩展

多核 CPU

科技使得越来越多的电路可以放置在一个硅片上，使得计算机部件之间的物理差别逐渐变小，单独的一个芯片就可以包括一个 CPU 和主存储器，使得能够在单独的设备中提供一个完整的系统，并在更高的设计层面被用作一个抽象工具。在今天的技术程度下，单独的芯片可以存放不止一个完整的 CPU。这就是称为多核 CPU 设备的基础体系结构：在同一芯片上存在两个（或 4 个、8 个等）CPU 以及共用的高速缓冲存储器。这种设备简化了 MIMD 系统的构建，并已迅速应用于家用计算机。

这是对于计算机体系结构一个粗略的分类模型，当前许多机器是这些类型的混合体，然而，这个模型作为体系结构设计框架还是有一定指导意义的。

许多早期的多处理器计算机属于 SIMD 型，到了 20 世纪 80 年代，这种模型又重新引起人们的注意。然而最近几年，MIMD 开始作为一种通用多处理器体系结构出现。MIMD 机器的崛起源于两个因素：

1）具有较高的灵活性。在合适的软硬件支持下，MIMD 可以作为高性能单用户机使用，也能同时运行多个任务，或者是高性能多任务的组合。

2）可由具有性价比优势的微处理器建成。

3. 流水线技术

提高计算机执行速度并不是改进计算机性能的唯一途径，还可以通过改进机器的**吞吐量**实现，即机器在给定时间内可以完成的工作总量。

在不要求增加执行速度的前提下，增加计算机吞吐量的一个例子是**流水线（pipeline）技术**，该技术允许一个机器周期内的各步骤重叠进行。特别是当执行一条指令时，可以读取下一条指令，也就意味着，在任何一个时刻可以有不止一条指令在"流水线"上，每条指令处在不同的执行阶段。这样，即便读取和执行每条指令的时间保持不变，计算机总的吞吐量提高了。（当到达一条移位指令时，通过预读取指令达到提高效率的效果已是不现实的，因为"流水线"上的指令已经没有用了。）

流水线技术是提高处理器性能的最重要设计之一，是现代计算机系统结构中普遍使用的一种技术提高处理器性能的方式。

流水线技术的基本思想在冯·诺依曼归纳的第一台存储程序计算机中已经提出，但限于当前的技术条件没有实现。1946 年，Burks 等人提出的运算与 I/O 重叠操作是当今计算机中流水线技术的原始雏形。计算机的流水处理过程和工厂中的流水装配线类似，其要点是在一个任务完成以前就开始另一个新的任务。为了实现流水，首先必须把输入的任务分割为一系列子任务，使各子任务能在流水线的各个阶段并发同时执行。将任务连续不断地输入流水线，从而实现子任务级的并行。流水处理大幅度地改善了计算机系统的性能，是通过并行硬件来改善性能的一种经济有效的方法。计算机发展到现在，流水线技术已经成为各类机器普遍采用的、用来改善性能的基本手段。

2.5   计算机软件系统

软件是由计算机程序和程序设计的概念逐步发展演化而来的，是程序和程序设计发展到规模化和商品化后所逐渐形成的概念。随着软件的发展，形成了一个复杂、完整的系统，在某种程度上其复杂性和重要性已逐步超过硬件系统，成为现代信息系统的关键和核心。

2.5.1   软件的含义

用过计算机的人都接触过软件，但是要用一句话概括软件到底是什么，可不是一件简单的事。我们先来讨论一下软件的含义。

计算机系统是通过运行程序来实现各种不同的应用。把各种不同功能的程序，包括用户为自己的特定目的编写的程序、检查和诊断机器系统的程序、支持用户应用程序运行的系统程序、管理和控制机器系统资源的程序等通常称为软件。它是计算机系统中与硬件相互依存的另一部分，与硬件共同完成系统功能。

软件是由能够完成预定功能和性能的一组计算机指令（计算机程序）、程序正确运行所需数据、描述程序的设计和使用的文档三部分组成。简单地说一个完整的软件包括程序、数据和文档三个组成部分。在本质上，软件是控制计算机硬件运行，解决实际问题的逻辑方法；以各种形式记录在介质上的程序、数据和文档都是软件的表现形式，就像用乐谱来记录音乐一样。

软件是伴随着计算机硬件的产生而出现，并随着硬件的发展而逐步发展。在计算机出现的初期，软件并不受重视，通常作为硬件的配套工具。随着技术的发展进步，软件的地位不断上升。今天，软件已经成为推动计算机科学发展的重要动力，软件在整个计算机系统中所占的比重已经远远超过硬件部分。

2.5.2　软件系统的组织

软件是计算机系统的重要组成部分，它是计算机程序以及与程序有关的各种文档的总称。计算机程序是为实现特定目标或解决特定问题而用计算机语言编写的命令序列的集合，是人们求解问题的逻辑思维活动的代码化描述。而文档是使用户能读懂程序、正确掌握程序的重要途径。文档记录软件开发的活动和阶段成果，它不仅可以用于专业人员和用户之间的通信和交流，而且还可以用于软件开发过程的管理和运行阶段的维护。为了提高软件开发效率，提高软件产品的质量，许多国家对软件文档都制定了详细、具体的规定。

计算机软件系统通常需要包含语言支持功能。计算机通常使用能够对硬件进行直接识别的、用电子线路容易处理的一种语言，这就是计算机的机器语言，又称为二进制代码语言，也就是计算机的指令；使用计算机的人员往往要使用更"高级"一些的汇编语言和高级程序设计语言，在这两种语言之间需要完成必要的处理和翻译。

计算机软件还要为计算机系统本身提供性能良好的资源管理功能，为使用人员提供尽可能多的帮助。把资源管理和调度功能留给计算机系统软件来完成更可靠，完成这一功能的软件就是计算机的操作系统。操作系统的存在，又为使用计算机的用户提供了许多支持，与程序设计语言相结合，使得程序设计更简化、建立用户的应用程序和操作计算机更方便。

计算机软件系统通常根据软件的功能可将其分为系统软件和应用软件两大类，这些软件都是用程序设计语言编写的程序，如图 2-11 所示。

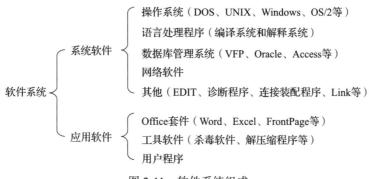

图 2-11　软件系统组成

计算机系统包括硬件和软件两个组成部分。硬件是所有软件运行的物质基础，软件能充分发挥硬件的功能作用并且可以扩充硬件功能，完成各种系统及应用任务，两者互相促进、相辅相成、缺一不可。图 2-12 给出了一个计算机系统的软件层次结构。其中，每一层具有一组功能并提供相应的接口，接口掩盖层内的实现细节，对层外提供了功能更强、使用更方便的机器，通常称之为虚拟机（Virtual Machine）。

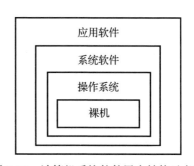

图 2-12　计算机系统软件层次结构示意图

虚拟计算机是人们经过多年研究认识并找到的一种方法，它把硬件的复杂性与用户隔离开来。经过不断的探索和研究，目前采用的方法是在计算机裸机上加上一层又一层的软件来组成整个计算机系统，同时，为用户提供一个容易理解和便于程序设计的接口。在操作系统中，类似的把硬件细节隐藏并把它与用户隔离开来的情况处处可见，如 I/O 管理软件、文件管理软件和窗口软件都向用户提供了一个越来越方便地使用 I/O 设备的方法。由此可见，每当在计算机上覆盖一层软件，提供一种抽象，系统的功能便增加一点，使用就更加方便一点，用户可用的运行环境就更好一点。所以，当计算机上覆盖了操作系统后，可以扩展基本功能，为用户提供一台功能显著增强、使用更加方便、安全可靠性高、效率明显提高的机器，对用户来说使用的是一台与裸机不同的虚拟计算机。

最基础的硬件层被称为裸机，提供了基本的可计算性资源，包括处理器、存储器，以及各种 I/O 设施和设备，是软件赖以工作的基础。操作系统层是最靠近硬件的软件层，对计算机硬件做首次包装。操作系统是上层其他软件运行的基础，为编译程序和数据库管理系统等系统程序的设计者提供了有力支撑。系统软件的工作基础建立在操作系统改造和扩充过的机器上，利用操作系统提供的扩展指令集，可以较为容易地实现各种各样的语言处理程序、数据库管理系统和其他系统程序。在系统软件基础上，提供种类繁多的应用程序，应用程序层解决用户特定的或不同应用需要的问题，应用程序开发者借助于程序设计语言来表达应用问题，开发各种应用程序，既快捷又方便。而最终用户则通过应用程序与计算机系统交互来解决其实际应用问题。

1. 系统软件

系统软件是指管理、控制和维护计算机系统资源的程序集合，这些资源包括硬件资源与软件资源。例如，对 CPU、内存、打印机的分配与管理；对磁盘的维护与管理；对系统程序文件与应用程序文件的组织和管理等。常用的系统软件有：操作系统、各种语言处理程序、连接程序、诊断程序和数据库系统等，其核心是操作系统。

- 操作系统（Operating System，OS）：负责计算机系统中软硬件资源的管理，合理地组织计算机的工作流程，并为用户提供良好的工作环境和友好的使用界面。操作系统由一系列程序组成，它是直接运行在裸机上的最基本的系统软件，是系统软件的核心。操作系统是整个计算机系统的控制和管理中心，是计算机和用户之间的接口，任何其他软件必须在操作系统的支持下才能运行。
- 语言处理程序：程序是计算机语言的具体体现。对于用高级语言编写的程序，计算机是不能直接识别和执行的。要执行高级语言编写的程序，首先要将高级语言编写的程序通过语言处理程序翻译成计算机能识别和执行的二进制机器指令，然后才能供计算机执行。
- 数据库管理系统：数据库管理系统的作用是管理数据库，具有建立、编辑、维护和访问数据库的功能，并提供数据独立、完整和安全的保障。按数据模型的不同，数据库管理系统可以分为层次型、网状型和关系型 3 种类型。如 Oracle、Access 都是典型的关系型数据库管理系统。
- 网络管理软件：是指网络通信协议及网络操作系统。其主要功能是支持终端与计算机、计算机与计算机以及计算机与网络之间的通信，提供各种网络管理服务，实现资源共享和分布式处理，并保障计算机网络的畅通无阻和安全使用。

2. 应用软件

除了系统软件以外的所有软件都称为应用软件，它们是由计算机生产厂商或软件公司为支持某一应用领域、解决某个实际问题而专门研制的应用程序。例如，Office 套件、标准函数库、计算机辅助设计软件、各种图形处理软件、解压缩软件和反病毒软件等。用户通过这些应用程序完成自己的任务。例如，利用 Office 套件创建文档、利用杀毒软件清理计算机病毒、利用解压缩软件解压缩文件、利用 Outlook 收发电子邮件、利用图形处理软件绘制图形等。

在使用应用软件时一定要注意系统环境，也就是说运行应用软件需要系统软件的支持。在不同的系统软件下开发的应用程序只有在相应的系统软件下才能运行。例如，EDIT 编辑程序、Debug 调试程序是运行在 DOS 环境下；Office 套件和 WinZip 解压缩程序运行在 Windows 环境下。

其他应用软件：近些年来，随着计算机应用领域越来越广，辅助各行各业应用开发的软件层出不穷，如多媒体制作软件、财务管理软件、大型工程设计、服装裁剪、网络服务工具以及各种各样的管理信息系统等。这些应用软件不需要用户学习计算机编程，直接使用便能够得心应手地解决本行业中的各种问题。

2.5.3　软件的社会形态

软件自从诞生以来，随着应用的普及，逐渐产生出多种社会形态。

1. 商业软件

商业软件（Commercial Software）是在计算机软件中，指被作为商品进行交易的软件。请注意这些软件不仅用于商业，只是其以商品形式通过市场进行交流，使用软件的用户需要向开发软件的作者支付费用。直到现在，大多数的软件都属于商业软件。相对于商业软件，有非商业的、可供分享使用的自由软件（Free Software）、分享软件（Shareware）、免费软件（Freeware）等。

软件作为商品，在经济社会中不仅对社会发展起了积极作用，在相当的时期内，对软件产业自身的发展也起了非常积极的作用。只要能开发出优秀的软件，就能获得高额的经济效益，吸引了很多优秀人才投身软件产业。

然而商品有其自私的属性。为了保护自己的商业利益，商业软件所使用的技术被视为商业秘密，严格保护，在一定程度上阻碍了社会对新技术、新方法的运用。当商业软件发展到一定时期，技术和社会形态发展到一定程度，就出现了多种非商业软件或非纯商业软件。

与商业软件相关的软件类型为闭源软件（Closed Source Software），也就是封闭源代码软件，是指源代码在获取、使用、修改上受到特定限制的软件。此外，有些软件也有复制和分发的限制，它也属于专有软件的范畴，是与开源软件相对立的一个概念。通常这些限制是由软件的所有者制定，通过法律或者技术上的手段实现的，有时这两种手段被同时采用。最常见的技术限制方式是保留能够被大家读懂的源代码，只发布只有计算机才能读懂的程序（如二进制格式）。法律上的限制包括使用版权（附带软件许可证）和专利。这些程序的源代码往往被其持有者视为商业机密，如果第三方要查看源代码时，往往需要签署保密协议。有些闭源软件会以某种形式公布源代码，但公布源代码与"开放源代码"并不是相同的概念，公布只是让用户能够看到源代码而已，用户没有其他权利。

2. 开源软件

开源软件（Open Source Software，OSS），亦称为开放源代码软件，即一种源代码可以任意获取的计算机软件，这种软件的版权持有人在软件协议的规定之下保留一部分权利并允许用户学习、修改、增进提高这款软件的质量。开源协议通常符合开放源代码的定义要求。一些开源软件被发布到公有领域，常被公开合作地开发。图 2-13 所示的是开源软件的标识。

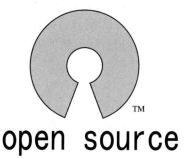

图 2-13　开源软件的标识

开源软件同时也是一种软件散布模式。一般的软件仅可取得已经过编译的二进制可执行文档，通常只有软件的作者或著作权所有者等拥有软件的源代码。

有些软件的作者只将源代码公开，却不符合"开放源代码"的定义及条件，因为作者可能设定公开源代码的条件限制，如限制可阅读源代码的对象、限制衍生产品等，只能称之为"公开"源代码软件（例如知名的模拟器软件 MAME），因此公开源代码的软件并不一定可称之为开放源代码软件。

开源软件促进组织 OSI（Open Source Initiative）定义开源软件有如下 10 个条件：

- 自由再散布（Free Distribution）：允许获得源代码的人可自由将此源代码散布。
- 源代码（Source Code）：程序的可执行文档在散布时，必须以随附完整源代码或是可让人方便的事后取得源代码。
- 衍生著作（Derived Works）：让人可依此源代码修改后，在依照同一授权条款的情形下再散布。
- 原创作者程序源代码的完整性（Integrity of The Author's Source Code）：即修改后的版本，须以不同的版本号码与原始的程序代码区别开，保障原始的程序代码完整性。
- 不得对任何人或团体有差别待遇（No Discrimination Against Persons or Groups）：开放源代码软件不得因性别、团体、国家、族群等设定限制，但若是因为法律规定的情形则为例外（如美国政府限制高加密软件的出口）。
- 对程序在任何领域内的应用不得有差别待遇（No Discrimination Against Fields of Endeavor）：即不得限制商业使用。
- 散布授权条款（Distribution of License）：若软件再散布，必须以同一条款散布。
- 授权条款不得专属于特定产品（License Must Not Be Specific to a Product）：若多个程序组合成一套软件，则当某一开放源代码的程序单独散布时，也必须符合开放源代码的条件。
- 授权条款不得限制其他软件（License Must Not Restrict Other Software）：当某一开放源代码软件与其他非开放源代码软件一起散布时（例如放在同一光碟片），不得限制其他软件的授权条件也要遵照开放源代码的授权。
- 授权条款必须技术中立（License Must Be Technology-Neutral）：即授权条款不得限制为电子格式才有效，若是纸本的授权条款也应视为有效。

人们通常把能够自由地获取、修改和重新发布源代码的软件称为开源软件。但是企业用户需要认识到使用开源软件和参与开源软件开发的相关法律因素，才能尊重他人的合法权益并合法有效地保护自身和利益，促进事业的发展。

开源软件的基本原则：

1）坚持开放，鼓励最大化地参与和协作。

2）尊重作者的权利，同时保证程序的完整性。

3）保持独立和中立，避免任何可能影响这种独立性的事物。

许多人将开放源代码软件与自由软件（Free Software）视为相同，这种认识有一定的局限性。以定义条件而言，自由软件仅是开放源代码的一种，也就是自由软件的定义较开放源代码更为严格，并非开放源代码的软件就可称为自由软件，要视该软件的授权条件是否合乎自由软件基金会对自由软件所下的定义。

开放源代码软件就是在 GNU 通用公共许可证（GPL）下发布的软件，以保障软件用户自由使用及接触源代码的权利。这同时也保障了用户自行修改、复制以及再分发的权利。简而言之：所有公布软件源代码的程序，都可以称为开放源代码软件。

开放源代码有时不仅仅指开放源代码软件，它同时也是一种软件开放模式的名称。使用开放源代码开放模式的软件代表就有 Linux 操作系统。开放源代码开放模式的名字及其特点最早是由美国计算机黑客埃里克·斯蒂芬·雷蒙在他的著作《大教堂与市集》（*The Cathedral and the Bazaar*）等一系列论文集中提出并探讨的。

严格地说来，开放源代码软件与自由软件是两个不同的概念，只要符合开源软件定义的软件就能被称为开放源代码软件（开源软件）。自由软件是一个比开源软件更严格的概念，因此所有自由软件都是开放源代码的，但不是所有的开源软件都能被称为自由软件。从某种意义上说，开源软件和自由软件是开源运动中的两个不同的流派。

开放源代码软件运动是一个主要由程序工程师及其他计算机用户参与的声势浩大的运动。它是自由软件运动的一个分支，但二者的差别并不明显。一般而言，自由软件运动是基于政治及哲学思想（有时被称为所谓黑客文化）的理想主义运动，而开放源代码运动则主要注重程序本身质量的提升。目前最成功的开源软件要算是 Android 系统，第 6 章的操作系统部分将介绍该系统。

3. 其他形态

（1）自由软件

自由软件是指遵循通用公共许可证（General Public License，GPL）规则，保证使用上的自由、获得源程序的自由、修改的自由以及复制和推广的自由，也可以有收费的自由的一种软件。自由软件是指软件的开发者赋予使用者自由地运行、复制、修改、发布等权利的软件。

自由软件的出现意义深远。众所周知，科技是人类社会发展的阶梯，而科技知识的探索和积累是组成这个阶梯的一个个台阶。人类社会的发展是以知识积累为依托，不断地在前人获得知识的基础上发展和创新才得以一步步地提高。软件产业也是如此，如果能把已有的成果加以利用，避免每次都重复开发，将大大提高目前软件的生产率，借鉴他人的开发经验，相互利用，共同提高。带有源程序和设计思想的自由软件对学习和进一步开发起到极大的促进作用。自由软件的定义就确定了它是为了人类科技的共同发展和交流而出现的。Free 指是的自由，但并不是免费。自由软件之父理查德·斯托曼先生将自由软件划分为若干等级：

- 0 级：指对软件的自由使用。
- 1 级：指对软件的自由修改。

- 2 级：指对软件的自由获利。

自由软件赋予人们极大的自由空间，但这并不意味自由软件是完全无规则的，例如 GPL 就是自由软件必须遵循的规则，由于自由软件是"贡献型"而不是"索取型"的，只有人人贡献出自己的一份力量，自由软件才能得以健康发展。比尔·盖茨早在 20 世纪 80 年代，曾大声斥责"软件窃取行为"，警告世人这样会破坏整个社会享有好的软件，自由软件的出现是软件产业的一个分水岭。在拥戴自由软件的人们眼中，微软的做法的实质是阻止帮助他人，抑制了软件对社会的作用，剥夺了人们"共享"与"修改"软件的自由。

GPL 协议可以看成为一个伟大的协议，是征集和发扬人类智慧和科技成果的宣言书，是所有自由软件的支撑点，没有 GPL 就没有今天的自由软件。

（2）免费软件

免费软件泛指一切不需金钱购买就可以获得和使用的软件。开发者一般是因兴趣或以分享性质而发放，亦有部分是因为不满或希望改善现存软件而自行开发另一个或替其优化程序。需要注意的是自由软件或开放源码软件并不一定是免费软件，反之很多免费软件也不是开源的。现实中大多数自由软件或开放源码软件皆是免费软件，而免费软件则只有部分是自由软件或开放源码软件。

（3）绿色软件

绿色软件（Green Software）或称可携式软件（Portable Software）指一类小型软件，多数为免费软件，最大特点是软件无须安装便可使用，可存放于可移除式存储媒体中（因此称为可携式软件），移除后也不会将任何记录（登录档讯息等）留在本机。

绿色软件的优点是占用的存储空间比较小、不用安装、删除方便和只占用少量系统资源，故此大部分都可以存放在可移除式存储媒体（如闪存盘等卸载式存储装置）中读取。部分绿色软件更以开放源代码的形式发布，欢迎任何人参与改进或增加功能，并以相关的自由软件授权（如 GPL）允许在网络上自由修改、发布。

最初，人们把"绿色软件"定义为"不会在使用者的计算机上留下难以清除的冗余资讯的软件"，特别受中国大量被恶意软件荼毒的人们欢迎。因其如爱好环保般不弃置污染物，所以被冠上"绿色"之名。绿色软件后来的意义变得宽阔而模糊，不同性质的小容量软件如捐款软件（Donationware）、开放源代码软件、免费软件等也被纳入绿色软件的定义之内。亦有将绿色软件定义为所有不需安装的免费软件。

现在，绿色软件的定义和可携式软件（Portable Application）十分接近，一般指可以连同设定资料一并置于可移除式存储媒体内转移至不同计算机使用或可在网络硬盘上运行的应用软件。由于设定文档（如 .ini 文档或 .xml 文档）是置于程序资料夹内而非写入登录或其他位置，因此转移到不同计算机后仍可正常执行；移除存储装置后记录也不会将资料留在本机。这种设计架构的软件可存取即用，使很多人都把程序"带着走"，以便自己在不同地方使用相同的设定，尤其是具备人性化设定的浏览器软件，这使得可携式软件得到普及。

绿色软件最典型的特性有以下两个：不需要安装；不需要建立或更改任何在该程序所在资料夹以外的档案。

（4）共享软件

共享软件或试用软件是商业软件的一种特定形式。共享软件可以免费地获取和安装，并使用一段时间。使用期限截止后，用户应当停止使用并卸载，如果想继续使用则需支付相应的费用。共享软件可以算是商业软件的一种营销方式。"共享软件"一词首见于 20 世纪 80

年代，由 Bob Wallace 所创，1983 年他离开了微软并自立门户，开创了 QuickSoft，随后他写了一个文书处理软件，名为"PC-Write"，并称这是一个"Shareware"由此"PC-Write"成为首个"共享软件"。共享软件一般不会开放源代码。

了解了这些软件类别后，大家在日常使用软件时应当仔细区分辨别。在没有充分理解软件许可之前，就随意下载、使用、分发一个软件或者将其用于商业用途，可能会引起严重的法律纠纷，必要时请咨询有关部门明确自己的责任和义务。

本章小结

虚拟机的概念有助于我们正确理解计算机的实质和计算机运算的实现途径，从而更好地进行计算机语言的研究和应用，包括了从基础的硬件层到应用层的不同层次结构的虚拟机。

计算机能直接执行用机器语言所编的程序。机器语言是由二进制代码表示的计算机机器指令和数据组合而成。指令是用来指定计算机实现某种控制或执行某个运算的操作命令代码。一台计算机全部指令的集合，称为指令系统。不同的计算机有不同的指令系统。

从高级语言转换到真正可执行的机器语言有两种方法：编译和解释。这两种方式都能够将高级语言编写的源程序转换成机器可执行的二进制机器代码。编译运行效率较高，解释运行比较灵活。

体系结构的概念是从软件设计者的角度对计算机硬件系统的观察和分析。结构是指各部分之间的关系。通过分析系统的组成和结构，可以进行更好的软件设计。

冯·诺依曼结构是典型的顺序执行结构，采用"存储程序控制原理"。其基本要点是：采用二进制工作；指令和数据都以二进制代码形式存放在存储器中；计算机由五大部分组成：运算器、控制器、存储器、输入设备、输出设备；采用顺序型算法；使用程序存储控制方式。

哈佛结构与冯·诺依曼结构的主要区别在于其将指令和数据分别进行存储管理，而其基本组成是相同的。由于结构上的区别，哈佛结构在并行性上要优于冯·诺依曼结构，但其实现相对复杂，在早期应用较少。

处理器是计算机系统的能力核心，其结构决定了整个系统的结构和能力。本章按指令系统结构分别介绍的 CISC 和 RISC 两种处理器结构。

CISC 结构指令丰富，寻址方式多样，曾经是处理器发展的重要方向，但其结构复杂，大量指令使用率低。RISC 则以硬件实现最常用到的指令，而大量复杂的、使用率低的指令由软件实现，在同等条件下，提高了硬件的效率。CISC 和 RISC 的主要区别实际上是在软件和硬件的划分界面上。

流水线技术是提高处理器性能的最重要的设计之一，是现代计算机系统结构中普遍使用的一种技术提高处理器性能的方式。

并行计算机是由一组处理单元组成的。这组处理单元通过相互之间的通信与协作，以更快的速度共同完成一项大规模的计算任务。

按照著名的弗林计算机分类模型，根据计算机的指令和数据流的并行性，可以把所有的计算机分为 4 类：SISD、SIMD、MISD 和 MIMD。

计算机软件可分为系统软件和应用软件两大类。操作系统是一类特殊的系统软件，其直接作用于硬件，是人们与计算机打交道的第一个层次，其他软件都是工作在操作系统的基础上。系统软件主要是为应用提供通用的、公共的基础，大多是系统运行的支持和开发工具，应用软件根据应用的不同，形式非常丰富，是人们最常使用的部分。

软件从表现形式上看是由能够完成预定功能和性能的一组计算机指令（计算机程序）、描述程序的设计和使用的文档三部分组成。在本质上，软件是控制计算机硬件运行，解决实际问题的逻辑方法。软件是伴随着计算机硬件的产生而出现，并随着其发展而逐步发展。随着计算机科学的发展，软件的地位不断上升。

在计算机系统中，软件是逻辑部件，而硬件是物理部件。软件相对硬件而言有许多不同特点。软件是一种逻辑实体，具有很强的抽象性。软件可以记录在介质上，或在系统上运行。软件是一个逻辑复杂规模庞大的系统，涉及技术、管理等多方面的问题。

软件在社会形态上可分为以商业软件为代表的闭源软件和以自由软件为代表的开源软件两大类。另外，软件还可以细分为其他若干形态。

本章习题

一、复习题

1. 简述冯·诺依曼原理，冯·诺依曼结构计算机包含哪几部分部件，其结构以何部件为中心？

2. 简述计算机体系结构与组成、实现之间的关系。

3. 根据指令系统结构划分，现代计算机包含哪两种主要的体系结构？

4. 简述 RISC 技术的特点？

5. 有人认为，RISC 技术将全面替代 CISC，这种观点是否正确？说明理由。

6. 什么是流水线技术？

7. 多处理器结构包含哪几种主要的体系结构，分别有什么特点？

8. 试解释下列基本概念：机器语言、汇编语言、高级语言。

9. 计算机软件系统可以分为哪几类？

10. 简述虚拟计算机的概念，分析其作用？

二、练习题

（一）填空题

1. 向上兼容，就是要求为某档机种编制的程序，应能_____运行于同一系列计算机中更高档次的机种上。

2. 传统的冯·诺依曼计算机以_____为中心。

3. 一个完善的指令系统应具有_____、_____、_____和_____四个方面的特性。
   计算机处理器体系结构按照指令系统结构可分为_____和_____两类。

4. 计算机软件系统通常根据软件的功能可将其分为_____和_____两大类。

5. 根据指令系统功能结构的不同，计算机体系结构发展趋势呈现_____和_____两种截然不同的方向，相同的指令系统可以通过"_____"或"_____"的方法来实现。

6. RISC 技术对比 CISC 最大的区别就是对_____的精简。

7. 并行处理指的是在同一时刻或是在同一时间间隔内完成两种或两种以上性质相同或不同的工作，它们在时间上能互相重叠，并行处理有两个不同特征：_____和_____。

8. 并行处理计算机结构通常包括_____、_____和_____三种形式。

9. CPU 执行时间决定了处理器的性能，CPU 执行时间越短，表示处理器性能越卓越。根据性能公式，要缩短 CPU 执行时间，可以通过减小_____、_____或者_____。RISC 技术对比 CISC 最大的优势就是对_____的精简能力。

10. 并行计算机是由一组处理单元组成的。这组处理单元通过相互之间的通信与协作，以更快的速度共同完成一项大规模的计算任务。因此，并行计算机的两个最主要的组成部分是_____和_____。

11. 按照著名的弗林计算机分类模型，根据计算机关键部位的指令和由指令引起数据流的并行性，把所有的计算机分为_____、_____、_____和_____ 4 类。

12. 计算机系统包括_____和_____两个组成部分。软件根据用途不同可分为_____和_____。

（二）选择题

1. 冯·诺依曼计算机的基本原理是_____。
   A. 程序外接　　　　B. 逻辑连接　　　　C. 数据内置　　　　D. 程序存储

2. CISC 结构处理器以_____为中心。
   A. 运算器　　　　B. 存储器　　　　C. 微程序控制器　　　　D. 硬连线控制器

3. 现代计算机处理器结构按照_____划分，可分为复杂指令集计算机和精简指令集计算机两类。
   A. 指令系统　　　　B. 硬件结构　　　　C. CPU　　　　D. 存储方式

4. RISC 技术最大的优势就是对于_____的精简能力。
   A. 指令系统　　　　B. CPI　　　　C. 硬件数量　　　　D. 数据吞吐量

5. 下列_____不属于应用软件的范畴。
   A. Office　　　　B. 视频播放器　　　　C. Windows　　　　D. 杀毒软件

（三）判断题

1. 计算机体系结构是一门研究计算机硬件结构的学科。　　　　　　　　　　　（　　）
2. 哈佛结构与冯·诺依曼结构本质的区别是将程序指令存储和数据存储分开。　（　　）
3. 主存储器是现代计算机系统的数据传送中心。　　　　　　　　　　　　　　（　　）
4. RISC 结构在各方面均要优越于 CISC 结构。　　　　　　　　　　　　　　（　　）
5. 单指令流单数据流计算机的每个机器周期最多执行一条指令。　　　　　　　（　　）
6. 流水线方式就是操作重叠。　　　　　　　　　　　　　　　　　　　　　　（　　）
7. 冯·诺依曼计算机的基本原理是程序存储。　　　　　　　　　　　　　　　（　　）
8. 多处理机系统的处理器之间主要通过共享物理存储器进行通信。　　　　　　（　　）
9. 系统软件是指管理、控制和维护计算机系统资源的程序集合　　　　　　　　（　　）
10. 向量处理机是一种典型的多处理机系统。　　　　　　　　　　　　　　　　（　　）

（四）讨论题

1. 简述计算机采用多级层次结构的必要性和可能性。
2. 简述 CISC 和 RISC 结构各自的优缺点。
3. 简述流水线技术提高运算速度的主要方式。
4. 简述兼容机的概念。
5. 运用所学知识，使用 4K × 8 位/片的 SRAM 存储器芯片设计一个 16K × 16 位的存储器。
6. 某计算机系统的指令字长为 20 位，具有无操作数、单操作数、双操作数三种指令格式，每个操作数地址为 6 位，当双操作数指令条数取最大值，而且单操作数指令条数也取最大值时，请问这三种指令最多可能拥有的指令条数各是多少？
7. 试分析冯·诺依曼模型对编程概念的影响。

第3章 计算机硬件组成

本书第2章介绍了计算机体系结构的相关知识，包括计算机体系结构的思想、概念、组成和实现方式。计算机体系结构和计算机硬件组成是相辅相成的两个概念，计算机硬件组成是在计算机体系结构确定并且分配了硬件系统的概念结构和功能特性的基础上，设计计算机各部件的具体组成，是计算机体系结构的逻辑实现。本章将讨论计算机硬件系统组成，主要描述计算机主要硬件组成部分的原理、结构、实现和发展趋势，并讨论当前主流计算机的常用硬件。

本章从计算机系统硬件组成的角度比较详细地介绍了构成计算机的各部件。处理器包括运算器和控制器两大部件及内部的寄存器，处理器的能力在很大程度上决定了计算机系统的能力。存储器是计算机系统中的记忆设备，用来存放程序和数据，是冯·诺依曼结构计算机的重要组成部分。计算机中的全部信息都保存在存储器中。I/O设备是计算机系统形式最丰富的设备类型。总线是连接计算机各组成部件的功能部件。

通过本章的学习，读者可以对计算机硬件有比较全面、深入的认识，并掌握一定的选择比较硬件产品的方法和标准。

3.1 计算机硬件系统组成

现代计算机的组成与冯·诺依曼体系结构描述的组成相似，其硬件系统主要由运算器、控制器、存储器、输入设备、输出设备等组成，这些部件通过总线和接口连接在一起，构成一台完整的计算机，如图3-1所示。

冯·诺依曼体系结构并没能明确提出总线的概念，各部分之间主要通过专用的电路连接。总线是

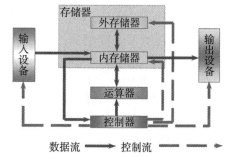

图3-1　计算机硬件系统组成示意图

计算机技术发展后，逐渐形成的系统内部高速连接通道，我们将在后面详细讨论。由于硬件技术的发展，现在通常将运算器和控制器及一些附属电路集成在一个集成电路芯片上，称之为处理器。下面我们逐个详细讨论。

重要　基于冯·诺依曼模型建造的计算机分为4个子系统：存储器、算术/逻辑单元、控制单元和I/O单元。而从现代的观点来看，计算机的硬件基本组成包括处理器、存储器、总线、输入和输出设备。

3.2 处理器

处理器也叫中央处理单元（Central Processing Unit，CPU），是计算机的核心部件。从体系结构上看，CPU包含了运算器和控制器，以及为保证它们高速运行所需的寄存器（Register）。寄存器是CPU内部用于临时存放数据的少量高速专用存储器。CPU从存储器中取出指令和

数据，将它们分别放入 CPU 内部的寄存器。在控制器中，根据微码或专用译码电路，把指令分解成一系列的操作步骤，然后发出各种控制命令，完成指令的执行。指令是计算机规定执行操作的类型和操作数的基本命令。如图 3-2 所示是英特尔公司和 AMD 公司生产的 CPU。

图 3-2　英特尔（Intel）酷睿（Core）12 代 CPU 和 AMD 锐龙（Ryzen）PRO、Threadripper PRO 处理器示意图

3.2.1　运算器

1. 运算器功能与组成

运算器在硬件实现时称作算术逻辑单元（Arithmetic Logic Unit，ALU），它是计算机中执行各种算术和逻辑运算操作的部件。在研究计算机体系结构理论时用运算器这个名词较多，在讨论硬件组成时用 ALU 更直接。运算器的基本操作包括加、减、乘、除四则运算，与、或、非、异或等逻辑操作，以及移位、比较和传送等操作。当计算机运行时，运算器的操作和操作种类由控制器决定。运算器处理的数据直接取自内部的寄存器，处理后的结果数据通常再送回寄存器中，寄存器中的数据根据需要与主存进行交换。

（1）运算器的功能

运算器的首要功能是完成对数据的算术运算和逻辑运算。它在给出运算结果的同时，还给出结果的某些特征，如是否溢出、有无进位、结果是否为零或为负等，这些结果特征信息通常被保存在几个特定的触发器中。要保证 ALU 正常运行，必须向它指明应该执行的某种运算功能。

运算器的第二项功能是暂时将参加运算的数据和中间结果，由其内部的一组寄存器承担。因为这些寄存器可以被汇编程序员直接访问与使用，故通称为通用寄存器，以区别于那些计算机内部设置的、不能为汇编程序员所访问的专用寄存器。为了向 ALU 提供正确的数据来源，必须指明使用通用寄存器组中的哪个寄存器。

为了用硬件线路完成乘除指令运算，运算器内一般还有一个能自行左右移位的专用寄存器，称为乘商寄存器。由于该寄存器属于内部专用，汇编程序员不能访问，一般不需要关注此线路。

（2）运算器的组成

运算器由加法器、移位器、多路选择器、通用寄存器组和一些控制电路组成。其中，通用寄存器组包括累加寄存器、数据缓冲寄存器和状态条件寄存器。运算器是数据加工处理部件，在控制器的指挥控制下，完成指定的运算处理功能。运算器通常包括定点运算器和浮点运算器两种类型。定点运算器主要完成对整数类型的数据、逻辑类型的数据的算术、逻辑运算，而浮点运算器主要用于完成对浮点数的算术运算。

通用寄存器组用于存放参加运算的数据。输入端的多路选择器用于从通用寄存器组中选出一路数据送入加法器中参加运算。输出端的多路选择器对输出结果有移位输出的功能。由加法器和各种控制电路组成的逻辑电路可以完成加、减、乘、除及逻辑运算的功能。

2. 运算器工作原理

运算器是计算机进行算术运算和逻辑运算的重要部件。运算器的逻辑结构取决于机器指令系统、数据表示方法、运算方法和电路等。运算方法的基本思想是：各种复杂的运算处理最终可分解为四则运算与基本的逻辑运算，而四则运算的核心是加法运算。可以通过补码运算化减为加，加减运算与移位的有机配合可以实现乘除运算，阶码与尾数的运算组合可以实现浮点运算。

运算器要合理准确地完成运算功能，需要明确以下几个问题：

1）需要明确参加运算的数据来源，运算结果的去向。运算器能直接运算的数据，通常来自运算器本身的寄存器。这里有 3 个概念：一是寄存器的数量为几个至上百个不等，它们要能最快速地提供参加运算的数据，需要能够指定使用哪个寄存器的内容参加运算；二是这些寄存器能接收数据运算的结果，需要有办法指定让哪个寄存器来接收数据运算的结果；三是在时间关系上，什么时刻送出数据去参加运算，什么时刻能正确地接收数据运算的结果，如图 3-2 所示。请注意，这些寄存器本身是暂存数据用的，是由触发器构成的时序逻辑电路。

2）需要明确将要执行的运算功能。对数值数据的算术运算功能使用哪一种算术运算？对逻辑数据的逻辑运算功能使用哪一种逻辑运算？另外一个问题是，运算器完成一次数据运算的过程由多个时间段组成，其时序关系如图 3-3b 所示。请注意，完成数据运算功能的线路是组合逻辑电路（见图 3-3a）。

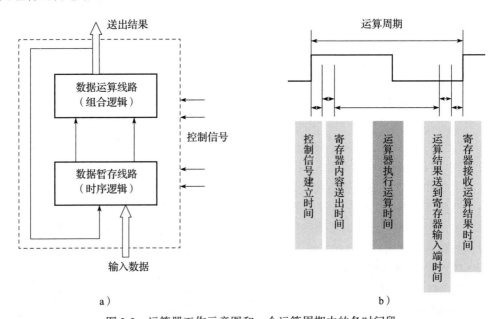

a）　　　　　　　　　　　　　　b）

图 3-3　运算器工作示意图和一个运算周期中的各时间段

最后还要说明，运算器部件只有和计算机的其他部件配合起来才能共同完成指令的执行过程，因为运算器需要接收其他部件（如内存或者计算机的输入设备）送来的数据，才能源源不断地得到运算所需的数据；运算器还需要将其运算的结果发送到其他部件（如内存或者计算机的输出设备），才能体现出它的运算处理效能和使用价值，这些内容在图 3-3 中有示意性表示。运算器接收数据输入和送出运算结果都是经过计算机的总线实现的，总线同样属于组合逻辑电路，不能企图用总线记忆数据。

3.2.2 控制器

1. 控制器的功能

计算机的功能是通过程序的执行来体现的，而所谓的计算机程序是按照一定逻辑规律依次排列起来的指令代码，计算机要想正确地执行程序，必须能够调动各功能部件按照一定规律协调一致地执行程序中的各条指令。控制器的主要作用就是控制计算机各功能部件按照程序执行的要求协调有序地工作。

控制器的主要功能就在于：正确地分步完成每一条指令规定的功能，正确且自动地连续执行指令。

2. 控制器的组成

控制器主要由 CPU 寄存器组、操作控制部件和时序部件组成，如图 3-4 所示。

1）CPU 寄存器组：存放指令地址和内容。其中最重要的寄存器有如下 5 个：指令指针 IP（或程序计数器 PC）、指令寄存器 IR、地址寄存器 AR、累加器 AC 和状态标志寄存器。

2）操作控制部件：根据指令操作码和时序信号产生各种操作控制信号，以便正确地建立信息通路，完成对取指令和执行指令过程的控制。指令最终要被控制器解释为符合规定的时序以及在时序信号控制下的微操作信号。操作控制部件可以用组合逻辑电路、微码或组合逻辑等方法实现。

3）时序部件：对各种操作实施时间上的严格控制。时序部件主要由主时钟源、节拍发生器和启停控制逻辑组成。

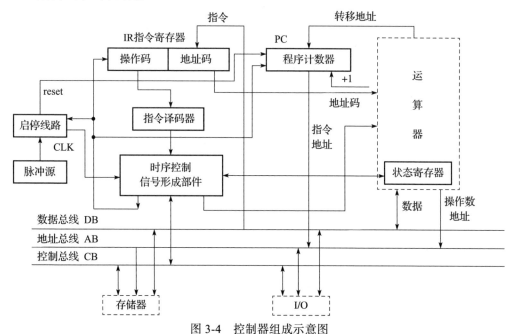

图 3-4 控制器组成示意图

3.2.3　摩尔定律与处理器的发展

信息技术是近几十年发展进步最快的领域。关于这个领域人们总结出几条规律，其中之一是我们在第 2 章介绍过的"二八定律"，关于硬件发展最重要的理论之一就是"摩尔定律"。

1. 摩尔定律

摩尔定律（Moore Law）源于 1965 年戈登·摩尔（Gordon Moore，时任英特尔公司名誉董事长）的一份关于计算机存储器发展趋势的报告。他根据对所掌握的数据资料的整理和分析研究，发现了一个重要的趋势：芯片领域每隔 18 ～ 24 个月就会出新一代产品，而且新一代芯片大体上包含其前一代产品两倍的容量。事实证明这一规律一直延续至今，并且惊人的准确。人们还发现这不仅适用于对存储器芯片的描述，也精确地说明了处理器能力和磁盘驱动器存储容量的发展。该定律成为许多工业对于性能预测的基础。由于高纯硅的独特性，集成度越高，单位晶体管的成本越低，这样也就引出了摩尔定律的经济学效益。在 20 世纪 60 年代初，一个晶体管要 10 美元左右，但随着晶体管越来越小，小到一根头发丝上可以放 1000 个晶体管时，每个晶体管的成本只有 0.001 美分。

"摩尔定律"归纳起来，主要包括以下几点：

1）芯片技术的发展具有周期性，每个周期是 18 ～ 24 个月。

2）集成电路芯片上所集成的电路的数目，每隔一个周期就翻一番。

3）处理器的性能每隔一个周期提高一倍，并且价格同比下降一半。

随着计算机技术的发展，摩尔定律得到业界人士的公认，并产生巨大的反响，逐渐成为硬件领域最重要的规律。许多基于未来预期的研究和预测都以它为理论基础。这里需要特别指出，摩尔定律并非数学、物理定律，而是对发展趋势的一种分析预测，因此，无论是它的文字表述还是定量计算，都应当容许一定的宽裕度。

从某种意义上说，摩尔定律是关于人类创造力的定律，而不是物理学定律。创造力是人类特有的一种能力，通常是指产生、发现或创造新事物的能力。摩尔定律实际上是关于人类信念的定律，当人们相信某件事情一定能做到时，就会努力去实现它。摩尔当初提出他的观察报告时，在某种程度上是给了人们一种信念，使大家相信他预言的发展趋势一定会持续。而之所以摩尔定律在过去数十年的时间里不断被证实，正是由于人们这些年来的不懈努力。摩尔提出的周期很可能是英特尔公司芯片研发的基本计划周期。

2. 处理器的发展

无论摩尔定律是否真的存在，处理器的发展在过去的几十年里取得了惊人的成就。以英特尔公司的产品为例，其 1971 年推出的第一款 4004 处理器有 2250 个晶体管，工作频率为 740kHz，能执行 4 位运算，支持 8 位指令集及 12 位地址集；1985 年推出的 80386 系列有 27.5 万个晶体管，是第一种 32 位微处理器，包括数据、地址都是 32 位，工作频率提高到 33MHz；1993 年推出第五代 CPU 的高性能处理器"奔腾"（Pentium），晶体管数量达到 310 万个，工作频率提高到 200MHz；1999 年发布了奔腾 3 处理器，含有 950 万个晶体管，采用 0.25μm 制程技术生产，频率达到 1400MHz，约 1.4GHz；2002 年推出奔腾 4 处理器，采用英特尔 0.13μm 制程技术生产，含有 5500 万个晶体管；2005 年发布英特尔第一个双核处理器"奔腾 D"，含有 2.3 亿个晶体管，采用 90nm 制程技术生产，采用 64 位内核，工作频率

达到 3.2GHz；随后从微处理器向多内核发展，2006 年推出的酷睿 2（Core 2）处理器含有超
5.8 亿个晶体管，采用 45nm 制造工艺；2008 年推出的酷睿 i7（Core i7）处理器的晶体管数
达到了 22.7 亿，拥有 4 个内核；2021 年发布了第 12 代处理器酷睿 i9（Core i9），并未明确
公布集成的晶体管数量，但从包含的 16 内核数和相关资料分析，其晶体管数接近或超过 100
亿。其他公司在相应时期也推出类似等级的产品，形成整个产业的处理器时代。

综合起来看，处理器发展主要有以下几个方面：

- 处理字长增加，从最初的 4 位，增加到目前的 64 位。
- 晶体管数量快速增加，说明处理器的结构日趋复杂，从最初的数千个，增加到目前的
  数十亿个，增加了上百万倍。
- 处理器的工作频率从不到 1MHz，提高到 5GHz 以上，提高超过 5000 倍。
- 从单内核发展到现在的多内核。

发展多内核是借鉴了多处理器的思想，由于通过单纯提高工作频率来加快处理速度的做
法已经接近极限，所以近几年虽然处理器的处理能力还在不断提高，但工作频率并没有像 20
世纪那样不断提高，而是通过多内核来提高整体能力。

可以预见，随着技术的不断进步，上述几个方面的能力还会有所提高，其综合的结果是
处理器的整体能力不断提高，从而使得计算机系统的能力不断提高。

3.3　存储器

存储器（Memory）是计算机系统中的记忆设备，用来存放程序和数据，是冯·诺依曼结
构计算机的重要组成部分。计算机中的全部信息，包括输入的数据、运行的程序、运算的中
间结果和最终结果都保存在存储器中。它根据控制器指定的位置存入和取出信息。按现代观
点来看，存储器包括主存储器（常称内存或主存）和辅助存储器（也称外存或辅存）两大类，
冯·诺依曼结构中的存储器更接近内存的概念。从理论上讲，CPU 中的寄存器也属于存储器
的范畴，但它既不是内存也不是外存。

3.3.1　计算机的多级存储系统

按照与 CPU 的接近程度和 CPU 的访问方式，存储器分为**主存储器**和**辅助存储器**。在早
期的计算机中，由于主存储器通常与处理器集中配置在主机内部作为主机的一部分，所以俗
称内部存储器（简称内存）；而辅助存储器，由于体积较大，通常作为单独的外部设备配置，
俗称外部存储器（简称外存）。CPU 能够直接访问内存，但不能直接访问外存，访问外存的
方式更接近于 I/O 设备的访问，而且外存的数据必须通过内存才能为 CPU 所用。随着 CPU
速度的提高，有些计算机中还配置了高速缓冲存储器（Cache），这时内存包括主存与高速缓
存两部分。

把存储器分为几个层次主要基于下述原因：

1）合理解决速度与成本的矛盾，以得到较高的性能价格比。影响存储器性能的主要是
容量、存取速度和成本这三个因素。图 3-5 列出了几种不同类型存储器的容量、速度和价格
之间的关系。

可以看出，存取速度越高，每位价格就越高。容量大的存储器，限于成本就得使用速度
较低的器件。

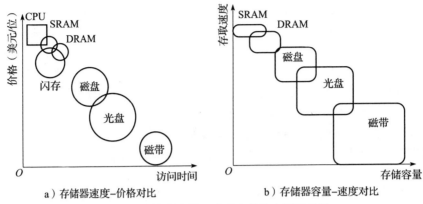

a）存储器速度-价格对比   b）存储器容量-速度对比

图 3-5　存储器容量、速度和价格之间的关系

为解决高速的 CPU 与速度相对较慢的主存的矛盾，发展出高速缓存技术。它采用比主存速度更快、价格更高的半导体器件制造，存放当前使用最频繁的指令和数据。这样，通过增加少量成本即可获得很高的速度。

2）使用磁盘、磁带等作为外存，不仅价格便宜，存储容量大，而且在断电时它所存放的信息也不丢失，可以长久保存，且复制、携带都很方便。

合理地分配容量、速度和价格的有效措施是实现分级存储。这是一种把几种存储技术结合起来，互相补充的折中方案。图 3-6 是典型的存储系统层次结构示意图。

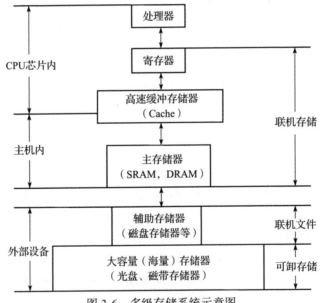

图 3-6　多级存储系统示意图

多级存储系统的原则是：选用生产与运行成本不同的、存储容量不同的、读写速度不同的多种存储介质，组成一个统一的存储器系统，使每种介质都处于不同的地位，发挥不同的作用，充分发挥各自在速度、容量、成本方面的优势，从而达到最优性能价格比，以满足使用需求。

多级存储系统的层次结构有如下规律（从上到下）：

● 价格依次降低。

● 容量依次增加。

- 访问时间依次增长。
- CPU 访问频度依次减少。

使用这样的多级存储体系是当前解决存储器性能与需求矛盾最理想的技术途径，大大提高了系统的整体性能价格比。

3.3.2　主存储器和高速缓存

主存储器指的是计算机中存储正处在运行中的程序和数据（或一部分）的部件，通过地址、数据、控制 3 类总线与 CPU 等其他部件连通。本节主要讨论主存储器的工作原理。

1. 主存储器

在现代计算机存储系统中，主存储器占据着首要、核心地位。主存储器主要由存储体、地址译码器、驱动电路、读写电路和时序控制电路等组成，如图 3-7 所示。

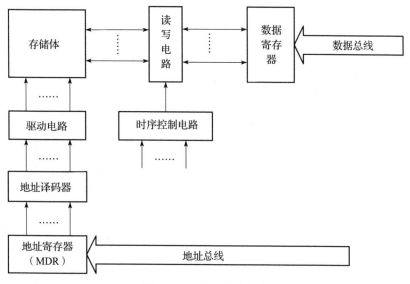

图 3-7　主存储器的组成

一个元件只能存储一位信息。半导体存储器是将许多位集成在一个芯片上，再由一些芯片扩展成的存储体阵列。扩展方式即存储芯片连接成存储器的方式，如图 3-8 所示。

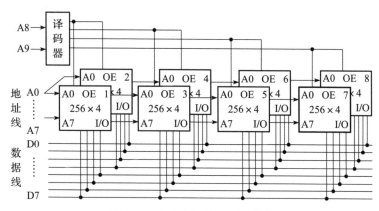

图 3-8　典型的存储器组织形式

现代计算机中的主存储器按照信息的存取原理可以分为易失性存储器件 RAM 和非易失性存储器件 ROM 两大类，每一大类根据具体制造工艺又可以细分。

2. RAM

随机存取存储器（Random Access Memory，RAM）要求能随机地对存储器中的任何单元进行存取，且与存取的时间和该单元的物理位置无关。

半导体 RAM 元件可以分为静态（SRAM）和动态（DRAM）两种。SRAM 是利用双稳态触发器的开关特性进行记忆，这种器件本身有两种稳定状态，只要保持供电，它就能根据需要保持稳定在其中的一个状态，并且能够根据需要快速转变为另一种状态。DRAM 靠 MOS 电路中的栅极电容来记忆信息，由于电容的电荷会泄漏，除要保持供电外，还必须设置刷新电路，动态地每隔一定的时间间隔对它进行一次刷新，否则信息就会丢失。SRAM 读写速度高而成本也高，DRAM 比 SRAM 集成度高、功耗低，从而成本也低，适于做大容量存储器。所以内存通常采用 DRAM，而高速缓冲存储器（Cache）则使用 SRAM。

内存的具体产品形式是内存条，**内存条**（Dual In-Line Memory Modules，DIMM）是将 RAM 集成块集中在一起的一小块电路板，它作为功能模块插在计算机中的内存插槽上，以减少 RAM 集成块占用的空间。目前市场上常见的内存条有 4GB/ 条、8GB/ 条、16GB/条等。图 3-9 所示为典型内存条样式。

RAM 存储器发展的最新技术是磁随机存取存储器（Magnetic Random Access Memory，MRAM）。它是一种利用磁化特性进行数据存取的内存技术，拥有 SRAM 的高速读取写入能力以及 DRAM 的高集成度，而且基本上可以无限次地重复写入，是未来非常有前途的内存存储元件。

图 3-9　典型的内存条样式

3. ROM

只读内存（Read-Only Memory，ROM）是一种在机器运行过程中只能读出、不能写入信息的存储器，采用非易失性器件制造，在没有电源供电的情况下，其存储的信息也能长期保存。它所存储的信息是用特殊方式写入的，主要用于存储经常要用的一些固定信息。ROM 在计算机中主要用来保存出厂的一些固定设置和系统硬件引导程序，即通常所谓的 BIOS，ROM 技术也用于一些固件产品中。根据物理特性可将 ROM 分为如下几类。

（1）ROM 元件

这种 ROM 通常指 MROM，采用二次光刻掩模工艺一次制成，它只能由厂家在生产时制成，出厂后再不可改变。这种元件可靠性高、集成度高、批量生产成本低，但其灵活性差，单个生产费用高。

（2）PROM 和 EPROM 元件

PROM（可编程的 ROM）元件是用户可以根据需要写入数据的器件，一旦写入数据就固定下来，不能再改变。它有多种技术实现方式，其中一种是熔丝型，在出厂时各处熔丝都是完好的，用户在使用时根据需要用大电流将部分熔丝熔断以改变状态。这样就将自己的信息写入了元件。

EPROM 是一种可改写的 ROM，可以对其内容进行多次改写，所以叫可擦除可编程 ROM（Erasable Programmable ROM）。目前用得最多的 EPROM 是用浮动栅雪崩注入型 MOS 管构成的，称为 FAMOS 型 EPROM。擦除内容的方式有紫外线照射擦除或电擦除（EEPROM）。这些器件有一个特点，就是擦除时只能一次将整个芯片的内容全部删除，然后再写入新的内容，即便只需要修改原来内容的一小部分，也得如此操作。

除了以上介绍的几种常见的存储器件外，还有许多存储器器件，在此不一一介绍。

4. 高速缓冲存储器

在计算机的发展过程中，主存器件速度的提高赶不上 CPU 逻辑电路速度的提高，它们的相对差距越拉越大。统计表明，在摩尔定律周期中 CPU 的速度提高一倍，而主存芯片的容量虽然同比增加，但速度每年只能提高几个百分点。1955 年在 IBM704 中，处理器周期与主存周期相同，而到了 20 世纪 80 年代主存周期已是处理器周期的 10 倍。显然，这样的主存大大限制了 CPU 性能的发挥。为解决日益严重的主存与 CPU 速度不匹配的问题，在 CPU 与主存之间再增加一级或多级能与 CPU 速度匹配的高速缓冲存储器（Cache），来提高主存储系统的性能价格比。不仅大、中型机器，连小型、新型的微型计算机也广泛采用"Cache- 主存"体系结构。

Cache 的工作原理基于程序访问的局部性，即主存中存储的程序和数据并不是 CPU 每时每刻都在访问的，在一段时间内，CPU 只访问其一个局部。这样只要 CPU 当前访问部分的速度能够与 CPU 匹配即可，并不需要整个主存的速度都很高。为保证 CPU 的工作效率，主存与 Cache 的数据交换成为关键，具体调度方法在全面的操作系统部分讨论，本节主要从硬件实现角度讨论。

知识扩展

与主存相比 Cache 具有以下特点：

1）Cache 一般由存取速度快的 SRAM 元件组成，其速度已经与 CPU 相当。

2）Cache 与虚拟存储器的基本原理相同，都是把信息分成基本的块并通过一定的替换策略，以块为单位，由低一级存储器调入高一级存储器，供 CPU 使用。但是，虚拟存储器的替换策略主要由软件实现，而 Cache 的控制与管理全部由硬件实现。因此 Cache 效率高并且其存在和操作对程序员和系统程序员透明，而虚拟存储器中，页面管理虽然对用户透明，但对程序员不透明，段管理对用户可透明也可不透明。

3）Cache 的价格较高，为了保持最佳的性能价格比，Cache 的容量应尽量小，但太小会影响命中率，所以 Cache 的容量是性能价格比和命中率的折中。

在实际设计中，由于处理器芯片容量和成本等方面的考虑，Cache 一般也设计为两级，分为一级缓存（即 L1 Cache）和二级缓存（即 L2 Cache）。CPU 在运行时首先从一级缓存读取数据，如果一级缓存没有再从二级缓存读取数据，若还没有则从内存读取数据。以英特尔酷睿 2 处理器为例，其 L1 Cache 的容量为 4 ～ 64KB，L2 Cache 的容量为 2 ～ 4MB，而其构成的计算机系统主存一般配置容量为 1 ～ 4GB。

3.3.3 辅助存储器

辅助存储器是主存储器的后援存储设备，用以存放当前暂时不用的程序或数据，也称为外部存储器。对辅助存储器的基本要求是：容量大、成本低、可以长时间不供电保存信息。目前主要有磁记录、光记录两类，具体形式如磁盘、磁带、光盘、光磁盘等。需要特别说明的是：

虽然现在外存通常都安装在主机箱里，但在逻辑结构上它不属于主机，它属于外部设备的一种。

1. 磁盘存储器

磁盘存储器是目前个人计算机中应用最广泛的一种辅助存储器，由磁盘、磁盘驱动器及其适配器 3 部分组成。磁盘存储器主要分为软磁盘和硬磁盘两大类。目前，软磁盘已基本被淘汰，我们主要介绍硬磁盘存储器相关原理。

硬磁盘的盘片以铝合金为基体。磁盘的信息记录在圆形的磁道上，每个盘片上有多个磁道，构成同心圆的形式。为便于管理记录的数据，人为将每个磁道划分为若干区域，称为扇区。硬磁盘存储器中的盘片数目有单片和多片，一般为 2 片、3 片、6 片、12 片等几种，形成多个盘面。

这多个盘面上位于同一半径的磁道形成一个圆柱面，圆柱面数等于一个盘面的磁道数。所以硬磁盘地址的一般表示为驱动器号：柱面（磁道）号、盘面号、扇区号。在读 / 写过程中，各个盘面的磁头总是处于同一圆柱面上。存取信息时，可按圆柱面的顺序进行，从而减少了磁头的径向移动次数，有利于提高存取速度。

硬磁盘存储器还可按盘片结构分为固定盘片和可更换盘片两种，按磁头运动又可分为固定磁头和可移动磁头两种。

现代硬磁盘俗称"温盘"，由 IBM 公司在 20 世纪 70 年代采用温彻斯特（Winchester）技术制成。"温彻斯特"技术的核心是：盘体密封，盘片固定并高速旋转，磁头沿盘片径向移动，磁头悬浮在高速转动的盘片上方，而不与盘片直接接触。这样可移动磁头组、固定盘片组、电机等驱动部件放在一个过滤空气密封包中，采用轻质小磁头，盘面介质经过润滑处理，可使磁头和磁层表面靠得很近。头盘悬浮间隙一般为零点几微米，因此，磁道可以做得窄而密。温盘的体积小、容量大、防尘性能好、可靠性高，对使用环境要求不高。它的出现使磁盘性能有了突破性进展，成为硬盘存储器的主要产品。目前大容量温盘的容量已达数百吉字节以上，容量在增加，盘片却越来越小，直径规格从早期的 14in、8in 逐步发展为当前 3.5in、2.5in、1.8in 等几种。

2. 光盘存储器

随着激光技术的发展，光盘成为辅助存储的重要成员。光盘存储技术的特点如下：

- 采用非接触方式读 / 写，没有磨损，可靠性高。
- 可长期（60 ～ 100 年）保存信息。
- 成本低廉，易于大量复制。
- 存储密度高，体积小，能自由更换盘片。
- 误码率低，从光盘上读出信息时，出现的差错位的比率为 $10^{-12} \sim 10^{-17}$。

光盘的类型很多，很多类型用于媒体节目的录制出版发行以替代磁带，用于计算机存储数据的主要是 CD-ROM 和 DVD-ROM 两大类。

CD-ROM（Compact Disc-Read Only Memory）是只读微缩光盘，于 1991 年正式成为标准，单张盘片的数据容量约为 650MB。光盘本身作为介质记录数据，但不能直接为计算机使用，需要光盘驱动器（俗称光驱）这一装备将光盘中的数据转入内存，才能使用。CD 系列还包括一次可写的 CD-R 刻录盘和 CD-RW 多次可擦写盘片等。使用这些特殊的盘片需要相应功能的光盘驱动器。光驱的主要指标是光盘的数据读取速率，CD-ROM 基本速率（1x）为 150KB/s（国际电子工业联合会定为单倍速光驱），现在已经发展到 52x，约 7.8MB/s。

DVD-ROM（Digital Video Disc-Read Only Memory）是数字视盘。采用了比 CD-ROM 更精细的激光束，每张光盘可存储容量达到 4.7GB，大约是 CD-ROM 的 7 倍，已经成为当前光盘的主要形式。与 CD 类似，DVD 也有可记录刻录的 DVD-R 和可多次擦写的 DVD-RW。使用 DVD 光盘需要 DVD 驱动器，目前的 DVD 驱动器产品都兼容 CD-ROM 的格式，即两类盘片都能读取。DVD 光驱的基本速度为 1350KB/s，也就是 CD 光驱的 9 倍，目前主流产品为 18x 的 DVD 驱动器，读取速度达到 24MB/s。

DVD 的发展趋势是使用更精细的激光束作为光源。当前主流的 DVD 技术采用波长为 650nm 的红色激光和数字光圈为 0.6 的聚焦镜头，盘片厚度为 0.6mm。下一代蓝光 DVD 技术采用波长为 450nm 的蓝紫色激光，通过广角镜头上比率为 0.85 的数字光圈，将聚焦的光点尺寸缩到极小程度。蓝光 DVD 的轨道间距减小至 0.32mm，是当前红光 DVD 的一半；蓝光 DVD 单片的存储容量被定为 27GB，比当前红光 DVD 的单片容量提高近 6 倍。

可以看出，光盘虽然具有很多优点，但其读取速度比硬盘慢得多，特别是写入的速度更低，这样大大限制了光盘的应用。光盘主要用于软件发行和数据的长期保存。可将不常使用的数据和程序保存在光盘上作为备份使用。

3. 闪存

闪存（Flash Memory）是一种长寿命的非易失性（在断电情况下仍能保持所存储的数据信息）电子器件存储器。其数据删除不是以单个的字节为单位而是以一定大小的区块为单位，区块大小一般为 256KB ～ 20MB 不等。闪存是电子可擦除只读存储器（EEPROM）的发展，与 EEPROM 不同的是，闪存在进行删除或重写操作时不需要整个芯片擦写，这样闪存比 EEPROM 更新速度快。

从理论上讲，闪存属于电子器件，其速度比硬盘、光盘等机械装置快，而且具备抗震动、体积小、功耗低等优点。现在已经出现以闪存为核心的固态硬盘，但由于成本原因，其容量还不能做得很大。目前，市场上闪存的单位容量价格至少高于硬盘 30 倍。因此，闪存主要用于一些小规模的数据记录和便携式设备的存储器，如 U 盘、数码相机和手机等。

闪存产品的形式很多，常见的有 Smart Media（SM 卡）、Compact Flash（CF 卡）、Multi Media Card（MMC 卡）、Secure Digital（SD 卡）、Memory Stick（记忆棒）、XD-Picture Card（XD 卡）和微硬盘（Micro drive）等。这些闪存卡虽然外观、规格不同，但是技术原理都是相同的。

另一方面，闪存不像 RAM（随机存取存储器）那样以字节为单位改写数据，而且由于技术原因，其速度也没有 RAM 快，因此无论从哪方面看，闪存并不会取代 RAM。事实上，现在闪存的速度虽然还没有完全赶上高速硬盘的速度，但从长远看，其是机械硬盘的良好替代方案。

4. 固态硬盘

固态硬盘（Solid State Disk 或 Solid State Drive，SSD），又称固态驱动器，是用固态电子存储芯片阵列制成的硬盘。固态硬盘可以理解为容量超大的高速内置 U 盘，由于其没有机械硬盘所需的驱动等机械装置，整个盘体内没有需要移动的部件，因而得名固态盘。其与机械硬盘相比，具有工作无噪声、抗震能力强、重量轻、体积小等优点。随着芯片技术的进步，新一代高速芯片的出现，使得固态硬盘的读写速度也超过传统机械硬盘。当然，目前其成本较机械硬盘还较高，但是已经达到了基本普及的水平。当前台式计算机比较常见的配置方式是配置一块 200GB 左右容量较小的固态硬盘，用于安装系统和常用软件，同时结合一块 2TB 或更大容量的机械硬盘用于存储数据，这样既能保证有较快的运行速度，又能将成本控制在一定范围内。目前单位容量的固态硬盘的价格为机械硬盘的 3 ～ 5 倍。

固态硬盘的存储介质分为两种，一种是采用闪存（FLASH 芯片）作为存储介质，另外一种是采用 DRAM 作为存储介质。最新还有英特尔的 XPoint 颗粒技术。

（1）基于闪存的固态硬盘

基于闪存的固态硬盘采用 FLASH 芯片作为存储介质，这也是通常所说的 SSD。它的外观可以被制作成多种模样，如笔记本硬盘、微硬盘、存储卡、U 盘等样式。这种 SSD 固态硬盘最大的优点就是可以移动，而且数据保护不受电源控制，能适应于各种环境，适合于个人用户使用。寿命较长，不同的闪存介质寿命会有所不同，SLC 闪存普遍达到上万次的 PE（最大可擦写次数），MLC 可达到 3000 次以上，TLC 也达到了 1000 次左右，最新的 QLC 也能确保 300 次的寿命，普通用户一年的写入量不超过硬盘的 50 倍总尺寸，即便最廉价的 QLC 闪存，也能提供 6 年的写入寿命。其可靠性很高，高品质的家用固态硬盘可轻松达到普通家用机械硬盘十分之一的故障率。

（2）基于 DRAM 类

基于 DRAM 的固态硬盘采用 DRAM 作为存储介质，应用范围较窄。它效仿传统硬盘的设计，可被绝大部分操作系统的文件系统工具进行卷设置和管理，并提供工业标准的 PCI 和 FC 接口用于连接主机或者服务器。应用方式可分为 SSD 硬盘和 SSD 硬盘阵列两种。它是一种高性能的存储器，理论上可以无限写入，美中不足的是需要独立电源来保护数据安全。DRAM 固态硬盘属于比较非主流的设备。

（3）基于 3D XPoint 类

基于 3D XPoint 的固态硬盘原理上接近 DRAM，但是属于非易失存储。读取延时极低，可轻松达到现有固态硬盘的百分之一，并且有接近无限的存储寿命。缺点是密度相对 NAND 较低，成本极高，多用于发烧级台式机和数据中心。

5. 外存接口

硬盘的功能属于存储器，在管理上属于外部设备，其可以配置在主机内部，也可以外接，其接口主要有 SATA、PCIe、M.2、IDE、SCSI 等形式，光驱的接口形式类似。IDE（Integrated Drive Electronics）接口采用并行接口技术，由于技术限制，IDE 接口的数据传输速度最高为 133MB/s，目前已经基本不用于硬盘，部分光驱仍在使用。SATA（Serial ATA）接口作为一种比较新的硬盘接口技术于 2000 年初由 Intel 公司率先提出。其 1.0 标准的外部传输速率理论值达到了 150MB/s，后续版本的速率扩展到 600MB/s（4x），是目前硬盘的主要接口形式。2007 年制定了 SATA 2 及 SATA 2.5 标准，速度达到 3000MB/s。闪存主要使用 USB 形式，SCSI 和 USB 属于 I/O 总线，我们在后面的小节专门讨论。

3.4 I/O 设备

I/O（输入 / 输出）设备是计算机基本功能部件，由于其通常作为单独的设备配置在主机之外，又称为计算机外围设备（简称外设）。它们是计算机与人、计算机与其他机器之间建立关系的设备。没有外设，计算机将不能工作，既不能够接收外部信息，也不能够把运算和处理结果表达出来。事实上，除了运算器、控制器和主存外，计算机系统的所有部件都属于外设范畴。随着计算机应用的日益广泛，计算机的外设种类越来越多，尤其是随着多媒体技术的发展和广泛应用，开发出了许多形式和作用的外设。外设的发展促进了计算机的应用，智能化、小型化、接口标准化是外设的发展方向。

3.4.1 I/O 设备的分类

I/O 设备是计算机所有部件中种类最多的。从使用的角度，把外部设备大致分为如下 3 类。

1. 机－机通信设备

机－机通信设备就是一台计算机与其他计算机或别的系统之间通信的设备。如两台计算机利用电话线路进行通信所需的调制解调器（Modem）或组网用的网卡以及用计算机进行实时控制时的数／模和模／数转换设备等。具体设备在后续的网络有关章节讨论。

2. 计算机信息的存储设备

计算机信息的存储设备，即计算机的外存储设备，如磁盘、光盘等，这在前面已经介绍。

3. 人－机交互设备

人－机交互设备就是人和计算机间交流信息的设备。其功能是把人的五感可以识别的信息媒体，转换成计算机可以识别的信息，如键盘、图形扫描仪、摄像机、语言识别器等；或者把计算机处理的结果信息，转换为人的五感可以识别的信息媒体，如打印机、显示器、绘图仪、语音合成器等。人－机交互设备又可以细分为输入设备和输出设备两类。

3.4.2 常见输入设备

计算机常用的输入设备有键盘、鼠标、扫描仪、数字化仪和手写板等，从用途上分类，可以分为字符输入设备（键盘）、定位／拾取输入设备（鼠标、触摸屏、光笔等）、图形／图像输入设备（扫描仪、摄像机等）以及特殊用途输入设备（条形码阅读器等）。

现代计算机中常见输入设备如图 3-10 所示。

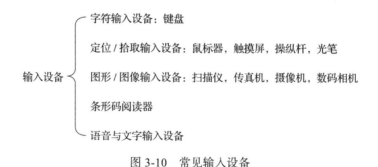

图 3-10　常见输入设备

1. 字符输入设备——键盘

键盘是最基本的人机对话输入设备。每个键由一个按钮和相应的并行输入接口电路完成键的状态输入，再由计算机的程序把该状态转换为相应的键值。

从编码的功能上，键盘又可以分为全编码键盘和非编码键盘两种。全编码键盘通过识别键是否按下，以及所按下键的位置，由全编码电路产生唯一对应的编码信息（如 ASCII 码）。非编码键盘是利用简单的硬件和一套专用键盘编码程序来识别按键的位置，然后由 CPU 将位置码通过查表程序转换成相应的编码信息。非编码键盘的速度较低，但结构简单，并且通过软件能对某些键进行重定义，提供极大的方便，目前应用比较广泛，是计算机的标准配备之一。

2.定位 / 拾取输入设备

定位 / 拾输入取设备通过指点来读取（位于屏幕或图表、图形上的）坐标，以画出或修改图形。其按所拾取的坐标可分为两类：拾取绝对坐标，如光笔和数字化仪；拾取相对坐标，如鼠标器、跟踪球、操纵杆等。

3.图形 / 图像输入设备

图像与图形是两个既有联系又不相同的概念：图形是用计算机表示和生成的图（如直线、矩形、椭圆、曲线、平面、曲面、立体及相应的阴影等），称为主观图像，是基于绘图命令和坐标点的存储与处理；图像处理的对象来自客观世界，是基于像素点的存储与处理，如由摄像机拍摄下来存入计算机的数字图，这种图像称为客观图像。随着计算机技术的发展以及图形和图像技术的成熟，图形、图像的内涵日益接近并相互融合，目前较常用的图形和图像设备有数码相机、数码摄像机、扫描仪等。数字化仪配合适当的软件，也是良好的图形输入设备。

4.音频输入设备

音频技术是多媒体技术中的一项关键性技术，包括音频输入、语音识别、语音合成及语音翻译多种技术。

音频的输入主要通过对音频信号进行采样。由于音频信号在时间上的持续性，采样形成的是数码流，即在时间上相关的一组数据，而非字符输入形成的单个数据。主要的音频输入设备是声卡和数字录音笔等。

音频输入不等于语音输入。音频输入只是将音波以数字化的形式记录下来，而语音输入是指通过人类的讲话将所说的文字输入到计算机系统中，在音频输入的基础上还需要语音识别技术的加工。语音输入是最自然、最直接的人工输入方式。

5.其他输入设备

除了前面介绍的几类主要输入设备外，还有一些专用的设备，比如虚拟现实领域的数据手套，飞行模拟用的操纵杆，赛车游戏使用的方向盘和其他游戏使用的手柄等。这些设备都将人的特定动作转换成特定格式的数据，来控制相应的软件运行。

3.4.3 常见输出设备

计算机常用的输出设备主要是针对人的感觉器官设计的。从用途上可以分为显示设备（显示器）、打印设备（打印机）、音频输出设备等，如图 3-11 所示。通过输出设备将计算机运算的结果形成人们看得见、听得见的实际效果。

输出设备
- 显示设备：显示器（字符、图形、图像）
- 打印设备：打印机（针式、喷墨、激光）
- 绘图仪
- 音频输出：声卡

图 3-11　常见输出设备

1.显示设备

显示设备是将各种电信号变为视觉信号的设备，是目前计算机给人传送信息的有效设备之一。计算机系统中的显示设备，按显示器件可分为阴极射线管（CRT）、等离子显示板（PDP）、发光二极管（LED）和液晶显示（LCD）等。

目前计算机系统中使用最广泛的是 LCD（Liguid Crystal Display），它具有体积小、重量轻、耗电少等优点，首先在便携式仪器仪表、笔记本计算机、电子图片等中得以广泛应用。

随着成本的下降，LCD 已经成为标准的显示器配置。显示器是一种实时显示设备，屏幕上的内容可以快速改变，但一旦掉电则显示内容消失。

显示器的主要技术指标一个是其有效显示面积，另一个是其显示的精细程度——分辨率，另外刷新频率也是重要指标。面积越大、分辨率越高、刷新频率越高，其性能越好，相应价格也越高。

驱动显示器工作的是显示卡，学名显示器适配卡（俗称显卡）。它是连接计算机主机与显示器的智能处理设备。通常显卡上配置有专用的图形处理器和显示存储器，主机将需要显示的内容传送给显卡，显卡运用图形处理器进行处理，并将处理后的内容保存在显示存储器中，通过专门的电路将显示存储器中的内容转换成视频信号，再通过连接电缆发送给显示器显示。显卡不仅决定显示的内容，还能够控制显示器的工作状态，包括前面提到的分辨率和刷新频率都需要显卡的支持。鉴于显卡和显示器的相关性，在配置系统时，二者最好在性能指标上能够配套，否则容易造成某一方不能充分发挥性能，产生不必要的浪费。

另外，还有一些其他形式的显示器，如大屏幕的投影仪、专业数据头盔等。

2. 打印设备

打印设备是一种硬拷贝设备，它的作用是将输出信息打印在纸上，产生永久性记录。打印设备种类繁多，有多种分类方法。

1）按印字原理分类可分为：

- 击打式：打印过程打印头要撞击纸。击打式打印机又分为活字式打印和点阵（针）式打印。活字式采用整个字作为一个字模，一下打出一个完整的文字符号，而点阵（针）式打印用每一根针代表一个点，用若干点的组合形成文字符号或形成一定的图形。
- 非击打式：采用电、磁、光、喷墨等物理、化学方法印刷字符，打印过程中纸不被撞击，如激光印字机（其技术来自复印机）、喷墨印字机等。

2）按工作方式分类可分为：

- 串行打印机：逐字打印。
- 行式打印机：一次输出一行。

典型打印机的工作原理是这样的：当打印机起动后，接收计算机传送来的信息，并将接收的信息（内码形式）送到 RAM 暂存起来，同时发出信号起动各电机的驱动电路，使机械系统处于工作状态。字符发生器将内码转换成打印机的点阵状态，通过驱动器送至打印头。字符识别器用来识别是打印信息，还是控制命令。若是前者则送到缓存中暂存后打印；若是后者则应立即执行操作。

打印机的主要技术指标是分辨率、打印幅面和打印速度。分辨率决定了打印质量，与显示器类似，分辨率越高打印效果越精细。打印幅面指其能够打印的最大单页纸张大小，某些情况下可以采用软件方式进行多页拼接形成更大的幅面。打印速度通常以每分钟打印的页数计算。在实际选择打印机时还要考虑成本，通常激光打印机的效果优于喷墨打印机，其价格也较高。

绘图仪的原理与打印机类似，只是一般其幅面较通常意义上的打印机大得多，主要用于绘制工程图样或某些领域的大面积图像。早期的绘图仪采用笔架式，用机械装置带动笔模仿人员绘图的动作，现在随着激光和喷墨技术的发展，逐步与打印机技术相整合。

这类设备有一个特点就是需要消耗一定的其他材料如墨水、炭粉等，称为消耗材料（简称耗材）。一般来说，越是高级的设备，配套的耗材成本也越高。设备是一次性支出，而耗材是随着使用增加的。

3. 音频设备

声卡也叫音频卡，是实现声波与数字信号相互转换的一种硬件。声卡能够实现音频信息的输入，但其更主要的作用是输出音频信号来推动音箱发出声音效果。

声卡与音箱的关系与显卡与显示器的关系类似。声卡负责数据处理，将主机送来的数据信息转换成驱动音箱发声的音频信号。声卡上也有专门用于音频处理的处理器。

声卡的主要指标包括音频的数字化采样率、声道数以及音效处理方式。

3.5 总线与接口

3.5.1 总线

总线（Bus）是计算机系统中广泛采用的一种技术。总线实际上是一组信号线，是计算机中各部件之间传输数据的公共通道。总线一般通过分时复用的方式，将信息从一个或多个源部件传送到一个或多个目的部件。

计算机在工作时，需要在各个组成部件之间快速传输大量数据，这些数据的流向不固定，可能发生在任何两个部件之间或同时发生在多个部件之间，如果设计各部件之间单独的连接，那么连接线路的数量将随着部件的数量呈指数关系增长，这样系统结构将变得非常复杂，而且线路的利用率并不高。总线的思想是建设一套公用的高速传输通道，计算机系统中所有部分都通过它与其他部分联系，既简化了结构设计，也能够保证较高的速度。

1. 总线的分类

计算机系统中的总线大致分为下列三类：

- 内部总线：CPU 内部连接各寄存器及运算部件之间的总线。
- 系统总线：CPU 与计算机系统的其他高速功能部件，如存储器、I/O 控制器等互相连接的总线。
- I/O 总线：各种 I/O 设备之间互相连接的总线。

内部总线用在 CPU 内部，连接运算器、控制器和寄存器，其速度要满足运算器高运行的需要。关于处理器内部的具体情况在前面已经讨论过，本节重点讨论系统总线和 I/O 总线。

2. 系统总线

系统总线位于计算机主机内部，是各主要功能部件的连接方式。系统总线包含有三种不同功能的总线，即数据总线（Data Bus，DB）、地址总线（Address Bus，AB）和控制总线（Control Bus，CB）。

数据总线 DB 用于传送数据信息。数据总线是双向形式的总线，既可以把 CPU 的数据传送到存储器或 I/O 接口等其他部件，也可以将其他部件的数据传送到 CPU。数据总线的宽度是计算机系统的一个重要指标，即总线上能同时传送的数据位数，通常与处理器的字长相一致。需要指出的是，这里的数据是广义的，它可以是真正的数据，也可以是指令代码或状态信息，有时甚至是一个控制信息，因此，在实际工作中，数据总线上传送的并不一定仅仅是单纯意义上的数据。

地址总线 AB 是专门用来传送地址的，由于地址只能从 CPU 传向存储器或 I/O 端口，所以地址总线总是单向的，这与数据总线不同。地址总线的位数决定了 CPU 可直接寻址的内存空间大小，比如 32 位处理器的地址总线为 32 位，则其最大可寻址空间为 $2^{32}B = 4GB$。一般来说，若地址总线为 *n* 位，则可寻址空间为 2^n 字节。

控制总线 CB 用来传送控制信号和时序信号。控制信号中，有的是微处理器送往存储器和 I/O 接口电路的，如读 / 写信号、片选信号、中断响应信号等；也有其他部件反馈给 CPU 的，如中断申请信号、复位信号、总线请求信号、设备就绪信号等。因此，控制总线的传送方向由具体控制信号而定，一般是双向的，控制总线的位数要根据系统的实际控制需要而定。实际上控制总线的具体情况主要取决于 CPU。

系统总线直接构造于计算机主板中，人们可见的通常是总线控制器芯片。

3. I/O 总线

由于外设种类丰富，型号繁多，每种设备设计一种连接方式，既不方便也不经济，因此借鉴总线思想，发展出专门为外设服务的 I/O 总线。I/O 总线是我们可以直接观察到的，如显卡、声卡等就接到 I/O 总线上，而 I/O 总线本身作为一个 I/O 部件连接到系统总路线上，与 CPU 和主存进行数据交换。

目前常见的 I/O 总线包括显卡用的 AGP 总线，一般外设使用的 PCI 总线，多功能的 SCSI、USB 等。

（1）PCI 总线

外设组件互连标准（Peripheral Component Interconnection，PCI）是由英特尔（Intel）公司于 1991 年推出的用于定义局部总线的标准，并联合 IBM、Compaq、AST、HP、DEC 等多家公司成立了 PCI 标准组织外围部件互连专业组（Peripheral Component Interconnect Special Interest Group，PCI-SIG）。此标准允许在计算机内安装多达 10 个遵从 PCI 标准的扩展卡。最早提出的 PCI 总线工作在 33MHz 频率之下，传输带宽达到 132MB/s，基本上满足了当时处理器的发展需要。随着对更高性能的要求，1993 年又提出了 64 位的 PCI 总线，后来又提出把 PCI 总线的频率提升到 66MHz。目前广泛采用的是 32 位、33MHz 的 PCI 总线，64 位的 PCI 插槽更多应用于服务器产品。从结构上看，PCI 是在 CPU 和原来的系统总线之间插入的一级总线，具体由一个桥接电路实现对这一层的管理，并实现上下之间的接口以协调数据的传送。管理器提供信号缓冲，能在高时钟频率下保持高性能，适合为显卡、声卡、网卡、Modem 等设备提供连接接口，工作频率为 33MHz 或 66MHz。

PCI 总线系统要求有一个 PCI 控制卡，它必须安装在一个 PCI 插槽内。这种插槽是目前主板带有最多数量的插槽类型。根据实现方式不同，PCI 控制器可以与 CPU 一次交换 32 位或 64 位数据，它允许智能 PCI 辅助适配器利用一种总线主控技术与 CPU 并行执行任务。PCI 允许多路复用技术，即允许一个以上的电子信号同时存在于总线之上。

（2）AGP 总线

加速图形端口（Accelerated Graphics Port，AGP）是英特尔开发的新一代局部图形总线技术。AGP 总线是一种专用的显示总线，并且将显示卡与其他外设独立出来，使得 PCI 声卡、SCSI 设备、网络设备等的工作效率随之得到提高。其根本目的是提高系统图形显示的水平，特别是满足 3D 显示的需要。现在的 AGP 是其早期版本速度的 2 ~ 8 倍。其中，AGP 4x 使用 32 位传输通道，传输量为 1066MB/s，而 AGP 8x 传输量为 2133MB/s。

（3）PCI Express

PCI 总线只有 132MB/s 的带宽，处理声卡、网卡、视频卡等绝大多数 I/O 设备绰绰有余，但对性能日益强大的显卡则无法满足其需求。PCI Express 是新一代的总线接口，被称为第三代 I/O 总线技术。2002 年 7 月正式公布了 PCI Express 1.0 规范，并于 2007 年初推出

2.0 规范（Spec 2.0），将传输率由 PCI Express 1.1 的 2.5GB/s 提升到 5GB/s。

PCI Express 采用了目前业内流行的点对点串行连接，比起 PCI 以及更早期的计算机总线的共享并行架构，每个设备都有自己的专用连接，不需要向整个总线请求带宽，而且可以把数据传输率提高到一个很高的值，达到 PCI 所不能提供的高带宽。相对于传统 PCI 总线在单一时间周期内只能实现单向传输，PCI Express 的双单工连接能提供更高的传输速率和质量，它们之间的差异跟半双工和全双工类似。用于取代 AGP 接口的 PCI Express 接口位宽为 X16，能够提供 5GB/s 的带宽，即便有编码上的损耗但仍能够提供 4GB/s 左右的实际带宽，远远超过 AGP 8x 的 2.1GB/s 的带宽。

PCI Express 3.0 版本于 2010 年 11 月发布，数据传输速率为 8GT/s；2011 年 11 月发布的 PCI Express 4.0 传输速率为 16GT/s；2019 年 5 月发布的 PCI Express 5.0 传输速率为 32GT/s（理论上最高数据传输速度为双向 128GB/s）。PCI Express 6.0 标准已经公布，在上一代的基础上再提升一倍的传输速率，但尚未有实际产品出现。

3.5.2　接口

接口（Interface）就是连接两个设备之间的端口，由两侧特性所定义的共享边界。接口可以在物理级、软件级或作为纯逻辑运算来描述。实际上前面讨论的总线也可以作为接口的一类，只是现在人们通常将接口用作对外连接的地方，而对于系统内部的连接采用其他名称。由于设备是多种多样的，所以接口形式也各异；即使是同一类设备，由于技术的发展，也会出现多种接口规格。与接口相对应的控制软件，被称为驱动程序。下面我们讨论几种最为常见的接口形式。

1. 硬盘接口

硬盘几乎是任何一台计算机的必备设备，虽然逻辑上它不属于主机，但通常主机箱里至少会安装一块硬盘。硬盘接口是硬盘与主机系统间的连接部件，作用是在硬盘缓存和主机内存之间传输数据。不同的硬盘接口决定着硬盘与计算机之间的连接速度，在整个系统中，硬盘接口的优劣直接影响着程序运行快慢和系统性能好坏。从整体的角度上，硬盘接口分为 IDE/ATA、SATA、SCSI 和光纤通道 4 种类型。IDE 接口是硬盘早期使用的并行类接口，多用于桌面产品中，部分应用于服务器，在市场上已逐步被 SATA 取代；SCSI 接口的硬盘则主要应用于服务器市场，而光纤通道只在高端服务器上，价格昂贵。SATA 是一种较新的硬盘接口类型，是目前 PC 市场的主流产品。

IDE 是 "Integrated Drive Electronics" 的缩写，即 "电子集成驱动器"，它的本意是指把 "硬盘控制器" 与 "盘体" 集成在一起的硬盘驱动器。这样减少了硬盘接口的电缆数目与长度，数据传输的可靠性更强。IDE 硬盘制造成本低、兼容性好、安装方便。在实际应用中，人们习惯用 IDE 来称呼 IDE 类型硬盘的接口。实际上 IDE 应该是一种硬盘制造技术的名称，而 IDE 硬盘早期使用的是 ATA（Advanced Technology Attachment）接口，为了与后来的 SATA 更明确地区分，有些资料也称之为 PATA（Parallel ATA）。ATA 是一个接口标准，本身也经过了多代的发展。ATA 是一种采用数据并行传输技术的接口，早期的 ATA 采用 40 芯的扁平电缆作为电气连接，后来发展为采用 80 芯的扁平电缆，传输速率从早期的 3.3MB/s 发展到后来的 133MB/s。随后这种并行接口的电缆属性、连接器和信号协议都表现出了很大的技术瓶颈，而在技术上突破这些瓶颈存在相当大的难度。随着新型硬盘接口标准的产生，

ATA 逐步被市场淘汰。

SATA 表示 Serial ATA，即串行的 ATA。使用 SATA 的硬盘叫串口硬盘，是现在市场上桌面系统配置的主流硬盘产品，是 IDE/ATA 的"接班人"。2001 年，由 Intel、APT、Dell、IBM、希捷、迈拓这几大厂商组成的 Serial ATA 委员会正式确立了 Serial ATA 1.0 规范。2002 年，虽然 SATA 的相关设备还未正式上市，但 Serial ATA 委员会已抢先确立了 Serial ATA 2.0 规范。Serial ATA 采用串行连接方式，SATA 总线使用嵌入式时钟信号，具备了更强的纠错能力，与以往相比其最大的区别在于能对传输指令（不仅是数据）进行检查，如果发现错误会自动矫正，这在很大程度上提高了数据传输的可靠性。串行接口还具有结构简单、支持热插拔的优点。SATA 仅用四支针脚就能完成所有的工作，分别用于连接电缆、连接地线、发送数据和接收数据，同时这样的架构还能降低系统能耗和减小系统复杂性。SATA 1.0 定义的数据传输率达到 150MB/s，SATA 2.0 的数据传输率达到 300MB/s，SATA 3.0 实现了 600MB/s 的最高数据传输率。

SCSI 的英文全称为"Small Computer System Interface"（小型计算机系统接口）。与 ATA 不同，SCSI 并不是专门为硬盘设计的接口，而是一种广泛应用于小型机上的高速数据传输技术。SCSI 接口具有应用范围广、多任务、带宽大、CPU 占用率低，以及热插拔等优点，但较高的价格使得它很难如 IDE 硬盘般普及，因此 SCSI 硬盘主要应用于中、高端服务器和高档工作站中。SCSI 也用于连接光驱、打印机、扫描仪等。

光纤通道的英文名称是 Fibre Channel。与 SCSI 接口一样，光纤通道最初也不是为硬盘设计开发的接口技术，而是专门为网络系统设计的，但随着存储系统对速度的需求，才逐渐应用到硬盘系统中。光纤通道硬盘是为提高多硬盘存储系统的速度和灵活性才开发的，它的出现大大提高了多硬盘系统的通信速度。光纤通道的主要特性有：热插拔性、高速带宽、远程连接、连接设备数量大等。光纤通道是为类似服务器这样的多硬盘系统环境而设计的，能满足高端工作站、服务器、海量存储子网络，以及外设间通过集线器、交换机和点对点连接进行双向、串行数据通信的系统对高数据传输率的要求。

RAID 技术

知识扩展

　　磁盘阵列（Redundant Arrays of Inexpensive Disks，RAID），原意指"用价格便宜的多个磁盘组成的阵列"。原理是利用数组方式来组织磁盘组，配合数据分散排列的设计，提高数据的安全性。磁盘阵列是由很多便宜、容量较小、速度较慢的磁盘，组合成一个大型的磁盘组，这个大型的磁盘组容量比单个硬盘大、速度快、可靠性高，其中任一块硬盘故障时，仍可读出数据，用户在逻辑上得到一个高性能的硬盘系统。

　　磁盘阵列有两种实现方式："软阵列"（Software Raid）与"硬阵列"（Hardware Raid）。软阵列是指通过网络操作系统自身提供的磁盘管理功能将系统中的多块硬盘配置成逻辑盘，组成阵列。软阵列可以提供数据冗余功能，但是磁盘子系统的性能会有所降低。硬阵列是使用专门的磁盘阵列卡来实现的。硬件阵列能够提供在线扩容、动态修改阵列级别、自动数据恢复、驱动器漫游、超高速缓冲等功能。它能提供性能、数据保护、可靠性、可用性和可管理性的解决方案。使用阵列卡专用的处理单元来进行操作，因此它的性能要远远高于常规非阵列硬盘，并且更安全更稳定。由于硬阵列需要专门的硬件设备，其成本也较高，常用于对可靠性要求较高的场所。

　　RAID 技术主要包含 RAID 0 ～ RAID 7 等数个规范，它们的侧重点各不相同，常见的规范有如下几种。

RAID 0：RAID 0 并行读 / 写于多个磁盘，具有很高的数据传输率，但没有数据冗余。RAID 0 只是单纯地提高性能，并没有为数据的可靠性提供保证，而且其中的一个磁盘失效将影响到所有数据，因此 RAID 0 不适用于数据安全性要求高的场合。

RAID 1：它通过磁盘数据镜像实现数据冗余，在成对的独立磁盘上产生互为备份的数据。当原始数据繁忙时，可直接从镜像拷贝中读取数据，RAID 1 可以提高读取性能。RAID 1 是磁盘阵列中单位成本最高的，但提供了很高的数据安全性和可用性。当一个磁盘失效时，系统可以自动切换到镜像磁盘上读写，而不需要重组失效的数据。

RAID 2：将数据条块化分布于不同的硬盘上，条块单位为位或字节，并使用称为"加重平均纠错码（海明码）"的编码技术来提供错误检验及恢复。这种编码技术需要多个磁盘存放检验及恢复信息，使得 RAID 2 技术实施更复杂，因此在商业环境中很少使用。

RAID 3：同 RAID 2 类似，主要区别在于 RAID 3 使用简单的奇偶校验，用单块磁盘存放奇偶校验信息。若某一磁盘失效，奇偶盘及其他数据盘可以重新产生数据，即使奇偶盘失效也不影响数据使用。RAID 3 对于大量的连续数据可提供很好的传输率，但奇偶盘会成为写操作的瓶颈。

RAID 4：RAID 4 同样也将数据条块化分布于不同的磁盘上，但条块单位为块或记录。RAID 4 使用一块磁盘作为奇偶校验盘，每次写操作都需要访问奇偶盘，这时奇偶校验盘会成为写操作的瓶颈，因此 RAID 4 在商业环境中也很少使用。

RAID 5：RAID 5 不单独指定奇偶盘，而是在所有磁盘上交叉地存取数据及奇偶校验信息。在 RAID5 上，读 / 写指针可同时对阵列设备进行操作，提供了更高的数据流量。RAID 5 更适合于小数据块和随机读写的数据。RAID 3 与 RAID 5 相比，最主要的区别在于 RAID 3 每进行一次数据传输就需涉及所有的阵列盘，而对于 RAID 5 来说，大部分数据传输只对一块磁盘操作，可进行并行操作。在 RAID 5 中有"写损失"，即每一次写操作将产生四个实际的读 / 写操作，其中两次读旧的数据及奇偶信息，两次写新的数据及奇偶信息。

RAID 6：与 RAID 5 相比，RAID 6 增加了第二个独立的奇偶校验信息块。两个独立的奇偶系统使用不同的算法，数据的可靠性非常高，即使两块磁盘同时失效也不会影响数据的使用。但 RAID 6 需要分配给奇偶校验信息更大的磁盘空间，相对于 RAID 5 有更大的"写损失"，因此"写性能"非常差。较差的性能和复杂的实施方式使得 RAID 6 很少得到实际应用。

RAID 7：这是一种新的 RAID 标准，其自身带有智能化实时操作系统和用于存储管理的软件工具，可完全独立于主机运行，不占用主机 CPU 资源。RAID 7 可以看作一种存储计算机（Storage Computer），它与其他 RAID 标准有明显区别。

RAID 5 是目前最为常用的形式。在实际应用上，还可以结合多种 RAID 规范来构筑所需的 RAID 阵列，如 RAID 53（RAID 5+3）、RAID 50（RAID 5+0）等。

使用 RAID 的主要优势在于更高的容错能力，具备更快数据读取速率的潜力。需要注意的是：磁盘故障会影响吞吐量，故障后重建信息的时间比镜像配置情况下要长。

2. 数据传输接口

从某种意义上说计算机上的所有接口都是用来传输数据的。前面的硬盘接口是指专门用于硬盘的接口，而这里讨论的几种接口之所以被称为数据传输接口，是因为它们并不特定用于连接某种设备，在实际应用中可以连接多种设备。

（1）串口

串口即串行通信端口，也称为 COM（Communication 的简写）口。COM 口是早期计算机上的常用接口，通常采用 9 针或 25 针的 D 型接口，最大速率为 115 200bit/s，通常用于连接鼠标（串口）及通信设备（如连接外置式 Modem）进行数据通信。由于其标准为 RS-232（ANSI/EIA-232 标准），有时也称为 232 口。之所以称为串口，是指其数据是一位一位地进行传送的。串行通信的特点是：数据位传送，按位顺序进行，最少只需一根传输线即可完成；成本低但传送速度慢。串行通信的距离可以从几米到几千米；根据信息的传送方向，串行通信可以进一步分为单工、半双工和全双工 3 种。

（2）并口

并口是并行接口的简称，指采用并行传输方式来传输数据的接口标准。从概念上讲，计算机中的并口非常多，如前面介绍过的 IDE、SCSI 等。并口以并行方式传输，数据通道的宽度也称接口传输的位数，通常是 8 位，有的达到 128 位或者更宽。并口能够同时双向收发数据。

并口在实际中并没有获得广泛使用，主要用于打印机和绘图仪，其他方面只有少量设备应用，所以这种接口一般被称为打印接口或 LPT 接口。并口采用 IEEE1284-1994 标准，全称为"Standard Signaling Method for a Bi-directional Parallel Peripheral Interface for Personal Computers"，数据率从 10KB/s 提高到 2MB/s。相比于 COM，它实现更高速的双向通信，能连接磁盘机、磁带机、光盘机、网络设备等计算机外部设备。

（3）USB

通用串行总线（Universal Serial Bus，USB）虽然名字是总线，但严格地说它不是一种总线标准，而是应用在 PC 领域的接口技术。USB 是在 1994 年底由多家公司联合提出的，直到近期才得到广泛应用。目前主板中主要采用 USB 2.0，各 USB 版本间能很好兼容。USB 用一个 4 针插头作为标准插头，采用菊花链形式把所有的外设连接起来，最多可以连接 127 个外部设备，并且不会损失带宽。USB 需要主机硬件、操作系统和外设三个方面的支持才能工作。目前的主板一般都采用支持 USB 功能的控制芯片组，主板上也安装有 USB 接口插座，而且除了背板的插座之外，主板上还预留有 USB 插针，可以通过连线接到机箱前面作为前置 USB 接口以方便使用。USB 接口还可以通过专门的 USB 连机线实现双机互连，并可以通过集线器扩展出更多的接口。USB 具有传输速度快（USB 1.1 是 12Mbit/s，USB 2.0 是 480Mbit/s 半双工）、使用方便、支持热插拔、连接灵活、独立供电等优点，可以连接鼠标、键盘、打印机、扫描仪、摄像头、闪存盘、MP3、手机、数码相机、移动硬盘、外置光软驱、USB 网卡、ADSL Modem、Cable Modem 等几乎所有的外部设备。USB 还在继续发展，USB 3.0 规格达到理论上 5Gbit/s 的全双工传输速率，并保持向下兼容 USB 1.0/1.1/2.0，现在已经更新至 USB 3.2。

现在 USB 几乎完全取代了以前的 COM、LPT、SCSI 等接口形式，成为计算机上最为常用的多功能接口。

USB Type-C 是一种 USB 接口外形标准，拥有比 Type-A 及 Type-B 更小的体积，既可以应用于 PC（主设备）又可以应用于外部设备（从设备，如手机）的接口类型，采用 USB3.1 的标准。Type-C 目前应用较为广泛，包括大部分手机、平板计算机、笔记本计算机等便携设备普遍支持。

Type-A 是计算机、电子配件中应用最广泛的接口标准，鼠标、U 盘、数据线上大多都是此接口，体积也最大。Type-B 一般用于打印机、扫描仪、USB 集线器等外部 USB 设备。Type-C 拥有比 Type-A 及 Type-B 均小得多的体积，是最新的 USB 接口外形标准，这种接口不区分正反方向，可以随意插拔。

（4）IEEE 1394

IEEE 1394 接口是苹果公司开发的串行标准，中文译名为火线接口（Firewire）。同 USB 一样，IEEE 1394 也支持外设热插拔，可为外设提供电源，省去了外设自带的电源，能连接多个不同设备，支持同步数据传输。IEEE 1394 通常用在连接数码摄像机等外部设备上。它常被称为 Firewire（Apple 的称谓）和 i.Link（Sony 的称谓）。目前，800Mbit/s IEEE 1394 总线（也称为 Firewire-800）是主要形式。

本章小结

基于冯·诺依曼模型建造的计算机分为 4 个子系统：存储器、算术 / 逻辑单元、控制单元和 I/O 单元。而从现代的观点来看，计算机的硬件基本组成包括处理器、存储器、总线、输入和输出设备。

处理器也叫 CPU，是计算机的核心部件。CPU 包含了运算器和控制器，以及为保证它们高速运行所需的寄存器。运算器是计算机进行算术运算和逻辑运算的重要部件。运算器的逻辑结构取决于机器指令系统、数据表示方法、运算方法和电路等。控制器的主要功能就在于：正确地分步完成每一条指令规定的功能，正确且自动地连续执行指令。摩尔定律指出：处理器每隔一个摩尔周期，性能就提高一倍，而单位能力的成本下降一半。

存储器是计算机系统中的记忆设备，用来存放程序和数据，是冯·诺依曼结构计算机的重要组成部分。计算机中的全部信息，包括输入的数据、运行的程序、运算的中间结果和最终结果都保存在存储器中。存储器包括主存储器（常称内存或主存）和辅助存储器（也称外存）两大类。计算机中的存储器由于成本、速度、容量等方面的原因，综合设计成多层次的存储体系。辅助存储器是主存储器的后援存储设备，用以存放当前暂时不用的程序或数据。对辅助存储器的基本要求是：容量大、成本低、可以长时间不供电保存信息。目前，辅助存储器主要有磁记录、光记录两类，具体形式如磁盘、磁带、光盘、光磁盘、闪存等。

I/O 设备是计算机基本功能部件，由于其通常作为单独的设备配置在主机之外，又称为计算机外围设备（简称外设或 I/O 设备）。它们是计算机与人、计算机与其他机器之间建立关系的设备。计算机常用的输入设备有键盘、鼠标、扫描仪、数字化仪和手写板等。计算机常用的输出设备从用途上可以分为显示设备（显示器）、打印设备（打印机）、音频输出设备等。

总线是计算机中各部件之间传输数据的公共通道。总线一般通过分时复用的方式，将信息从一个或多个源部件传送到一个或多个目的部件。计算机系统中的总线大致分为内部总线、系统总线和 I/O 总线。

通用串行总线（USB）不是一种新的总线标准，而是应用在 PC 领域的接口技术。USB 具有传输速度快、使用方便、支持热插拔、连接灵活、独立供电等优点。

本章习题

一、复习题

1. 计算机由哪几部分组成？其中哪些部分组成了中央处理器？

2. 试简述计算机多级存储系统的组成及其优点。

3. 简述 Cache 的工作原理，说明其作用。

4. 描述摩尔定律的内容，并说明其对于计算机的发展具有怎样的指导意义。

5. 举例描述提高主存性能的技术（不少于两种）。

6. 简述 RAM 元件与 ROM 元件存储原理的区别及其应用领域。

7. I/O 设备主要包含哪几类？请分别举例。

8. 计算机显卡主要使用哪一种总线与计算机进行连接，为何要与其他外设使用的总线进行区别？

9. 计算机辅助存储器主要包含哪几类？为什么说闪存可能成为替代机械硬盘的存储器？

10. 选择计算机硬件产品时应注意哪些方面？你个人对此有什么认识？

二、练习题

（一）选择题

1. 一个完整的计算机系统包括_____。

   A. 计算机及其外部设备   B. 主机、键盘、显示器

   C. 系统软件和应用软件   D. 硬件系统和软件系统

2. 计算机的主存储器是指_____。

   A. RAM 和 C 磁盘   B. ROM   C. ROM 和 RAM   D. 硬盘和控制器

3. 下列各类存储器中，断电后其中信息会丢失的是_____。

   A. RAM   B. ROM   C. 硬盘   D. 软盘

4. 中央处理器 CPU 是指_____。

   A. 运算器   B. 控制器

   C. 运算器和控制器   D. 运算器、控制器和主存

5. 下面关于 Cache 的叙述，错误的是_____。

   A. Cache 即高速缓冲存储器

   B. Cache 处于主存与 CPU 之间

   C. 程序访问的局部性为 Cache 的引入提供了理论依据

   D. Cache 的速度远比 CPU 的速度慢

6. EPROM 是指_____。

   A. 随机读写存储器   B. 只读存储器

   C. 可编程只读存储器   D. 可擦除可编程只读存储器

7. 下列说法正确的是_____。

   A. 半导体 RAM 信息可读可写，且断电后仍能保持记忆

   B. 半导体 RAM 属易失性存储器，而静态 RAM 的存储信息是不易失的

   C. 静态 RAM、动态 RAM 都属易失性存储器，前者在电源不掉时不易失

   D. 静态 RAM 不用刷新，且集成度比动态 RAM 高，所以计算机系统上常使用它

8. 下列不是输出设备的是_____。

   A. 扫描仪   B. 显示器   C. 光学字符阅读机   D. 打印机

（二）填空题

1. 计算机内存的存取速度比外存储器_____，内存由_____和_____组成。

2. 计算机由_____、_____、_____、_____和_____5 部分组成，其中_____和_____组成 CPU。

3. 计算机系统总线一般由_____总线、_____总线和_____总线组成。

4. 运算器是计算机 5 大功能部件之一，由_____、_____、_____和_____组成，它是数据加工处理部件。在_____的指挥控制下，完成指定给它的运算处理功能。运算器通常包括_____和_____两种类型。

5. 控制器主要由_____、_____和_____组成。

6. 存储器是计算机系统中的记忆设备，用来存放程序和数据。计算机中的全部信息，包括输入的_____、_____、_____和_____都保存在存储器中。它根据控制器_____存入和取出信息。

7. 现代计算机中的主存储器按照信息的存取原理可以分为_____和_____两大类。

8. 按照与 CPU 的接近程度，存储器分为_____与_____，简称内（主）存与外（辅）存。主存属于_____的组成部分；辅存属于_____。CPU 不能像访问内存那样，直接访问外存，外存要与 CPU 或 I/O 设备进行数据传输，必须通过内存进行。

9. 外设的发展促进了计算机的应用，外设的_____化、_____化、_____化是外设的发展方向。

10. 外设接口，也叫 I/O 接口，主要功能是数据的暂存与缓冲，用来实现将不同工作速度的设备连接起来进行数据传送时速度相匹配。按接口与外设数据传送的形式来分，有_____、_____两种不同类型的接口。

（三）判断题

1. 中央处理器由控制器和存储器组成。　　　　　　　　　　　　　　　　　　　（　　）

2. Cache 的速度远高于 CPU。　　　　　　　　　　　　　　　　　　　　　　　（　　）

3. 存储器容量越大，则其存取数据的速度越慢。　　　　　　　　　　　　　　　（　　）

4. ROM 在断电后，仍能保存其存储的数据。　　　　　　　　　　　　　　　　（　　）

5. 串行接口的数据传输率总是高于并行接口。　　　　　　　　　　　　　　　　（　　）

（四）讨论题

1. 试绘制计算机硬件系统的结构示意图，并简述其各部分的主要功能。

2. 叙述"输入"和"输出"的概念，并举例说出 3 种以上的计算机输入和输出设备。

3. 计算机存储器分为内存和外存，它们的主要区别和用途是什么？

4. 计算机的主要技术指标有哪些？各对计算机性能有何影响？

5. 简述静态 RAM 和动态 RAM 的主要差别。

6. 什么是多级存储体系？简述其特点。

7. 试比较 PCI 总线和 PCI-E 总线。

8. 简述 USB 的特点和主要用途。

9. 在系统中，当 I/O 设备较多时，CPU 需按各个 I/O 设备在系统中的优先级别进行查询，一般需要执行哪些步骤？

10. 试比较 PROM、EPROM 和 EEPROM 的不同点。

11. 一台计算机有 16GB 的内存，字长为 64 位，那么在存储器中对每个字寻址需要多少位？

12. 试比较当前市场主流的存储器，哪些是内存，哪些是外存，如何选配合理。

第4章　数据结构与算法

计算机科学主要研究如何运用计算机进行有效的数据处理。数据是计算机化的信息，它是计算机可以直接处理的最基本和最重要的对象。算法是计算机用以解决问题的方法。

无论是进行科学计算、数据处理、文件存储，还是过程控制以及进行多媒体播放等应用，都是对数据进行加工处理的过程。因此，要设计出一个高效的程序，必须研究数据的特性及数据间的相互关系，并利用这些特性和关系设计出高质量的算法和程序。

4.1　概述

在计算机发展的初期，人们使用计算机的目的主要是处理数值计算问题。当人们使用计算机来解决一个具体问题时，一般需要经过下列几个步骤：首先要从该具体问题中抽象出一个适当的数学模型，然后设计或选择一个解决此数学模型的算法，最后编出程序进行调试、测试，直至得到最终的解答。

计算机运用之初涉及的运算对象是简单的整型、实型或布尔类型数据，所以程序设计者的主要精力是集中于程序设计的技巧上，而无须重视数据结构。随着计算机应用领域的扩大和软、硬件的发展，非数值计算问题显得越来越重要。据统计，当今处理非数值计算问题占用了 90% 以上的机器时间。这类问题涉及的数据结构更为复杂，数据元素之间的相互关系一般无法用数学方程式加以描述。因此，解决这类问题的关键不再是数学分析和计算方法，而是要设计出合适的数据结构，才能有效地解决问题。下面所列举的就是属于这一类的具体问题。

计算机处理的对象之间通常存在一种简单的线性关系，这类数学模型称为线性的数据结构。这种数据结构我们将在本章的后面部分讲解。描述这类非数值计算问题的数学模型不再是数学方程，而是诸如表、图之类的数据结构。因此，可以说数据结构是研究非数值计算的程序设计问题中所出现的计算机操作对象以及它们之间的关系和操作的学科。

4.1.1　数据结构

数据是对客观事物的符号表示，是信息的载体，它能够被计算机识别、存储和加工处理。它是计算机程序加工的原料，应用程序处理各种各样的数据。计算机科学中，所谓数据就是计算机加工处理的对象，它可以是数值数据，也可以是非数值数据。数值数据是一些整数、实数或复数，主要用于工程计算、科学计算和商务处理等；非数值数据包括字符、文字、图形、图像、语音等。

数据元素是构成数据的基本单位。对于复杂事务的数学描述往往需要多个组成成分，每个基本的成分称为一个数据元素。有时，一个数据元素可以细分为一组数据项，数据项是数据中不可再分割的最小单位。研究具体问题时可以根据实际需要确定数据的组成，即需要有多少数据元素，具体的数据元素是否再细分为数据项。

数据结构则是指互相之间存在着一种或多种关系的数据元素的集合。在任何问题中，数据元素之间都不会是孤立的，它们之间总是存在着多种多样的关系，这种数据元素之间的关系称为结构。

根据数据元素间关系的不同特性，通常有下列 4 类基本的结构：
- 集合结构：在集合结构中，数据元素间的关系是"属于同一个集合"。集合是元素关系极为松散的一种结构，各元素间没有直接的关联。
- 线性结构：该结构的数据元素之间存在着一对一的关系。
- 树形结构：该结构的数据元素之间存在着一对多的关系。树形结构实际上是由多个星形结构的级连构成。
- 图形结构：该结构的数据元素之间存在着多对多的关系，图形结构也称作网状结构。

图 4-1 为上述 4 类基本结构的示意图。

由于集合是数据元素之间关系极为松散的一种结构，因此也可用其他结构来表示它。

从上面所介绍的数据结构概念中可以知道，一个数据结构有两个要素，一个是数据元素的集合，另一个是关系的集合。在形式上，数据结构通常可以采用一个二元组来表示：

$$Data\_Structure = (D, R)$$

其中，D 是数据元素的有限集，R 是 D 上关系的有限集。

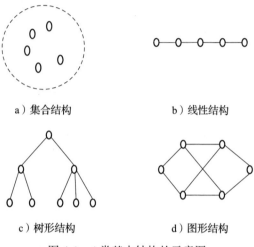

a）集合结构　　　　　　b）线性结构

c）树形结构　　　　　　d）图形结构

图 4-1　4 类基本结构的示意图

上述数据结构的定义是对操作对象的一种数学描述，结构中定义的"关系"描述的是数据元素之间的逻辑关系，因此称为数据的**逻辑结构**。数据的逻辑结构可以看作是从具体问题抽象出来的数学模型，它与数据在计算机中的具体实现无关。我们研究数据结构的目的是在计算机中实现对它的处理，为此还需要研究如何在计算机中表示一个数据结构。数据结构在计算机中的表示（又称映像）称为数据的**物理结构**，或称存储结构。它所研究的是数据结构在计算机中的实现方法，包括数据结构中元素的表示及元素间关系的表示。

之所以要研究物理结构的实质是因为数据的逻辑结构存在线性和非线性等多种关系，而计算机的存储空间是线性的，要在线性的存储空间中表示数据的多种逻辑结构必须进行一系列的处理，这样即能够保持数据在数学逻辑上的正确性，又能在现实的物理设备上实现。

为了实现这种转换，数据元素之间的关系在计算机中存储时有两种表示方法：顺序存储方法和链式存储方法，这两种方法分别形成顺序存储结构和链式存储结构。

顺序存储方法是把逻辑上相邻的元素存储在物理位置相邻的存储单元中，由此得到的存储表示称为顺序存储结构。顺序存储结构是一种最基本的存储表示方法，它利用了物理存储器空间位置的自然相关性来表示数据元素的逻辑关系，通常借助于程序设计语言中的数组来实现。

链式存储方法对逻辑上相邻的元素不要求其物理位置相邻，元素间的逻辑关系通过附设的指针字段来表示，由此得到的存储表示称为链式存储结构，链式存储结构通常借助于程序设计语言中的指针类型来实现。由于链式存储方法需要用指针来表示元素之间的关系，因此与顺序存储方法相比，它需要额外的空间的存储指针。

除了通常采用的顺序存储方法和链式存储方法外，有时为了查找的方便还采用索引存储方法和散列存储方法。

数据结构是在整个计算机科学与技术领域上被广泛使用的术语。它用来反映一个数据的内部构成，即一个数据由哪些成分构成，以什么方式构成。数据结构有逻辑上的数据结构和物理上的数据结构之分。逻辑上的数据结构反映成分数据之间的逻辑关系，而物理上的数据结构反映成分数据在计算机内部的存储安排。总而言之，数据结构是数据存在的形式。

重要　　数据结构主要研究数据的各种逻辑结构和存储结构，以及对数据的各种操作。因此，主要有 3 个方面的内容：数据的逻辑结构、数据的物理存储结构、对数据的操作（或算法）。通常，算法的设计取决于数据的逻辑结构，算法的实现取决于数据的物理存储结构。

4.1.2　算法

用计算机解决一个复杂的实际问题，大体需要如下步骤。

1）将实际问题数学化，即把实际问题抽象为带有一般性的数学问题。这一步要引入一些数学概念，精确地阐述数学问题，弄清问题的已知条件、所求的结果，以及在已知条件和所求的结果之间存在的隐式或显式联系。

2）对于确定的数学问题，设计其求解的方法，即所谓的算法设计。这一步要建立问题的求解模型，即确定问题的数据模型并在此模型上定义一组运算，然后借助于对这组运算的调用和控制，从已知数据出发导向所要求的结果，形成算法并用自然语言来表述。这种语言还不是程序设计语言，不能被计算机所识别。

3）用计算机上的一种程序设计语言来表达已设计好的算法。换句话说，将非形式自然语言表达的算法转变为一种程序设计语言表达的算法。这一步称为程序设计或程序编制。

4）在计算机上编辑、调试和测试编制好的程序，直到输出所要求的结果。

1. 概念

算法是对特定问题求解步骤的一种描述，它是一系列操作的有限序列。通俗地说，就是计算机解题的过程。在这个过程中，无论是形成解题思路还是编写程序，都是在实施某种算法。前者是推理实现的算法，后者是操作实现的算法。算法的研究是计算机科学的核心，而算法概念的本身是计算机程序设计的最基本的概念之一。

算法具有以下 5 个重要的特征：

1）**有穷性**：一个算法必须保证在执行有限步后结束。

2）**确切性**：算法的每一步骤必须有确切的定义。

3）**输入**：一个算法有 0 个或多个输入，以刻画运算对象的初始情况，所谓 0 个输入是指算法本身定义了初始条件。

4）**输出**：一个算法有一个或多个输出，以反映对输入数据加工后的结果。没有输出的算法没有实际意义。

5）**可行性**：算法原则上能够精确地运行，而且人们用笔和纸做有限次运算后即可完成。

在计算机科学里，算法和程序是有区别的。一个程序未必一定能满足有穷性条件，例如计算机操作系统可以是永远不停止地连续运行的，或总是逗留在一个等待循环中，以待再有作业输入。

算法与数据结构的关系紧密，在算法设计时先要确定相应的数据结构，而在讨论某一种数据结构时也必然会涉及相应的算法。算法与数据结构是相辅相成的。解决某一特定类型问题的算法可以选定不同的数据结构，而且选择恰当与否直接影响算法的效率。反之，一种数据结构的优劣由各种算法的执行来体现。要设计一个好的算法通常要考虑以下几个因素。

正确性：算法的执行结果应当满足预先规定的功能和性能要求。

可读性：一个算法应当思路清晰、层次分明、简单明了、易读易懂。

稳健性：当输入不合法数据时，应能做适当处理，不致引起严重后果。

高效性：有效使用存储空间和有较高的时间效率。

2. 描述

算法可以使用各种不同的方法来描述。最直接的方法是使用自然语言。用自然语言来描述算法的优点是直接，便于人们对算法的阅读，缺点是不够严谨，对于有些问题的描述不够简洁，表面上容易理解，但对于人们掌握算法的实质和整体结构并不直观。算法设计的最直接目的是指导程序设计，算法也可以使用程序设计语言描述，程序设计语言接近于数学语言，十分严谨，但是需要进行专业化训练，不便于人们阅读理解。因此算法通常使用流程图或伪代码描述。

（1）流程图

通常使用流程图来描述算法，使用规格化的图形结合简洁的自然语言和数学表达式进行算法的描述，其特点是简洁、明了，便于人员理解，与具体程序设计语言实现无关，并且便于细化成具体程序。

流程图的基本图元包括：开始 / 结束框、处理过程框、条件判断框、输入 / 输出框和关系走向连接线。基本图元形式如图 4-2 所示。图元的框中可以书写文字或数学表达式，连接线是带方向箭头的有向线，旁边可以标注文字说明。

| 开始 / 结束 | 处理过程 | 条件判断 | 输入 / 输出 | 关系 / 走向 |

图 4-2　流程图基本图元

其中，开始 / 结束框只用在算法的起点和终点，处理过程框中说明处理的基本情况，条件判断框中注明判断的条件，输入 / 输出框中说明输入 / 输出的形式和内容，这些框图用带箭头的有向线段连接，箭头的方向表示算法执行的方向。

另外，在实际使用流程图时，如果已经明确了使用某种程序设计语言，在图中的文字部分，可以使用该程序设计语言的语句来表示。这样更加便于从流程图到实际程序的转换。

（2）伪代码

伪代码类似程序设计语言，是一类介于程序设计语言和自然语言之间的中间状态语言。它既没有标准程序设计语言的要求严格，也不像自然语言那么随意。伪代码是在标准程序设计语言的基础上，简化了其严格的语法规则，保留了其主要的逻辑表达结构，结合部分自然语言的表达方式，它在形式上类似于程序设计语言，因此也称为类程序设计语言。影响比较大的是类 Pascal 语言的伪代码。用伪代码表示的算法，看上去与 Pascal 程序设计语言编写的程序非常接近，但伪代码表示的算法不能进行编译，要将其转化为真正的程序，还需要根据程序设计的要求进行细化和改造。伪代码比流程图更加接近程序。

3. 基本结构

算法的基本结构包括顺序结构、分支结构和循环结构 3 类。

顺序结构是指算法的各步骤是先后关系，前面一个步骤执行完成后，执行后面一个步骤，直到所有步骤都执行完成，整个算法结束。顺序结构中的每一个处理步骤都会被执行，且只执行一次。顺序结构是最基本的算法结构，所有算法从整体上看都是顺序结构的，有算法的开始，然后是处理过程，最后是结束；这是由于冯·诺依曼体系结构的设计思想就是顺序执行。

分支结构是指算法的某些步骤之间是并列关系，在某种情况下执行某些步骤，而在另一种情况执行另外一些步骤；决定具体执行某一部分的情况判断就是条件。在一次执行中，分支结构中只有一个分支的所有步骤会被执行，而其他分支的步骤不会执行。分支结构中每个分支的结构可以是 3 种结构中的任何一种，分支可以是顺序结构的，也可以再进行分支，甚至可以是循环结构的。

循环结构是指算法的某些步骤在一定条件下多次反复执行。重复执行的部分称为循环体。循环结构也需要判定条件，当循环条件满足时，算法进入循环体执行，当循环条件不满足时，结束循环，执行其他步骤。循环条件的设定非常重要，很多算法由于循环条件设计不当，造成实际上不能退出循环，即总在执行循环，称为死循环。与分支类似，循环体内的执行步骤也可以是三种结构中的任何一种，可以多重嵌套。如果循环体只执行一次，则可简化为顺序结构。

三种结构用流程图表示如图 4-3 所示。

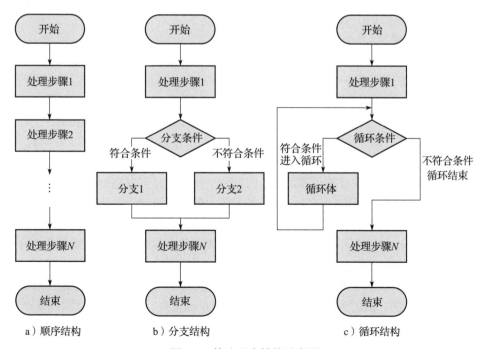

图 4-3 算法基本结构示意图

提 示　　　通过基本结构的有机组合，可以描述各种算法。从步骤的使用效率上看，顺序结构的所有步骤使用率为1；分支结构由于有些分支不会被执行，因此使用率小于1；循环结构通常会多次执行，使用率大于1。从可理解的复杂程度上看，循环结构最复杂，顺序结构最简单。

4. 度量

人们可以从一个算法的时间复杂度与空间复杂度来评价此算法的优劣。当人们将一个算法转换成程序并在计算机上执行时，其运行所需要的时间取决于下列因素：

1）计算机硬件的速度。

2）书写程序的语言。实现语言的级别越高，其执行效率相对越低。

3）编译程序所生成目标代码的质量。对于代码优化较好的编译程序其生成的程序质量较高。

4）问题的规模。例如，求 100 以内的素数与求 1000 以内的素数其执行时间必然是不同的。

显然，在各种因素都不能确定的情况下，很难比较出算法的执行时间。也就是说，使用执行算法的绝对时间来衡量算法的效率是不合适的。为此，可以将上述各种与计算机相关的软、硬件因素都确定下来，这样一个特定算法的运行工作量的大小就只依赖于问题的规模（通常用正整数 n 表示），或者说它是问题规模的函数。

（1）时间复杂度

算法的**时间复杂度**是指算法从开始执行到处理结束所需要的总时间。一个算法是由控制结构和基本操作构成的，其执行时间取决于两者的综合效果。为了便于比较同一问题的不同的算法，通常的做法是：从算法中选取一种对于所研究的问题来说是基本运算的基本操作，以该基本操作重复执行的次数作为算法的时间度量。

（2）空间复杂度

算法的**空间复杂度**是指算法从开始执行到处理结束所需的存储量空间的总和。算法的一次执行是对所求解问题的某一特定实例而言的。程序运行所需的存储空间包括以下两部分：

1）固定部分：这部分空间与所处理数据的大小和个数无关，或者称与问题实例的特征无关。主要包括程序代码、常量、简单变量、定长成分的结构变量所占的空间。

2）可变部分：这部分空间大小与算法在某次执行中处理的特定数据的大小和规模有关。例如 100 个数据元素的排序算法与 1000 个数据元素的排序算法所需的存储空间显然是不同的。

通过实际研究发现，在计算机领域中，时间和空间通常是可以进行转换的。例如，在存储空间较有限时，可以选择空间复杂度较低的算法，但在减少对空间使用量的同时，时间复杂度通常会增加；而如果需要能够较快地求出结果，则必须有更大的存储空间支持。在大多数情况下，时间和空间因素可以进行相应转换，具体选择时可根据实际需要和成本因素确定选择什么策略。另外，还要提醒一点，不是时间复杂度越高，算法的数学复杂程度就越高，比如计算累加和，如果从 1 加到 1000，要做约 1000 次加法，而使用高斯公式，则加法、乘法、除法只需各 1 次，从时间复杂度上来说高斯公式占优势，但从数学理解的复杂程度来看，累加的方法更容易理解，是更简单的数学方法。这也是算法研究的奥妙所在，通过更深入地研究，使用更高级的数学方法，能够以更少的时间和空间代价获得处理结果。这时，用于算法执行的时间虽然减少了，但是用于算法设计的时间会大大增加。如果设计出的程序有足够多的使用率，这种代价总体上是值得的。

5. 子算法

在各种算法的设计中，有些部分是相同的。为了提供效率，人们自然想到如何共用这些通用的部分，即使在一个算法中，也有些部分是相同的，如果在所有用得到的地方，都重复一遍，则整个算法的空间利用率大大下降，转换为程序就是相同的代码在程序中有许多份。为了简化设计，提高空间利用率，提出了**子算法**和**算法调用**的概念。所谓子算法，与算法类似，只是其功能和结构相对简单。设计子算法的目的是简化整个算法的设计，对于算法来说，需要用到子算法提供的功能时，通过算法调用来使用子算法提供的功能，即算法调用就是在算法中引用子算法，这样子算法所表示的整个处理过程在算法中就可以用一条调用语句来表示，使得整个算法的结构更为清晰，并且提高了空间利用率。子算法的调用是需要专门处理的，所以子算法方式在时间上会多一些开销。子算法的方式只适用于同一功能多次使用的情况，如果某项功能在整个算法中只用到一次，设计成子算法再进行调用显然不合适。

子算法在具体实现时，可以使用子程序、过程、函数、方法、模块等形式进行实现，具体实现方式与使用的程序设计语言、程序设计方法有关。

4.2　线性结构

线性结构用于描述一对一的相互关系，即结构中元素之间只有最基本的联系。线性结构的特点是逻辑结构简单，易于进行查找、插入和删除等操作，其主要用于对客观世界中具有单一前驱和后继的数据关系进行描述，如火车各节车厢之间的关系。

4.2.1　线性表和串

1. 线性表

线性表是最简单、最基本、最常用的一种线性结构。它有两种存储方法：顺序存储和链式存储，它的主要基本操作是插入、删除和检索等。

（1）定义

线性表是一种线性结构。线性结构的特点是数据元素之间是一种线性关系，数据元素"一个接一个地排列"，其定义为：线性表是具有相同数据类型的 n（$n \geqslant 0$）个数据元素的有限序列，通常记为：

$$(a_1, a_2, \cdots, a_{i-1}, a_i, a_{i+1}, \cdots, a_n)$$

其中 n 为表长，$n = 0$ 时称为空表。

表中相邻元素之间存在着顺序关系。通常将 a_{i-1} 称为 a_i 的直接前驱，a_{i+1} 称为 a_i 的直接后继。就是说：对于 a_i，当 $i = 2$，$\cdots$，n 时，有且仅有一个直接前驱 a_{i-1}，当 $i = 1$，2，$\cdots$，$n-1$ 时，有且仅有一个直接后继 a_{i+1}，而 a_1 是表中第一个元素，它没有前驱，a_n 是最后一个元素无后继。

（2）顺序存储

线性表的顺序存储是指在内存中用地址连续的一块存储空间顺序存放线性表的各元素，用这种存储形式存储的线性表称其为顺序表。因为内存中的地址空间是线性的，因此，用物理上的相邻实现数据元素之间的逻辑相邻关系既简单又自然。

（3）链式存储

链表通过一组任意的存储单元来存储线性表中的数据元素。为建立起数据元素之间的关系，对每个数据元素 a_i，除了存放数据元素自身的信息 a_i 之外，还需要和 a_i 一起存放其后继元素 a_{i+1} 所在的存储单元的地址，这两部分信息组成一个"节点"，节点的结构如图 4-4 所示，每个元素都如此。存放数据元素信息的部分称为数据域，存放其后继地址的部分称为指针域。因此 n 个元素的线性表通过每个节点的指针域拉成了一个"链"条，称之为链表。因为每个节点中只有一个指向后继的指针，所以称其为单链表。

图 4-4　单链表节点结构

链表是由一个个节点构成的，节点定义如下：

```
typedef struct node
  {   datatype data;
      struct node *next;
}LNode, *LinkList;
```

头指针变量定义如下：

```
LinkList  H;
```

作为线性表的一种存储结构，我们关心的是节点间的逻辑结构，而对每个节点的实际地址并不关心。

如图 4-5 所示，通常我们用"头指针"来标识一个单链表，如单链表 H，是指某链表的第一个节点的地址放在了指针变量 H 中，如果头指针为"NULL"则表示一个空表。

图 4-5　链式存储结构

顺序存储方法简单，容易实现，但做插入删除操作时，需移动的元素较多，因此效率低。链表的特点恰好与顺序表相反。

2. 串

串（即字符串）是一种特殊的线性表，它的数据元素仅由一个字符组成，计算机非数值处理的对象经常是字符串数据。串还具有自身的特性，常常把一个串作为一个整体来处理，因此，在这里我们把串作为独立结构的概念加以研究，介绍串的概念及基本运算。

串是由零个或多个任意字符组成的字符序列。一般记作：

$$S = "s_1 s_2 \cdots s_n"$$

其中 S 是串名。在本书中，用双引号作为串的定界符，引号引起来的字符序列为串值，引号本身不属于串的内容。s_i（$1 \leqslant i \leqslant n$）是一个任意字符，它称为串的元素，是构成串的基本单位，i 是它在整个串中的序号；n 为串的长度，表示串中所包含的字符个数，当 $n=0$ 时，称为空串，通常记为 $\varnothing$。

子串与主串：串中任意连续的字符组成的子序列称为该串的**子串**。包含子串的串相应地称为**主串**。

子串的位置：子串的第一个字符在主串中的序号称为**子串的位置**。求子串的位置就是串的基本运算之一。子串的定位操作通常称作**串的模式匹配**（其中子串称为**模式**）。

串相等：两个串的长度相等且对应字符都相等称两个串是相等的。比较两个串是否相等也是串的运算。它是模式匹配的特例。

串的基本操作还有求串长度和串的连接操作。求串长度运算返回串中包含字符的个数。连接操作是将两个串合并成一个长度更长的串，将原来一个串的头接在另一个尾部，连接后生成的新串长度是原来两个串长度之和。

4.2.2　栈和队列

栈和队列是在软件设计中常用的两种数据结构，它们的逻辑结构和线性表相同。其特点在于运算受到了限制：栈按"后进先出"的规则进行操作，队按"先进先出"的规则进行操作，故称运算受限制的线性表。

1. 栈

栈是限制在表的一端进行插入和删除的线性表。允许插入、删除的这一端称为**栈顶**，另一个固定端称为**栈底**。当表中没有元素时称为**空栈**。如图 4-6 所示栈中有三个元素，进栈的顺序是 a_1、a_2、a_3，出栈时其顺序为 a_3、a_2、a_1，所以栈又称为后进先出（Last In First Out，LIFO）表。

在日常生活中，有很多后进先出的例子，读者可以列举。在程序设计中，常常需要栈这样的数据结构，通过与保存数据时相反的顺序来使用这些数据，这时就需要用一个栈来实现。

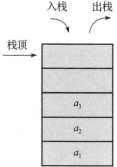

图 4-6　栈示意图

栈的基本运算包括入栈、出栈和空。入栈操作是往栈中添加一个新的元素。入栈操作后，新加的元素作为栈顶，栈中元素总数增一。入栈操作的成功与否取决于栈中是否还有空间，如果栈已满还要再进行入栈，则会产生溢出。

出栈操作是将当前的栈顶元素取出，栈中元素总量减一。显然，出栈操作成功与否取决于栈中是否有元素可取。如果栈已空，再进行出栈操作，也会产生溢出，与入栈的元素过多不同，出栈溢出称为下溢出。为防止下溢出，在进行出栈操作前应判断栈是否为空，这个运算称为空，运算的结果为真或假，如果返回值为真，说明当前栈是空栈，则不能再进行出栈操作，以避免下溢出的发生。

2. 队列

前面所讲的栈是一种后进先出的数据结构，而在实际问题中还经常使用一种"先进先出"（First In First Out，FIFO）的数据结构：即插入在表的一端进行，而删除在表的另一端进行，我们将这种数据结构称为队或**队列**，把允许插入的一端叫队尾，把允许删除的一端叫队头。如图 4-7 所示是一个有 5 个元素的队列。入队的顺序依次为 a_1、a_2、a_3、a_4、a_5，出队时的顺序将依然是 a_1、a_2、a_3、a_4、a_5。

出队　←　　a_1　a_2　a_3　a_4　a_5　　　←　入队

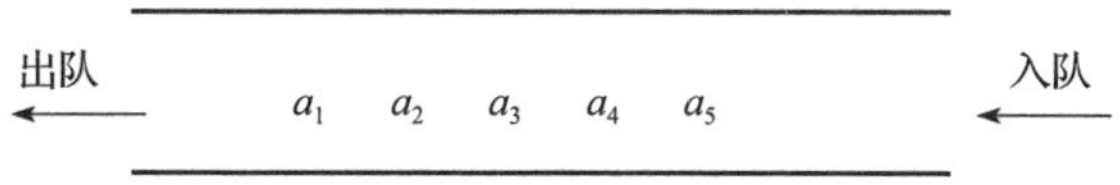

图 4-7　队列示意图

显然，队列也是一种运算受限制的线性表，所以又叫先进先出表。在日常生活中队列的例子有很多，如排队买东西，队头的买完后走掉，新来的排在队尾。与线性表类似，队列也有顺序存储和链式存储两种存储方法。

队列的基本运算包括入队、出队和空等。入队操作是将新的元素加入队列中，队列长度增加。与入栈不同，新加入队列的元素成为队尾。与入栈类似，入队操作也可能由于队列空间的原因产生溢出。出队操作是从队列的头部取出一个元素，队列长度减小。出队操作也可能产生下溢出，因此也需要判断空操作。

4.2.3 数组

数组可以看作线性表的推广。数组作为一种数据结构，其特点是结构中的元素本身可以是具有某种结构的数据，但属于同一数据类型，比如：一维数组可以看作一个线性表，二维数组可以看作"数据元素是一维数组"的一维数组，三维数组可以看作"数据元素是二维数组"的一维数组，依此类推。图 4-8 是一个 *m* 行 *n* 列的二维数组。

$$A = \begin{bmatrix} a_{11} & a_{12} & \cdots & a_{1n} \\ a_{21} & a_{22} & \cdots & a_{2n} \\ \vdots & \vdots & & \vdots \\ a_{m1} & a_{m2} & \cdots & a_{mn} \end{bmatrix}$$

图 4-8 *m* 行 *n* 列的二维数组

数组是一个具有固定格式和数量的数据有序集，每一个数据元素有唯一的一组下标来标识，因此，在数组上不能做插入、删除数据元素的操作。通常在各种高级语言中数组一旦被定义，每一维的大小及上下界都不能改变。在数组中通常做如下两种操作：

1）取值操作：给定一组下标，读取对应的数据元素。

2）赋值操作：给定一组下标，存储或修改与其相对应的数据元素。

我们着重研究二维和三维数组，因为它们的应用相对广泛，尤其是二维数组。

通常，数组在内存中被存储为向量，即用向量作为数组的一种存储结构，这是因为内存的地址空间是一维的，数组的行列固定后，通过一个映像函数，就能根据数组元素的下标得到它的存储地址。

数组在存储和处理时是以第一个元素为起点，沿着行或者列的方向逐个进行。如果是先沿着列的方向进行，一列完成再进行下一列，这种存储方式称为列序为主或列序优先；如果先沿着行的方向进行，一行进行完成再进行下一行，则称为行序为主或行序优先。

4.3 非线性结构

现实中许多事物的关系并非像线性结构这样简单，如人类社会的族谱、各种社会组织机构的关系以及城市交通网络等，这些事物中的联系都是非线性的，采用非线性结构进行描绘会更明确和便利。所谓非线性结构是指在该结构中至少存在一个数据元素，有两个或两个以上的直接前驱（或直接后继）元素。树形和图形结构就是其中十分重要的非线性结构，可以用来描述客观世界中广泛存在的层次结构和网状结构的关系。

4.3.1 树

树是常用的非线性结构之一。它用来描述层次结构，是一对多或多对一的关系，即一个节点有两个或多个下级节点，如社会关系和组织结构，通常一个上级单位有若干个下属部门，一对夫妻可能有多个子女，每个子女又可能有多个孙子女等。

1. 定义

树是 n（$n \geqslant 0$）个有限数据元素的集合。当 $n=0$ 时，称这棵树为**空树**。在一棵树 T 中：

1）有一个特殊的数据元素称为树的**根节点**，根节点没有前驱节点。

2）若 $n > 1$，除根节点之外的其余数据元素被分成 m（$m > 0$）个互不相交的集合 T_1，T_2，…，T_m，其中每一个集合 T_i（$1 \leqslant i \leqslant m$）本身又是一棵树。树 T_1，T_2，…，T_m 称为这个根节点的**子树**。

可以看出，在树的定义中用了递归概念，即用树来定义树。因此，树结构的算法类似于二叉树（此内容随后讲述）结构的算法，都使用了递归方法。

树的定义还可形式化地描述为二元组的形式：

$$T = (D,\ R)$$

其中 D 为树 T 中节点的集合，R 为树中节点之间关系的集合。

当树为空树时，$D=\varnothing$；当树 T 不为空树时有：

$$D = \{Root\} \cup DF$$

其中，Root 为树 T 的根节点，DF 为树 T 的根 Root 的子树集合。DF 可由下式表示：

$$DF = D_1 \cup D_2 \cup \cdots \cup D_m\ 且\ D_i \cap D_j = \varnothing\ (i \neq j,\ 1 \leqslant i \leqslant m,\ 1 \leqslant j \leqslant m)$$

当树 T 中节点个数 $n \leqslant 1$ 时，$R = \varnothing$；当树 T 中节点个数 $n>1$ 时有：

$$R = \{<Root,\ r_i>,\ i = 1,\ 2,\ \cdots,\ m\}$$

其中，Root 为树 T 的根节点，r_i 是树 T 的根节点 Root 的子树 T_i 的根节点。

树的形式化定义，主要用于树的理论描述。

图 4-9a 是一棵具有 9 个节点的树，即 $T = \{A,\ B,\ C,\ \cdots,\ H,\ I\}$，节点 A 为树 T 的根节点，除根节点 A 之外的其余节点分为两个不相交的集合：$T_1 = \{B,\ D,\ E,\ F,\ H,\ I\}$ 和 $T_2 = \{C,\ G\}$，T_1 和 T_2 构成了节点 A 的两棵子树，T_1 和 T_2 本身也分别是一棵树。子树 T_1 的根节点为 B，其余节点又分为两个不相交的集合：$T_{11} = \{D\}$，$T_{12} = \{E,\ H,\ I\}$ 和 $T_{13} = \{F\}$。T_{11}、T_{12} 和 T_{13} 构成了子树 T_1 根节点 B 的三棵子树。如此可继续向下分成更小的子树，直到每棵子树只有一个根节点为止。树具有如下两个特点：

1）树的根节点没有前驱节点，除根节点之外的所有节点有且只有一个前驱节点。

2）树中所有节点可以有零个或多个后继节点。

由此特点可知，图 4-9b、c、d 所示的都不是树结构。

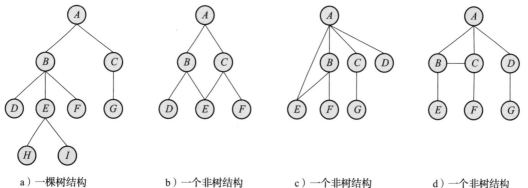

a）一棵树结构　　　　b）一个非树结构　　　　c）一个非树结构　　　　d）一个非树结构

图 4-9　树结构和非树结构的示意

树中节点拥有的子树个数称为节点的**度**。树的度是树内节点度的最大值，即树中下级节点最多的节点的下级节点个数。图 4-9a 所示树的度为 3，因为其节点 *B* 的孩子最多，有 3 个孩子 *D*、*E*、*F*。节点的**层次**是指从根开始经过的节点数量，根的层次为 1。树中节点的最大层次称为树的**深度**或**高度**，图 4-9a 所示树的高度为 4；所经过的节点序列称为**路径**，如果设各边有权，则路径中各边权值的和称为**路径长度**。树内度为 0 的节点称为**叶节点**，或者称为**终端节点**；度不为 0 的节点称为**分支节点**，或者称为**非终端节点**。一棵树的节点除叶节点外，其余的都是分支节点。树中一个节点的子树的根节点称为这个节点的**孩子**，这个节点称为它孩子节点的**双亲**，具有同一个双亲的孩子节点互称为**兄弟**，双亲节点的上级节点称为**祖先**，子节点的下级称为**子孙**。多棵不相交的树构成的集合称为**森林**，树中节点的子树就是森林。

树的结构比较复杂，我们通过其特例二叉树来学习其特点，并推广到树。

2. 二叉树

二叉树（Binary Tree）是有限元素的集合，该集合或为空，或由一个称为根（root）的元素及两个不相交且分别被称为**左子树**和**右子树**的二叉树组成。当集合为空时，称该二叉树为空二叉树。在二叉树中，一个元素也称作一个节点。

二叉树是有序的，即若将其左、右子树颠倒，就成为另一棵不同的二叉树。即使树中节点只有一棵子树，也要区分它是左子树还是右子树。因此二叉树具有 5 种基本形态，如图 4-10 所示。

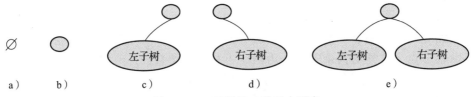

图 4-10　二叉树的 5 种基本形态

简单地说，二叉树就是度为 2 的有序树。二叉树是树的一个特例，比树简单，具有树的全部特性且便于学习和理解。由于计算机使用二进制，所以二叉树具有特殊意义。

在一棵二叉树中，如果所有分支节点都存在左子树和右子树，并且所有叶子节点都在同一层上，这样的一棵二叉树称作**满二叉树**。如图 4-11 所示，图 a 就是一棵满二叉树，图 b 则不是满二叉树，因为虽然其所有节点要么是含有左、右子树的分支节点，要么是叶子节点，但由于其叶子未在同一层上，故不是满二叉树。

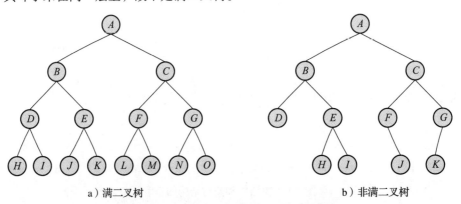

a）满二叉树　　　　　　　　　　　　　b）非满二叉树

图 4-11　满二叉树和非满二叉树示意图

一棵深度为 k 的有 n 个节点的二叉树，对树中的节点按从上至下、从左到右的顺序进行编号，如果编号为 i（$1 \leq i \leq n$）的节点与满二叉树中编号为 i 的节点在二叉树中的位置相同，则这棵二叉树称为**完全二叉树**。完全二叉树的特点是：叶子节点只能出现在最下层和次下层，且最下层的叶子节点集中在树的左部。显然，一棵满二叉树必定是一棵完全二叉树，而完全二叉树未必是满二叉树。如图 4-12 所示，图 a 为一棵完全二叉树，图 b 不是完全二叉树。

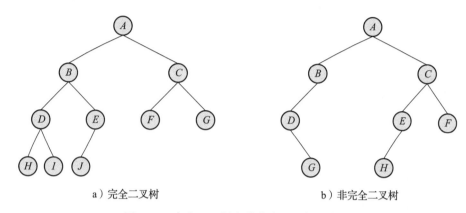

a）完全二叉树　　　　　　　　　　b）非完全二叉树

图 4-12　完全二叉树和非完全二叉树示意图

3. 树的运算

树的运算主要是插入节点、删除节点和遍历等几种。插入节点、删除节点运算改变树的结构，但要求在改变结构的同时，保持树的特性不变。对于二叉树，插入和删除操作后的树仍然是一棵二叉树。这两个操作过于复杂，在专业书籍中已有介绍，本书不做详细讨论。

4.3.2　图

图也称作网，是一种比树形结构更复杂的非线性结构。在图中，任意两个节点之间都可能相关，即节点之间的邻接关系可以是任意的，图表示多对多的关系。图结构被用于描述各种复杂的数据对象，在自然科学、社会科学和人文科学等许多领域有着非常广泛的应用。

1. 定义

图是由一组节点（称之为顶点）和一组顶点间的连线（称之为边或弧）构成的一种抽象数据类型。树是定义成层次结构的，其中的节点只能有一个双亲，而图中的节点可以有一个或多个双亲。若图中边无方向，则为无向图（图 4-13）；反之则称为有向图（图 4-14）。

图是由非空的顶点集合和一个描述顶点之间关系的边（或者弧）的集合组成的，其形式化定义为：

$$G = (V, E)$$
$$V = \{v_i | v_i \in \text{dataobject}\}$$
$$E = \{(v_i, v_j) | v_i, v_j \in V \wedge P(v_i, v_j)\}$$

其中，G 表示一个图，V 是图 G 中顶点的集合，E 是图 G 中边的集合，集合 E 中 $P(v_i, v_j)$ 表示顶点 v_i 和顶点 v_j 之间有一条直接连线，即偶对 (v_i, v_j) 表示一条边。如图 4-13 所示。

集合 $V = \{v_1, v_2, v_3, v_4, v_5\}$

集合 $E = \{(v_1, v_2), (v_1, v_4), (v_2, v_3), (v_3, v_4), (v_3, v_5), (v_2, v_5)\}$

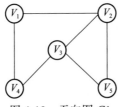

图 4-13   无向图 *G*1

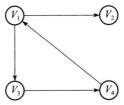

图 4-14   有向图 *G*2

2. 图的运算

图的基本运算包括：添加顶点、删除顶点、添加边、删除边、查找顶点和遍历图。

添加顶点就是将一个新顶点插入图中。顶点增加后，它是未连接的。它和图中原有的其他任何顶点是不连通的。显然，添加顶点仅是插入过程的第一步。添加顶点之后，它必须通过"添加边"运算才能与其他顶点连接。添加边用来连接一个顶点和一个目标顶点。如果一个顶点需要多条边，对于每个邻接顶点都要调用一次添加边操作。为了添加一条边，就必须指定两个顶点。如果图是有向图，其中一个顶点必须被指定为源顶点，另外一个被指定为目的顶点。

删除顶点是从一个图里移除一个顶点。当顶点被删除后，所有与该顶点相连接的边也同时被移除。在不删除顶点时，也可以将某条边从图中移除，这就是"删除边"运算。

查找顶点是通过遍历图来查找特定的顶点。如果找到顶点，那么返回数据。如果没有被找到，则提示一个错误。

图的遍历是指从图中的任一顶点出发，对图中的所有顶点访问且只访问一次。图的遍历操作和树的遍历操作功能相似。图的遍历是图的一种基本操作，图的许多其他操作都建立在遍历操作的基础之上。

4.4   抽象类型

抽象类型与具体的表示无关，是计算机科学中具有类似行为的特定类别的数据结构的数学模型及定义在其上的一组运算或操作，或者具有类似语义的某种程序设计语言定义的数据类型。抽象数据类型是通过其上的可执行的操作以及这些操作的效果的数学约束来间接定义的。一般来说，抽象数据类型包含三个部分：数据对象（数据元素）、数据关系（数据关系二元组结合）、基本操作（操作函数或过程）。

4.4.1   指针

指针（Pointer）是一类特殊的数据类型，它是用来指示内存地址或 CPU 中寄存器的变量或常量。在前面讨论的多种结构中都用到了指针。在实际的程序设计中，指针一般出现在比较接近机器语言的语言中，如汇编语言或 C 语言。面向对象的语言（如 Java）一般避免用指针。指针一般指向一个函数或一个变量。在使用指针时，程序既可以直接使用这个指针所存储的内存地址，又可以使用这个地址里存储的变量或函数的值。

通过利用指针，我们能很好地利用内存资源，使其发挥最大的效率。有了指针技术，我们可以描述复杂的数据结构，对字符串的处理可以更灵活，对数组的处理更方便，使程序的书写变得简洁、高效、清爽。但指针对于初学者来说难以理解和掌握，需要一定的计算机硬件知识基础，这就需要多做多练，多上机动手，才能在实践中尽快掌握。

过去，我们在编程中定义或说明变量，编译系统就为已定义的变量分配相应的内存单元，也就是说，每个变量在内存中会有固定的位置，有具体的地址。由于变量的数据类型不同，它所占的内存单元数也不同。

指针中的特殊情况是空指针，在 C 语言中用符号常量 " NULL " 表示这个空值，意思是这个值不是任何变量的地址。空指针对任何指针类型赋值都是合法的。一个指针变量具有空指针值表示当前它没有指向任何有意义的东西。

指针变量的两种主要操作是取地址操作和取内容操作。取地址操作执行的结果是取得指针所指向的变量或内存空间的起始地址。取内容操作执行的结果则是返回指针所指向的内存空间地址中存储的量值。指针也有加减运算，但与其他数据类型不同的是，这种加减运算的含义是改变了指针所指向的内存位置。

4.4.2 类与对象

面向对象（Object Oriented，OO）的思想自出现后，在 20 世纪 90 年代成为软件开发方法的主流，一直持续至今。面向对象的思想涉及软件开发的各个方面，如面向对象的分析（Object Oriented Analysis，OOA）、面向对象的设计（Object Oriented Design，OOD）、面向对象的编程实现（Object Oriented Programming，OOP）等。现在面向对象的概念和应用已超越了程序设计和软件开发，扩展到很宽的范围。类与对象是面向对象中两个最基本的概念，我们在本章先简单介绍。

1. 对象

对象（Object）是人们要用计算机进行研究的任何事物，从最简单的整数到复杂的飞机，这些均可被看作对象。它既可以表示具体的事物，也可以表示抽象的规则、计划或事件；既可以是现实中存在的事物，也可以是虚拟空间中的抽象概念。

对象具有状态和行为。对象的状态可用数据值来描述。对象具有操作，用于改变对象的状态，对象及其操作构成对象的行为。在一个系统中，每个对象都具有唯一性。每个对象都有自身唯一的标识，通过这种标识，可找到相应的对象。在对象的整个生命期中，其标识都不改变，不同的对象不能有相同的标识。对象实现了数据和操作的结合，使数据和操作封装于对象的统一整体中。

2. 类

类（Class）是对具有相同特性（数据元素）和行为（功能）的对象进行抽象。简单来说，对象的抽象是类，类的具体化就是对象，或者说类的实例是对象，从计算机的角度看，类实际上是一种数据类型。类具有属性，它是对象状态的抽象，用数据结构来描述类的属性。类具有操作，它是对象行为的抽象，用操作名和实现该操作的方法来描述，类的操作通常用函数或过程来实现。类的概念有些接近于哲学领域中的本体。现实中的事物是本体在现实空间的映射。

- 类具有抽象性。抽象性是指将具有一致的数据结构（属性）和行为（操作）的对象抽象成类。一个类就是这样一种抽象，它反映了与应用有关的重要性质，而忽略其他一些无关内容。任何类的划分都是主观的，但必须与具体的应用有关。
- 类具有继承性。继承性是子类自动共享父类数据结构和方法的机制，这是类之间的一种关系。在定义和实现一个类的时候，可以在一个已经存在的类的基础之上来进行，把这个已经存在的类所定义的内容作为自己的内容，并加入若干新的内容。继承性是面向对象程序设计语言不同于其他语言的最重要的特点，是其他语言所没有的。在类层次中，如果子类只继承一个父类的数据结构和方法，则称为单重继承；如果子类继承了多个父类的数据结构和方法，则称为多重继承。在软件开发中，类的继承性使所建立的软件具有开放性、可扩充性，这是进行信息组织与分类的行之有效的方法，它简化了对象、类的创建工作量，增加了代码的可重用性。继承性为类提供了规范的等级结构，通过类的继承关系，使公共的特性能够共享，提高了软件的重用性。

- 类具有多态性（多形性）。多态性是指相同的操作或函数、过程可作用于多种类型的对象上并获得不同的结果。不同的对象，收到同一消息可以产生不同的结果，这种现象称为多态性。多态性允许每个对象以适合自身的方式去响应共同的消息。多态性增强了软件的灵活性和重用性。

4.5 基本算法

本节介绍计算机科学中最常用到的两类算法：排序和查找。通过学习这两类算法，使读者理解算法设计的具体内容和核心。

4.5.1 排序

排序是计算机科学中的一种最普遍的应用。它的功能是将任意排列的数据集合，根据一定的规则，重新排列成具有特定顺序的排列，排序后的结果通常称为序列。在排序处理时用于比较的值称为**关键字**，它可能是数据本身，也可以是数据的某个数据项。我们周围充满了数字，数字排列的形成通常是不规则的，但是在使用时，只有规则化的数据排列使用起来才方便。如果这些数字都是不规则的，可能会花很多时间去查找一条简单信息。比如在学校中，学生的考试成绩形成是没有规律的，交卷时间有的早有的晚，分数有的高有的低，如果公布成绩时不按某种规则排列，而按交卷时自然形成的排列方式公布，考生查找自己的成绩和老师了解整体情况将非常麻烦。如果按照分数进行排列，则很容易了解最好的成绩是多少、考生的成绩在整体中的位置等。因此，学习和研究各种排序方法是计算机领域的重要课题之一。

为了便于讨论，在此首先要对排序下一个确切的定义。

假设含 n 个记录的序列为 $\{R_1, R_2, \cdots, R_n\}$，其相应的关键字序列为 $\{K_1, K_2, \cdots, K_n\}$，需确定 $1, 2, \cdots, n$ 的一种排序 $p_1, p_2, \cdots, p_n$，使其相应的关键字满足如下的非递减（或非递增）关系 $K_{p1} \leqslant K_{p2} \leqslant \cdots \leqslant K_{pm}$，形成一个按关键字有序排列的序列 $\{R_{p1}, R_{p2}, \cdots, R_{pm}\}$，这样一种操作称为排序。

上述排序定义中的关键字 K_i 可以是记录 R_i（$i = 1, 2, \cdots, n$）的主关键字，也可以是记录 R_i 的次关键字，甚至是若干数据项的组合。若 K_i 是主关键字，则任何一个记录的无序序列经排序后得到的结果是唯一的。假设 $K_i = K_j$（$1 \leqslant i \leqslant n$，$1 \leqslant j \leqslant n$，$i \neq j$），且在排序前的序列中 R_i 领先于 R_j（$i < j$）。若在排序后的序列中 R_i 仍领先于 R_j，则称所用的排序方法是**稳定的**；反之，若可能使排序后的序列中 R_j 领先于 R_i，则称所用的排序方法是**不稳定的**。通常在排序的过程中需要进行两种基本操作：

1）比较关键字的大小。

2）改变某个记录的位置，即改变该序列的排列方式。

在本节中，我们介绍几种基本的排序算法：插入排序、选择排序、气泡排序和快速排序。为便于讨论我们都以升序作为排序的目标，降序的算法思想相同，可以作为课后练习。

1. 插入排序

严格地说插入排序是一类排序方法，其中最简单的一种是**直接插入排序**，其基本思想是将一个记录插入到已排好序的有序表中，从而得到一个新的、记录数增 1 的有序表。类似日常扑克牌游戏中理牌使用的方法，游戏人员将每张拿到手的牌插入到手上已有牌中的合适位置，以便手中的牌以一定的顺序排列（扑克牌排序是一种使用两个标准进行排序的例子：花色和等级）。

直接插入排序的思想是：将排序列表分为已排序的和未排序的两部分。在每次扫描过程中，从未排序子列表中取出一个记录，然后转换到已排序的子列表中与其记录逐个比较并插入到合适的位置（如图 4-15 所示）。可以推算，一个含有 n 个元素列表至少需要 $n-1$ 次扫描。

从图 4-15 所示的算法流程图可以看出，直接插入排序结构简单，容易实现。从空间来看，它需要一个记录的辅助空间用作比较；从时间来看，排序的基本操作为比较两个记录的关键字和移动记录。当待排序记录的数量很小时，这是一种很好的排序方法，但随着记录数 n 的增大，其效率显然不佳。

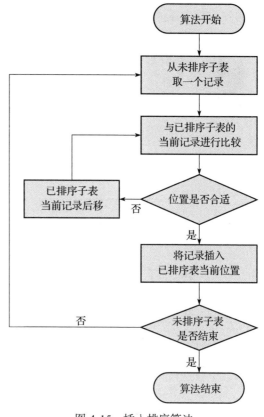

图 4-15　插入排序算法

2. 选择排序

选择排序的基本思想是：在未排序记录中选取关键字最小的记录作为有序序列中的某个记录，根据排序的目标是升序还是降序分别将选出的记录加入到有序序列的最前面或最后面。选择排序作为一类排序方法也有多种具体算法，其中最简单的是简单选择排序。

简单选择排序的操作为：通过 $n-i$ 次关键字间的比较，从 $n-i+1$ 个记录中选出关键字最小的记录，并和第 i（$1 \leq i \leq n$）个记录交换。

对 n 个记录进行简单选择排序的算法为：从 1 到 $n-1$，进行 $n-1$ 趟选择操作。与直接插入排序相比，选择排序由于是有选择地选取记录，在插入有序序列时，需要进行的记录移动操作较少，但其总的时间复杂度也是 $O(n^2)$。

3. 气泡排序

气泡排序在有些资料上称作"起泡"或"冒泡"排序，是排序算法中最为著名的一种。

气泡排序的过程比较简明。首先将第 1 个记录的关键字与第 2 个记录的关键字进行比较，若与需要的顺序不符，则将两个记录交换，然后比较第 2 个记录和第 3 个记录的关键字。依次类推，直至第 $n-1$ 个记录和第 n 个记录的关键字进行过比较为止。上述过程称作第一趟气泡排序，其结果使得关键字最大的记录被安置到最后一个记录的位置上。然后进行第二趟气泡排序，对前 $n-1$ 个记录进行同样操作，其结果是使关键字次大的记录被安置到第 $n-1$ 个记录的位置上。一般地，第 i 趟气泡排序是从 $r[1]$ 到 $r[n-i+1]$ 依次比较相邻两个记录的关键字，并在"逆序"时交换相邻记录，其结果是这 $n-i+1$ 个记录中关键字最大的记录被交换到第 $n-i+1$ 的位置上。整个排序过程需进行 k（$1 \leq k \leq n$）趟气泡排序，显然，判别气泡排序结束的条件应该是"在一趟排序过程中没有进行过交换记录的操作"。在气泡排序的过程中，关键字较小的记录好比水中气泡逐趟向上飘浮，而关键字较大的记录好比石块往下沉，每一趟有一块"最大"的石头沉到水底。分析气泡排序的效率，容易看出，在排序过程中需进行 $n-1$ 趟排序，并作等数量级的记录移动。

例 题

例 4-1：用气泡排序方法处理 {48, 37, 66, 97, 75, 16, 22}。

解：

48	37	37	37	37	16
37	48	48	48	16	22
66	66	66	16	22	37
97	75	16	22	48	
75	16	22	66		
16	22	75			
22	97				
初始 状态	第 1 趟 排序后	第 2 趟 排序后	第 3 趟 排序后	第 4 趟 排序后	第 5 趟 排序后

例 4-1 的气泡排序过程 Python 示例代码如下：

```
# 定义 bubbleSort 的函数，形参为 s
def bubbleSort (s):
    compare = 0                              # 记录此函数的比较运算次数，辅助行
    change = 0                               # 记录此函数的交换运算次数，辅助行
    for i in range(len(s)-1):
        print(" 开始第 ",i+1," 趟排序 ")
        for j in range(len(s)-i-1):
            compare += 1                     # 循环每执行 1 次，比较运算次数 +1 次，辅助行
            print(s[j],"vs",s[j+1]," 比较运算第 ",compare," 次 ") # 显示辅助行
            if s[j] > s[j+1]:
                s[j] , s[j+1] = s[j+1] , s[j]                  # 将 j 和 j+1 的位置调换
                change += 1                  # 记录此函数的交换运算次数
                print(" 交换位置第 ",change," 次 ")             # 显示的交换运算次数
        print(" 第 ",i+1," 趟排序结果为: ")
        print(s)                             # 显示某趟排序结果
    return s                                 # 返回已经排序好的列表 s
# 主体程序
t = [48,37,66,97,75,16,22]                   # 赋值列表 t 初始值
print(" 列表初始状态为: ")                     # 打印提示信息
print(t)                                     # 打印列表 t 的初始状态
print(" 开始进行气泡排序: ")                   # 打印提示信息
bubbleSort(t)                                # 调用 bubbleSort 函数，将 t 传入函数中
print(" 气泡排序完成，最终结果为: ")           # 打印提示信息
print(t)
```

运行此代码可以发现，本例总共进行了 6 趟排序，实际在第 5 趟时就已经完成，一共进行了 21 次比较，12 次交换位置，本示例代码并不十分完备，没有做排序完成的退出判断，有兴趣的读者可以尝试修改示例代码，使之更加完备，或者改变思路，使得每趟排序将最小的元素移至前面，或者进行由大到小的排序。

4. 快速排序算法

快速排序是对气泡排序的一种改进。其基本思想是：通过一趟排序将待排记录分割成独立的两部分，其中一部分记录的关键字均比另一部分记录的关键字小，则可分别对这两部分记录进行排序，以达到整个序列有序。

假设待排的序列为 $\{r[s], r[s+1], \cdots, r[t]\}$，首先任意选取一个记录（通常可选第一个记录 $r[s]$）作为枢轴（或支点），然后重新排列其余记录，将所有关键字比它小的记录都安置在其位置之前，所有关键字大于它的记录都安置在其位置之后。由此可以该"枢轴"记录所在的位置 i 作为分界线，将序列分割成两个子序列 $\{r[s], r[2], \cdots, r[i-1]\}$ 和 $\{r[i+1], r[i+2], \cdots, r[t]\}$。这个过程称作一趟快速排序或一次划分。

一趟快速排序的具体做法是：附设两个指针 i 和 j，它们的初值分别为 s 和 t，设枢轴记录 $r[p]$，其关键字为 $x = r[p].key$，则首先从 j 所指位置起向前搜索找到第一个关键字小于 x 的记录和 $r[p]$ 互相交换，然后从 i 所指位置起向后搜索找到第一个关键字大于 x 的记录和 $r[p]$ 互相交换，重复这两步直至 $i = j$ 为止。

经验证明，在所有同数量级的此类（先进的）排序方法中，就平均时间而言，快速排序是目前被认为是最实用的一种排序方法。

知识扩展

在插入排序这一类方法中还有折半插入排序、2 路插入排序、表插入排序等；选择排序类中还有树形选择排序、堆排序等。还有其他的排序算法：希尔排序、桶式排序、归并排序、基数排序等。不同的算法之间各有差异，需要根据具体的应用场合选用最恰当的算法。上述这些排序算法都是在内存中完成的，我们称之为内排序算法；如果内存有限或待排序列表非常大，内存不能完全容纳，在排序过程中需要使用辅助存储器的话，还有专门针对外存特点的外排序算法。有兴趣了解更多算法的读者可以阅读 D. E. Knuth 所著的 *The Art of Computer Programming* 一书。

4.5.2　查找

在计算机科学里另一种常用的算法是**查找**，是一种在列表中确定目标所在位置的算法。在日常生活中，查找是人们几乎每天都做的工作，比如在电话号码簿中查阅需要的电话号码，在字典中查找某个字，在火车时刻表中查找某次列车或到达某站的车次等。其中，电话号码簿、字典、火车时刻表都可以视为一个列表，查找是根据给定的一个值，在目标列表中找到该值的第一个记录的位置（这个位置有时称为索引）。如果表中存在这样的记录，则称**查找成功**，如果没有找到这样的记录，则称**查找不成功**。

查找的算法与列表的结构有关，我们介绍两种基本的查找方法：顺序查找和折半查找。顺序查找可以在任何列表中查找，折半查找则需要列表是有序的。

1. 顺序查找

顺序查找是最基本的查找方法，其过程为：从列表的某一端开始，逐个记录地用关键字和给定值进行比较，若该记录的关键字与给定值相等，则查找成功，找到要查的记录；反之进行下一个记录的比较，如果到达列表的另一端都没有关键字与给定值相等的记录，则表明表中没有要查的记录，查找不成功。

顺序查找的思想很简单，便于理解，并且它对于目标列表没有要求，适用于对不规则列表的查找。但是从效率上讲这种方法并不高，而在实际使用中对很大的列表进行查找并且对各记录查找的概率也不同，此时效率的问题更加突出。顺序查找的平均查找长度为列表长度的一半，人们需要研究效率更好的查找算法。

2. 折半查找

折半查找是针对有序列表设计的。其基本思想是：先确定待查记录所在的范围，然后逐步缩小范围，直到范围缩小到一个记录，此时便可以判断是否找到所要查的记录。

折半查找从一个列表的中间的记录开始比较，这样能够判别出目标在列表里的前半部分还是后半部分，可以将范围缩小一半；下一步在剩下的一半中再比较，可以将范围再缩小一半。重复这个过程直到找到目标或是目标不在这个列表里。在列表长度较大时，折半查找的平均查找长度接近 $\log 2 (n+1) - 1$。其效率远高于顺序查找，但折半查找要求查找列表必须为有序列表，否则无法通过比较判断目标可能在哪个范围中。因此，在实际运用中，通常是先对无序列表进行排序，然后进行折半查找。可以想象，如果只进行一次查找，这样做的代价比顺序查找还要大，但实际情况中查找是非常频繁的，进行一次排序多次查找，这样总体上效率得到提高。细心的读者可以发现我们日常使用的字典、火车时刻表等都是事先排序过的有序列表。

知识扩展

折半查找的过程可以用二叉树来描述，第一次比较的记录相当于根节点，后面的比较则集中于左子树或右子树，如此类推。比较的次数与树的层次相关。人们把描述查找过程的二叉树称为判定树。这也是树的一类应用，运用树形结构进行查找是一类方法，在数据库领域经常使用 B+ 树进行查找运算。对于有序表的查找方法还有斐波那契查找和插值查找。有兴趣了解的读者可以参考相关的专著。

4.6 递归

递归是设计和描述算法的一种有力的工具，它在复杂算法的描述中被经常采用。能采用递归描述的算法通常有这样的特征：为求解规模为 N 的问题，设法将它分解成规模较小的问题，然后通过这些小问题的解方便地构造出大问题的解，并且这些规模较小的问题也能采用同样的分解和综合方法，分解成规模更小的问题，并通过这些更小问题的解构造出规模较大问题的解。特殊情况下当规模 N=1 时，能直接得解。0.1.5 节中介绍的梵天塔问题就是递归算法的经典实例。

递归是指算法在过程中调用自身作为子算法的一种设计方法。调用可以是直接的或间接的，直接调用指算法中将自身作为子算法直接调用，间接调用指算法中调用了其他算法作为子算法，而被调用的算法中又调用了这个算法。递归调用产生了算法的重入现象。递归策略只需少量的程序就可描述出解题过程所需要的多次重复计算，大大地减少了程序的代码量。递归的能力在于用有限的语句来定义对象的无限集合。用递归思想写出的程序往往十分简洁易懂。

递归算法一般用于解决 3 类问题：

1）数据的定义是按递归定义的（如 Fibonacci 函数）。

2）问题解法按递归算法实现（如回溯）。

3）数据的结构形式是按递归定义的（如树的遍历，图的搜索等）。

一般来说，递归需要有边界条件，递归算法的执行过程分递推和回归两个阶段。当边界条件不满足时，是递推阶段，把较复杂的问题（规模为 n）的求解推到比原问题简单一些的问题（规模小于 n）的求解。在递推阶段，必须要有终止递归的情况。当边界条件满足时，进入回归阶段，当获得最简单情况的解后，逐级返回，依次得到稍复杂问题的解。

注　意　　在编写递归算法时要注意，函数中的局部变量和参数局限于当前调用层，当递推进入下一个"简单问题"层时，原来层次上的参数和局部变量被隐蔽起来。在一系列"简单问题"层，它们各有自己的参数和局部变量。

递归就是在过程或函数里调用自身。在使用递归策略时，必须有一个明确的递归结束条件，称为递归出口。

由于递归引起一系列的函数调用，并且可能会有一系列的重复计算，递归算法的执行效率相对较低。在递归调用的过程当中系统为每一层的返回点、局部量等开辟了栈来存储。递归次数过多容易造成栈溢出等。

当某个递归算法能较方便地转换成递推的非递归算法时，通常按非递归算法编写程序。

例 4-2：背包问题。

问题描述：有不同价值、不同重量的物品 n 件，求从这 n 件物品中选取一部分物品的选择方案，使选中物品的总重量不超过指定的限制重量，但选中物品的价值之和最大。

问题分析：设 n 件物品的重量分别为 w_0、w_1、$\cdots$、w_{n-1}，物品的价值分别为 v_0、v_1、$\cdots$、v_{n-1}。采用递归寻找物品的选择方案。设前面已有了多种选择的方案，并保留了其中总价值最大的方案于数组 option[ ]，该方案的总价值存于变量 maxv。当前正在考察新方案，其物品选择情况保存于数组 cop[ ]。假定当前方案已考虑了前 $i-1$ 件物品，现在要考虑第 i 件物品；当前方案已包含的物品的重量之和为 tw；至此，若其余物品都选择是可能的话，本方案能达到的总价值的期望值为 tv。算法引入 tv 是为了在一当前方案的总价值的期望值小于前面方案的总价值 maxv 时，立即终止当前方案，去考察下一个方案。因为当方案的总价值不比 maxv 大时，该方案不会被再考察，这同时保证函数后找到的方案一定会比前面的方案更好。

对于第 i 件物品的选择考虑有两种可能：

1）考虑物品 i 被选择，这种可能性仅当包含它不会超过方案总重量限制时才是可行的。选中后，继续递归去考虑其余物品的选择。

2）考虑物品 i 不被选择，这种可能性仅当不包含物品 i 也有可能会找到价值更大的方案的情况。

本章小结

数据是计算机化的信息，是计算机可以直接处理的最基本的对象。计算机中的各种应用，都是对数据进行加工处理的过程。要使程序高效率地运行，必须根据数据的特性及数据间的相互关系设计出高质量的数据结构。数据结构通常有：集合结构、线性结构和非线性结构（树和图）。

结构中定义的"关系"描述的是数据元素之间的逻辑关系，因此称为数据的**逻辑结构**。数据结构在计算机中的表示（又称映像）称为数据的**物理结构**，或称存储结构。

数据结构主要研究数据的各种逻辑结构和存储结构，以及对数据的各种操作。因此，主要有 3 个方面的内容：数据的逻辑结构、数据的物理存储结构、对数据的操作（或算法）。通常，算法的设计取决于数据的逻辑结构，算法的实现取决于数据的物理存储结构。

对特定问题求解步骤的一组规格化描述就是算法，也是计算机解题的过程。算法与数据结构是相辅相成的。算法必须具备：正确性、可读性、稳健性和高效性。算法的描述通常使用流程图或伪代码。

线性结构用于描述一对一的相互关系，即结构中元素之间只有最基本的联系，现实中的许多事物的关系都是非线性的。

线性表是最简单、最基本、最常用的一种线性结构，有顺序存储和链式存储两种存储方法。

栈和队列是在软件设计中常用的两种数据结构，它们的逻辑结构和线性表相同。其特点在于运算受到了限制：栈按"后进先出"的规则进行操作，队按"先进先出"的规则进行操作。

树、二叉树和图是非线性结构的基本数据表示方法。

排序是常用的操作之一，其实现算法有多种。比较简单的有直接插入排序、简单选择排序、气泡排序和快速排序等，其中快速排序是性能较好的排序算法。

查找运算根据查找列表的结构，有顺序查找和折半查找等多种算法。顺序查找效率较低，但对查找列表没有要求，适用于列表较小的场合；折半查找效率较高，但需要列表是有序表。

递归是算法中调用自身的一种算法设计技术。递归的运行效率低，但运用递归方式编写的算法结构简单，便于理解。在实际程序实现时，应将递归算法用非递归形式实现以提高程序的运行效率。

本章习题

一、复习题

1. 试述数据和数据结构的概念及其区别。

2. 列出算法的 5 个重要特征并对其进行说明。

3. 算法的优劣用什么来衡量？试述如何设计出优秀的算法。

4. 线性和非线性结构各包含哪些种类的数据结构？线性结构和非线性结构各有什么特点？

5. 简述树与二叉树、树与图的区别。

6. 请举出遍历算法在实际中使用的例子。

7. 编写一个算法，统计在一个输入字符串中各个不同字符出现的频度。用适当的测试数据来验证这个算法。

8. 若对有 n 个元素的有序顺序表和无序顺序表进行顺序查找，试就下列 3 种情况分别讨论两者在等查找概率时的平均查找长度是否相同。

   1）查找失败。

   2）查找成功，且表中只有一个关键码等于给定值 k 的对象。

   3）查找成功，且表中有若干个关键码等于给定值 k 的对象，要求一次搜索找出所有对象。

9. 顺序表的插入和删除要求仍然保持各个元素原来的次序。设在等概率情形下，对有 127 个元素的顺序表进行插入，平均需要移动多少个元素？删除一个元素，又平均需要移动多少个元素？

10. 递归的含义是什么？

二、练习题

（一）填空题

1. 链表通常是由一个个节点构成的，每个节点的机构是由_____域和_____域构成。

2. 树内节点度的最大值，即树中下级节点最多的节点的下级节点个数可被称为_____。

3. 数组在存储和处理时是以第一个元素为起点，沿着行或者列的方向逐个进行。如果是先沿着列的方向进行，一列完成再进行下一列，则称为_____；如果先沿着行的方向进行，一行进行完毕再进行下一行，则称为_____。

4. 将二叉树进行线性化的操作是_____，这种操作的方式有先序、中序、后序等几种。

（二）选择题

1. 数据结构是指互相之间存在着一种或多种关系的数据元素的集合，基本的数据结构通常是_____。

　　A. 集合结构　　　　　　B. 线性结构　　　　　　C. 树形结构　　　　　　D. 图形结构

2. 算法的基本结构有_____。

　　A. 顺序结构　　　　　　B. 分支结构　　　　　　C. 循环结构　　　　　　D. 跳跃结构

3. 算法的实现方式有_____。

　　A. 子程序　　　　　　　B. 函数　　　　　　　　C. 模块　　　　　　　　D. 过程

4. 下列属于非线性结构的有_____。

　　A. 树　　　　　　　　　B. 图　　　　　　　　　C. 网　　　　　　　　　D. 串

5. 排序的方法有_____。

　　A. 插入排序　　　　　　B. 选择排序　　　　　　C. 冒泡排序　　　　　　D. 快速排序

6. 递归方法一般用来解决哪些类型的问题。

　　A. 数据的定义是按递归定义的

　　B. 问题解法按递归算法实现

　　C. 数据的结构形式是按递归定义的

　　D. 问题的复杂程度超过一般算法能够解决的

7. 下面叙述正确的是_____。

　　A. 算法的执行效率与数据的存储结构无关

　　B. 算法的空间复杂度是指算法程序中指令（或语句）的条数

　　C. 算法的有穷性是指算法必须能在执行有限个步骤之后终止

　　D. 以上三种描述都不对

8. 以下数据结构中不属于线性数据结构的是_____。

　　A. 队列　　　　　　　　B. 线性表　　　　　　　C. 二叉树　　　　　　　D. 栈

9. 算法的时间复杂度是指_____。

　　A. 执行算法程序所需要的时间　　　　　　　B. 算法程序的长度

　　C. 算法执行过程中所需要的基本运算次数　　D. 算法程序中的指令条数

10. 下列叙述中正确的是_____。

　　A. 线性表是线性结构　　　　　　　　　　　B. 栈与队列是非线性结构

　　C. 线性链表是非线性结构　　　　　　　　　D. 二叉树是线性结构

11. 设一棵完全二叉树共有 699 个节点，则在该二叉树中的叶子节点数为_____。

　　A. 349　　　　　　　　　B. 350　　　　　　　　　C. 255　　　　　　　　　D. 351

12. 算法的空间复杂度是指_____。

　　A. 算法程序的长度　　　　　　　　　　B. 算法程序中的指令条数

　　C. 算法程序所占的存储空间　　　　　　D. 算法执行过程中所需要的存储空间

13. 用树形结构来表示实体之间联系的模型称为_____。

　　A. 关系模型　　　　B. 层次模型　　　　C. 网状模型　　　　D. 数据模型

14. 算法一般都可以用哪几种控制结构组合而成_____。

　　A. 循环、分支、递归　　B. 顺序、循环、嵌套　　C. 循环、递归、选择　　D. 顺序、选择、循环

15. 数据的存储结构是指_____。

　　A. 数据所占的存储空间量

　　B. 数据的逻辑结构在计算机中的表示

　　C. 数据在计算机中的顺序存储方式

　　D. 存储在外存中的数据

16. 在下列选项中，哪个不是一个算法一般应该具有的基本特征_____。

　　A. 确定性　　　　　B. 可行性　　　　　C. 无穷性　　　　　D. 拥有足够的情报

17. 在计算机中，算法是指_____。

　　A. 查询方法　　　　　　　　　　　　　B. 加工方法

　　C. 解题方案准确完整的描述　　　　　　D. 排序方法

18. 数据处理的最小单位是_____。

　　A. 数据　　　　　B. 数据元素　　　　C. 数据项　　　　D. 数据结构

19. 算法分析的目的是_____。

　　A. 找出数据结构的合理性　　　　　　　B. 找出算法中输入和输出之间的关系

　　C. 分析算法的易懂性和可靠性　　　　　D. 分析算法的效率以求改进

20. 用链表表示线性表的优点是_____。

　　A. 便于插入和删除操作

　　B. 数据元素的物理顺序与逻辑顺序相同

　　C. 花费的存储空间较顺序存储少

　　D. 便于随机存取

21. 栈和队列的共同点是_____。

　　A. 都是先进后出　　　　　　　　　　　B. 都是先进先出

　　C. 只允许在端点处插入和删除元素　　　D. 没有共同点

（三）讨论题

1. 试比较快速排序和气泡排序方法。

2. 试述递归方法的优缺点。

3. 某石油公司计划建造一条由东向西的主输油管道。该管道要穿过一个有 n 口油井的油田。每口油井都要有一条输油管道沿最短路径（或南或北）与主管道相连。如果给定 n 口油井的位置，即它们的 x 坐标和 y 坐标，应如何确定主管道的最优位置，使各油井到主管道之间的输油管道长度总和的最小。

　　［提示：选择合适的数据结构对问题进行描述］

4. 考虑对数组 A 中 n 个数的排序：开始时先找出 A 的最小元素并放在另一个数组 B 的第一个位置上。然后找出 A 中次最小元素并放在 B 的第二个位置上，对 A 中余下的元素继续这个过程。这个算法称为选择排序，请写出这个算法在其最佳和最坏情况下的时间代价。

5. 分别在数组和链表中进行搜索和排序，试比较哪一种操作更简单，说明理由。

第5章　程序设计语言

计算机程序设计语言是人类同计算机进行交流的工具。人发明了的计算机，但是计算机并不能直接理解人类的语言，人们为了方便使用计算机，根据其特点发明了程序设计语言。

本章来学习程序设计语言，我们的目标并不是学习一门单独的程序设计语言，而是学习与程序设计语言相关的一些知识。我们将要了解计算语言的发展，掌握程序设计语言的基本概念，考查程序设计语言及其相关联的方法之间的共性和特性。

5.1　计算机语言的发展

计算机语言在计算机科学中占有特殊的地位，它是计算机科学中最富有智慧的成果之一。它是人类同自己发明的智慧工具计算机之间交流的主要工具，它深刻地影响着计算机科学各个领域的发展。可以说如果不了解计算机语言，就算不上对计算机科学真正地了解。第2章已讨论过虚拟机的概念，实际上虚拟机的实现主要依赖计算机语言。

19世纪初在法国人约瑟夫·雅卡尔设计的提花机里，已经具有了初步的程序设计的思想。早期利用计算机器解决问题的一般过程如下：

1）针对特定的问题制造解决该问题的机器。

2）设计所需的指令，并把完成该指令的代码序列传送到卡片或机械辅助部件上。

3）使计算机器运转执行预定的操作。

英国著名诗人拜伦的女儿、数学家爱达·奥古斯塔伯爵夫人在帮助巴贝奇研究分析机时指出，分析机可以像提花机一样进行编程，并发现进行程序设计和编程的基本要素，被认为是有史以来的第一位程序员。而著名的计算机语言Ada就是以她的名字命名的。

在计算机的发展史上，二值逻辑和布尔代数的使用是一个重要的突破，其理论基础是由英国数学家布尔奠定的。1847年布尔在《逻辑的数学分析》中分析了数学和逻辑之间的关系，并阐述了逻辑归于数学的思想。这在数学发展史上是一个了不起的成就，也是思维的一大进步，并为现代计算机提供了重要的理论基础。遗憾的是布尔的理论直到100年之后才被用于计算，在此期间程序设计随硬件的发展，其形式也不断发展。在基于继电器的计算机器时代，所谓"程序设计"实际上就是设置继电器开关，以及根据要求使用电线把所需的逻辑单元相连。重新设计程序就意味着重新连线，所以通常的情况是"设置程序"花了许多天时间，而计算本身则几分钟就可以完成。此后随着真空管计算机和晶体管计算机的出现，程序设计的形式有不同程度的改变。1948年香农重新发现了二值演算之后发生了革命性的改变，二值逻辑代数被引入程序设计，程序的表现形式就是存储在信息载体上的0和1的序列。这些载体包括早期的纸带、穿孔卡和后来的磁鼓、磁盘和光盘等。此后计算机程序设计进入了一个崭新的发展阶段。就程序设计语言来讲，经历了机器语言、汇编语言、高级语言、非过程语言等4个阶段。第5代自然语言的研究也已经成为学术研究的热点。

在电子计算机诞生之初，计算机程序是作为解决特定问题的工具和信息分析工具而存在的，并不是一个独立的产业。计算机软件产业化是在20世纪50年代，随着计算机在商业应用中的迅猛增长而发生的，这种增长直接导致了社会对程序设计人员需求的增长，于是一部分具有计算机程序设计经验的人分离出来，专门从事程序设计工作，并创建了他们自己的程序设计服务公司，根据用户的订单提供相应的程序设计服务。这样就产生了第一批软件公司。进入 20 世纪六七十年代，计算机的应用范围持续快速增长，使计算机软件产业无论是软件公司的数量，还是产业的规模都有了更大的发展。同时，与软件业相关的各种制度也逐步建立。

计算机语言经过多年的发展已经从机器语言进化到高级语言。

5.1.1 自然语言与形式语言

科学思维是通过可感知的语言、符号、文字等来完善并得以显示的，否则人们将无法使自己的思想清晰化，更无法进行交流和沟通。

1. 自然语言

自然语言的定义：语言文字是人类最普遍使用的符号系统，其最基本最普遍的形式是自然语言符号系统。自然语言是某一社会发展中形成的一种民族语言，如汉语、英语、法语和俄语等。

自然语言符号系统的基本特征：

- 歧义性。
- 不够严格和不够统一的语法结构。

下面我们用语言学家吕叔湘先生给出的两个例子来说明自然语言的歧义性问题。

例 题

例 5-1：他的发理得好。

这个例子至少有 2 种不同的解释：

1）他的理发水平高。

2）理发师理他的发理得好。

例 5-2：他的小说看不完。

这个例子至少有 3 种不同的解释：

1）他写的小说看不完。

2）他收藏的小说看不完。

3）他是个小说迷。

自然语言的语义存在歧义性问题，高级程序设计语言其实也存在语义的歧义性问题。下面我们给出一个典型的关于语义问题的例子。

例 题

例 5-3：IF（表达式 1）THEN IF（表达式 2）THEN 语句 1ELSE 语句 2。

这个例子至少有 2 种不同的解释：

1）IF（表达式 1）THEN（IF（表达式 2）THEN 语句 1ELSE 语句 2）。

2）IF（表达式 1）THEN（IF（表达式 2）THEN 语句 1）ELSE 语句 2。

显然，自然语言和高级程序设计语言都存在歧义性的问题，只不过高级程序设计语言存在较少的歧义性而已，而要用计算机对语言进行处理，则必须解决语言的歧义性问题。否则

计算机就无法进行判定。

虽然自然语言不能直接作为计算机程序设计语言使用，但是自然语言是计算机需要处理的重要对象之一，因此，自然语言的输入、存储、表示等是计算机科学研究的重要内容，第1章已讨论过相关知识。

2. 形式语言

随着科学的发展，人们在自然语言符号系统的基础上，逐步建立起了人工语言符号系统，也称科学语言系统，即各学科的专门科学术语符号，使语言符号保持其单一性、无歧义性和明确性。

人工语言符号系统发展的第二阶段叫形式化语言，简称形式语言。**形式语言**是进行形式化工作的元语言，它是以数学和数理逻辑为基础的科学语言。

形式语言的基本特点如下：

- 有一组初始的、专门的符号集。
- 有一组精确定义的、由初始的、专门的符号组成的符号串，转换成另一个符号串的规则。
- 在形式语言中，不允许出现根据形成规则无法确定的符号串。

形式语言中的转换规则被称为形式语言的语法。语法不包含语义，它们是两个完全不同的概念。在一个给定的形式语言中，可以根据需要通过赋值或模型对其进行严格的语义解释，从而构成形式语言的语义。在形式语言中，语法和语义要做严格的区分。

科学的语言从类型上说基本上是描述性、断定性而非评论性的。在描述性语言中又以分析陈述为主，这样技术科学就更有可能充分运用形式语言来表达自己深刻而复杂的内容，并进行演算化推理。

计算机科学主要是一门技术科学，因此计算机语言也是属于描述性语言这一类。计算机语言是一种形式化语言，而计算机的诞生又与形式化研究的进程息息相关，其实不论是计算机语言还是数字计算机，它们都是形式化的产物。

5.1.2 机器语言与汇编语言

在计算机发展的早期，人们最初使用机器指令来编写程序，这种机器语言由 "0" 和 "1" 的字符串组成。然而由于以二进制表示的机器指令编写的程序很难阅读和理解，于是在机器指令的基础上，人们提出了采用字符和十进制数来代替二进制代码的思想，产生了将机器指令符号化的汇编语言。

1. 机器语言

每台数字电子计算机在设计中都规定了一组指令，这组机器指令集合就是所谓的机器指令系统。用机器指令形式编写的程序称为机器语言，支撑机器语言的理论基础是图灵机等计算模型。机器指令又称为裸机级计算机语言。

在裸机级计算机语言中的抽象、理论和设计 3 个形态的主要内容和成果如表 5-1 所示。

表 5-1 裸机级计算机语言中有关抽象、理论和设计形态的主要内容

计算机语言	抽象	理论	设计
裸机级的主要内容和成果	语言的符号集为 {0, 1}，用机器指令对算法进行描述	图灵机（过程语言的基础）、波斯特系统（字符串处理语言的基础）、演算函数式（语言的基础）等计算模型	冯·诺依曼型计算机等实现技术、数字电子计算机产品

表 5-1 所描述的是裸机级计算机语言。关于算法的描述采用的是实际机器的机器指令，它的符号集是 {0，1}，即所有指令由 0 和 1 组成。支撑实际机器的理论是图灵机等计算模型。在图灵机等计算模型理论的指导下，有关设计形态的主要成果有：冯·诺依曼型计算机等计算机模型、具体实现思想和技术以及各类数字电子计算机产品。

2. 汇编语言

为了使程序易读，用带符号或助记符的指令和地址代替二进制代码成为语言进化的目标。这些使用助记符的语言后来就被称之为**汇编语言**。

例 题

例 5-4：对 2+6 进行计算的算法描述。

（1）机器指令对 2+6 进行计算的算法描述：

1011000000000110

0000010000000010

1010001001010000000000000

第一条指令表示将 6 送到寄存器 AL 中，数字 6 放在指令后 8 位，第二条指令表示将数字 2 与寄存器 AL 中的内容相加，结果仍存在 AL 中，第三条指令表示把 AL 中的内容送到地址为 5 的单元中。

（2）汇编语言对 2+6 进行计算的算法描述：

MOV AL6

ADD AL2

MOV VCAL

以上是一个非常简单的例子。从例子中可以看到，机器指令由一连串的 0 和 1 组成，很难辨认。显然要用机器指令进行程序设计是非常困难的。汇编语言语句与特定的机器指令有一一对应的关系，但是它毕竟不同于由二进制组成的机器指令，它还需要经汇编程序翻译为机器指令后才能运行。汇编语言源程序经汇编程序翻译成机器指令，再在实际的机器中执行，这样就汇编语言的用户而言，该机器是可以直接识别汇编语言的，从而产生了一个属于抽象形态的重要概念，即虚拟机的概念。

尽管第二代语言与机器语言相比有不少的优势，但是它们还是有一些不足——它们没有提供最终的程序设计环境。毕竟，在汇编语言中使用的原语基本上和与之相对应的机器语言中的相同，这二者的不同仅仅体现在描述它们的语法上。因此，用汇编语言写的程序必然依赖于机器，也就是说，程序中使用的指令是遵循特定的机器特性来编写的。用汇编语言写的程序不能方便地移植到另一种机器上，这是因为这个程序必须重写以遵循这个新机器的寄存器配置以及指令系统。

5.1.3 高级语言

使用汇编语言，程序员尽管不再需要使用比特模式来编写代码，但仍不得不从机器语言的角度去思考。虽然与机器语言相比，汇编语言的产生是一个很大的进步，但是用它来进行程序设计仍然比较困难。这种情况很类似于房屋设计——我们毕竟还是要根据木板、钉子和砖块等来设计。确实，在实际的房屋建造中，最后的确还需要一个基于这些基本元素的描述，但是如果我们考虑根据诸如房间、窗户和门等更大一些的单元来设计，设计过程应该会更简单一些。于是人们又设计出高级语言。

20 世纪 50 年代是高级语言兴起的年代，早期的有 Fortran、ALGOL、COBOL、LISP 等高级语言。随着语言学理论研究的进展，以及计算技术的迅猛发展，在原有基础上又产生了大量新的高级语言。

程序设计语言从机器语言到高级语言的抽象，带来的好处主要有：

1）高级语言接近算法语言，易学、易掌握，一般工程技术人员只要几周时间的培训就可以胜任程序员的工作。

2）高级语言为程序员提供了结构化程序设计的环境和工具，使得设计出来的程序可读性好、可维护性强、可靠性高。

3）高级语言远离机器语言，与具体的计算机硬件关系不大，因而所写出来的程序可移植性好，重用率高。

4）由于把繁杂琐碎的事务交给了编译程序去做，所以自动化程度高、开发周期短，且程序员得到解脱，可以集中时间和精力去从事对于他们来说更为重要的创造性劳动，以提高程序的质量。

高级语言适用于许多不同的计算机，使程序员能够将精力集中在应用上，而不是计算机的复杂性。高级语言的设计目标就是使程序员摆脱汇编语言烦琐的细节。高级语言同汇编语言都有一个共性，那就是它们必须被转化为机器语言，这个转化的过程称为解释或编译（本章后面介绍）。

在高级语言虚拟机之上还有应用语言虚拟机。它是为使计算机系统满足某种特定应用而专门设计的。如商业管理系统等应用语言虚拟机的机器语言为应用语言，用应用语言编写的程序，一般经应用程序包翻译成高级语言程序后再逐级向下实现。

数年来，人们开发了各种各样的语言，最著名的有 BASIC、COBOL、Pascal、Ada、C、C++ 和 Java。

5.1.4 脚本语言

脚本语言（Script Language）是一类语法简单的描述性语言，它的结构与计算机其他高级语言相似，是为了缩短传统的编写 – 编译 – 链接 – 运行（Edit-Compile-Link-Run）过程而创建的计算机编程语言。现在脚本语言主要用于实现 Web 页的动态化和交互化，脚本语言（如 JavaScript 等）的引入较好地解决了 Web 页的动态交互问题，将脚本语言嵌入到 HTML 页中，通过编程对 Web 页元素进行控制，实现 Web 页的动态化和交互式化。

早期的脚本语言经常被称为批量处理语言或工作控制语言。一个脚本通常是解释运行而非编译。脚本语言通常都有简单、易学、易用的特性，目的就是希望能让程序员快速完成程序的编写工作。而宏语言则可视为脚本语言的分支，二者也有实质上的相同之处。

大多脚本语言共性是：良好的快速开发能力，高效率的执行，解释而非编译执行，与其他语言编写的程序组件之间通信功能很强大。脚本通常以文本（如 ASCII）保存，只在被调用时进行解释或编译。因此，执行脚本语言通常需要有相应的解释器。

综上所述，脚本语言编程速度更快，且脚本文件明显小于高级编程语言文件。这种灵活性是以执行效率为代价的。脚本通常是解释执行的，速度较二进制文件执行要慢，且运行时更耗内存。在很多案例中，如编写一些数十行的小脚本，它所带来的编写优势就远远超过了运行时的劣势,尤其是在当前程序员工资趋高和硬件成本趋低的情况下。

现在,脚本和传统编程语言之间的界限越来越模糊,尤其是在一系列新语言及其集成开发平台出现时。在一些脚本语言中,有经验的程序员可以进行大量优化工作。在大多现代系统中通常有多种合适的脚本语言可以选择,所以推荐使用多种语言(包括 C 或汇编语言)编写一种脚本。当下非常流行的 Python 是就属于脚本语言这一类。

5.2　程序设计语言的几种范型

程序语言的分类没有统一的标准,这里根据程序设计的方法将程序语言大致分为命令式程序设计语言、面向对象的程序设计语言、函数式程序设计语言和逻辑型程序设计语言等类型。

1. 命令式程序设计语言

命令式语言是基于动作的语言,它关注的是如何让计算机去做人们要求它做的事情。在这种语言中,计算被看成动作的序列,也称过程型、命令驱动的或面向语句的。其基本概念是机器状态,程序由一组语句构成,每个语句的执行,将使得解释器改变某些存储位置的值,进入新状态。

程序形式一般为:

```
statement 1;
statement 2;
...
```

语句的执行(如将两个变量相加而得到第三个变量)可被表示为访问存储位置,以某种方式组合这些值,并将结果存到新的位置。

程序的开发涉及建造连续的、要到达最终答案所需的机器状态。大多数程序设计语言采用这种模型,遵循传统计算机的结构,顺序地执行指令。命令式语言族开始于 Fortran,后来的 Pascal、BASIC 和 C 语言,包括后来出现的 Java 语言和当下流行的 Python 语言体现了命令式程序设计的关键思想。

2. 函数式程序设计语言

函数式语言的基本概念来自 LISP 语言,这是一种在 1958 年为了人工智能应用而设计的语言。函数是一种对应规则(映射),它使定义域中每个元素和值域中唯一的元素相对应。例如:

```
函数定义 1: square[x]:=x*x
函数定义 2: Plustwo[x]:= Plusone [ Plusone [x]]
函数定义 3: fact[n]:=  if n = 0  then 1 else n * fact [n-1]
```

在函数定义 2 中,使用了函数复合,即将一个函数调用嵌套在另一个函数定义中。在函数定义 3 中,函数被递归定义。由此可见,函数可以看成是一种程序,其输入就是定义在左边括号中的变量,可以将输入组合起来产生一个规则,组合过程中也可以使用其他函数或该函数本身。这种用函数和表达式建立程序的方法就是函数式程序设计。函数式程序设计语言的优点之一就是表达式中出现的任何函数都可以用其他函数来代替,只要这些函数调用产生相同的值。

典型的函数式语言除 LISP 外还有 Haskell、ML、Scheme 等。其中,Haskell 是现在广泛用于研究的一种函数语言。

3. 逻辑型程序设计语言

逻辑型语言是一类以形式逻辑为基础的语言，其代表是建立在关系理论和一阶谓词理论基础上的 Prolog 语言。Prolog 是"Programming in logic"的缩写。Prolog 程序是一系列事实、数据对象或事实间的具体关系和规则的集合。通过查询操作把事实和规则输入数据库。用户通过输入查询来执行程序。在 Prolog 中，关键操作是模式匹配，通过匹配一组变量与一个预先定义的模式并将该组变量赋给该模式来完成操作。

Prolog 程序没有特定的运行顺序，其运行顺序是由计算机决定，而不是编程序的人。它更像一种描述型语言，用特定的方法描述一个问题，然后由计算机自动找到这个问题的答案。Prolog 程序和数据高度统一。在 Prolog 程序中，程序和数据有相同的形式，也就是说数据就是程序，程序就是数据。Prolog 程序实际上是一个智能数据库，其原理是关系型数据库，它是建立在关系型数据库的基础之上的。实际上它和数据库 SQL 语言有很多相似之处。

4. 面向对象的程序设计语言

面向对象的程序设计在很大程度上应归功于从模拟领域发展起来的 Simula。Simula 提出了对象和类的概念。C++、Java、Smalltalk 和 Python 等语言是面向对象程序设计语言的代表。一般认为，面向对象程序语言主要包含以下几个概念。

（1）对象

对象是人们要进行研究的任何事物，它具有状态和操作。面向对象语言把状态和操作封装于对象实体之中，并提供一种访问机制，使对象的"私有数据"仅能由这个对象的操作来访问。用户只能通过向允许公开的操作提出要求（或发送消息），才能查询和修改对象的状态。这样，对象状态的具体表示和操作的具体实现都被隐藏起来了。

（2）类

类是面向对象语言必须提供的由用户定义的数据类型，它将具有相同状态、操作和访问机制的多个对象抽象成一个对象类。在定义了类以后，属于这种类的一个对象称为类实例或类对象。类代表一般性的概念，类似哲学中的本体，而该类的一个对象代表一个具体事物。

（3）继承

继承是面向对象语言的另一个基本要素。在客观世界中，存在着整体和部分、一般和特殊的关系。继承实现了一般与特殊的关系，解决了软件的重用性和扩充性问题。类与类之间可以组成继承层次，一个类的定义可以定义在另一个已定义类的基础上，前者称为子类，后者称为父类。子类可以继承父类中的属性和操作，也可以定义自己的属性和操作，从而使内部表示上有差异的对象可以共享与它们结构中的共同部分有关的操作，达到概念复用和代码重用的目的。

5.3 程序设计语言的语法元素和功能划分

在这一节，我们通过对程序设计语言的语法元素和功能划分的快速浏览，了解一些程序设计的基本概念。这些概念适用于命令式程序设计语言和大多数面向对象语言。程序设计语言的语法元素和功能往往决定了一种语言的编程风格。而在实际编程中，程序员都必须遵循由此形成的特定的编程规范。

1. 语法元素

程序设计语言的语法元素主要有：字符集、表达式、语句、标识符、关键字或保留字、注释等。

（1）字符集

字符集的选择是语言设计的第一件事。字符集决定了在语言中可以使用的符号，只有字符集里有的符号才能在语言中出现。

在计算机科学中有一些标准字符集，如 ASCII 码。程序设计语言通常选择一个标准的字符集。但也有不标准的，APL 字符集的选择对确定可被用于语言实现的 I/O 设备的类型是非常重要的，如 C 的字符集可用于大多数 I/O 设备。而 APL 的字符集则不能直接用于大多数 I/O 设备。

（2）标识符

标识符是程序设计时设计人员用来命名事物的符号，通常为字符和数字组成的串。不同的语言中，对标识符的命名规则不同，通常以字母开头。也可能使用特殊字符，如用下划线"_"或连接符"-"来改善易读性和长度限制。

命名规则通常很简单，主要是为了防止出现系统的误操作。实际上对标识符的命名是一个学问。虽然在规则的允许下，可以定义毫无实际意义的字符串作为标识符，但是在程序设计阶段，标识符实际上是写给程序员看的，而人对于实际意义的字符串的理解和记忆能力是很弱的，为此人们在实践中总结出一套比较实用的命名方法：匈牙利命名法。其基本原则是：标识符 = 属性 + 类型 + 对象描述，其中每一对象的名称都要求有明确的含义，可以取对象名字全称或名字的一部分。命名要基于容易记忆容易理解的原则，保证名字的连贯性是非常重要的。匈牙利命名法非常便于记忆，而且使变量名非常清晰易懂，这样增强了代码的可读性，方便各程序员之间相互交流代码。

举例来说，表单的名称为 form，那么在匈牙利命名法中可以简写为 frm，则当表单变量名称为 Switchboard 时，变量全称应该为 frmSwitchboard。这样可以很容易从变量名看出 Switchboard 是一个表单，同样，如果此变量类型为标签，那么就应命名成 lblSwitchboard。

知识扩展　匈牙利命名法据说是一位叫 Charles Simonyi 的匈牙利程序员发明的，这种命名法在标识符较少的程序设计时，并没有明显的优势；但在多人参与的大型项目开发中，其作用非常明显。虽然使用这种方法会使得标识符的长度有所增加，但多敲几下键盘得到的回报是超值的。

（3）操作符

操作符是用来代表运算操作的符号，每个操作符表示一种运算操作。通常语言中具备赋值操作符、算术操作符、比较操作符、逻辑操作符、位操作符等几类，如用 +、-、*、/ 表示基本的数学算术操作。比较操作符通常包括"大于""小于""大于等于"和"小于等于"及"不等于"等。逻辑操作符也称布尔操作符，通常用来表示"与""或""非""异或"等逻辑运算。有些语言中有些特殊的运算，也就有相应的特殊操作符，比如 C 语言中的"自增"和"自减"操作。

（4）保留字 / 关键字

保留字也称关键字。指在语言中已经定义过的字，使用者不能再用这些字来命名其他事物。每种程序设计语言都规定了自己的一套保留字。保留字通常是语言自身的一些命令、特殊符号等。

例如 BASIC 语言规定不能使用 LIST 作为变量名或过程名，因为 LIST 是在 BASIC 语言中专用于显示内存的程序。一般来说，高级语言的保留字会有上百个之多。语言中的保留字大多与含义相同英文单词类似，比如几乎所有语言中都将"AND""OR""NOT""if"等作为保留字用来表示逻辑运算的"与""或""非"和选择语句的标识。

（5）空白（空格）

语言中常使用空白规则，通常都是作为分隔符，在有的语言中空格有其他用途。

（6）界定符（分界符）

用于标记语法单位的开始和结束，例如 C 语言的一对大括号"｛｝"表示函数的开始和结束。括号"（"和"）"是一对分界符，通常用于确定运算的优先级。

（7）表达式

表达式（Expression）是用来表示运算的语言描述形式。将同类型的数据（如常量、变量、函数等），用运算符号按一定的规则连接起来的、有意义的式子称为表达式。

运算是对数据进行加工处理的过程，得到运算结果的数学公式或其他式子统称为表达式。表达式可以是常量也可以是变量或算式，在表达式中又可分为：算术表达式、逻辑表达式和字符串表达式等。

（8）语句

语句是程序设计语言中最主要的语法部件。语句的语法对语言整体的正则性、易读性和易写性有着关键影响。有的语言采用单一语句格式，强调正则性；而其他语言对不同语句类型使用不同语法，着重于易读性。按语句结构的复杂程度，语句可以分为结构性（或嵌套）语句和简单语句。一般简单语句能够在一行完成，而结构性语句通过使用多行的组合表示。

（9）注释

注释是程序中的重要部分，用来说明程序中某些部分的设计。比如变量的作用、某个程序段的设计思想或一些需要注意的事项等。注释一般使用自然语言表述。有经验程序员发现即使是自己写的程序代码，在一段时间后也会忘记当时的一些设计细节，如果完全没有注释，自己以前编写的程序读起来也会很费力。

注释有几种方式：

1）注释段，即规定注释的区域，在这个区域中，所有行都是注释的内容。

2）注释行，即只有当前行是注释，其后的行仍为一般的程序语句。

3）注释区，在程序语句行中，通常是附在语句后面。

在某些语言中，将注释作为一种特殊的语句看待。

注　意　　注释不参与编译。编译器在进行扫描时，遇到注释符号，则自动跳过去处理后面的语句，只有具有实际意义的语句才参与编译。有些人认为注释多了会降低执行程序效率的认识是错误的。注释只是增加了源程序的代码量。

---

2. 功能划分

程序设计语言的基本功能划分包括数据、运算、控制和传输等。

（1）数据成分

程序语言的数据成分指的是一种程序语言的数据类型。数据对象总是对应着应用系统中某些有意义的东西，数据表示则指示了程序中值的组织形式。数据类型用于代表数据对象，还用于在基础机器中完成对值的布局，同时还可用于检查表达式中对运算的应用是否正确。

数据是程序操作的对象，具有存储类、类型、名称、作用域和生存期等属性，使用时要为它分配内存空间。数据名称由用户通过标识符命名，标识符是由字母、数字和下划线组成；类型说明数据占用内存的大小和存放形式；存储类说明数据在内存中的位置和生存期；作用域则说明可以使用数据的代码范围；生存期说明数据占用内存的时间范围。从不同角度可将数据进行不同的划分。

常量和变量

按照程序运行时数据的值能否改变，将数据分为常量和变量。

常量也称常数，是一种恒定的或不可变的数值或数据项。它们可以是不随时间变化的某些量和信息，也可以是表示某一数值的字符或字符串，常被用来做标识、测量和比较。

变量是指在程序的运行过程中随时可以发生变化的量。变量是程序中数据的临时存放场所。在代码中可以只使用一个变量，也可以使用多个变量，变量中可以存放单词、数值、日期以及属性。变量让你能够为程序中准备使用的每一段数据赋予一个简短、易于记忆的名字。变量可以保存程序运行时用户输入的数据、特定运算的结果以及要在窗体上显示的一段数据等。简而言之，变量是用于跟踪几乎所有类型信息的简单工具。

全局量和局部量

按数据的作用域范围，可分为全局量和局部量。系统为全局变量分配的存储空间在程序运行的过程中一般是不改变的，而为局部变量分配的存储单元是动态改变的。

全局量包括全局常量和全局变量两类，它们通常在程序一启动时就创建，并且在整个程序的任何部分都可以访问。全局量在程序中访问比较方便，但是其长时间占用空间，并且如果在程序中多处修改其值，则可以导致不可预见的结果。现代编程思想并不鼓励大量使用全局量。

局部量也包括局部常量和局部变量两类，它们只能够在程序的一个局部区域被访问，也就是说它们的作用域是一个部分，通常是一个函数、一个过程或一个模块内部。在这个特定的区域以外的区域，局部量可以说是不可见的。通常局部变量在程序执行到其所在模块时才创建，该模块执行完成后就释放掉。局部量占用系统空间的时间也是有限的。

数据类型

按照数据组织形式的不同可将数据分为基本类型、用户定义类型、构造类型及其他类型。不同语言支持数据类型不尽相同，但一般基本类型是都支持的。数据类型与运算操作是对应的，比如数值类型可以进行数据运算和比较运算，布尔类型可以进行逻辑运算，字符型可以进行字符操作，而对构造类型的操作是对其组成元素进行的，其最基本的组成元素也是基本类型。

一般而言，变量需要先定义后才能使用，定义变量主要是为了编译时根据数据类型分配相应的存储空间，采用此类方式的程序设计语言被称为静态类型语言，如 C 语言等。近年来流行的 Python 是一种动态类型语言，无须预先定义变量即可直接使用，并且在对变量的每次赋值时都可以改变变量的类型，为此 Python 还专门提供了 type 函数用于查询变量的当前类型。

Python 提供的基本数据类型包括数值型（number）、字符串型（string）、布尔型（bool）等，Python 还提供了很有特色的如列表（list）、元组（tuple）、字典（dictionary）和集合（set）

等复合数据类型。Python 的数值类型包括整型（int）、浮点型（float）和复数型（complex）。在有些资料中将布尔型也列为数值型的一种。复合数据类型的每个元素均可以是某种基本类型的数据。

知识扩展

C 语言的数据类型

C 语言的数据类型包括：

- 基本类型：整型（int）、字符型（char）、实型（float、double、long double）和布尔类型（bool）。
- 特殊类型：空类型（void）。
- 用户定义类型：枚举类型（enum）。
- 构造类型：数组、结构、联合。
- 指针类型：type *。
- 抽象数据类型：类类型。

其中，布尔类型和类类型是 C++ 语言在 C 语言的基础上扩充的。

在有些语言中还专门定义了日期型、图片型等特殊用途的数据类型。

（2）运算成分

程序语言的运算成分指明允许使用的运算符号及运算规则。运算符号就是我们前面介绍的操作符。运算符号的使用与数据类型密切相关。为了确保运算结果的唯一性，运算符号要规定优先级和结合性，必要时还要使用括号。

（3）控制成分

控制成分指明语言允许表述的控制结构，程序员使用控制成分来构造程序中的控制逻辑。理论上已经证明，可计算问题的程序都可以用顺序、选择和循环这三种控制结构来描述。

顺序结构

顺序结构用来表示一个计算操作序列。计算过程从所描述的第一个操作开始，按顺序依次执行后续的操作，直到序列的最后一个操作。顺序结构内也可以包含其他控制结构。一般程序设计语言中语句的排列顺序就是其自然的执行顺序。在没有其他作用时，系统会按语句排列的先后逐条执行。

选择结构

选择结构提供了在两种或多种分支中选择其中一个的逻辑。基本的选择结构是指定一个条件，然后根据条件的成立与否决定控制流走程序块 A 还是走程序块 B，从两个分支中选择一个执行。

大多数强制性语言都有两路和多路选择语句。两路选择通过 if-else 语句取得；多路选择通过 swith（或 case）语句取得。

循环结构

循环结构描述了重复计算的过程，通常由 3 部分组成：初始化、需要重复计算的部分（循环体）和重复的条件，其中初始化部分有时在控制的逻辑结构中并无显式表示。

重复结构主要有两种形式："while 型"循环结构和"do-while 型"循环结构。"while

型"循环结构的逻辑含义是先判断条件，若成立，则执行需要重复的程序块，然后再去判断重复条件，以决定是否继续循环。"do-while 型"循环结构的逻辑含义是先执行需要重复的循环体，然后计算关系表达式，以决定是否继续循环。也就是说使用"while 型"循环结构可能不进行入循环，循环体一次也不执行；而"do-while 型"循环结构至少要执行一次循环体。

（4）子程序

子程序是能被其他程序调用，在实现某种功能后能自动返回到调用程序中的程序。其最后一条指令一定是返回指令，故能保证重新返回到调用它的程序中去。也可调用其他子程序，在支持递归时可自身调用。注意这里所说的最后一条指令是其实际执行时最后一条执行的指令，而在编写程序时，不一定写在最后一行上。

子程序在结构上与一般的程序相似。不同语言实现子程序的形式不同。包括过程和函数两种。子程序在使用前需要像变量那样进行声明，也就是给它们命名并进行定义。子程序定义后，在程序中可以调用。过程本身不返回值，而函数本身返回值。过程的调用方法是将过程名作为语句使用，而函数的调用是将其作为一个表达式使用。如果需要过程将其处理的结果返回出来有两种方法，一是在过程中修改全局变量，另一种是通过参数传递。

在调用子程序时，需要注意的是参数的传递。我们前面介绍过变量的作用域。主程序要想让子程序能够完成不同的任务，就需要每次为其提供不同的输入。主程序与子程序的接口，通常使用参数传递的方法。在声明子程序时，可以定义若干参数作为输入，这时称为形式参数（简称形参），只定义参数的名称和数据类型。在主程序调用子程序时，需要根据子程序声明时的定义，提供相应的参数值，这时称为实际参数（简称实参）。实际参数与形式参数必须类型对应一致，才能保证子程序正常运行。

5.4　程序的生成和运行

在 2.1 节中我们简要介绍过程序的生成和运行过程。由于计算机硬件只能识别机器语言，而机器语言与人类日常使用的自然语言和用于人们用于研究问题的数学语言都相差甚远，为方便人们进行软件设计，逐步开发出了高级程序设计语言，而用高级程序设计语言编写的源程序到真正可以执行的执行代码之间需要有转换过程。用程序设计语言直接编写的程序实际上主要是为人服务的，它是人们使用计算机的工具，帮助人们工作，提供人与人之间对程序的交流共享，供人们学习、理解，我们称之为**源程序**。真正能够在机器上运行的机器语言代码是为机器服务的，用于控制计算机运行，我们称之为**可执行程序**。从源程序到可执行程序之间的转换有编译和解释两类基本方式，近年来随着网络应用的发展，二者混合的方式开始流行。

5.4.1　编译和解释

当今程序通常是用一种高级语言来编写。为了在计算机上运行程序，程序需要被翻译成可以运行在计算机上的机器语言。高级语言程序被称之为**源程序**，被翻译成机器语言的程序称为**目标程序**。有两种方法被用来进行翻译——编译和解释。

1. 编译

编译是使用编译器将高级语言编写的源程序转换成计算机可以执行的机器语言的过程，也可以理解为用编译器产生可执行程序的动作。在计算机科学中也用编译表示相应的技术体制。在了解高级语言时，我们通常会说它是编译型的或解释型的。

　　编译工作是一个自动化的过程，主要工作由编译器这个工具完成。编译器是一个或一套专门设计的软件，也称作编译程序。编译器把一个源程序转换成可执行程序的编译工作过程分为五个阶段：词法分析、语法分析、中间代码生成、代码优化和目标代码生成。主要是进行词法分析和语法分析，又称为源程序分析，分析过程中发现有语法错误，给出提示信息。

（1）词法分析

　　词法分析的任务是对由字符组成的单词进行处理，从左至右逐个字符地对源程序进行扫描，产生一个个的单词符号，把作为字符串的源程序改造成为单词符号串的中间程序。执行词法分析的程序称为词法分析程序或扫描器。

　　源程序中的单词符号经扫描器分析，一般产生二元式：单词种别和单词自身的值。单词种别通常用整数编码，如果一个种别只含一个单词符号，那么对于这个单词符号而言，种别编码就完全代表它自身的值。若一个种别含有许多个单词符号，那么对于它的每个单词符号，除了给出种别编码以外，还应给出自身的值。

　　词法分析器一般来说有两种方法构造：手工构造和自动生成。手工构造可使用状态图进行工作，自动生成使用确定的有限自动机来实现。

（2）语法分析

　　编译程序的语法分析器以单词符号作为输入，分析单词符号串是否形成符合语法规则的语法单位，如表达式、赋值、循环等，最后看是否构成一个符合要求的程序，按该语言使用的语法规则分析检查每条语句是否有正确的逻辑结构，程序是最终的一个语法单位。编译程序的语法规则可用上下文无关文法来刻画。

　　语法分析的方法分为两种：自上而下分析法和自下而上分析法。自上而下就是从文法的开始符号出发，向下推导，推出句子。而自下而上分析法采用的是移进归约法，基本思想是：用一个寄存符号的先进后出栈，把输入符号一个一个地移进栈里，当栈顶形成某个产生式的一个候选式时，即把栈顶的这一部分归约成该产生式的左邻符号。

（3）中间代码生成

　　中间代码是源程序的一种内部表示，或称中间语言。中间代码的作用是可使编译程序的结构在逻辑上更为简单明确，特别是可使目标代码的优化比较容易实现。中间代码即为中间语言程序，中间语言的复杂性介于源程序语言和机器语言之间。中间语言有多种形式，常见的有逆波兰记号、四元式、三元式和树。

（4）代码优化

　　代码优化是指对程序进行多种等价变换，使得从变换后的程序出发，能生成更有效的目标代码。所谓等价，是指不改变程序的运行结果。所谓有效，主要指目标代码运行时间较短，以及占用的存储空间较小。这种变换称为优化。

　　有两类优化：一类是对语法分析后的中间代码进行优化，它不依赖于具体的计算机；另一类优化在生成目标代码时进行，它在很大程度上依赖于具体的计算机。对于前一类优化，根据它所涉及的程序范围可分为局部优化、循环优化和全局优化 3 个不同的级别。

（5）目标代码生成

　　目标代码生成是编译的最后一个阶段。目标代码生成器把语法分析后或优化后的中间代码变换成目标代码。目标代码有 3 种形式：

　　1）可以立即执行的机器语言代码，所有地址都重定位。

　　2）待装配的机器语言模块，当需要执行时，由链接装入程序把它们和某些运行程序链接起来，转换成能执行的机器语言代码。

3）汇编语言代码，须经过汇编程序汇编后，成为可执行的机器语言代码。

目标代码生成阶段应考虑直接影响目标代码速度的三个问题：一是如何生成较短的目标代码；二是如何充分利用计算机中的寄存器，减少目标代码访问存储单元的次数；三是如何充分利用计算机指令系统的特点，以提高目标代码的质量。

上面介绍的是一般过程，其中第三、四阶段是可以选择的，不是所有编译器都需要，可以根据需要进行省略或加强。特别是代码优化阶段，有些编译器为了提高生成的可执行程序的运行效率，分别设计了多个代码优化阶段，针对源代码、中间代码和目标代码分别进行优化，对源代码、中间代码的优化可以与具体机器硬件无关，对目标人工合成代码的优化通常与使用的硬件平台相关，这样可以充分发挥硬件的特有能力，使得执行效率最优。

知识扩展

编译器是一种工具软件

编译器是专业人员编写的软件工具。实际上，编译器也是一组程序。编译器本身也有性能差异。

在使用编译器进行编译的过程中，如果发现源程序有错误，则编译器会在适当的时候停止编译过程，并给出分析出的错误。这里，需要程序设计人员对源程序中的错误进行改正，然后重新进行编译，直到编译器能够顺利地生成目标代码。编译的过程实际上与代码调试的过程是结合的。

对于编译器来说，源程序是其输入，目标代码是其输出。而对于其生成的可执行程序，它的输入才是用户需要处理的数据，输出的是用户需要的结果。

2. 解释

解释是另一种将高级语言转换为可执行程序的方式。与编译不同，解释型语言的程序不需要编译，省去一道工序，解释型语言在运行程序的时候才翻译，如著名的 BASIC 语言，专门有一个解释器（Interpreter）能够直接执行 BASIC 程序，每个语句都是执行的时候才翻译。这样解释型语言每执行一次就要翻译一次，效率比较低。

采用编译模式时，只需要有可执行程序就可以完成用户的工作，而解释型语言需要源程序和解释器同时工作才能执行。解释型语言的执行实际上是解释器翻译其源程序并结合用户数据的过程。对于解释型语言，源程序和用户数据都是解释器输入，由解释器执行后输出用户想要的结果，这在形式上与编译也有明显不同。

解释方式的优点是修改方便。通常在解释器中，如果发现问题，可以直接对源程序进行修改，并且可以直接看到修改后执行的情况。

注意

除了效率因素以外，编译方式将源程序和可执行程序严格地分开，从某种意义上说有利于知识产权的保护。软件设计是知识的结晶，人们通常只能通过源程序才能完整地了解设计，而通过可执行程序只能看到设计的结果。解释方式由于需要同时提供源程序代码，相当于是公开了设计细节，因此商业软件通常使用编译方式生产。解释方式一般只用于研究、学习等领域。

3. 混合方式

近些年来，随着网络运用的发展人们对跨平台的要求不断加强。在程序设计语言领域里，一种混合了编译和解释的方式逐步流行起来，其代表就是 Java 语言的模式。

Java 既不是完全的编译方式也不是单纯的解释方式。Java 在源程序编写完成后，首先使用编译器将源代码转换成 Java 的二进制代码，称为字节码。字节码是与具体硬件平台无关的 Java 标准代码方式。然后利用 Java 虚拟机（Java Virtual Machine，JVM）对 Java 二进制代码进行解释执行。在这种方式下，Java 源程序是编译器的输入，编译器输出 Java 二进制代码程序，Java 二进制代码和用户输入作为共同输入提供给 Java 虚拟机，由 Java 虚拟机产生用户的输出，如图 5-1 所示。

图 5-1　混合转换模式

Java 虚拟机就是我们前面说过的解释器。Java 虚拟机是建立在硬件和操作系统之上，针对不同的硬件和操作系统有不同的 Java 虚拟机，通过 Java 虚拟机屏蔽掉硬件的差异。这样做，既保留了编译方式运行效率高、技术安全性好等优点，又结合解释方式提供了跨不同平台的能力。这种混合模式在效率上比单纯的编译方式还是要低一些，但随着硬件性能的提高，这种差异的影响已经不明显了。Microsoft 公司的 .NET 平台就采用了类似的技术架构。

实际上，在 Java 出现之前已经有一些解释型语言为了提高执行效率，采用了类似的技术，称为伪编译。伪编译是将源程序转换为一种中间类型的代码，通常伪编译生成非常接近机器语言的二进制代码，但还不能直接运行，需要运行环境支持。由于经过伪编译过程的预先处理，伪编译后的中间代码运行所需要的运行环境比起解释器来说要简单得多，其运行效率也远比纯解释方式高。Visual Basic（简称 VB）是采用伪编译技术的代表，其他还有 Visual FoxPro、PowerBuilder 等。

4. 动态链接库

动态链接库（Dynamic Link Library，DLL）是一种特殊形式的作为共享函数库的可执行文件。动态链接提供了一种方法，使进程可以调用不属于其可执行代码的函数。函数的可执行代码位于一个 DLL 中，该 DLL 包含一个或多个已被编译、链接并与使用它们的进程分开存储的函数。DLL 还有助于共享数据和资源。多个应用程序可同时访问内存中单个 DLL 副本的内容。DLL 是一个包含可由多个程序同时使用的代码和数据的库。这有助于促进代码重用和内存的有效使用。

通过使用 DLL，程序可以实现模块化，由相对独立的组件组成。例如，一组程序可以按模块来销售。可以在运行时将各个模块加载到主程序中（如果安装了相应模块）。因为模块是彼此独立的，所以程序的加载速度更快，而且模块只在相应的功能被请求时才加载。

此外，可以更为容易地将更新应用于各个模块，而不会影响该程序的其他部分。例如，你可能拥有一个计算程序，而其中某个部分会经常更改。当这些更改被隔离到 DLL 中以后，你无须重新生成或安装整个程序就可以应用更新。许多伪编译器就做成 DLL 形式。DLL 本身也是编译的输出结果。

5.4.2　程序设计环境

通常编译器和解释器不是独立存在的，除了这两个核心工具以外，程序开发人员工作时还需要一系列其他辅助工具，包括编辑器、连接程序、调试工具等，对于复杂的软件开发还需要项目管理工具。

1. 编辑器

任何程序设计语言都需要用编辑器（Editor）来进行文字处理。从形式上看，大多数程序设计语言的源程序都是纯文本的。因此可以使用标准的文本处理工具作为编辑器，如Windows系统自带的"记事本"就是很好的纯文本编辑器。但是专门针对某种程序设计语言的编辑器往往功能更加强大，比如可以用不同的颜色区分程序中的语法成分，如保留字、变量、注释等，有些编辑器针对支持的语言提供模板等功能，方便程序员的输入、修改和排版，使得编辑出的程序格式规范，便于阅读。

2. 连接程序

编译器和汇编程序都依赖于连接程序（Linker），它将分别在不同的目标文件中编译或汇编的代码收集到一个可直接执行的文件中。在这种情况下，目标代码（即还未被连接的机器代码）与可执行的机器代码之间就有了区别。连接程序还连接目标程序和用于标准库函数的代码，以及连接目标程序和由计算机的操作系统提供的资源。

3. 调试程序

调试程序（Debugger）是在被编译的程序中判定执行错误的程序，它经常与编译器一起配合使用。运行一个带有调试程序的程序与直接执行不同，这是因为调试程序保存着所有的或大多数的源代码信息（诸如行数、变量名和过程）。它还可以在预先指定的位置，即断点（Break Point）暂停执行，并提供有关已调用的函数以及变量的当前值的信息。为了执行这些函数，编译器必须为调试程序提供恰当的符号信息，而这有时相当困难，尤其是在一个要优化目标代码的编译器中。在调试状态下，程序的执行是受程序员控制的，程序员可以一步一步地进行单步调试跟踪，了解程序在执行过程中某一步的状态，以确定程序的运行是否符合当初的设计目标。程序正常执行只能得到输出的最终结果，如果输出不对说明程序中有设计错误，但要知道错误发生在哪里，就必须通过调试程序来找到出错的位置。任何程序员都不能保证其编写的程序是完全正确的，调试工具是非常必要的工具，编写的源程序只有经过调试才可能成为比较正确的程序。单步跟踪和查看运行过程中变量的中间状态是最有效的调试手段。

4. 项目管理程序

现在的软件项目通常大到需要由一组程序员来共同完成，这时对那些由不同人员操作的文件进行整理就非常重要了，而这正是项目管理程序（Project Manager）的任务。例如，项目管理程序应将由不同程序员制作出的文件的各个独立版本整理在一起，它还应保存一组文件的更改历史，这样就能维持一个正在开发的程序的连贯版本了。项目管理程序的编写可与语言无关，但当其与编译器捆绑在一起时，它就可以保存有关特定的编译器和建立一个完整的可执行程序的链接程序操作的信息。

5. 集成开发环境

集成开发环境（Integrated Development Environment，IDE）是一套用于程序开发的软件

工具集合，一般包括源代码编辑器、编译器、调试器和图形用户界面工具。IDE 集代码编写功能、分析功能、编译功能、调试功能于一体，有些还融合了建模功能。IDE 是当前的发展趋势，把各种各样的工具以某种紧密的方式结合在一起。这个集成环境里，当应用程序发生了某种错误，程序员的屏幕上就可能出现一个新窗口，提示出错的种类、原因，并将出错的源代码行在编辑窗口中以醒目的特殊形式（如高亮、反白、闪烁等）进行显示。可以直接在这个窗口里编辑源代码、设置断点、启动跟踪。编辑器也可以根据语法规则，为标准控制结构提供模板，并随着程序的键入过程检查语法。如果程序员在编辑源程序后要求重新运行程序，也不需要手工启动编译器，一个新的程序版本会自动被创建出来。

图 5-2 展示了一个流行的 Python 集成开发环境 Pycharm 的基本界面。

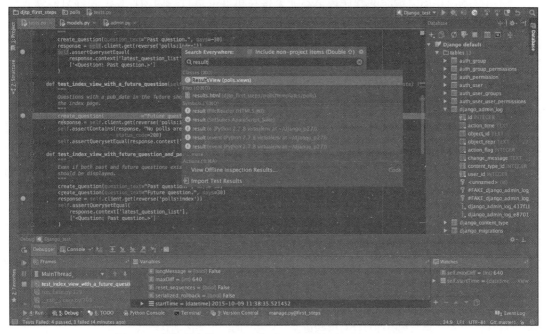

图 5-2　功能强大的 Python 集成开发环境（IDE）——Pycharm

　　学习程序设计语言，不仅要学习 5.3 节所涉及的各语法元素和规则，还要能够熟练掌握其开发环境工具。学习语法元素和规则能够掌握语言的本质，要将其转换为可执行程序，需要开发环境的支持。

注　意

　　另外，本书不是程序语言教程，本章的内容不针对任何一种具体语言，具体的程序语言请读者参考相应的教程和语言手册。

本章小结

　　计算机程序设计语言是程序员与计算机交流的主要工具。自然语言是在人类社会发展中形成的，用于人与人之间的交流，是人们思考的工具。形式化语言，简称形式语言，是进行形式化工作的语言，它是以数学和数理逻辑为基础的科学语言。

　　用机器指令形式编写的程序称为机器语言。汇编语言是机器指令符号化的语言。

虚拟机是一个抽象的计算机，它由软件实现，并与实际机器一样都具有一个指令集，并可以使用不同的存储区域。高级语言的语句与特定机器的指令无关，比较接近自然语言，是在汇编语言虚拟机上一层的语言。

程序语言大致分为命令式程序设计语言、面向对象的程序设计语言、函数式程序设计语言和逻辑型程序设计语言等类型。

本章从语言结构的角度介绍了程序设计语言的语法元素和功能结构，这些是所有程序语言共有的基本特征。程序设计语言的语法元素主要有：字符集、表达式、语句、标识符、关键字或保留字、注释等。程序设计语言的基本功能成分包括数据、运算、控制和传输等。可计算问题的程序都可以用顺序、选择和重复这 3 种控制结构来描述。

使用程序设计语言编写的程序通常不能直接在机器上运行，因为计算机硬件只能理解机器语言编码。我们通常将人们编写的程序称为源程序，将源程序转换为机器可以执行的机器语言代码有两种方式：编译和解释。编译需要编译器，其优点是一次编译后生成的机器语言可执行文件可以多次使用，运行效率较高。解释方式是在解释环境内，解释一行执行一行，执行的效率较低，且每次运行都需要使用解释器。解释的优点是可以方便地进行现场修改，而编译则需在修改源程序后重新编译才可执行新的程序。

开发程序通常使用集成开发环境——IDE。IDE 是一套工具软件，集源码编写、编译、跟踪调试等功能于一体。

本章习题

一、复习题

1. 简述自然语言与形式语言的概念以及区别。

2. 简述汇编语言与机器语言的概念及区别。

3. 什么是高级程序设计语言？它有什么特点？

4. 列举程序设计语言的几种范型。

5. 简述语言虚拟机。

6. 计算机执行用高级语言编写的程序有哪些途径？它们之间的主要区别是什么？

7. 请画出编译程序的总框图。如果你是一个编译程序的总设计师，设计编译程序时应当考虑哪些问题？

8. 什么是 IDE，其主要功能是什么？

9. 简述程序设计语言的基本构成元素。

10. 简述标识符及其作用域的概念。

11. 说明将源程序转化为计算机能够识别的指令的过程。

12. Python 属于什么类型的语言。

二、练习题

（一）填空题

1. ＿＿＿＿＿＿＿＿语言的书写方式接近于人们的思维习惯，使程序更易阅读和理解。

2. 程序语言中的控制成分包括顺序结构、＿＿＿＿＿＿＿＿和重复结构。

3. 在基于继电器的计算机器时代，所谓“程序设计”实际上就是设置＿＿＿＿＿＿＿＿开关，所以通常的情况是“设置程序”的时间比计算时间长。

4. 自然语言的基本特征包括＿＿＿＿＿＿＿＿和＿＿＿＿＿＿＿＿＿＿＿＿。

5. 自然语言的输入可以使用＿＿＿＿＿＿、＿＿＿＿＿＿、＿＿＿＿＿＿、＿＿＿＿＿＿等方式。

6. 函数与过程最明显的区别在于_____。

7. 通常按照程序运行时数据的_____能否改变，将数据分为常量和变量。

8. 程序语言的控制成分包括_____、_____、_____等三种。

9. _____是将源程序转换为一种中间类型的代码，通常其生成的是非常接近机器语言的二进制代码。

10. 集成开发环境（IDE）是一套用于程序开发的软件工具集合，一般包括_____、_____、_____和_____等工具。

11. 用运算符号按一定的规则连接起来的、有意义的式子称为_____。

12. 保留字也叫_____，指在语言中已经定义过的字，使用者不能再将这些字来命名其他事物。

13. 操作符是用来代表运算操作的符号，每个操作符表示一种运算操作。通常语言中具备_____、_____、_____和_____等几类。

14. 类是面向对象语言必须提供的由用户定义的数据类型，它是将具有相同_____、_____、_____的多个对象抽象而成的。

15. 科学的语言基本上是_____性、_____性而非评论性的。

16. _____是能被其他程序调用，在实现某种功能后能自动返回到调用程序中的程序。

17. 形式语言是进行形式化工作的元语言，它是以_____和_____为基础的科学语言。

18. 匈牙利命名法的基本原则是：标识符 =_____+_____+_____。

19. 程序语言的分类没有统一的标准，根据程序设计的方法将程序语言大致分为_____、_____、_____和_____设计语言等类型。

20. 逻辑型语言是一类以_____为基础的语言，其代表是 Prolog 语言，这种语言与数据库 SQL 语言有很多相似之处。

21. _____的选择是语言设计的第一件事。

（二）选择题

1. 结构化程序设计主要强调的是_____。

A. 程序的规模　　　　B. 程序的易读性　　　　C. 程序的执行效率　　　　D. 程序的可移植性

2. 程序设计语言从机器语言到高级语言的抽象，带来的主要好处是_____。

A. 高级语言接近算法语言，易学、易掌握

B. 可读性好，可维护性强，可靠性高

C. 设计的程序可移植性好，重用率高

D. 高级语言程序设计自动化程度高，开发周期短

3. 下面是关于解释程序和编译程序的论述，其中正确的一条是_____。

A. 编译程序和解释程序均能产生目标程序

B. 编译程序和解释程序均不能产生目标程序

C. 编译程序能产生目标程序而解释程序则不能

D. 编译程序不能产生目标程序而解释程序能

4. 近来计算机报刊中常出现的"Java"一词是指_____。

A. 一种计算机语言　　　　　　　　　B. 一种计算机设备

C. 一个计算机厂商云集的地方　　　　D. 一种新的数据库软件

5. 采用编译方法的高级语言源程序在编译后_____。

A. 生成目标程序　　　　　　　　　　B. 生成可在 DOS 下直接运行的目标程序

C. 生成可执行程序　　　　　　　　　D. 生成可在 DOS 下直接运行的可执行程序

6. 用高级程序设计语言编写的程序，要转换成等价的可执行程序，必须经过_____。

　　A. 汇编　　　　　　　B. 编辑　　　　　　　C. 解释　　　　　　　D. 编译和连接

7. 计算机硬件能直接执行的只有_____。

　　A. 符号语言　　　　　B. 机器语言　　　　　C. 机器语言和汇编语言　D. 汇编语言

8. 只有当程序要执行时，它才会将原程序翻译成机器语言，并且一次只能读取·翻译并执行原程序中的一行语句，此程序称为_____。

　　A. 目标程序　　　　　B. 编辑程序　　　　　C. 解释程序　　　　　D. 汇编程序

9. 构造编译程序应掌握_____。

　　A. 源程序　　　　　　B. 目标语言　　　　　C. 编译方法　　　　　D. 以上三项都是

10. 编译程序绝大多数时间花在_____。

　　A. 出错处理　　　　　B. 词法分析　　　　　C. 目标代码生成　　　D. 表格管理

11. 如果一个变量在整个程序运行期间都存在，但是仅在说明它的函数内是可见的，这个变量的存储类型应该被说明为_____。

　　A. 静态变量　　　　　B. 动态变量　　　　　C. 外部变量　　　　　D. 内部变量

12. 在 C 语言中，函数的数据类型是指_____。

　　A. 函数返回值的数据类型　　　　　　　　B. 函数形参的数据类型

　　C. 调用该函数时的实参的数据类型　　　　D. 任意指定的数据类型

13. 自然语言的计算机处理可以分为_____。

　　A. 文字和语音　　　　B. 语义　　　　　　　C. 语法　　　　　　　D. 语用

14. DLL 的优点有_____。

　　A. 程序实现模块化　　B. 可方便地升级　　　C. 程序加载速度快　　D. 程序不用编译

（三）判断题

1. 汇编语言语句与特定的机器指令有一一对应的关系。　　　　　　　　　　　　（　　）

2. 支撑机器语言的理论基础是冯·诺依曼模型。　　　　　　　　　　　　　　　（　　）

3. 形式化语言是人工语言符号系统发展的第三阶段。　　　　　　　　　　　　　（　　）

（四）讨论题

1. 简述匈牙利命名法。

2. 试比较"while 型"循环结构和"do-while 型"循环结构。

3. 试分析 Python 语言当前比较流行的原因。

第6章 操作系统

本章我们讨论计算机的操作系统，并阐述操作系统的功能、基本组成和运行原理。

操作系统是计算机系统中不可缺少的基本系统软件。操作系统的核心是处理器管理、进程调度、存储管理、文件系统和设备管理。通过对处理器、内存、外存和辅助设备的管理实现人们对计算机系统的各项基本操作要求。

6.1 操作系统概述

操作系统是一种管理计算机硬件的程序，为应用程序提供基本的运行条件，是计算机用户和计算机硬件之间的人机接口。操作系统的类型具有多样性。大型计算机操作系统的目标是优化对硬件的使用，而个人计算机（PC）操作系统的目标是提供对商业应用、个人娱乐，以及对介于二者之间的其他应用软件的支持。有些操作系统追求易用性，有些追求效率，还有些则是两者的折中。

6.1.1 操作系统的内涵

1. 操作系统的概念

一般认为，操作系统（Operating System，OS）是管理计算机系统资源，控制程序执行，改善人机界面，提供各种服务，合理组织计算机工作流程和为用户使用计算机提供良好运行环境的一类系统软件。

2. 操作系统的组成

通常把组成操作系统程序的基本单位称作操作系统的构件。剖析现代操作系统，构成操作系统的基本单位除内核之外，还有进程、线程等。

（1）内核

现代操作系统中大都采用了**进程**的概念，为了解决系统的并发性、共享性和随机性，并使进程能协调地工作，系统必须有一个软件对硬件处理器及有关资源进行管理，以便给进程的执行提供良好的运行环境，这个部分就是操作系统的内核。

操作系统的一个基本设计问题是内核的功能设计。微内核结构是现代操作系统的特征之一，这种方法把内核和核外服务程序的开发分离，可为特定应用程序或运行环境要求定制服务程序，具有较好的可伸缩性，简化了实现，提供了灵活性，很适合分布式系统的构造。

中断处理是内核中最基本的功能，也是操作系统赖以活动的基础，为了缩短屏蔽中断的时间，增加系统内的并发性，通常它仅仅进行有限的、简短的处理，其余任务交给在内核之外的特殊用户态进程完成。当中断事件产生时，先由内核截获并传向中断处理例行程序进行原则处理，它分析中断事件的类型和性质，进行必要的状态修改，然后交给内核之外的进程去处理。

内核的执行有以下属性：

1）内核是由中断驱动的。只有当发生中断事件后由硬件交换程序状态字才引出操作系统的内核进行中断处理，且在处理完中断事件后内核自行退出。

2）内核的执行是连续的。在内核运行期间不能插入内核以外的程序执行，因而能保证在一个连续的时间间隔内完成任务。为了缩短中断屏蔽时间，满足实时处理要求，操作系统可在内核程序中设置安全点，内核程序的这些位置允许被中断，而其他程序段都必须连续工作。

3）内核在屏蔽中断状态下执行。在处理某个中断时，为避免中断的嵌套可能引起的错误，必须屏蔽该级中断。有时为处理简单，把其他一些中断也暂时屏蔽。

4）内核可以使用特权指令。现代计算机都提供常态和特态等多种机器工作状态，有一类指令称特权指令，只允许在特态下使用，如输入输出、状态修改等。规定这类指令只允许内核使用，防止系统出现混乱。

（2）进程

进程是描述静态程序动态执行过程的单位。程序的一次执行创建一个进程，程序运行完毕，进程结束。进程是并发程序设计的一个工具，进程能确切、动态地刻画计算机系统内部的并发性，更好地解决包括处理器和内存等系统资源的共享性。

（3）线程

在一个多线程环境中，进程是系统进行保护和资源分配的单位，**线程**是进程中一条执行路径，每个进程中允许有多个并行执行的路径，线程才是系统进行调度的独立单位。可以把线程也看作是一种构件，它是组成进程构件的更小的构件单位。

由于每个进程拥有自己独立的存储空间和运行环境，进程和进程之间并发性粒度较粗，进程通信和切换的系统开销大，限制了系统中并发执行的进程数目。为更好地发挥硬件提供的能力（多 CPU），实现复杂的各种并发应用以及降低发挥并发性的代价，开发出多线程（结构）的进程（Multi—Threaded Process），亦称**多线程**。

在一个进程中包含有多个可并发执行的控制流，而不是把多个控制流——分散在多个进程中，这是并发多线程程序设计与并发多进程程序设计的主要区别。

6.1.2 操作系统的功能

操作系统是用户与计算机硬件之间的接口。操作系统是对计算机硬件系统的一次扩充，从而使得用户能够方便、可靠、安全、高效地操纵计算机硬件和运行自己的程序。操作系统合理组织计算机的工作流程，协调各个部件有效工作，为用户提供一个良好的运行环境。经过操作系统改造和扩充过的计算机不但功能更强，使用也更为方便，用户可以直接调用操作系统提供的各种功能，而无须了解许多软硬件本身的细节。

操作系统是计算机系统的资源管理者。在计算机系统中，能分配给用户使用的各种硬件和软件设施总称为资源。其中，硬件资源包括处理器、存储器、I/O 设备等，I/O 设备可具体分为输入型设备、输出型设备和存储型设备，信息资源分为程序和数据等。操作系统的重要任务是有序地管理计算机中的硬件、软件资源，跟踪资源的使用情况，监视资源的状态，满足用户对资源的需求，协调各程序对资源的使用冲突；为用户提供简单、有效使用资源的手段，最大限度地实现各类资源的共享，提高资源利用率。

重 要

操作系统是一种管理计算机硬件的程序，它管理计算机系统的资源，并充当用户与计算机硬件之间的接口。

1. 处理器管理

处理器是计算机系统最核心的资源，处理器管理的工作主要包括是处理中断事件和处理器调度。其目的是最大限度地提高处理器的使用效率，发挥其作用。

2. 存储管理

存储管理的主要任务是管理主存储器资源，为程序运行提供支撑，便于用户使用存储资源，提高存储空间的利用率。存储管理的主要功能包括：存储分配、存储共享、地址转换与存储保护、存储扩充等。

3. 文件管理

文件管理是对系统中信息资源的管理。程序和数据以文件形式存储在外存储器（又称为辅助存储器）上供用户使用。文件管理的任务是对外存上数量巨大的用户文件和系统文件进行有效管理，实现按名存取；文件的共享、保护和保密，保证文件的安全性；并提供给用户一整套能方便使用文件的操作和命令。

4. 设备管理

设备管理的主要任务是管理各类外围设备，完成用户提出的 I/O 请求，加快 I/O 信息的传送速度，发挥 I/O 设备的并行性，提高 I/O 设备的利用率，以及提供每种设备的设备驱动程序和中断处理程序，为用户隐蔽硬件细节，提供方便简单的设备使用方法。

5. 网络与通信管理

计算机网络源于计算机与通信技术的结合，从单机与终端之间的远程通信，到全世界成千上万台计算机联网工作，计算机网络的应用已十分广泛。联网操作系统至少具有网上资源管理功能、数据通信管理功能和网络管理功能，其中网络管理功能包括：故障管理、安全管理、性能管理、记账管理和配置管理等。

6. 用户接口

为了使用户能灵活、方便地使用计算机和系统功能，操作系统还提供了一组友好的使用其功能的手段，称为用户接口，它包括两大类：程序接口和操作接口。用户通过这些接口能方便地调用操作系统功能，有效地组织作业及其工作和处理流程，使整个系统高效运行。

6.1.3　操作系统的分类

操作系统发展到今天，根据技术和应用的情况形成多种系统并存的格局，分类方法也很多，不同的分类方法之间有重叠和交叉。

操作系统的基本类型有 3 种：批处理系统、分时系统和实时系统。具备全部或兼有两者功能的系统称为通用操作系统。随着硬件技术的发展和应用深入的需要，新发展和形成的操作系统有：微机操作系统、网络操作系统、分布式操作系统和嵌入式操作系统。

1. 按运行模式分类

操作系统根据其运行模式划分为 3 种基本类型：批处理系统、分时系统和实时系统。

（1）批处理操作系统

在计算中心的计算机上一般配置的操作系统采用将用户要计算的用户作业集中成批输入

到计算机中，然后由操作系统来调度和控制用户作业的执行，形成一个自动转接的连续处理的作业流，最后把运算结果返回给用户。采用这种批量处理作业方式的操作系统称为**批处理操作系统**。

批处理操作系统根据一定的调度策略把要求计算的算题按一定的组合和次序执行，系统资源利用率高，作业吞吐量大。缺点是作业周转时间长，不能提供交互计算能力。批处理系统的主要特征是：

- 用户脱机工作。用户提交作业后直至获得结果之前不再和计算机及其作业进行交互。由于发现程序错误不能及时修正，这种工作方式对调试和修改程序极不方便。
- 成批处理作业。集中一批用户提交的作业，输入计算机成为后备作业。后备作业由批处理操作系统一批批地选择并调入内存执行。
- 单 / 多道程序运行。根据处理器的数量和能力分别采用单 / 多道批处理，单道批处理同时只能处理一道作业流；采用多道批处理，同时选取多个作业进入主存运行。

（2）分时操作系统

允许多个联机用户同时使用一台计算机系统进行计算的操作系统称为**分时操作系统**。其实现思想如下：每个用户在各自的终端上以问答方式控制程序运行，系统把中央处理器的时间划分成时间片，轮流分配给各个联机终端用户，每个用户只能在极短时间内执行，若时间片用完，而程序还未做完，则挂起等待下次分得时间片。由于调试程序的用户常常只发出简短的命令，这样一来，每个用户的每次要求都能得到快速响应，每个用户获得这样的印象，好像他独占了这台计算机一样。实质上，分时系统是多道程序的一个变种，CPU 被若干个交互式用户多路分用，不同之处在于每个用户都有一台联机终端。

分时操作系统具有以下特性：

- 同时性：若干个终端用户同时联机使用计算机，分时就是指多个用户分享使用同一台计算机的 CPU 时间。
- 独立性：终端用户彼此独立，互不干扰，每个终端用户感觉上好像他独占了这台计算机。
- 及时性：终端用户的立即型请求（即不要求大量 CPU 时间处理的请求）能在足够快的时间之内得到响应（通常应该为 2 ~ 3s）。这一特性与计算机 CPU 的处理速度、分时系统中联机终端用户数目和时间片的长短密切相关。
- 交互性：人机交互，联机工作，用户直接控制其程序的运行，便于程序的调试和排错。

（3）实时操作系统

实时操作系统是指当外界事件或数据产生时，能够接收并以足够快的速度予以处理，其处理的结果又能在规定的时间之内来控制生产过程或对处理系统做出快速响应，并控制所有实时任务协调一致运行的操作系统。提供及时响应和高可靠性是其主要特点。实时系统包括过程控制系统、信息查询系统和事务处理系统等 3 种典型系统，如飞机自动驾驶系统，情报检索系统和银行业务处理系统等。系统要求响应快捷、安全保密，可靠性高。

2. 按应用形态分类

（1）微机操作系统

微型计算机是使用最广泛的计算机，其使用方式与大型计算机不同，操作系统也有自己的特点。早期微型计算机上运行的一般是单用户单任务操作系统，如 CP/M 和 MS-DOS

（Microsoft 磁盘操作系统），逐步发展为支持单用户多任务和分时操作，如 MP/M、XENIX 和后期 MS-DOS。近年来，进一步发展为以 Windows、OS/2、Mac OS 和 Linux 等代表的新一代微机操作系统，具有 GUI、多用户和多任务、虚拟存储管理、网络通信支持、数据库支持、多媒体支持、应用编程支持 API 等功能。

现代微机操作系统具有以下特点：

- 开放性。支持不同系统互连、分布式处理和多 CPU 系统。
- 通用性。支持应用程序的独立性和在不同平台上的可移植性。
- 高性能。随着硬件性能提高、64 位机逐步普及、CPU 速度进一步提高，微机操作系统中引进了许多以前在中、大型机上才能实现的技术，支持虚拟存储器、多线程和对称式多处理机（SMP），使计算机系统性能大大提高。
- 采用微内核结构。提供基本支撑功能的内核极小，大部分操作系统功能由内核之外运行的服务程序（也称服务器）来实现。

（2）网络操作系统

网络操作系统能够控制计算机在网络中方便地传送信息和共享资源，并能为网络用户提供各种所需服务的操作系统。网络操作系统主要有两种工作模式：第一种是客户机 / 服务器（Client/Server）模式，这种网络中有两类站点，一类作为网络控制中心或数据中心的服务器，提供文件打印、通信传输、数据库等各种服务；另一类是本地处理和访问服务器的客户机。另一种是对等（Peer-to-Peer）模式，这种网络中的站点都是对等的，每一个站点既可作为服务器，又可作为客户机。目前的典型系统有 UNIX、Netware 和 Windows NT。华为发布的 OpenEuler 系统是基于 Linux 的企业级服务器操作系统，也可以归类到网络操作系统。

（3）分布式操作系统

用于管理分布式计算机系统的操作系统称为**分布式操作系统**，是在由通信网络互联的多处理器体系结构上执行任务的系统。它包括分布式操作系统、分布式程序设计语言及其编译（解释）系统、分布式文件系统和分布式数据库系统等。

以往的计算机系统中，其处理和控制功能都高度集中在一台计算机上，所有的任务都由它完成，这种系统称为集中式计算机系统。而分布式计算机系统是指由多台分散的计算机，经互连网络连接而成的系统。每台计算机高度自治，又相互协同，能在系统范围内实现资源管理、任务分配且能并行地运行分布式程序。

分布式操作系统负责管理分布式处理系统资源和控制分布式程序运行。它和集中式操作系统的区别在于资源管理、进程通信和系统结构等方面。

分布式操作系统与网络操作系统的区别在于分布式系统将多台计算机以透明方式组织为一套完整的系统，而网络系统中的用户明确知道各节点仍是独立的，且可以有各自不同的操作系统。分布式系统的耦合程度高于网络系统。对用户透明方式是指：对于用户而言处理过程是感觉不到的、不可见的、隐藏的，用户不知道原理或者其整个过程，甚至根本感觉不到它的存在。

（4）嵌入式操作系统

嵌入式（计算机）系统硬件不以物理上独立的装置或设备形式出现，大部分甚至全部隐藏和嵌入到各种应用系统中。嵌入式系统的应用环境与其他计算机系统有着巨大的区别，需要专门的嵌入式软件，**嵌入式操作系统**（Embedded Operating System，EOS）是嵌入式软件的基本支撑。

嵌入式操作系统在系统实时高效性、硬件的相关依赖性、软件固态化以及应用的专用性等方面具有较为突出的特点。

目前国际上嵌入式操作系统有 40 种左右。具有代表性的有 Palm OS（3Com 公司），VxWork（WindRiver 公司）、Windows CE（Microsoft 公司）和嵌入式 Linux 系统等。

（5）移动操作系统

移动操作系统（Mobile Operating System，Mobile OS），也称为移动平台（Mobile Platform）或手持式操作系统（Handheld Operating System），是指在便携式移动装置上运作的操作系统。

它们与在桌面型计算机上运行的操作系统（如 Mac OS、Windows 等）类似，但与同时期的桌面系统相较，它们通常更为简洁，而且更多依赖无线通信的功能。使用移动操作系统的典型装置如智能手机、PDA、平板电脑等，另外也包括嵌入式系统、移动通信装置、无线装置等。实际上现在个人手持终端的性能与 PC 已经不相上下，如某国产品牌的智能手机装备了 3GHz 主频的 8 核处理器、8GB 运行内存加 512GB 的机身内存（相当于 512GB 的固态硬盘），支持 2772×1340 像素的全彩显示屏，其整体性能可想而知。

6.2 操作系统的运行

每当我们开启计算机时，存储在 ROM 中的**引导程序**首先运行。计算机开机时自动执行引导程序，它的任务是引导 CPU 把操作系统从辅助存储器（磁盘）调入到内存的特定存储区。一旦操作系统调入内存，引导程序就引导 CPU 执行一条跳转指令，转到这个存储区。此时，操作系统接管并开始控制计算机运行的活动。

在本节中，我们讨论操作系统是如何协调应用软件、实用软件以及操作系统自身内部单元。首先，从进程的概念开始。

6.2.1 处理器管理与进程调度

处理器是计算机系统中的宝贵资源，应该最大限度地提高处理器的利用率。在单用户单任务的情况下，处理器仅为一个用户的一个任务所独占，为了提高处理器的利用率，操作系统采用多道程序设计技术。在多道程序或多用户的情况下，组织多个作业或任务执行时，要解决处理器的调度、分配和回收等问题。多处理器系统的处理器管理更加复杂。为了实现处理器管理的功能，描述多道程序的并发执行，操作系统引入了**进程**的概念，处理器的分配和执行以进程为基本单位；随着并行处理技术的发展，为了进一步提高系统并行性，使并发执行单位的粒度变细，并发执行的代价降低，操作系统引入了**线程**的概念。对处理器的管理和调度最终归结为对进程和线程的管理和调度。处理器调度分高级调度、中级调度和低级调度。

1. 处理器管理

处理器管理是操作系统的重要组成部分，它负责管理、调度和分配计算机系统的重要资源——处理器，并控制程序的执行。由于处理器管理是操作系统中最核心的组成部分，任何程序的执行都必须真正占有处理器，因此，处理器管理直接影响系统的性能。

处理器调度可以分为 3 个级别：高级调度、中级调度和低级调度。

上述 3 级调度中，低级调度是各类操作系统必须具备的功能；在纯粹的分时或实时操作系统中，通常不需要配备高级调度；在分时系统或具有虚拟存储器的操作系统中，为了提高内存利用率和作业吞吐量，专门引进了中级调度。图 6-1 给出了 3 级调度功能与进程状态转换的关系。高级调度发生在新进程的创建中，它决定一个进程能否被创建，或者是创建后能否被置成就绪状态，以参与竞争处理器资源获得运行；中级调度反映到进程状态上就是挂起和解除挂起，它根据系统的当前负荷情况决定停留在主存中的进程数；低级调度则是决定哪一个就绪进程或线程占有 CPU 运行。

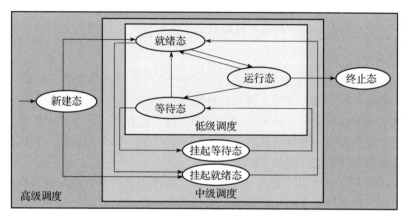

图 6-1　调度的层次

（1）高级调度

高级调度又称作业调度或长程调度。在多道批处理操作系统中，作业是用户要求计算机系统完成的一项相对独立的工作，新提交的作业被输入到磁盘，并保存在一个批处理后备作业队列中。高级调度将按照系统预定的调度策略决定把后备队列作业中的部分满足其资源要求的作业调入主存，为它们创建进程，分配所需资源，为作业做好运行前的准备工作并启动它们运行，当作业完成后还为它做好善后工作。在批处理操作系统中，作业首先进入系统在辅存上的后备作业队列等候调度，因此，作业调度是必须的，它执行的频率较低，并和到达系统的作业的数量与速率有关。

（2）中级调度

中级调度，又称平衡负载调度、中程调度。它决定主存储器中所能容纳的进程数，这些进程将被允许参与竞争处理器和有关资源，而有些暂时不能运行的进程被调出主存，此时这个进程处于挂起状态，当进程具备了运行条件，且主存又有空闲区域时，再由中级调度决定把一部分这样的进程重新调回主存工作。中级调度根据存储资源量和进程的当前状态来决定辅存和主存中进程的对换，它所使用的方法是通过把一些进程换出主存，从而使之进入"挂起"状态，不参与低级调度，起到短期平滑和调整系统负荷的作用。

（3）低级调度

低级调度，又称进程调度（或线程调度）、短程调度。它的主要功能是按照某种原则决定就绪队列中的哪个进程或内核级线程能获得处理器，并将处理器分配给它进行工作。低级调度中执行分配 CPU 的程序称为分派程序（Dispatcher），它是操作系统最为核心的部分，执行十分频繁，低级调度策略优劣直接影响到整个系统的性能，这部分代码常驻内存工作。低级调度的核心是确定采用何种算法把处理器分配给进程或线程。

（4）多处理器调度

一些计算机系统包括多个处理器，操作系统的调度程序必须考虑多处理器的调度。单处理器的调度和多处理器的调度有一定的区别，现代操作系统往往采用进程调度与线程调度相结合的方式来完成多处理器调度。

多处理器调度的要点有 3 个：采取哪种分配策略为进程分配处理器、如何在单个处理器上支持多道程序设计和如何简单有效且实现现代价低地分配进程。

大量的实验数据证明，随着处理器数目的增多，复杂低级调度算法的有效性反而逐步下降。因此，在大多数采取动态分配策略的多处理器系统中，低级调度算法往往采用最简单的先来先服务算法或优先数算法，就绪进程组成一个队列或多个按照优先数排列的队列。

2. 进程调度

进程的概念是操作系统中最基本、最重要的概念。从理论角度看，是对正在运行的程序活动规律的抽象；从实现角度看，则是一种数据结构，目的在于清晰地刻画动态系统的内在规律，有效管理和调度进入计算机系统主存储器运行的程序。国内学术界较为一致的看法是：进程是一个可并发执行的具有独立功能的程序关于某个数据集合的一次执行过程，也是操作系统进行资源分配和保护的基本单位。

操作系统的基本任务是对"进程"实施管理，操作系统必须有效控制进程执行；给进程分配资源；允许进程之间共享和交换信息；保护每个进程在运行期间免受其他进程干扰；控制进程的互斥、同步和通信。为达到这些要求，操作系统的处理器管理必须为每一个进程维护一个数据结构，用以描述该进程的状态和分配到的资源，并允许操作系统行使对进程的控制权。进程可以被调度在一个处理器上交替执行，或在多个处理器上同时执行。图 6-2 显示了一台 PC 中 Windows 系统的进程。

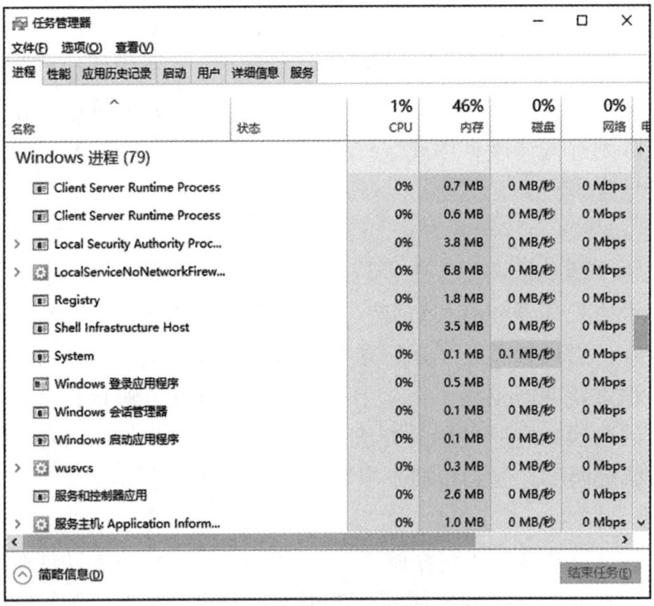

图 6-2　Windows 系统进程示例

（1）进程的属性

进程（Process）这个名词最早于 1960 年在 MIT 的 MULTICS 和 IBM 公司推出的 TSS/360 系统中提出。进程在不同的系统中有不同的术语名称，如任务（Task）、活动（Active）等。不论名称如何，进程都具有如下属性：

- 结构性。进程包含了数据集合和运行于其上的程序，为了描述和记录进程的动态变化过程使其能正确运行，还需配置一个进程控制块，每个进程至少由三要素组成：程序块、数据块和进程控制块。

- 共享性。同一程序同时运行于不同数据集合上时,构成不同的进程。即一个程序可以对应创建多个不同的进程。
- 动态性。进程是程序在某个数据集合上的一次执行过程,是动态概念,它有生命周期,由创建而产生,由调度而执行,由撤销而消亡。程序是一组有序指令序列,是静态概念,作为一种系统资源永久存在。
- 独立性。进程既是系统中资源分配和保护的基本单位,也是系统调度的独立单位(单线程进程)。凡是未建立进程的程序,都不能作为独立单位参与运行。通常,每个进程都可以各自独立的速度在 CPU 上推进。
- 制约性。并发进程之间存在着制约关系,进程在进行的关键点上需要相互等待或互通消息,以保证程序执行的可再现性和计算结果的唯一性。
- 并发性。进程可以并发地执行,进程的并发性能改善资源利用率和提高系统效率。对于一个单处理器的系统来说,多个进程轮流占用处理器并发地执行。进程的执行是可以被打断的,进程执行完一条指令后,在执行下一条指令前,可能被迫让出处理器,由其他若干个进程执行若干条指令后,才能再次获得处理器而执行。

(2)进程的状态和转换

一个进程从创建而产生至撤销而消亡的整个生命期间,有时占有处理器执行,有时虽可运行但分不到处理器,有时虽有空闲处理器但因等待某个事件的发生而无法执行,这一切都说明进程和程序不相同,它是活动的且有状态变化的,这可以用一组状态加以刻画。为了便于管理进程,一般来说,按进程在执行过程中的不同情况要定义下列不同的进程状态:

- 新建态:进程刚被创建的状态,系统为新进程创建必要的管理信息。
- 就绪态:进程具备运行条件,等待系统分配处理器以便运行。
- 运行态:进程占有处理器正在运行。
- 等待态:又称为阻塞态或睡眠态,指进程不具备运行条件,正在等待某个事件的完成。
- 挂起就绪态:挂起就绪态表明了进程具备运行条件但目前在辅存储器中,只有当它被对换到主存才能被调度执行。
- 挂起等待态:挂起等待态则表明了进程正在等待某一个事件且在辅存储器中。
- 终止态:进入终止态的进程不再执行,保留在操作系统中等待善后,然后退出主存。

进程挂起是指将进程从内存对换到磁盘镜像区中,释放它所占有的某些资源,暂时不参与低级调度,起到平滑系统操作负荷的目的。也可能系统出现故障,需要暂时挂起一些进程,以便故障消除后,再解除挂起恢复这些进程运行。用户调试程序过程中,也可能请求挂起他的进程,以便进行某种检查和修改。

通常,一个进程在创建过程中处于新建态,创建后处于就绪状态。每个进程在执行过程中,任一时刻当且仅当处于上述 7 种状态之一。同时,在一个进程执行过程中,它的状态将会发生改变。

进程的状态及转换关系如图 6-3 所示,引起进程状态转换的具体原因如下:

- 不存在→新建态:执行一个程序,创建一个子进程。操作系统有时将根据系统性能或主存容量的限制推迟新建态进程的提交。
- 新建态→就绪态:当操作系统完成了进程创建的必要操作,并且当前系统的性能和内存的容量均允许。

- 运行态→等待态：等待使用资源或某事件发生，如等待外设传输、等待人工干预。
- 运行态→就绪态：运行时间片到或出现有更高优先权进程。
- 运行态→终止态：当一个进程到达了自然结束点，或是出现了无法克服的错误，或是被操作系统所终结，或是被其他有终止权的进程所终结。
- 等待态→就绪态：资源得到满足或某事件已经发生，如外设传输结束、人工干预完成。
- 等待态→终止态：未在状态转换图中显示，但某些操作系统允许父进程终结子进程。
- 等待态→挂起等待态：如果当前不存在就绪进程，那么至少有一个等待态进程将被对换出去成为挂起等待态。操作系统根据当前资源状况和性能要求，可以决定把等待态进程对换出去成为挂起等待态。
- 就绪态→运行态：CPU 空闲时被调度选中一个就绪进程执行。
- 就绪态→终止态：未在状态转换图中显示，但某些操作系统允许父进程终结子进程。
- 就绪态→挂起就绪态：操作系统根据当前资源状况和性能要求，也可以决定把就绪态进程对换出去成为挂起就绪态。
- 挂起就绪态→就绪态：当内存中没有就绪态进程，或者挂起就绪态进程具有比就绪态进程更高的优先级，系统将把挂起就绪态进程调回主存并转换成就绪态。
- 挂起等待态→挂起就绪态：引起进程等待的事件发生之后，相应的挂起等待态进程将转换为挂起就绪态。
- 挂起等待态→等待态：当一个进程等待一个事件时，原则上不需要把它调入内存。但是在下面一种情况下，这一状态变化是可能的。
- 终止态→撤销：完成善后操作。

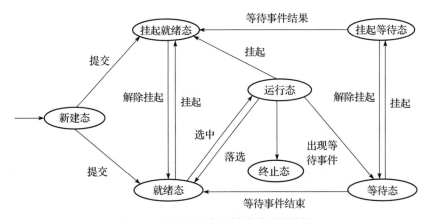

图 6-3　进程的状态及转换关系示意图

（3）进程的控制

处理器管理的一个主要工作是对进程的控制，对进程的控制包括：创建进程、阻塞进程、唤醒进程、挂起进程、激活进程、终止进程和撤销进程等。这些控制在执行过程中不允许被中断，是一个不可分割的基本单位，且执行是顺序的、不可并发的。进程的控制包括以下 4 个方面。

进程的创建

每一个进程都有生命期，即从创建到消亡的时间周期。当操作系统为一个程序构造一个进程控制块并分配地址空间之后，就创建了一个进程。

进程的阻塞和唤醒

进程的阻塞是指使一个进程让出处理器，去等待一个事件，如等待资源、等待 I/O 完成、等待一个事件发生等，通常进程自己调用阻塞原语阻塞自己，所以是进程自主行为，是一个同步事件。当一个等待事件结束会产生一个中断，从而激活操作系统，在系统的控制之下将被阻塞的进程唤醒，如 I/O 操作结束、某个资源可用或期待事件出现。

进程的撤销

一个进程完成了特定的工作或出现了严重的异常后，操作系统收回它占有的地址空间和进程控制块，此时就说撤销了一个进程。进程撤销可以分正常撤销和非正常撤销，前者如分时系统中的注销和批处理系统中的撤离作业步，后者如进程运行过程中出现错误与异常。

进程的挂起和激活

当出现了引起挂起的事件时系统或进程利用挂起原语把指定进程或处于阻塞状态的进程挂起。被挂起进程的非常驻部分要交换到磁盘对换区。

当系统资源尤其是内存资源充裕或进程请求激活指定进程时，系统或有关进程会调用激活原语把指定进程激活：把进程非常驻部分调进内存，然后修改它的状态，并分别排入相应管理队列中。

3. 互斥与死锁

所有进程管理的思想都是使得拥有不同资源的不同进程同步。只要资源可以被多个用户（进程）同时使用，那么它就有两种状态：**互斥**和**死锁**。下面简略说明这两种状态。

（1）互斥

正常情况下，一个进程的运行一般是不会影响到其他正在运行的进程的。但是对于某些有特殊要求的（如以独占方式使用硬件设备）程序就要求在其进程运行期间不允许其他试图使用此端口设备的程序运行，而且此类程序通常也不允许运行同一个程序的多个实例。这种只能以独占方式使用资源就是进程互斥。这种情况类似机场跑道的使用规则，在任何情况下，只能允许一架飞机使用，否则将带来灾难性的后果。这种只能供某一个进程以独占方式使用的资源可称为互斥资源。

实现进程互斥的核心思想比较简单：进程在启动时首先检查当前系统是否已经存在有此进程的实例，如果没有，进程将成功创建并设置标识实例已经存在的标记。此后再创建进程时将会通过该标记而知晓其实例已经存在，从而保证进程在系统中只能存在一个实例。如果对互斥资源的使用处理不当，很容易造成死锁。

（2）死锁

计算机系统中有许多独占资源，它们在任一时刻都只能被一个进程使用，如独占型外围设备，或进程表、临界区等软件资源。两个进程同时进入临界区将导致数据错误乃至程序崩溃。

若进程申请时资源不可用，则申请进程等待，等待一段时间之后重试申请。在许多应用中，一个进程需要独占访问不止一个资源，而操作系统允许多个进程并发执行共享系统资源时，此时可能会出现进程永远被阻塞的现象。例如，两个进程分别等待对方占有的一个资源，于是两者都不能执行而处于永远等待。这种多个进程间相互永久等待对方占用的资源而导致各进程都无法继续运行的现象称为"死锁"。

发生死锁后，实际上各进程都占有一定的资源而都不能正常使用，系统的资源实际上是被霸占且空闲的，是严重的资源浪费。并且，若无外力作用，死锁状态永远不会改变，即进程不能自己从死锁中解脱出来，需要专门的机制。

计算机系统中，如果系统的资源分配策略不当，更常见的可能是程序员写的程序有错误等，则会导致进程因竞争资源不当而产生死锁的现象。

产生死锁的原因主要是：

- 系统资源不足。进程的资源请求都能够得到满足，死锁出现的可能性就很低，否则就会因争夺有限的资源而陷入死锁。
- 进程运行推进的顺序不合适。进程运行推进顺序与速度不同，也可能产生死锁。
- 资源分配不当等。

对资源的分配加以限制可以防止和避免死锁的发生，但这不利于各进程对系统资源的充分共享。解决死锁问题的另一种途径是死锁检测和解除，这种方法对资源的分配不加任何限制，也不采取死锁避免措施，而是通过系统定时地运行一个"死锁检测"程序，判断系统内是否已出现死锁，如果检测到系统已发生了死锁，再采取措施解除它。

死锁的检测和解除往往配套使用，当死锁被检测到后，用各种办法解除系统的死锁，常用的办法有资源剥夺法、进程回退法、进程撤销法、系统重启法。

6.2.2 存储管理

存储管理是操作系统的重要组成部分，它负责管理计算机系统的重要资源——主存储器，也就是我们通常所说的内存。任何程序及数据必须占用主存空间后才能执行，因此，存储管理的优劣直接影响系统的性能。主存储空间一般分为两部分：一部分是系统区，存放操作系统核心程序以及标准子程序、例行程序等；另一部分是用户区，存放用户的程序和数据等，供当前正在执行的应用程序使用。存储管理主要是对主存储器中的用户区域进行管理，另外，也包括对辅存储器的部分管理。

1. 存储器的层次

计算机系统采用层次结构的存储子系统，以便在容量、速度、成本等各因素中取得平衡，获得较好的性能价格比。存储器的物理设备在本书第 3 章已经介绍过，本章重点从操作系统管理的角度来讨论。存储器可以分为寄存器、高速缓存、主存储器、磁盘缓存、固定磁盘、可移动存储介质等 6 个层的层次结构。如图 6-4 所示，越高层次，CPU 访问越直接，访问速度越快，硬件成本越高，配置的容量越小。其中，寄存器、高速缓存、主存储器和磁盘缓存均属于存储管理的管辖范畴。固定磁盘和可移动存储介质属于设备管理的管辖范畴。磁盘缓存本身并不是一种实际存在的存储介质，它依托于固定磁盘，提供对主存储器存储空间的扩充。

图 6-4　计算机系统存储器层次

可执行的程序必须被保存在计算机的主存储器中，与外围设备交换的信息一般也依托于主存储器地址空间。由于处理器在执行指令时主存访问时间远大于其处理时间，寄存器和高速缓存被引入来加快指令的执行。

2. 虚拟存储管理

在传统的存储管理方式中，必须为作业分配足够的存储空间，以装入有关作业的全部信息，作业的大小不能超出主存的可用空间，否则这个作业是无法运行，即存储空间大小限制了作业的规模。然而，实际研究发现，作业的信息在执行时实际上不是同时使用的，有些部分运行一遍后就不再使用。运行时暂时不用的，或某种条件下才用到的程序和数据，全部驻留于主存中是对宝贵的主存资源的一种浪费，大大降低了主存利用率。

为提高主存的利用率，同时也为扩展主存以便于处理规模更大的作业，提出了这样的设计：作业提交时，先全部进入辅助存储器，作业投入运行时，只是将其中当前使用部分先装入主存储器，其余暂时不用的部分先存放在作为主存扩充的辅助存储器中，待用到这些信息时，再由系统自动把它们装入到主存储器中，这就是**虚拟存储器**的基本思路。这样，不仅使主存空间能充分地利用，而且用户编制程序时可以不必考虑主存储器的实际容量大小，允许用户的逻辑地址空间大于主存储器的绝对地址空间。对于用户来说，好像计算机系统具有一个容量硕大的主存储器。

如图 6-5 所示的是 Windows 系统的虚拟内存设置。通常情况下虚拟内存的管理由 Windows 系统自动进行，其大小根据微软的建议，配置为物理内存的 1.5 ～ 2 倍比较合适，用户可以根据自己的需要配置其大小和保存虚拟内存文件（也称为交换文件）的位置。虚拟内存是以特定系统文件的形式存储在硬盘上的。请注意，虚拟内存也不是越大越好，如果配置过大，系统频繁地进行内存与外存的数据交换，反而致使系统效率大大下降。

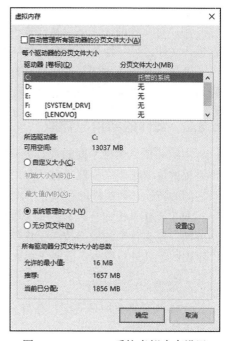

图 6-5　Windows 系统虚拟内存设置

6.3　文件系统

操作系统中负责管理和存储文件信息的软件机构称为文件管理系统，简称**文件系统**。它用统一的方式管理用户和系统信息的存储、检索、更新、共享和保护，并为用户提供一整套方便有效的文件使用和操作方法。文件系统的功能是保证存取速度快、存储空间利用率高、数据可共享、安全可靠性好。

文件系统由 3 部分组成：与文件管理有关的软件、被管理的文件以及实施文件管理所需的数据结构。从系统角度来看，文件系统是对文件存储器空间进行组织和分配，负责文件的存储并对存入的文件进行保护和检索的系统。具体地说，它负责为用户建立文件，存入、读出、修改、转储文件，控制文件的存取，当用户不再使用时撤销文件等。

文件系统是操作系统用于明确磁盘或分区上的文件的方法和数据结构，即在磁盘上组织文件的方法。也指用于存储文件的磁盘或分区，或文件系统种类。一个分区就是一个实际的文件系统。通常情况下不同的文件系统是由不同的厂商分别开发出来的，不能互相兼容，大部分程序都是基于文件系统进行操作，在不同种文件系统上不能工作。比如 UNIX 系统下的程序在 Windows 系统中如果不进行特殊处理就不能工作。

前面的介绍我们可以理解为：文件系统和文件作为数据管理手段的基本方法。在操作系统出现以后，操作系统提供了用文件管理的形式对外存进行管理的方法。从用户使用的角度，文件是用来组织和管理数据的现实手段。文件是管理数据的基本方法，在一定的情况下，使用文件具有简便、成本低等优点。

6.3.1 文件的基本概念

在计算机系统中，把逻辑上具有完整意义的数据集合称为**文件**（File），文件是一组相关元素组成的集合。为方便用户使用，在操作系统中用"文件名"标识文件。

文件是一个逻辑存储单位，是由文件系统存储和加工的逻辑部件，文件通过操作系统映像到物理设备中去，文件在外存上的物理存储由文件系统统一管理，对用户透明。从用户使用的角度来看，只需要关心文件的逻辑结构，即数据在文件中是如何组织的。人们将数据存在文件中是为了以后在需要时取出使用，因此，必须有一种方法保证用户在要用数据的时候能够有效地在文件中找到所需的数据。

用户对文件的操作可以从操作性质上分为两种：一种是将数据写入文件，即数据是由内存进入文件；另一种是将数据从文件中读出，即数据是由文件进入内存。

无论是写入操作还是读出操作都与文件结构密切相关。可以想象，只有在写入时按照规则写入，在读出时才能按规则找到所需的数据。

6.3.2 文件的结构与存取

人们一般从两种不同的观点去研究文件的组织形式：一是用户观点，二是系统观点。文件系统的重要作用之一就是在用户的逻辑文件和相应设备的物理文件之间建立映像，实现二者之间的转换，而文件的存取方法是由文件的性质和用户使用文件的情况决定的。

对于操作系统而言，文件是一维的，连续的数据，无所谓结构。对于用户而言，为了操作方便，把文件中的数据按一定规则划分为若干组，每个数据组称为一个逻辑记录，并且按一定规则对其进行编号，以便于存取时访问。

1. 文件的逻辑结构

文件的逻辑结构是从用户角度来看待文件结构，通常分为两种形式：记录（有结构）文件和无结构文件。

（1）记录文件

记录文件是一种有结构的文件。文件的基本组成单元是记录，由若干个相关记录构成文件，记录可依顺序从 1 到 n 编号。

记录文件按照其组成记录的结构可分为定长记录文件和不定长记录文件。**定长记录文件**是文件中的每个记录长度都相同，文件长度由记录个数所决定。**不定长记录文件**中每个记录的长度可以不相等，文件长度为各记录长度之和，也称变长记录文件。

（2）无结构文件

无结构文件又称为流式文件，文件的长度直接按字节来计算，文件内部无结构，是有序的相关字符的集合。可以理解为此类文件的基本结构即是字节，若干字节组成文件。

2. 文件的存取方法

文件的存取方法是指用户访问文件的方式，即用户在对文件操作时，如何对其内容进行访问。文件的组织结构对文件的访问方式有直接的影响。用户对文件的访问，可以设置一个操作指针，指针指定的位置是当前操作的位置。每次刚打开文件时，指针位于文件头，根据操作的需要，指针从文件头向后移一定的位置，指针移动的距离称为偏移量，对于记录文件，每操作完一条记录，指针向后移动记录的长度。根据用户操作文件的方式，操作指针可以在文件中按顺序移动，也可以根据需要前后自由移动。

（1）顺序存取

顺序存取方法就是按照文件中记录排列的实际顺序依次进行存取操作。比如，当前操作的记录 R_i，则下一次操作的记录就是记录 R_{i+1}，依次类推。

顺序存取是一种简单实用的存取方法，在很多场合适用，比如现在流行的多媒体数据，大家听音乐或看电影基本上是从前向后顺序播放的。在计算机中许多数据处理也是这样顺序进行的。

（2）随机存取

随机存取方法就是用户操作记录的次序与文件中记录的排列顺序是没有对应关系的。对于随机存取，需要有一种方法确定所需操作的记录，通常是用一种数学方法确定记录的位置，然后直接对该位置的记录进行操作。随机存取也称直接存取，是经常使用的方式。在大多数情况下，我们不需要逐个记录地进行操作，只需要对我们感兴趣的某个记录进行操作。比如，我们到图书馆去借书，我们不可能一本一本地每本都看，只是关心其中的某一册或几册。对计算机存储的大量数据也是如此，每个用户关心的可能只是其中的某一部分。

对于定长记录文件，随机存取第 i 个记录，则逻辑地址为 $LA = i * L (0 \leq i \leq n)$，其中，L 为记录长度，$n$ 为记录总个数。

对于变长记录文件，存取某个记录时需逐个读取前面所有的记录，从长度字段中获知每个记录的长度，不断累加，才能确定所需记录的初始地址。

3. 文件的存储方式

前面我们从用户对文件操作的角度讨论了文件的逻辑结构。文件在外存上存储的实际存储方式称为物理结构，是由操作系统控制自动进行的，通常对用户透明。但是物理结构对操作也是有影响的，特别在考虑操作效率时，所以我们简要分析一下文件外存上的存储方式，也就是文件的物理结构。

磁盘和磁带是两类典型的文件存储器。文件存储器上的文件称为物理文件，存放文件的物理块也称为物理记录。一个物理记录上可以存放若干个逻辑记录，一个逻辑记录也可能占用若干个物理块。

（1）连续存储

连续存储是把一个逻辑上由连续记录构成的文件依次存放到连续物理空间的文件存储方式。这种方式采用连续分配存储空间的方法，即当有文件需要存储时，系统管理程序就在文件存储器上寻找足以存储该文件的一片连续物理块，分配给该文件使用，而该块余下的一部分只能留给更小的文件使用，如果没有这么小的文件，这个余下的空间就可能闲置。

连续存储的优点是：一旦知道文件的存储开始地址和文件长度就可以高速顺序地读取整个文件。连续存储文件组织方法简单，存取速度快，适合于存放顺序文件。连续存储的主要缺点是通常存储器不能有刚好与文件大小相同的存储区域，存在分配不了的零碎存储空间。如果这些零碎存储空间很多，合在一起会产生很大的存储空间浪费，这就是所谓的碎片问题。

磁带就是典型的连续存储设备。由于磁带机本身的物理特性，比较适合作为连续存储设备。如果不按照存储的顺序访问文件，磁带机需要来回走带，效率非常低。

（2）链式存储

链式存储采用非连续的物理块来存放信息，如图6-6所示。我们在前面讨论线性表时讨论过用链式方式实现线性表。与此类似，如果把存储器上的存储空间看成链表的单元，也可以用不连续的存储块来存储逻辑上连续的文件。每个物理块之间用指针链接起来。这样，由文件目录中的指针开始依靠各块的链接指针就能够访问整个文件。

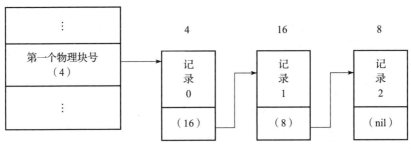

图 6-6　链式存储方式

链式存储可以采用动态分配，申请一块，存入一块，同时修改前一块的指针，使它形成链。由于文件采用链接结构，所以文件的插入和删除记录比较方便，只要修改插入处和删除处的链接指针就可以。链式存储的缺点是只适合于顺序存取，而且存取速度比较慢，不能随机存取的原因在于为了读取某一块上的信息，必须依次读出前面所有物理块，顺指针寻找所需要的块。

（3）随机存储

针对链式存储的缺点，可以进行改进，即将所有链接指针集中保存于文件头部，通过访问文件头部，就可以知道每一块的情况，并根据需要进行访问。在这种方式中，同一文件的各存储块之间没有任何逻辑关系，是系统根据情况随机分配的。这种方式保留了链式存储的优点，并且克服了其只能顺序访问的缺点，能够提供非顺序的访问方式，提高了效率。这种方式也称为索引方式，文件头称为索引表。其结构如图6-7所示。

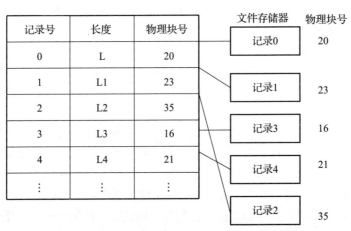

图 6-7　直接存储方式

这种结构对提高文件存储器的使用效率很有帮助，不存在碎片问题。为了提高查找速度，减少为寻找某一个记录而扫描索引表的时间，索引表中记录可按一定的顺序存放，这样对索引表中记录的查找可以采用查找效率更高的算法，远快于顺序扫描方式。

实际上现在的磁盘就采用了这种存储方式，即在磁盘的前部设置文件管理区，这个区域中有文件保存的位置信息，在进行文件访问时，先访问这个区的内容，然后根据指引再访问文件的内容。这样做也有风险，这个管理区的访问频率特别高，容易造成磁盘物理损坏，如果该区损坏，文件也就找不到了。由于磁盘的磁头可以径向移动，即可以直接跳过许多中间区域访问磁盘上的任何位置，为实现随机存取提供物理上的保证。

4. 文件结构与存储设备以及存取方法的关系

文件的物理结构密切地依赖于设备介质特性和存取方法。磁带是一种顺序存储设备，若用它作为文件存储器，则宜采用连续文件结构。磁盘是一种随机存取设备，文件物理结构和存取方法可以多种多样。究竟采用何种物理结构和存取方法，要看系统的应用范围和文件的使用情况。如果是随机存取，则索引文件效率最高，连续文件次之（通过预先移动读 / 写位移的方法），而链接文件效率最低，因为要顺序通过一系列物理块的链接指针才能找到需要的记录。文件结构与存取方法之间的关系，可归结为如表 6-1 所示。

表 6-1　存储设备、文件结构与存取方法的关系

存储设备	硬　　盘			磁　　带
存储方式	连续存储	链式存储	直接存储	连续文件
文件长度	固定	可变、固定	可变、固定	固定
存取方法	随机、顺序	顺序	随机、顺序	顺序

6.3.3　文件的基本类型

文件根据其存取的方式或逻辑结构与物理结构的对应关系，可以分为顺序文件、索引文件、散列文件等。

1. 顺序文件

采用顺序存取方法所对应的文件称为**顺序文件**，即记录是顺序排列的，记录的存取也是按顺序进行的。通过上面的讨论可以知道，顺序文件最好用连续存储的方式实现。用磁带保存顺序文件非常合适。

顺序文件是根据记录的序号或记录的相对位置来进行存取的。如果需要存取其中的某个记录，必须先搜索其前的所有记录，这样对于文件中每个记录的平均搜索长度为文件长度的一半。如果需要增加记录，只能采用追加的方式加在文件的末尾。

如果需要对顺序文件中的记录内容进行修改，或对其记录的排列顺序进行调整，则需要修改整个文件。这时至少需要一个与原文件大小相同的空间作为临时空间，将原文件全部保存下来，然后，根据一定的规则，逐条记录进行处理，直到处理完成，生成新的文件后，再将临时空间释放。

2. 索引文件

有一类文件，除了文件本身（称作数据区）之外，另建有一个称为索引表的指示逻辑记录位置的表。这种包括文件数据区和索引表两部分的文件统称**索引文件**。索引表中的每一项

称为索引项。不论主文件中的数据记录是否有序，索引表中的索引项是按逻辑记录号（或特定的索引关键字）顺序排列的。

索引文件的存取方式为直接存取或按关键字存取。检索过程分两步进行：首先，查找索引表，若索引表上存在该记录，则根据索引项指示的记录位置进行相应记录的存取操作；否则表示文件中没有需要的记录，则终止操作，不需要再访问文件的数据区了。由于索引项的长度一般比记录小得多，通常可以将索引表一次性读入内存，因此对索引文件的检索、查询的过程主要是在内存中进行，访问数据时才访问外存，比直接在外存上操作效率高很多。同时，由于索引表是有序表，查找的效率也较按顺序扫描高。

对索引文件的修改也比较容易进行。删除一个记录时，仅需要删除相应的索引项；插入记录时，可将记录置于数据区末尾，同时在索引表中插入相应的索引项；修改更新记录时，将更新的置于数据区末尾，同时修改相应的索引项即可。采取这种策略时，当对文件进行多次修改后，文件含有一定的无用记录，可根据需要进行文件的整理，去除这些无用记录以节省空间。另外，当文件中的记录多到一定程度时，索引表也会很大，这时可以根据需要建立二级索引，即针对索引表的索引，则操作层次多一层，先由二级索引开始，到索引表，再到数据记录。

索引文件是典型的空间换时间策略。用索引表的存储空间开销，来换取快速检索记录的时间效益。

3. 散列文件

前面讨论的索引文件是用存储空间换取检索的速度，也可以利用处理器的能力来提高检索速度。如果我们能够通过一种数学计算的方法，根据检索的情况，计算出记录的位置，则不需要查找索引表就能够快速找到记录。

在我们前面讨论的各种文件存储方式中，都没有考虑记录在存储结构中的位置和其关键字之间的直接关系。如果在建立数据集合的存储结构时利用记录的关键字进行某种运算后直接确定记录的存储位置，从而在记录的存储位置和其关键字之间建立某种直接关系，那么在进行查找时，就无须做比较或做很少次的比较而按照这种关系可以直接由关键字找到相应的记录。哈希（Hash）方法正是基于这种思想。这个记录位置与关键字之间的对应关系称为哈希函数。用一般数据形式表示为：$D=H(key)$。用哈希法构造的文件称为**散列文件**，也可直接称为哈希文件。

在哈希法中，不同的关键字值对应到同一个存储位置的现象称为冲突，即有 $K_1 \neq K_2$，但 $H(K_1)=H(K_2)$。K_2 和 K_1 发生冲突时，就是在存放关键字为 K_2 的数据记录时，同一存储位置已经存放了关键字为 K_1 的数据元素，解决的办法只有重新为关键字是 K_2 的数据记录寻找新的存储地址，这就是冲突处理要完成的工作。利用哈希法时，发生冲突是不可避免的。所以如何处理冲突是哈希法必须解决的问题。处理冲突的方法多种多样，常用的方法有开放地址法、链地址法、哈希法和公共溢出区法等。

散列文件是利用哈希函数法组织的文件，即根据文件记录的关键字的特点设计一种哈希函数和处理冲突的方法从而将记录散列到存储器中。由于散列文件中通过计算来确定一个记录在存储设备上的存储位置，因而逻辑顺序的记录在物理地址上不是相邻的，因此散列文件不宜使用磁带存储，只适宜使用磁盘存储；并且散列文件这种结构只适用于定长记录文件和按记录键随机查找的访问方式。

在散列文件中查找某一记录时，首先根据待查记录的关键字值求得哈希地址（即基地址），将基地址的记录读入内存进行顺序查找，若找到某记录的关键字等于待查记录的关键字，则查找成功；若基地址内无待查记录且基地址内指针为空，则文件中没有待查记录，查找失败；若基地址内无待查记录且基地址内指针不空，则将指针所指的记录读入内存进行顺序查找，若在指针所指地址中查找到待查记录，则查找成功；若所有指针链内均未查找到待查记录，则查找失败。

与索引文件方式相比，哈希方法节省了索引表所占的空间，但需要处理器计算时间来处理哈希函数和进行冲突分析。

6.3.4 文件的编码与操作

在本书第 1 章我们讨论过编码的问题。结合文件，如果在文件中存储的信息采用二进制编码，则称为**二进制文件**；如果在文件中存储的信息采用 ASCII 或与之相类似语言文字编码，则称为**文本文件**。

显然，二进制文件的存储效率要高于文本文件，因为 ASCII 字符实际上是二次编码。文本文件唯一的优点在于便于人的阅读理解，所以在不需人工直接查看文件内容的情况下，大多使用二进制文件。

很多计算机程序，特别是使用程序设计语言，在进行文件操作时，需要指明是二进制文件还是文本文件，以便于系统根据需要进行相应的处理。由于信息在系统内存中是以二进制存在的，以便于计算机的处理，在以二进制文件进行存储时，可以直接将内存中的数据写入文件，而如果需要以文本形式存储，则需要进行相应的编码转换。

知识扩展

判别文本文件的简单办法

有一个简单的方法判别文件是二进制文件还是文本文件：用 Windows 自带的"记事本"程序（Notepad.exe）打开这个文件，如果显示内容能够按某种自然语言理解，则通常是文本文件；如果显示有乱码（通常是扩展的 ASCII 码），则一般是二进制文件。一般情况下，文本文件以".txt"作为后缀名，一些系统配置文件以".ini"为后缀名，而一些程序设计语言的源程序文件，为便于人员解读，一般也都是文本文件，其他后缀名的文件通常都是二进制文件，包括程序生成的可执行文件、数据库文件、数据文件等。

---

1. 文件系统的建立

一个分区或磁盘在作为文件系统使用前需要初始化，并将记录数据结构写到磁盘上。这个过程就叫建立文件系统。

建立文件系统需要根据操作系统的需要，不同的操作系统有不同的文件系统。比如 Windows 常用的文件系统为 FAT 32 或 NTFS，而 UNIX 则使用 NFS 等。如果在格式化时使用了不正确的文件系统，则操作系统不能在这个磁盘上安装，即使不是系统盘，操作系统也不能正确使用该磁盘分区的文件系统。

2. 文件的存取

文件是用于存放数据或程序的一种抽象机制，它隐蔽了硬件和实现细节，提供了把信息保存在磁盘上而且便于以后读取的手段，使得用户不必了解信息存储的方法、位置以及存储设备实际的运作方式便可存取信息。

（1）文件按名存取

文件系统最重要的功能之一就是实现文件的按名存取。信息存储在外存储器上是以二进制形式实现，其具体实现方式非常复杂，只有少数专业人员，如外存的设计人员和操作系统的设计人员需要深入了解、掌握。对于大多数使用计算机的人员，只需要了解文件系统的管理，可以通过文件名来存取自己所需的信息。

文件系统根据用户指定的文件名对相应的文件进行操作。对于用户来说，可按自己的意愿并遵循文件系统的规则来定义文件，包括文件内部的逻辑结构，由文件系统提供"按名存取"来实现对用户文件信息的存储和检索。文件系统采用特定的数据结构和有效算法，实现文件的逻辑结构到存储结构的映射，以及对文件存储空间和用户信息的管理，同时提供了多种存取方法，实现了用户到具体存储硬件无关的透明访问。

文件是由文件名标识的一组信息的集合。文件名是字母或数字组成的字母数字串，它的格式和长度因系统而异。用户在使用文件系统时必须遵守其文件的命名规则，比如 Windows 的文件名和扩展名不能使用 \、/、<、>、| 和"等字符。扩展名常常用作定义各种类型的文件，系统有一些约定扩展名，如 COM 表示可执行的二进制代码文件、EXE 表示可执行的浮动二进制代码文件、LIB 表示库程序文件、BAT 表示批命令文件、OBJ 表示编译或汇编生成的目标文件等。

用户对文件的存取操作可具体分解为：建立文件、打开文件、读 / 写文件、文件控制、关闭文件、撤销（删除）文件等。

（2）文件的属性

大多数操作系统设置了专门的文件属性用于文件的管理控制和安全保护，它们不是文件的信息内容，但对于系统的管理和控制是十分重要的。常用属性包括：

- 文件基本属性：文件名、文件所有者、文件授权者、文件长度等。
- 文件的类型属性：如普通文件、目录文件、系统文件、隐式文件、设备文件等。也可按文件信息分为：ASCII 码文件、二进制码文件等。
- 文件的保护属性：如可读、可写、可执行、可更新、可删除等。
- 文件的管理属性：如文件创建时间、最后存取时间、最后修改时间等。
- 文件的控制属性：逻辑记录长、文件当前长、文件最大长，以及允许的存取方式标志，关键字位置、关键字长度等。

文件的保护属性用于防止文件被破坏，称为文件保护。它包括两个方面：一是防止系统崩溃所造成的文件破坏；二是防止文件所有者和其他用户有意或无意的非法操作所造成的文件不安全性。

（3）文件的组织

外存通常是容量非常巨大的存储空间，其中可以保存的文件数以万计。比如，目前一般的硬盘容量在 160GB 以上，NTFS 系统支持多达 4 294 967 295 个文件，仅以文件名进行管理，数量众多的文件集合在一起使用也非常不便。

现代操作系统通常采用树形结构对文件进行组织。最基本的一级称为卷，一盘磁带、一张光盘片、一个硬盘分区或一张软盘片都可称为**卷**。在卷上可以建立目录树，有的系统中称为文件夹。最基本的一级称为**根目录**；它通常是在格式化时创建的。在根目录中，操作系统会根据需要建立一些系统使用的目录，用户也可以根据自己的想法在根目录中建立自己使用的目录树结构。在根目录上建立的目录称为子目录，子目录中还可以再建立子目录，成为多级结构。在一个目录中，文件不能重名，即一个文件名只能用于命名一个文件，而不同目录中的文件可以重名。从根目录开始直到文件名，所有目录名排列起来称为文件的路径。操作系统对目录树的层次、路径的长度和每个目录中所能存储的文件数量都有一定的限制。

（4）文件的共享

文件共享是指不同用户（进程）共同使用同一个文件，文件共享不仅使不同用户可以完成共同的任务，而且还可以节省大量的外存空间，减少由于文件复制而增加的访问外存次数。

文件共享中需要注意，不同的用户对文件的访问方式可能不同，访问文件中的具体数据可能也不同。特别是要避免多个用户同时对文件进行写操作产生的逻辑混乱，原则上某一时刻是允许多个用户同时读取同一个文件，但只允许一个用户修改某个数据的。

对用户来说，文件的保护和保密是至关重要的问题，在进行共享时这个问题尤其突出，有关保护和保密技术，将在第 10 章专门进行讨论。

3. 虚拟文件系统

在传统的操作系统设计中，通常一种操作系统只支持一种类型的文件系统。但随着信息技术的发展，对文件系统出现了许多新的要求。例如，由于存储技术的进步，硬盘空间越来越大，出现与原来硬盘较小时完全不同的文件系统，而用户要求系统支持新的高性能文件系统的同时还要支持原来的文件系统以保证某些应用的正常工作，即向前兼容性。同时，由于网络和分布式应用的发展要求现代操作系统都能支持分布式文件系统和网络文件系统，甚至一些用户希望能定制自己的文件系统。为满足上述需求，出现了虚拟文件系统。

虚拟文件系统通过对多个文件系统的共同特性进行抽象，形成一个与具体文件系统实现无关的虚拟层，并在此层次上定义与用户的一致性接口。这样操作系统通过虚拟文件系统能同时支持多种实际的文件系统，系统中可以安装多个文件系统，在用户的面前表现为与传统的单一文件系统一致的接口。用户甚至可以开发出新的文件系统，以模块方式加入到操作系统中。虚拟文件系统扩展了操作系统对文件系统的兼容性和适用性，但是由于多了一个管理层次，增加了系统的复杂程度，在一定程度上降低了系统管理和访问外存的效率。

6.4 设备管理与驱动

6.4.1 设备管理

现代计算机外围设备种类繁多、功能各异，设备管理是操作系统中最庞杂的部分，其主要任务是控制外围设备和 CPU 之间的 I/O 操作。设备管理模块在控制各类设备和 CPU 进行 I/O 操作的同时，还要尽量提高设备与设备、设备与 CPU 的并行性，使得系统效率得到提高。同时，还要为用户使用 I/O 设备屏蔽硬件细节，提供方便易用的接口。

1. I/O 系统

通常把 I/O 设备及其接口线路、控制部件、通道和管理软件称为 I/O 系统，把计算机的主存和外围设备的介质之间的信息传送操作称为输入输出操作。随着计算机技术的发展，其应用领域不断扩大，I/O 设备的种类和数量越来越多，它们与主机的联络和信息交换方式各不相同。输入输出操作不仅影响计算机的通用性和可扩充性，而且成为计算机系统综合处理能力及性能价格比的重要因素。

I/O 设备的控制包括硬件和软件两方面，硬件的情况在 3.4 节中已有具体介绍。软件方面就是操作系统的设备管理部分。由于现在的外围设备种类非常丰富，操作系统厂家不能完全了解每种设备的具体特性，因此通常在操作系统中定义一些标准的控制接口，并由外设的生产厂家或第三方开发相应的设备驱动程序，操作系统的设备管理程序通过调用设备驱动程序，实现操作系统对外设硬件运行的控制。

2. 缓冲技术

外部设备通常是低速设备，而 CPU 速度非常快，为了协调 CPU 与外围设备之间速度不匹配的矛盾，以及协调逻辑记录大小与物理记录大小不一致的问题，提高 CPU 和 I/O 设备的并行性，在操作系统中普遍采用了缓冲技术。缓冲用于平滑两种不同速度部件或设备之间的信息传输，通常的实现方法是在主存开辟一个称为缓冲区的存储区，专门用于临时存放 I/O 设备的数据。其原理和思路与存储管理中通过高速缓存来连接 CPU 和主存的做法类似。

缓冲技术实现基本思想如下：在系统主存中设置专门供 I/O 操作使用的 I/O 缓冲区。当一个进程执行写操作输出数据时，先向系统申请一个输出缓冲区，然后将数据高速送到缓冲区，此后进程可以继续它的计算，同时系统将缓冲区内容写到 I/O 设备上。当一个进程执行读操作输入数据时，先向系统申请一个输入缓冲区，系统将一个物理记录的内容读到缓冲区中，然后根据进程要求，把当前需要的逻辑记录从缓冲区中选出并传送给进程。

在输出数据时，只有在系统还来不及腾空缓冲而进程又要写数据时，进程才需要等待；在输入数据时，仅当缓冲区空而进程又要从中读取数据时，进程才被迫等待。其他时间可以进一步提高 CPU 和 I/O 设备的并行性，以及 I/O 设备和 I/O 设备之间的并行性，从而提高整个系统的效率。相当于将外设的速度提高到内存芯片的速度等级。

在操作系统管理下，常常开辟出许多专用于主存区域的缓冲区用来服务各种设备，支持 I/O 管理功能。根据设备的特性和用户的需要，操作系统中可以为每个外部设备设置单个或多个缓冲，缓冲区越多，并行性能越好，但管理调度也越复杂，所以缓冲区并不是越多、越大就越好。

缓冲技术应用发展出虚拟设备的概念，即用户像操作普通设备一样对系统设置的缓冲区进行操作，而由操作系统将用户对虚拟设备的操作转换为对实际设备的操作。引入虚拟设备的概念可以使得系统中的每个用户感觉自己以独占的方式使用外设资源，提高了系统的整体效率。有些地方称为斯普林（SPOOLing）技术。

6.4.2 驱动

驱动（Device Driver）全称为"设备驱动程序"，是一种可以控制计算机和外部设备之间通信的特殊程序，驱动程序提供了硬件到操作系统的接口以及协调二者之间的关系，操作系统通过驱动程序控制设备的运作，假如某设备的驱动程序未能正确安装，即使硬件连接好了，也不能正常工作。

第 3 章中介绍过计算机外部设备种类繁多，生产的厂家众多，可以说产品五花八门、各式各样，操作系统不可能完全了解，而设备驱动程序将硬件本身的功能告诉操作系统，完成硬件设备的电子信号与操作系统及软件的高级编程语言之间的互相翻译。正因为这个原因，驱动程序在系统中的所占的地位十分重要，一般当操作系统安装完毕后，首要的便是安装硬件设备的驱动程序。驱动程序被誉为"硬件和系统之间的桥梁"，也有人称之为"硬件的灵魂""硬件的主宰"等。

随着技术的进步，为了方便大家的使用，现代操作系统通常具备自动或半自动地安装驱动程序的能力，对一些标准化的设备提供内置的标准自适应驱动，如硬盘、显示器、光驱、键盘、鼠标、网卡等。当然如果希望能够充分发挥硬件本身的特性，最好使用厂家提供的专用驱动程序。并且驱动程序也会进行更新，以修正其中隐藏的问题或增加新的功能、提高相应的性能等。

驱动程序的开发是很具挑战性的工作，必须配合硬件并且与操作系统内核进行交互，如果设计不当，可以会造成操作系统不稳定或死机等严重问题，因此驱动程序通常由设备厂家进行专门的设计。对于不明来源的驱动程序不要随意安装，如果使用不当，可能会造成计算机操作系统的故障或者外部设备本身的故障。可以说每一种设备都有自己特定的驱动程序。安装驱动的一般顺序原则是由近向远，也就是离核心越近的越先安装，离主机越远的外围设备可以稍后安装。在生活中我们可以将主机箱内的先安装，主机箱外的后安装。我们常见设备的驱动程序安装的一般顺序是：主板芯片组（Chipset）→显卡（VGA）→声卡（Audio）→网卡/无线网卡（LAN/Wireless LAN）→红外线（IR）→触控板（Touchpad）→ PCMCIA 控制器→读卡器（Flash Media Reader）→调制解调器（Modem）→其他（如打印机、扫描仪等）。不按顺序安装很有可能导致某些软件安装失败。

6.5 典型操作系统

目前计算机用户熟悉的操作系统有 Windows、Mac OS、UNIX 和 Linux。

Windows 是 Microsoft 公司的产品，多用于个人计算机。Mac OS 是苹果计算机的专用操作系统。UNIX 是一个通用、交互型分时操作系统，现已成为操作系统标准，而不是指一个具体操作系统。许多公司和大学都推出了自己的 UNIX 系统，用于专业领域的计算机。Linux 是一个开放源代码，类 UNIX 的操作系统，作为自由软件，它广泛用于构建 Internet 服务器。

6.5.1 Windows 系列

Microsoft 公司是现在世界上最大的软件公司，其开发的 Windows 操作系统目前在个人计算机中大约占 90%。

Microsoft 公司于 1983 年 11 月发布 Windows 操作系统，开始并不成功。直到 1990 年发布 Windows 3.0 版，对以前的版本进行了彻底改造，在功能上有了很大扩充，用户才逐步增加；而 1992 年 4 月发布的 Windows 3.1，才是第一个真正广泛使用的版本。

从 Windows 1.x 到 Windows 3.x，系统都必须依靠 DOS 提供的基本硬件管理功能才能工作，从严格意义上说还不能算作是一个真正的操作系统，只能称为图形化用户界面操作环境。1995 年 8 月 Microsoft 公司推出了 Windows 95 并放弃开发新的 DOS 版本，Windows 95 能够独立在硬件上运行，是真正的新型操作系统。在这之后 Microsoft 公司又相继推出了 Windows 98、Windows 98 SE 和 Windows ME 等后继版本。Windows 3.x 和 Windows 9x 都属于个人操作系统范畴，主要运行于个人计算机系列。

除了个人操作系统版本外，Windows 还有其商用操作系统版本 Windows NT，它主要运行于小型机、服务器，也可以在 PC 上运行。Windows NT 3.x 于 1993 年 8 月推出，以后又相继发布了 NT 4.x 版本。基于 NT 内核，Microsoft 公司于 2000 年 2 月正式推出了 Windows 2000。2001 年 1 月 Microsoft 公司宣布停止 Windows 9x 内核的改进，把个人操作系统版本和商用操作系统版本合二为一，命名为 Windows XP，它包括家庭版、专业版和一系列服务器版。

Windows 台式机操作系统的最新版本是 Vista，内部版本是 6.0（即 Windows NT 6.0），2006 年 11 月 8 日正式进入批量生产。根据微软表示，Windows Vista 包含了上百种新功能，其中较为特别的是全新的界面风格、加强后的搜寻功能、新的多媒体创作工具，以及重新设计的网络、音频、输出（打印）和显示子系统。Vista 使用点对点技术提升了计算机系统在家庭网络中的示通信能力，使不同计算机或装置之间分享文件与多媒体内容变得更简单。针对开发者，Vista 使用 .NET Framework 3.0 版本，比起传统的 Windows API 更能让开发者使用简单的方式写出高品质的程序。微软针对 Windows 最受到批评的系统安全问题，在 Vista 的安全性方面进行了重大改良，重新设计的内核模式加强了安全性。同时，针对商用服务器推出了 Windows Server 2008。

2009 年 10 月微软正式发布 Windows 7 操作系统，随后在 2015 年 1 月微软正式发布了 Windows 10 操作系统，2021 年 10 月 5 日 Windows 11 发布。整体而言，Windows 历史上最重要的或者说影响最大的几个版本是 Windows XP、Windows 7、Windows 10，其他版本则成为整个进化过程中的过渡版本。

另外，Windows 操作系统还有嵌入式操作系统系列，包括嵌入式操作系统 Windows CE、Windows NT Embedded 4.0 等。

6.5.2　Mac OS 系列

Mac OS 是一套运行于苹果 Macintosh 系列计算机上的操作系统，Mac 可以理解为 Macintosh 的简写。Mac OS 是首个在商用领域成功的图形用户界面。

Mac 系统是苹果机专用系统，是基于 UNIX 内核的图形化操作系统，一般情况下在普通 PC 上无法安装此操作系统。此系统由苹果公司自行开发，非常可靠，它的许多特点和服务都体现了苹果公司的理念。另外，现在疯狂肆虐的计算机病毒几乎都是针对 Windows 的，由于 Mac 的架构与 Windows 不同，所以很少受到病毒的袭击。实际上，由于早期的苹果系统使用的 CPU 不是 Intel 的产品，所以苹果的系统与 PC 系统无论在硬件上还是在软件上基本上都是不兼容的，很多人都称苹果为封闭的系统。Mac OS 界面非常独特，突出了形象的图标和人机对话。苹果公司不仅自己开发系统，也涉及硬件的开发。

iOS

苹果 iOS 是由苹果公司开发的手持设备操作系统（如图 6-8 所示）。苹果公司最早于 2007 年 1 月 9 日的 Macworld 大会上公布这个系统，最初是设计给 iPhone 使用的，后来陆续套用到 iPod touch、

图 6-8　iOS 系统

iPad 以及 Apple TV 等苹果产品上。iOS 与苹果的 Mac OS X 操作系统一样，它也是以 Darwin 为基础的，因此同样属于类 UNIX 的商业操作系统。原本这个系统名为 iPhone OS，直到 2010 年 6 月 7 日 WWDC 大会上宣布改名为 iOS。截止至 2011 年 11 月，根据 Canalys 的数据显示，iOS 已经占据了全球智能手机系统市场份额的 30%，在美国的市场占有率为 43%。

6.5.3　UNIX

UNIX 操作系统是一个通用、交互型分时操作系统。它最早由美国电报电话公司贝尔实验室于 1969 年在 DEC 公司的小型系列机 PDP-7 上开发成功。用 C 语言改写后的第 3

版 UNIX 具有高度易读性、可移植性，为迅速推广和普及迈出了决定性的一步。1978 年的 UNIX 第 7 版，可以看作当今 UNIX 的先驱，该版为今天的 UNIX 奠定了基础。20 世纪 70 年代中后期 UNIX 源代码的免费扩散引起了很多大学、研究所和公司的兴趣，大众的参与对 UNIX 的改进、完善、传播和普及起到了重要的作用。

UNIX 取得成功的最重要原因是系统的开放性，公开源代码，用户可以方便地向 UNIX 系统中逐步添加新功能和工具，这样可使 UNIX 越来越完善，能提供更多服务，成为有效的程序开发支撑平台。它是目前唯一可以同时在微型机、工作站大型机和巨型机上安装和运行的操作系统。

UNIX 操作系统的主要特点：

1）多用户多任务操作系统，用 C 语言编写，具有较好的易读、易修改和可移植性。

2）结构分核心部分和应用子系统，便于实现系统开放。

3）具有分层可装卸卷的文件系统，提供文件保护功能。

4）提供 I/O 缓冲技术，系统效率高。

5）剥夺式动态优先级 CPU 调度，有力地支持分时功能。

6）命令语言丰富齐全，提供了功能强大的 Shell 语言作为用户界面。

7）具有强大的网络与通信功能。

8）请求分页式虚拟存储管理，内存利用率高。

实际上，UNIX 已成为操作系统标准，而不是指一个具体操作系统。许多公司和大学都推出了自己的 UNIX 系统，如 IBM 公司的 AIX 操作系统、SUN 公司的 Solaris 操作系统、Berkeley 大学的 UNIX BSD 操作系统、HP 公司的 HP-UX 操作系统、SGI 公司的 IRIX 操作系统、SCO 公司的 SCO UNIXWare 和 Open Server 操作系统以及 AT&T 公司自己的 SVR 操作系统等。为解决各个版本间的兼容问题，使同一个程序能在所有不同 UNIX 版本上运行，IEEE 拟定了一个 UNIX 标准，称作 POSIX。它定义了相互兼容的 UNIX 系统必须支持的最少系统调用接口和工具。该标准已被多数 UNIX 支持，同时其他一些操作系统也在支持 POSIX 标准。此外，还有一些 UNIX 标准和规范，如 SVID（System V Interface Definition）、XPG（X-open Portability Guideline），这些均进一步推动了 UNIX 的发展。

在计算机的发展历史上，没有哪个程序设计语言像 C 那样得到如此广泛的流行，也没有哪个操作系统像 UNIX 那样获得普遍的青睐和应用，它们对整个软件技术和软件产业都产生了深远的影响，为此 UNIX 的创建者 Ritchie 和 Thompson 共同获得了 1983 年度的 ACM 图灵奖和软件系统奖。

6.5.4　从 Linux 到鸿蒙

Linux 是由芬兰籍科学家 Linus Torvalds 首先编写内核，并在自由软件爱好者共同努力下完成和丰富的一个操作系统。Linux 的发展见证了自由软件运动的强大力量，并形成了一个广泛的开放源代码社区。

Linus Torvalds 于 1991 年编写完成一个操作系统内核，当时他还是芬兰首都赫尔辛基大学计算机系的学生，在学习操作系统课程中，自己动手编写了一个操作系统原型，从此一个新的操作系统诞生了。Linus 把这个系统放在 Internet 上，允许自由下载，许多人对这个系统进行了改进、扩充、完善，并做出了关键性贡献。Linux 由最初一个人完成的原型变化成在 Internet 上由无数志同道合的程序高手们参与的一场运动。

Linux 属于自由软件，而操作系统内核是所有其他软件最基础的支撑环境。短短几年，Linux 操作系统已得到广泛使用。1998 年，作为构建 Internet 服务器的操作系统，Linux 已超越 Windows NT。计算机的许多大公司如 IBM、Intel、Oracle、Sun、Compaq 等都大力支持 Linux 操作系统，各种知名软件纷纷移植到 Linux 平台上，运行在 Linux 下的应用软件越来越多，Linux 的中文版已开发出来并开始在中国流行，同时也为发展我国自主操作系统提供了良好条件。

Linux 是一个开放源代码、类 UNIX 的操作系统。它除了继承了历史悠久和技术成熟的 UNIX 操作系统的特点和优点外，还做出了许多改进，成为一个真正的多用户、多任务通用操作系统。1993 年，第一个产品版 Linux 1.0 问世的时候，全部按自由扩散版权进行扩散，即公开源码，不准获利。不久发现这种纯粹理想化的自由软件会阻碍 Linux 的扩散和发展，特别限制了商业公司参与并提供技术支持的积极性。于是 Linux 转向 GPL 版权，除允许享有自由软件的各项许可权外，还允许用户出售自由软件拷贝程序。这一版权上的转变后来证明对 Linux 的进一步发展十分重要。

从 Linux 的发展史可以看出，是 Internet 孕育了 Linux，没有 Internet 就不可能有 Linux 今天的成功。从某种意义上来说，Linux 是 UNIX 和 Internet 结合的一个产物。

Linux 技术特点如下：

1）继承了 UNIX 的优点，又有了许多更好的改进，开放、协作的开发模式，是集体智慧的结晶，能紧跟技术发展潮流，具有极强的生命力。

2）真正的多用户、多任务通用操作系统，可作为 Internet 上的服务器；可用作网关路由器；可用作数据库、文件和打印服务器；也可供个人使用。

3）全面支持 TCP/IP，内置通信联网功能，并方便地与 LAN Manager、Windows for Workgroups、Novell Netware 网络集成，让异种机方便地联网。

4）符合 POSIX 1003.1 标准，各种 UNIX 应用可方便地移植到 Linux 下，反之也是一样。支持 DOS 和 Windows 上应用，对 UNIX BSD 和 UNIXSystem V 应用程序提供代码级兼容功能，也支持绝大部分 GNU 软件。

5）是完整的 UNIX 开发平台，支持一系列 UNIX 开发工具，几乎所有主流语言如 C、C++、Fortran、Ada、PASCAL、Modual 2 和 3、Smalltalk 等都已移植到 Linux 下。

6）提供庞大的管理功能和远程管理功能，支持大量外部设备。

7）支持 32 种文件系统，如 EXT2、EXT、XI AFS、ISO FS、HPFS、MS DOS、UMS DOS、PROC、NFS、SYSV、Minix、SMB、UFS、NCP、VFAT、AFFS 等。

8）提供 GUI，有图形接口 X-Window，有多种窗口管理器。

9）支持并行处理和实时处理，能充分发挥硬件性能。

10）开放源代码，可自由获得，在 Linux 平台上开发软件成本低，有利于发展各种特色的操作系统。

1. Android 系统

Android 是一种以 Linux 为基础的开放源代码操作系统，主要使用于便携设备。在中国使用"安卓"作为中文名称，"安卓"是目前最成功的开源系统。Android 操作系统最初由 Andy Rubin 开发，主要支持手机。2005 年由 Google 注资收购，并组建开放手机联盟开发改良，逐渐扩展到平板电脑及其他领域上。Android 的主要竞争对手是苹果公司的 iOS 以及 RIM 的 Blackberry OS。

2011 年第一季度，Android 在全球的市场份额首次超过塞班系统，跃居全球第一。2021 年 Android 占据全球智能手机操作系统市场约 70% 的份额，中国市场占有率约为 90%。自 2018 年起，谷歌以每年一个版本的速度进行更新，2018 年 8 月发布 Android 9，2019 年 9 月发布 Android 10，2020 年 9 月发布 Android 11，2021 年 10 月发布 Android 12。

2. 谷歌 Chrome OS

谷歌的 Chrome 最初是一款浏览器，后经发展，成为一款基于 Linux 的开源操作系统。

根据 IDC 的数据显示，2020 年 Chrome OS 的市场占有量首次超过 MacOS，整个 2020 年度，Chrome OS 的市场份额达到了 10.8%，而 MacOS 的份额仅为 7.5%。身在国内的我们可能无法想象 Chrome OS 已经成为全球第二大桌面操作系统，但在国外，相对实惠的价格加上简单易用的特性十分受欢迎。

在 2011 年初，Chrome OS 诞生，但在当时 Chrome OS 并没有受到市场认可。当时恰逢上网本的流行，低功耗、低成本、低规格的上网本由于较低的价格在当时非常受欢迎，这些上网本能运行比较完整的 Windows 系统，在轻度办公中可以发挥较大的用途。

3. 鸿蒙系统（Harmony OS）

2021 年 10 月鸿蒙系统发布 3.0。华为称鸿蒙系统为智能终端操作系统。Harmony OS 是一款面向万物互联时代的、全新的分布式操作系统。

在传统的单设备系统能力基础上，Harmony OS 提出了基于同一套系统能力、适配多种终端形态的分布式理念，能够支持手机、平板、智能穿戴、智慧屏、车机等多种终端设备，提供全场景（移动办公、运动健康、社交通信、媒体娱乐等）业务能力。搭载该操作系统的设备在系统层面融为一体、形成超级终端，让设备的硬件能力可以弹性扩展，实现设备之间硬件互助，资源共享。

对消费者而言，Harmony OS 能够将生活场景中的各类终端进行能力整合，实现不同终端设备之间的快速连接、能力互助、资源共享，匹配合适的设备、提供流畅的全场景体验。

对应用开发者而言，Harmony OS 采用了多种分布式技术，使应用开发与不同终端设备的形态差异无关，从而让开发者能够聚焦上层业务逻辑，更加便捷、高效地开发应用，实现一次开发，多端部署。

对设备开发者而言，Harmony OS 采用了组件化的设计方案，可根据设备的资源能力和业务特征灵活裁剪，满足不同形态终端设备对操作系统的要求。一套操作系统可以满足不同能力的设备需求，实现统一 OS，弹性部署。

Harmony OS 提供了支持多种开发语言的 API，供开发者进行应用开发。支持的开发语言包括 Java、XML（Extensible Markup Language）、C/C++、JS（JavaScript）、CSS（Cascading Style Sheets）和 HML（Harmony OS Markup Language）。

Harmony OS 整体遵从分层设计，从下向上依次为：内核层、系统服务层、框架层和应用层。系统功能按照"系统 > 子系统 > 功能 / 模块"逐级展开，在多设备部署场景下，支持根据实际需求裁剪某些非必要的子系统或功能 / 模块。Harmony OS 技术架构如图 6-9 所示。

（1）内核层

- 内核子系统：Harmony OS 采用多内核设计，支持针对不同资源受限设备选用适合的 OS 内核。内核抽象层（Kernel Abstract Layer，KAL）通过屏蔽多内核差异，对上层提供基础的内核能力，包括进程 / 线程管理、内存管理、文件系统、网络管理和外设管理等。

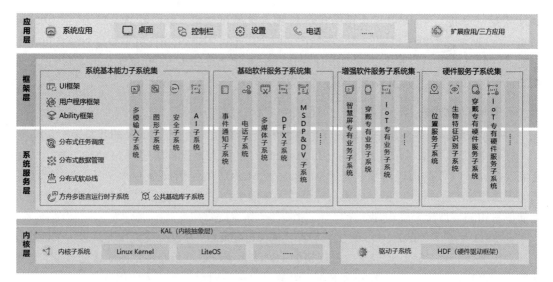

图 6-9　Harmony OS 技术架构示意图

- 驱动子系统：硬件驱动框架（HDF）是 Harmony OS 硬件生态开放的基础，提供统一外设访问能力和驱动开发、管理框架。

（2）系统服务层

系统服务层是 Harmony OS 的核心能力集合，通过框架层对应用程序提供服务。该层包含以下几个部分。

- 系统基本能力子系统集：为分布式应用在 Harmony OS 多设备上的运行、调度、迁移等操作提供了基础能力，由分布式软总线、分布式数据管理、分布式任务调度、方舟多语言运行时、公共基础库、多模输入、图形、安全、AI 等子系统组成。其中，方舟运行时提供了 C/C++/Java Script 多语言运行时和基础的系统类库，也为使用方舟编译器静态化的 Java 程序（即应用程序或框架层中使用 Java 语言开发的部分）提供运行时系统。
- 基础软件服务子系统集：为 Harmony OS 提供公共的、通用的软件服务，由事件通知、电话、多媒体、DFX（Design For X）、MSDP&DV 等子系统组成。
- 增强软件服务子系统集：为 Harmony OS 提供针对不同设备的、差异化的能力增强型软件服务，由智慧屏专有业务、穿戴专有业务、物联网专有业务等子系统组成。
- 硬件服务子系统集：为 Harmony OS 提供硬件服务，由位置服务、生物特征识别、穿戴专有硬件服务、物联网专有硬件服务等子系统组成。

根据不同设备形态的部署环境，基础软件服务子系统集、增强软件服务子系统集、硬件服务子系统集内部可以按子系统粒度裁剪，每个子系统内部又可以按功能粒度裁剪。

（3）框架层

框架层为 Harmony OS 应用开发提供了 Java/C/C++/Java Script/Type Script 等多语言的用户程序框架和 Ability 框架，两种 UI 框架（包括适用于 Java 语言的 Java UI 框架、适用于 JS/TS 语言的方舟开发框架），以及各种软硬件服务对外开放的多语言框架 API。根据系统的组件化裁剪程度，Harmony OS 设备支持的 API 也会有所不同。

（4）应用层

应用层包括系统应用和第三方非系统应用。Harmony OS 的应用由一个或多个 FA（Feature

Ability）或 PA（Particle Ability）组成。其中，FA 有 UI 界面，提供与用户交互的能力；而 PA 无 UI 界面，提供后台运行任务的能力以及统一的数据访问抽象。FA 在进行用户交互时所需的后台数据访问也需要由对应的 PA 提供支持。基于 FA/PA 开发的应用，能够实现特定的业务功能，支持跨设备调度与分发，为用户提供一致、高效的应用体验。

6.5.5 智能手表操作系统

目前主流的智能手表系统可以分为 6 大类，Watch OS、鸿蒙系统、安卓系统、Wear OS、Tizen OS、RT OS。

Watch OS 是苹果手表所搭载的操作系统，苹果就是这么简单直接，就叫手表系统。华为最近发布的手表都是搭载的鸿蒙系统。Wear OS 是谷歌曾经为了智能手表开发出来的一个操作系统，但现在不少手机大厂的手表，并不使用 Wear OS，而是自己定制了手表系统。三星的手表则是搭载的 Tizen OS，基于 Linux 开发。RT OS 是智能手环主要使用的系统，也有不少智能手表在用，因此搭载这个系统的智能手表功能跟手环差不多。以上 6 大系统除了安卓系统都是闭源的。

本章小结

操作系统是用户与计算机硬件之间的接口。它是管理计算机系统资源、控制程序执行、改善人机界面、提供各种服务、合理组织计算机工作流程和为用户使用计算机提供良好运行环境的一类系统软件。

操作系统的资源管理功能主要包括：处理器管理、存储管理、文件管理和设备管理等。

构成操作系统的基本单位除内核之外，还有进程、线程等。系统必须有一个软件对硬件处理器及有关资源进行管理，以便给进程的执行提供良好的运行环境，这个部分就是操作系统的内核。进程是系统进行保护和资源分配的单位，线程是进程中一条执行路径，每个进程中允许有多个并行执行的路径，线程才是系统进行调度的独立单位。

操作系统的基本类型有 3 种：批处理系统、分时系统和实时系统。具备全部或兼有两者功能的系统称为通用操作系统。随着硬件技术的发展和应用深入的需要，新发展和形成的操作系统有：微机操作系统、网络操作系统、分布式操作系统和嵌入式操作系统。

处理器能力是计算机系统的核心，处理器管理是操作系统的核心任务。对处理器的管理和调度最终归结为对进程和线程的管理和调度。处理器调度分高级调度、中级调度和低级调度。操作系统的基本任务是对"进程"实施管理，操作系统必须有效控制进程执行、给进程分配资源、允许进程之间共享和交换信息、保护每个进程在运行期间免受其他进程干扰、控制进程的互斥、同步和通信。处理器管理的一个主要工作是对进程的控制，对进程的控制包括：创建进程、阻塞进程、唤醒进程、挂起进程、激活进程、终止进程和撤销进程等。所有进程管理的思想都是使得拥有不同资源的不同进程同步。只要资源可以被多个用户（进程）同时使用，那么它就有两种状态：互斥和死锁。

存储管理是操作系统的重要组成部分，它负责管理计算机系统的重要资源——主存储器。任何程序及数据必须占用主存空间后才能执行，因此存储管理的优劣直接影响系统的性能。

操作系统中负责管理和存储文件信息的软件机构称为文件管理系统，简称文件系统。文件系统是用于管理外存的主要方法，它用统一的方式管理用户和系统信息的存储、检索、更新、共享和保护，并为用户提供一整套方便有效的文件使用和操作方法。

文件的存取方式分为顺序方式和随机方式。顺序方式是按照数据在文件中的排列情况进行访问，而随机方式则是根据用户需要不按数据的实际排列顺序进行访问。显然随机方式具有更大的自由度，在很多情况下更为实用。

文件的逻辑结构可分为记录式和无结构式。记录文件中记录是数据的组织方式，文件是若干记录的集合，文件内容的增加或减少是以记录为单位的。记录可以再细分为数据项。无结构文件按字节进行存储。

顺序文件、索引文件和散列文件各有优缺点，可以根据应用需要进行选择使用。如果单纯存储数据，空间利用率较高，但访问速度受限。如果要提高访问效率，则需要增加空间开销或计算开销。

设备管理是操作系统中最庞杂的部分，其主要任务是控制外围设备和 CPU 之间的 I/O 操作。设备管理模块在控制各类设备和 CPU 进行 I/O 操作的同时，还要尽量提高设备与设备、设备与 CPU 的并行性，使得系统效率得到提高，同时，要为用户使用 I/O 设备屏蔽硬件细节，提供方便易用的接口。

Windows、UNIX 和 Linux 是目前使用广泛的几类操作系统。Windows 是 Microsoft 公司的产品，多用于个人计算机。UNIX 是一个通用、交互型分时操作系统，现已成为操作系统标准，而不是指一个具体操作系统。许多公司和大学都推出了自己的 UNIX 系统，用于专业领域的计算机。Linux 是一个开放源代码，类 UNIX 的操作系统，作为自由软件，它广泛用于构建 Internet 服务器。

鸿蒙系统 Harmony OS 是中国自由开发的有完全自主知识产权面向万物互联时代的、全新的分布式操作系统。我国的操作系统研发工作起步较晚，在近几年才取得实质性突破，未来将会有更多的自主产品出现。

本章习题

一、复习题

1. 什么是操作系统？
2. 操作系统的基本功能是什么？
3. 操作系统的基本组成有哪些？
4. 操作系统如何分类？
5. 什么是进程？它与程序是什么关系？
6. 什么是死锁？死锁形成的条件是什么？
7. 什么是虚拟内存？应如何设置？
8. 文件系统的主要作用是什么？如何建立文件系统？
9. 简述文件的访问方式，各有什么特点？适合用什么形式的存储方式实现？
10. 试比较顺序文件、索引文件、散列文件的优缺点。
11. 缓冲技术的基本思想是什么？它有什么作用？
12. 常用的操作系统有哪几种？它们有什么区别？

二、练习题

（一）填空题

1. 具有及时性和高可靠性的操作系统是_____。

2. 操作系统是用户与计算机硬件之间的_____。操作系统合理组织计算机的_____，协调各个部件有效工作，为用户提供一个良好的运行环境。操作系统是计算机系统的_____管理者。在计算机系统中，硬件资源包括_____、_____、_____等；信息资源分为_____和_____等。

3. 构成操作系统的基本单位除_____之外，主要有_____、_____、_____和_____。

4. 操作系统的基本类型有_____、_____和_____三种。具备全部或兼有两者功能的系统称通用操作系统。随着硬件技术的发展和应用深入的需要，新发展和形成的操作系统有：_____、_____、_____和嵌入式操作系统。

5. 现代操作系统往往采用_____与_____相结合的方式来完成多处理器调度。

6. 处理器管理的一个主要工作是对进程的控制，对进程的控制包括：_____、阻塞进程、_____、_____、激活进程、_____和撤销进程等。

7. 存储器可以分为寄存器、_____、主存储器、_____、固定磁盘、_____6个层的层次结构。

8. 操作系统中负责管理和存储文件信息的软件机构称为文件管理系统，简称文件系统。它用统一的方式管理用户和系统信息的_____、_____、_____、_____和保护，并为用户提供一整套方便有效的文件使用和操作方法。

9. 作业管理的基本功能包括_____。

10. 从结构上看每个进程由_____组成。

（二）选择题

1. 下列属于系统软件的有_____。
   A. UNIX　　　　　　　B. DOS　　　　　　　C. CAD　　　　　　　D. Excel

2. 在计算机领域中，所谓"裸机"是指_____。
   A. 单片机　　　　　　　　　　　　　　　B. 单板机
   C. 没有安装任何软件的计算机　　　　　D. 只安装了操作系统的计算机

3. 在操作系统的分类中，有一类称为批处理系统。在单 CPU 的计算机中，多道批处理系统的工作方式是_____。
   A. 逐个运行多道程序　B. 顺序运行多道程序　C. 并行运行多道程序　D. 轮流运行多道程序

4. 操作系统负责管理计算机系统的_____，其中包括处理机、内存、外围设备和文件。
   A. 程序　　　　　　　B. 文件　　　　　　　C. 资源　　　　　　　D. 进程

5. Windows 属于下列哪一类操作系统？
   A. 单用户单任务　　　B. 单用户多任务　　　C. 多用户　　　　　　D. 批处理

6. 操作系统中的高级调度是指_____。
   A. 作业调度　　　　　B. 进程调度　　　　　C. 进程交换调度　　　D. 线程调度

7. 要求进程一次性申请所需的全部资源，是破坏了死锁必要条件中的哪一条？
   A. 互斥　　　　　　　B. 请求与保持　　　　C. 不剥夺　　　　　　D. 循环等待

8. Windows 系统中的磁盘文件物理结构属于_____。
   A. 连续文件　　　　　B. 链接文件　　　　　C. 索引文件　　　　　D. 散列文件

9. 下列哪一条不是批处理系统的优点？
   A. 吞吐量大　　　　　B. 资源利用率高　　　C. 系统开销小　　　　D. 响应及时

10. UNIX 属于下列哪一类操作系统？
    A. 单用户单任务　　　B. 单用户多任务　　　C. 多用户　　　　　　D. 批处理

11. I/O 请求完成会导致哪种进程状态演变？

A. 就绪→执行　　　　B. 阻塞→就绪　　　　C. 阻塞→执行　　　　D. 执行→阻塞

12. "临界资源"是指_____。

A. 正在被占用的资源　　　　　　　　　B. 不可共享的资源

C. 一次只能被一个进程使用的资源　　　D. 可同时使用的资源

13. 对资源编号，要求进程按照序号顺序申请资源，是破坏了死锁必要条件中的哪一条？

A. 互斥　　　　　　　B. 请求与保持　　　　C. 不剥夺　　　　　　D. 循环等待

14. Windows 系统中的命令文件使用哪种后缀名？

A. EXE　　　　　　　B. COM　　　　　　　C. BAT　　　　　　　D. SYS

15. 作业由后备状态转变为执行状态是通过以下哪个调度程序实现的？

A. 作业调度　　　　　B. 进程调度　　　　　C. 中级调度　　　　　D. 驱臂调度

（三）判断题

1. 早期批量处理解决了手工操作阶段的操作联机问题。　　　　　　　　　　　（　　）

2. 交互性是批处理系统的一个特征。　　　　　　　　　　　　　　　　　　（　　）

3. 所谓并行是指两个或两个以上的事件在同一时刻发生。　　　　　　　　　　（　　）

4. 进程就是作业。　　　　　　　　　　　　　　　　　　　　　　　　　　（　　）

5. 用户在编程时直接使用物理地址的存储分配方式为静态方式。　　　　　　　（　　）

6. 进程在不同的系统中有不同的术语名称，如任务（Task）和活动（Active）等。　（　　）

7. 单处理器的调度和多处理器的调度没有区别。　　　　　　　　　　　　　　（　　）

8. 产生死锁的四个必要条件，互为独立。　　　　　　　　　　　　　　　　　（　　）

9. 破坏死锁的四个必要条件就能防止死锁发生。　　　　　　　　　　　　　　（　　）

10. 存储器越高层次，CPU 访问越直接，速度越快，成本越高，配置的容量越小。（　　）

（四）讨论题

1. 一台计算机有一个 Cache、主存储器和用作虚拟存储器的磁盘，假设访问 Cache 中的字需要 20ns 的定位时间；如果该字在主存储器中而不在 Cache 中，则需要 60ns 的时间载入 Cache，然后再重新开始定位；如果该字不在主存储器中，则需要 12ms 的时间从磁盘中提取，然后需要 60ns 复制到 Cache 中，然后再开始定位。Cache 的命中率是 0.9，主存储器的命中率是 0.6，在该系统中访问一个被定位的字所需要的平均时间为多少（单位：ns）？

2. 假设系统中有 M 个可用资源，N 个进程，设每个进程需要的资源数为 W。请按以下给出的 M、N 和 W，计算哪些情况可能发生死锁，哪些情况不会出现死锁，为什么？

1）$M = 2, N = 2, W = 1$；2）$M = 3, N = 2, W = 2$；3）$M = 3, N = 2, W = 3$；

4）$M = 5, N = 3, W = 2$；5）$M = 6, N = 3, W = 3$

3. 试述设备管理方式。

4. 试分析驱动程序的作用。

5. 简述文件的访问方式，各有什么特点？适合用什么形式的存储方式实现？

6. 试比较顺序文件、索引文件、散列文件的优缺点。

7. 描述常见操作系统发展情况。

第7章 从数据库到数据科学

本章我们从数据科学的角度讨论运用数据库管理方法管理大量数据，着重阐述数据库的基本概念、原理在此基础上讨论大数据、数据仓库及数据挖掘技术。

数据库是计算机系统中用于管理数据的技术。相对于文件系统（第6章相关内容），数据库技术是数据管理的高级模式，它对数据进行组织和管理，是当前公认的高效管理方式。文件是管理数据的基本方法，在一定的条件下，使用文件具有简便、成本低等优点。

7.1 数据

数据（Data）这个词汇在我们现在的生活中经常出现，在不同的应用场景中，其特定的含意也不尽相同。我国2021年6月通过的《中华人民共和国数据安全法》中对数据的界定是：任何以电子或者其他方式对信息的记录。

7.1.1 数据的内涵

在计算机科学中，数据是所有能输入计算机并被计算机处理的符号与介质的总称。也就说，数据泛指所有能用于输入电子计算机进行处理且具有一定意义的数字、字母、符号和模拟量等。计算机存储和处理的对象十分广泛，表示这些对象的数据也随之变得越来越复杂。对于计算机系统而言，其输入可以分为两大类，一类是用来运行或控制计算机运行的，我们称之为程序；另一类是用来记录信息并作为程序的处理对象和程序运行的结果，即数据。实际上计算机的输出也是某种形式的数据。

《英汉云计算·物联网·大数据辞典》中对数据的解释是描述事物的符号记录，可定义为有意义的实体，它涉及事物的存在形式。数据是关于事件的一组离散且客观的事实描述，是构成信息和知识的原始材料。

不同学者在不同语境下，对数据有不同的解释，但有些基本的事实是相同的。比如，数据不是天然的，是一种人类的发明创造，可以说数据是人为创造的一种对事物的表示方式，人们通过这种方式来描述或反映通过观察或实验得到的对现实世界中的地方、事件、对象或概念的认知结果，数据的具体的形态是一组特定的符号，不同的符号组合表示不同的含义。在创造数据之初，还没有计算机的概念，因此当时的数据主要是直接为人类所用的，而当现代意义上的计算机出现后，数据成为计算机的主要工作对象，现实条件下，人类所掌握的绝大多数数据都存储在计算机系统中。

由于人们对现实世界的观察可能是定性的，也可能是定量的，这就决定了有些数据是定性的表述，也有些数据是定量的表述，从现实的应用情况来看，定量的数据占绝大多数。

从连续性角度看，数据可分为模拟数据和数字数据两大类。数据可以是连续的值，比如声音、图像等，这类数据称为模拟数据；数据也可以是离散的，如数值、符号、文字等，称为数字数据。

从计算机处理的角度看，数据是计算机加工的"原料"，如数值、字符、符号、文字、图形和声音、视频等。在计算机系统中，数据以二进制信息单元 0、1 的形式表示。数据处理是对数据以某种模式建立起来的关系进行处理的过程，如数学计算、逻辑运算等。

需要指出的是数据与数值是两个不同的概念。数值是数据存在的形式之一，在计算机科学发展应用的初期和科学计算领域中，数值是数据的主要形式。在当今广泛应用的计算机系统中，尤其是互联网上，更多的数据是以文字、图形、图像、语音、视频、多媒体和富媒体等表现形式存在的。

在数据中有一类特殊的数据，称为元数据（Metadata），又称中介数据、中继数据，它是描述数据的数据（Data About Data），主要是描述数据属性（Property）的信息，用来支持如指示存储位置、历史数据、资源查找、文件记录等功能。通常元数据被用于对某个或某种现有数据进行描述，是对于现有数据的某些属性的描述，如某数据的长度、精度、文件大小、产生时间、产生地点、产生设备等。元数据分为 5 大类：管理、描述、保存、技术和应用类元数据。例如本教材的出版社、作者、版本号、书号、页数、印数、字数、价格等。

数据的表现形式不能完全表达其内容，需要经过解释，数据和关于数据的解释是不可分的。例如，85 这个数据，其含义可以是一个同学某门课的成绩，也可以是一扇门的宽度，还可以是某个专业班级的学生人数。数据的解释是指对数据含义的说明，数据的含义称为数据语义（Data Semantics），数据与其语义是不可分的。

7.1.2 数据模型与维度

数据模型与数据维度是人们认识和理解数据的两种重要途径，尤其是对于复杂数据，人们根据应用的需要，可能从不同视角理解或应用数据。

1. 数据模型

数据建模是人们理解数据的重要途径之一，根据具体的应用层次和建模目标，数据模型可分为三种基本类型：概念模型、逻辑模型和物理模型，在实际应用中需要注意数据模型的相应类型，在不同的应用层级中会使用不同类型的模型，不同类型的模型之间可能存在一定的对应关系，在适当的条件下可以相互转换。

1）概念模型（Conceptual Data Model）是以现实世界为基础，从应用用户的视角对数据构建的模型，主要用数据来描述现实世界的概念化结构，与具体的数据管理技术和系统无关，即同一个概念模型可以转换为不同的逻辑模型。常用的概念模型有：E-R 图、面向对象模型和谓词模型等。

2）逻辑模型（Logical Data Model）是在概念模型的指导下，从数据技术的视角对数据的进一步组织，主要由计算机软件的设计人员和数据管理人员运用。常用的逻辑模型有：关系模型、层次模型、网状模型，近年随着大数据的发展应用，键值模型、文档模型、列族模型等逻辑模型的应用不断增加。

3）物理模型（Physical Data Model）是在逻辑模型的指导下，结合具体物理设备，从计算机物理实现的视角对数据进行建模，主要用于描述数据在存储介质上的组织结构，与具体的平台，特别是操作系统和硬件直接相关，常用的物理模型有索引、分区、复制、分片等。

2. 数据维度

数据分类是帮助人们理解数据的另一个重要途径。为了深入理解数据常用分类的方法，通常从结构化程度、加工程度和抽象程度等不同维度分析数据的特征。

1）根据数据的结构化程度，通常将数据划分为结构化数据、半结构化数据和非结构化数据。数据的结构化程度对数据的处理方式具有重要影响。

结构化数据以"先有结构，后有数据"的方式生成，即先定义严格的数据结构，再根据数据结构生成相应的具体数据，比如在 Pascal 语言、关系型数据库，或者我们常用的 Excel 表中都是如此。如果遇到数据与数据结构不一致时，需要按照数据结构的要求对数据进行转换。在程序设计语言中，通常用数据类型来代表某类数据结构。

非结构化数据没有统一设计的数据结构，或者说是在没有预先定义数据结构的情况产生的数据。这类数据一般无法直接用传统的关系型数据库进行管理。以音、视频数据为代表，由于人们通常不能预测下一步会出现什么样的声音或画面，因此从数据的表现形式上此类数据是非结构化的。

半结构化数据介于结构化数据与非结构化数据之间，如 HTML、XML 等。其数据的结构与内容有较高的耦合度，进行转换处理后，仍能发现其内在的结构。

目前，非结构化数据占比最大，是数据科学研究的主要方向和重点热点，非结构化数据的处理应用是数据科学中发展最快的领域。

2）根据数据的加工程度，通常可将数据划分为零次数据、一次数据、二次数据和三次数据。数据的加工程度对数据的处理流程设计和应用选择具有重要影响。

零次数据指原始数据，通常是由传感器等直接生成的，也指数据的原始内容。零次数据往往存在缺失、噪声、错误或虚假等质量问题。

一次数据指对零次数据进行初步预处理后得到的"整齐、干净"的数据，预处理主要指清洗、变换、集成等。一次数据与零次数据有所区别，但基于属于同一层次，不会改变零次数据的基本属性，相关的预处理主要是为了保证处理的有效性，防止不合规的数据引起处理的失效。

二次数据是对一次数据进行常规应用处理或分析后得到的"增值数据"，应用处理与具体业务相关，也包括脱敏、规约、标注等，二次数据经过相应的处理，能够展现出对零次和一次数据所不能直接观察到的结果，因此称之为增值。

三次数据是对一次或二进数据进行深度处理后得到的数据产品，如统计分析、数据挖掘、机器学习、可视化分析等，三次数据能够更直接地为决策提供支持服务。

在统计学领域通常将数据分为一次数据（Primary Data）和二次数据（Secondary Data），这里的一次数据包括了上述的零次数据和一次数据，而二次数据涵盖了上述的二次数据和三次数据。关于数据加工程度的分类还可以有其他方式。

3）根据数据的抽象程度或者封装程度，可划分为数据、元数据和数据对象 3 个层次。数据和元数据在前面已经讨论过了。数据对象指对数据内容与其元数据进行封装或关联后得到的更高层次的数据集，例如可以将本教材的内容、元数据、参考资源、使用本教材的课程等封装成一个数据对象。

4）数据维度在很多情景中是指数据结构的复杂程度，指数据所能够表征的事物属性的种类数量，也就是如果需要在空间中表示这个数据所需要的维度数量。如果一个数据结构只表示事物的某一种属性，就称之为一维数据，这个数据可以在一维空间中进行表示，比如某本书的重量，在空间中可以用某个点表示。对于面积或静态图像这样的需要用二维空间表示的数据，称为二维数据，比如某本书的重量与页数。对于需要用三维空间表示的数据，称为三维数据，比如某本书的重量、页数、开本。一般将三维以上的数据统称为高维数据（High-

Dimensional Data）或多维数据（Multi-Dimensional Data），高维数据不能用常规的三维空间完全展现，需要用特殊的方法转换后再进行表示，比如在书籍的重量、页数、开本的基础上，再加上出版社、作者、书号等。显然，数据的维度越高，其所承载的信息量通常越大，相应的处理越复杂。

7.1.3　数据与信息

前面我们讨论了数据的内涵，数据是人类发明创造出来用以表示信息的，因此数据与信息之间有着密切的关联。

可以说数据是信息的表现形式和载体，信息是数据内在蕴含的意义。信息加载于数据之上，对数据进行具有含义的解释。从某种意义上说，数据和信息是不可分离的，信息依赖数据来表达，信息也是数据的灵魂所在。数据是符号，是物理性的，信息是逻辑性和观念性的。数据与信息的关系是形与质的关系。不包含信息的数据本身没有意义，甚至有垃圾数据的说法，在数据科学中垃圾数据通常指不包含有价值信息和包含有错误信息的数据。信息如果离开载体，就不能独立存在和传递，也就失去了实际意义。在当代，数据是信息最主要的载体形式。信息蕴含于数据之中，借助数据存储、传递和加工处理，人们运用计算机处理数据的实际意义就是对其所蕴含的信息进行处理，因而有对数据进行加工处理之后可以得到信息的说法。但是应当注意，从本质上来说，数据并不是信息的来源或前身，更不能因这种说法，就说信息是由数据产生的，这种说法只是表达了信息处理过程中的一个环节，实际上信息的存在要早于数据，是人们为了保存、传递和处理信息，将信息附加在数据之内，在需要的时候，再从数据中将其提取出来。

关于数据与信息关系的讨论，DIKW模型（Data-Information-Knowledge-Wisdom，DIKW pyramid）是一种比较有影响力的观点。DIKW模型在不同资料里有多种译名，如DIKW金字塔、DIKW层次结构、智慧层次结构、知识层次结构、信息层次结构或数据金字塔等，目前尚不确定这个模型是何时、由谁首次提出的，其结构上也流传有多种版本，不同的学者根据自身的研究进行了相应的调整，如图7-1所示的是流传比较广泛的一个基本版本。

在DIKW模型中，数据处于最底层，其作用是对客观世界进行真实的记录，每

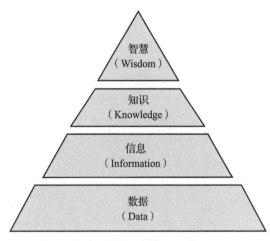

图 7-1　DIKW 模型示意图

个数据只能记录现实世界中的一小部分事实；第二层是信息，通过多个数据的组合，可以得到某种信息；第三层是知识，尽管知识是一个意会的、难以描述和定义的概念，在这个模型中，相对于信息，知识是从大量信息中发现的共性规律，有时可能会表现为模式、模型或者理论、方法等；而最高层的智慧，可以理解为是选择最优的能力，是运用知识的方式，智慧可以通过大量的知识达成。从信息到知识，可以解决如何把事做对，而智慧可以达成做对的事的境界；知识可以指导人们怎样做和为什么要这样做，而智慧更具启示性，是指导怎样做事更好或最好。

知识管理思想的创始人之一的米兰·泽莱尼（Milan Zeleny）和罗素·阿科夫（Russell Ackoff）被认为在这个模型的确立方面起到了关键作用。这个模型可以帮助人们理解如何在当前海量数据的条件下，充分利用和发挥数据中所蕴含的价值，这个模型自底层至顶层推进的过程，从形式上看是从"数据"到"智慧"的认识转变过程，同时也是从"认识部分到理解整体、从描述过去（或现在）到预测未来"的过程。

在学习和运用 DIKW 模型时需要注意的是：数据并非真正的起点，只是在该模型中，由于其研究的范畴限制，从已有数据开始进行研究，或者说该模型以数据为起点进行研究；而在现实世界中，数据并非起点，该模型没有研究数据的生成过程，我们在理解数据与信息的关系时，需要注意这一点。在一这模型中信息、知识、智慧的关系，比较适合一般的理解。当然，在本模型中，对于知识和智慧的解释也只是一个方面，在其他情境中，这些概念都有更丰富的解释。

7.1.4 数据简史

人类发明"数"或者说创造"数"这个概念是为了生活和生产的需要。据考古学者研究，在远古时代，人们就开始在穴居的岩洞里刻画计数，或许这些先人留下的痕迹可以算是人类最早的一批数据（如图 7-2 所示）。

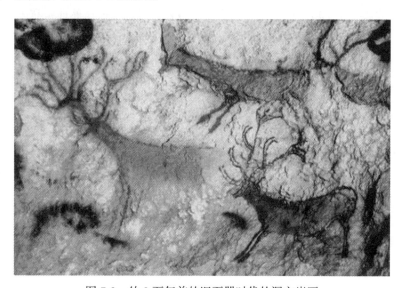

图 7-2 约 2 万年前的旧石器时代的洞穴岩画

在中国的史籍中，当今可查的最早记载计数的是《周易》，其《系辞 下传》篇中第二章末写有："上古结绳而治，后世圣人易之以书契，百官以治，万民以察"的记载。其大体意思是说在上古的时候，还没有文字，人们系结绳子作为标记来处理事务，后来有贤明的圣人发明了契刻文字方法，替代了原先的结绳方式。官员可以用它来治理政务，民众可以用它来记录日常事务。据古人注："事大，大结其绳；事小，小结其绳"。也就是说通过不同的结绳方式来表示不同的信息。《周易》中记载的具体结绳方式已经失传。在其他远古文明中也有类似的方法，研究已经发现南美的古印加人采用被称为奇普（Quipu 或 Khipu）的结绳记事方法，有学者认为奇普是一种三维的文字。一般认为在真正的文字出现之前人类处于记号时代，先民用各种可能的符号记录他们所需要的信息，从数据的角度看，这些符号是人类最早的数据。

随着文字包括数字的出现，人类进入文字时代，能够以更加准确的形式更加精细地记录数据。在纸张发明之前，撰写文字是非常复杂的事，因此早期的文字记录非常少，造纸术的发明是人类文明史上一项非常重要的创造。我们的祖先在汉代发明的造纸术为世界文明的进步做出了重大贡献。纸张的出现，极大地方便了文字的使用，使得人们能够方便地记录数据，并以此传递信息、传播知识，使文字得以被广泛使用。应该说在造纸术发明后，人类才真正进入文字广泛应用的时代。

影像记录是一种最直接与自然的记录形式，在人类历史上相当长的时期里，人们都只能用手工绘画的方式记录画面。数字影像的发展是最近几十年的事，从传统的手工绘制到今天的数码影像，经过了漫长的发展过程。在 19 世纪早期，人类发明了现代意义上的摄影术，使得快速记录真实影像成为可能，而其所运用的基本原理小孔成像，在公元前 400 年左右春秋战国时期墨子所著的《墨经》里就有所记载，由于墨子对人类早期科学的贡献，他在后世被尊称为"科圣"。

相对于静态的画面、文字、数字等，人类能够记录动态信息的历史要短得多。直到 19 世纪中后期，人们在静态影像记录的基础上发明出动态影像的记录技术。其后不久，在 19 世纪后期人类发明了记录声音的装置。

直到完全的数字化手段发明之前，人类生产各种记录的手段依然非常有限，因此数据生产率并不高。在 20 世纪中期，现代意义的电子计算机发明后，为了给计算机提供相应的数据存储手段，磁、光等记录技术快速发展，在 20 世纪末期，人们基本从技术上解决了各种数据的数码化，人类进入数码时代，各种数码产品不断涌现并广泛应用，如数码相机、数码录音机、播放器、数码摄像机等，人们能够方便地将现实世界中的大量信息转换成电子计算机能够处理的数据形式，使得人类逐渐步入大数据时代。

7.2 数据库的基本概念

数据多了，自然需要进行管理。数据库技术是一种运用计算机长期管理大量数据的方法，它研究如何组织和存储数据，如何高效地获取和处理数据。数据库技术是目前计算机技术的一个最广泛应用的领域之一。

虽然要给出一个能够被人广泛接受的数据库定义有一些困难，但通常我们使用如下定义。

重要

数据库的定义

数据库是一个被应用程序使用的逻辑相一致的相关数据的集合。

7.2.1 什么是数据库

数据库提供了一种把相关数据集合在一起的方法，它是一个数据的有机集合，它可以使我们在某个集中的地方存储和维护这些数据。直观地看，数据库是存储在一起的相关数据的集合，这些数据是结构化的（可能有一些必要的冗余），为多种应用服务，数据的存储独立于使用它的程序。对数据库插入新数据，修改和检索原有数据均能按一种公用的和可控制的方式进行。从计算机科学角度来看，数据库是一种针对大量数据的数据管理方法；从技术角度来看，数据库是管理数据的一种技术实现，一个实际的数据库整体被称为数据库系统。

数据库系统一般由数据库、数据库管理系统、数据库应用系统、数据库管理员和用户构成，是指在计算机系统中引入数据库后的系统。数据库系统如图 7-3 所示。

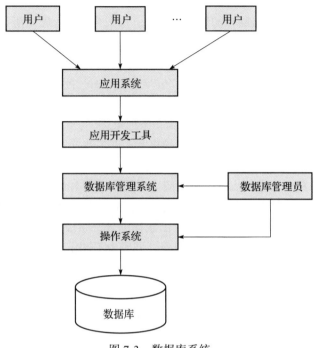

图 7-3　数据库系统

数据库的核心是数据，其具体的组织形式与数据库管理系统紧密关联，而表现形式又取决于数据库应用程序。因此，一个数据库系统最基本的 3 大部分如下：

- **数据库**　按一定结构组织在一起的相关数据的集合，数据的组织方式称为数据库的结构。
- **数据库管理系统（DBMS）**　它是专门负责组织和管理数据信息的软件。
- **数据库应用程序**　它使我们能够获取、显示和更新由 DBMS 存储的数据。

1. 数据库管理系统

数据库管理系统（DBMS）是用于描述、管理和维护数据库的程序系统，是数据库系统的核心组成部分。它建立在操作系统的基础上，对数据库进行统一的管理和控制。其主要功能有以下几点。

- **描述数据库**　描述数据库的逻辑结构、存储结构、语义信息和保密要求等。
- **管理数据库**　控制整个数据库系统的运行，控制用户的并发性访问，检验数据的安全、保密与完整性，执行数据检索、插入、删除、修改等操作。
- **维护数据库**　控制数据库初始数据的装入，记录工作日志，监视数据库性能，修改更新数据库，重新组织数据库，恢复出现故障的数据库。
- **数据通信**　组织数据的传输。

经典 DBMS 主要有 4 种类型：文件管理系统、层次数据库系统、网状数据库系统和关系数据库系统。目前关系数据库系统应用最为广泛，一些流行的企业级的关系数据库系统有

SQL Server、Oracle、Sybase、DB2、Informix 和 MySQL。

关系数据库模型是数据的逻辑表示,只需考虑数据间的关系而不必关心数据的物理结构。关系数据库中包括以下几部分。

- **表(Table)** 一个表就是一组相关的数据按行排列,像一张表格一样。比如一个出版社表存储着所有相关出版社的信息。其中,每一行对应一家出版社,在这一行中,包括该出版社的名称、城市、地址、电话、联系人、备注等具体信息,这些信息在表中组成了特定的列。
- **字段(Field)** 在表中,每一列称为一个字段。每一个字段都有相应的描述信息,如数据类型、数据宽度等。
- **记录(Record)** 在表中,每一行称为一条记录。
- **索引(Index)** 为了加快访问数据库的速度,许多数据库都使用索引。

一个关系数据库由若干表组成,一个表则包含多条记录和不同的字段,并可能有自己的索引。图 7-4 演示了在个人书籍出版管理系统中可能用到的 BooksAndPubs 数据库的示例表。其中,名称为 PubsTable 的表主要目的是说明各出版社的具体属性。表中的特定行称为记录(行)。该表由 3 条记录组成,每条记录的"出版社编号"字段(列)是在表中定位数据的主键。主键是表中包含唯一数据的字段或字段组,即表中不同记录间该数据不能重复。这样就保证了每条记录至少能够被一个明确的值确定。图 7-4 中的记录是按照主键值的升序(也可以选择降序)排序的。

a) PubsTable表

b) booksTable表

图 7-4 BooksAndPubs 数据库中的出版社表与图书表

表中每一列表示一个不同的字段。表中记录内容唯一的字段可作为关键字,非关键字段在多个记录中可能重复，例如出版社表中的"所在城市"有三个记录都是北京。

　　数据库中表与表之间可能存在对应的关系。例如图 7-4 的 BooksAndPubs 数据库中的 PubsTable 与 booksTable 就存在一对多的主从关系，即 PubsTable 中的一家出版社可以对应 booksTable 中属于该出版社的多种图书，图 7-5 显示了这种关系。图中的连线连接了两个表中的"出版社编号"字段，表明了通过主表的关键字建立与从表的一对多关系，因此 booksTable 中的"出版社编号"字段称为外键，该字段的每条数据在主表出版社中都有唯一的值并且是该表的关键字。通过在数据库管理系统中建立这种关系，可以帮助维护实体的完整性，这种关系图也称为实体关系图（E-R 图）。

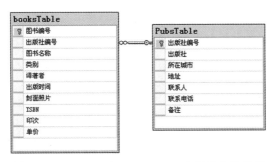

图 7-5　PubsTable 与 booksTable 之间的主从关系

2. 数据库应用程序

　　DBMS 中存储了大量的数据信息，其目的是为用户提供数据信息服务，而数据库应用程序正是为了与 DBMS 进行通信，并访问 DBMS 中的数据，它是 DBMS 实现其对外提供数据信息服务这一目的的唯一途径。简单地说，数据库应用程序是一个允许用户查询、插入、修改、删除数据库中数据的计算机程序。数据库应用程序在传统上是由程序员用一种或多种通用或专用的程序设计语言编写的计算机程序。

　　编写数据库应用程序除了使用 C# 语言外，还需要使用结构化查询语言（Structure Query Language，SQL）来提高数据库编程效率。结构化查询语言是基于关系模型的数据库查询语言，它是一种非过程化的程序语言，也就是说，没有必要写出将如何做某事情，只需写出做到什么就可以了。写出的语句可看作是一个问题，称为"查询"（Query），针对这个查询，得到所需的查询结果。下面是一个例子：

`Select 图书名称，出版时间 from 图书 where 出版社 ='××××出版社'`

　　这个查询的含义为从 BOOK 数据库的图书表中将出版社是 ×××× 出版社的所有图书选出来，并列出它们的图书名称和出版时间。

　　把 SQL 描述为子语言更适当一些，因为它没有任何屏幕处理或用户输入 / 输出的能力。它的主要目的是提供访问数据库的标准方法，而不管数据库应用的其余部分是用什么语言编写的，它既是为数据库的交互式查询而设计的（因此被称为动态 SQL），同时也可在 C#、C++、Delphi 等程序设计语言编写的数据库应用程序中使用（因此又称为嵌入式 SQL）。下面，我们详细介绍 SQL 语言。

3. 数据库管理员

　　数据库的建立、使用和维护等工作只靠一个 DBMS 远远不够，还要有专门的人员来完成，这些人员被称为数据库管理员（Database Administrator，DBA）。

知识扩展

数据管理的历史

数据管理是指对数据的组织、编码、分类、存储、检索和维护。它是数据处理的中心问题。数据管理方法根据数据管理的特点，其发展可划分为 3 个阶段：人工管理阶段、文件管理阶段、数据库系统阶段。

人工管理阶段（20 世纪 50 年代中期以前）

在人工管理阶段，外存储器只有卡片、纸带、磁带，没有直接存储设备，而且缺少必要的软件的支持。所以，管理的数据量小，没有数据管理软件系统，基本没有文件概念，数据的组织方式由程序员自行设计，处理的过程人工干预成分比较大。

文件系统阶段（20 世纪 50 年代后期～ 60 年代后期）

随着计算机软硬件技术的发展，在硬件方面，出现了磁盘等直接存储设备；软件方面，有了专门的数据管理系统，不仅能方便地把所需数据以文件形式存储，而且能调用数据，并对其进行各种处理。但文件系统存在着很大的局限性，例如：数据是面向应用的，不同应用程序不能共享数据，因此数据冗余度大、浪费空间，容易造成数据不一致。文件系统仍是一个无弹性、无结构的系统。

数据库系统阶段（20 世纪 60 年代后期～ 70 年代后期）

数据库系统阶段在文件系统基础上发展形成了数据库技术。硬件方面有了大容量的外存储器，软件方面研制了数据库管理系统。数据库技术使数据有了统一的结构，对所有数据实行统一、集中、独立的管理，以实现数据的共享，保证数据的完整性和安全性，提高了数据管理效率。

7.2.2 数据模型

数据模型是数据库设计的核心概念。在第 4 章我们讨论了数据的概念和基本的数据结构，是从计算机处理的角度来讨论的。从使用的角度来看，数据是对现实世界事物的抽象描述，对数据的组织方式称为数据模型，数据库系统均是建立在某种数据模型之上的。从现实世界的事物到数据模型的抽象过程如图 7-6 所示。

数据模型应满足 3 方面要求：一是能比较真实地描述现实世界，二是容易为人所理解，三是便于在计算机上实现。

不同的数据模型实际上是给用户提供模型化数据和信息的不同工具。根据模型应用的不同目的，可以将这些模型划分为两类，它们分别属于两个不同的层次。

第一类模型是概念模型，也称信息模型，它是按用户的观点来对数据和信息建模，主要用于数据库设计。另一类是数据模型，主要包括网状模型、层次模型、关系模型等，它是按计算机系统的观点对数据建模，主要用于 DBMS 的实现。另外，随着面向对象技术的发展，面向对象模型在数据库领域的应用也越来越受到重视。

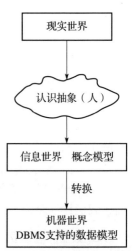

图 7-6　数据转换过程

1. 数据模型的组成要素

数据模型是严格定义的一组概念的集合。这些概念精确地描述了系统的静态特征、动态特性与完整性约束条件。因此数据模型通常由数据结构、数据操作和完整性约束 3 部分组成。

数据结构：数据结构是所研究的对象类型的集合。这些对象是数据库的组成成分，它们包括两类：一类是与数据类型、内容、性质有关的对象；另一类是与数据之间联系有关的对象。数据结构是刻画一个数据模型性质最重要的方面。在数据库系统中，人们通常按照其数据结构的类型来命名数据模型。例如层次结构、网状结构和关系结构的数据模型分别命名为层次模型、网状模型和关系模型。数据结构是对系统静态特征的描述。

数据操作：数据操作是针对数据库中各种对象（类型）的实例（取值）允许执行的操作的集合，包括操作及有关的操作规则。数据库主要有检索和更新（包括插入、删除、修改）两大类操作。数据模型必须定义这些操作的确切含义、操作符号、操作规则（如优先级）以及实现操作的语言。数据操作是对系统动态特性的描述。

数据的约束条件：数据的约束条件是一组完整性规则的集合。完整性规则是给定的数据模型中数据及其关系所具有的制约和依存规则，用以限定数据模型的数据库状态以及状态的变化，以保证数据的正确、有效、相容。

2. 数据库模型

数据库模型定义了数据的逻辑设计，它也描述了不同数据之间的联系。在数据库设计发展中，主要使用 3 种逻辑模型：层次模型、网状模型和关系模型。

（1）层次模型

层次模型是数据库系统中最早出现的数据模型，层次数据库系统采用层次模型作为数据的组织方式。层次数据库系统的典型代表是 IBM 公司的 IMS（Information Management System）数据库管理系统，这是 IBM 公司 1968 年推出的第一个大型的商用数据库管理系统，曾经得到广泛的应用。

在层次模型中，数据被组织成一棵倒置的树。每一个实体可以有不同的子节点，但只能有一个双亲。层次的最顶端有一个实体，称为根。层次模型用数据的树形结构来表示各类实体以及实体间的联系。现实世界中许多实体之间的联系呈现出自然的层次关系，如行政机构、家族关系等。

层次模型本身比较简单，对于实体间关系是固定的，且预先定义好的应用系统，采用层次模型来实现，其性能优于关系模型，不低于网状模型。层次数据模型还提供了良好的完整性支持。但是现实世界中很多联系是非层次性的，如多对多联系、一个节点具有多个双亲等，使用层次模型表示这类联系的方法很笨拙。

（2）网状模型

在现实世界中事物之间的联系更多是非层次关系的，用层次模型不能直接表示这种复杂的结构，用网状模型描述更合适。网状数据库系统采用**网状模型**作为数据的组织方式。网状模型是一种比层次模型更具普遍性的结构，实际上是数据的图结构，它允许两个节点之间有多种联系（称之为复合联系）。网络模型中，实体通过图来组织，图中的部分实体可通过多条路径来访问，这里没有层次关系，网状模型可以更直接地描述现实世界。层次模型可以看作是网状模型的一个特例。

网状数据模型能够更为直接地描述现实世界，具有良好的性能，存取效率较高。但网状数据模型结构比较复杂，不容易使用和实现。

（3）关系模型

关系模型是目前最重要的一种数据模型。关系模型中，数据组织成称之为关系的二维表，这里没有任何层次或网络结构强加于数据上。用表或关系相互关联。

关系数据模型数据结构简单、清晰，用户易懂易用。具有较高的数据独立性、更好的安全保密性，也简化了程序员的工作和数据库开发建立的工作。所以，关系数据模型诞生以后发展迅速，深受用户的喜爱。

关系模型最主要的缺点是查询效率往往不如非关系数据模型。因此为了提高性能，必须对用户的查询请求进行优化，增加了开发数据库关联系统的难度。

7.2.3 数据字典

数据字典是系统中各类数据描述的集合，是进行详细的数据收集和数据分析所获得的主要成果。数据字典在数据库设计中占有很重要的地位。数据字典通常包括数据项、数据结构、数据流、数据存储和处理过程 5 部分。其中数据项是数据的最小组成单位，若干数据项可以组成一个数据结构，数据字典通过对数据项和数据结构的定义来描述数据流、数据存储的逻辑内容。

数据字典实际上是管理数据库使用的内部数据库。系统数据字典中存储的不是用户需要保存的数据，而是与数据库运行相关的管理数据，是数据库管理系统为了便于管理数据库中的各种数据、对象及相互的约束关系而设计的工具，比如用户的权限、操作记录等相关情况和数据库中各种对象的变化情况等。系统的数据字典通常不允许用户直接访问，而是由 DBMS 自动管理维护，DBA 有一定的权限对其进行人工维护。

数据字典应用扩展后，用户为了统一数据的描述，便于实现约束等操作也可以定义用户数据字典，用户数据字典中通常定义用户数据的格式等内容。用户定义的数据字典，可以由用户进行访问和维护。

7.2.4 数据库系统

本章开头我们已经简单讨论过数据库系统，经过前几节的介绍，现在我们来讨论完整的数据库系统，它通常由 4 个基本部分构成。

1）数据库（Database，DB）：是指长期存储在计算机内的、有组织、可共享的数据的集合。数据库中的数据按一定的数学模型组织、描述和存储，具有较小的冗余，较高的数据独立性和易扩展性，并可被各种用户共享。一个完整的数据库系统首先是建立在大量数据之上的。从一定意义上说如果没有大量的数据，就没有数据库的必要。评价某个数据库系统是否有效，其中的数据量是一个重要衡量指标。在一些特定情况下，人们将只有数据结构而没有实际数据的数据库称为空库。

2）硬件：构成计算机系统的各种物理设备，包括处理数据的计算机和存储所需的外部设备。硬件的配置应满足整个数据库系统的需要。由于数据库系统需要处理数据规模通常比较大，对硬件的处理能力和存储能力都有较高的要求。对于重要数据的存储安全还有特别的要求。

3）软件：包括操作系统、数据库管理系统及应用程序。数据库管理系统（Database Management System，DBMS）是数据库系统的核心软件，其在操作系统的支持下工作，是用来解决如何科学地组织和存储数据，如何高效获取和维护数据的系统软件。其主要功能包括：数据定义功能、数据操纵功能、数据库的运行管理和数据库的建立与维护。

4）人员：主要有 4 类。第一类为系统分析员和数据库设计人员。系统分析员负责应用系统的需求分析和规范说明，他们和用户及数据库管理员一起确定系统的硬件配置，并参与数据库系统的概要设计。数据库设计人员负责数据库中数据的确定、数据库各级模式的设计。第二类为应用程序员，负责编写使用数据库的应用程序。这些应用程序可对数据进行检索、建立、删除或修改。第三类用户是数据库管理员（Database Administrator，DBA），负责数据库的总体信息控制。DBA 的具体职责包括：具体数据库中的信息内容和结构，决定数据库的存储结构和存取策略，定义数据库的安全性要求和完整性约束条件，监控数据库的使用和运行，负责数据库的性能改进、数据库的重组和重构，以提高系统的性能。第四类为最终用户，他们利用系统的接口或查询语言访问数据库。从某种意义上说前三类人员都是在为第四类人员服务，数据库系统应用的成功与否，直接取决于第四类人员的评价。

数据库系统最常见的应用是联机事务处理系统。联机事务处理系统（On-Line Transaction Processing，OLTP），也称面向交易的处理系统，其基本特征是用户的原始数据可以立即传送到计算中心进行处理，并在很短的时间内给出处理结果。这样做的最大优点是可以及时处理输入的数据，及时地响应。OLTP 数据库旨在处理事务应用仅写入所需的数据，以便尽快处理单个事务。OLTP 数据库通常具有以下特征。

- 支持大量并发用户定期添加和修改数据。
- 反映随时变化的单位状态，但不保存其历史记录。
- 包含大量数据，其中包括用于验证事务的大量数据。
- 具有复杂的结构。
- 可以进行优化以对事务活动做出响应。
- 提供用于支持日常运行的技术基础结构。
- 个别事务能够很快地完成，并且只需访问相对较少的数据。

OLTP 系统旨在处理同时输入的成百上千的事务。在我们的日常生活中最典型的是银行交易系统、超市结账系统等。

事务（Transaction）是并发控制的基本单位。所谓事务，它是一个操作序列，这些操作要么都执行，要么都不执行，它是一个不可分割的工作单位。例如，银行转账工作的操作是从一个账号扣款并使另一个账号增款，这两个操作要么都执行，要么都不执行。

数据库事务具备原子性（Atomicity）、一致性（Consistency）、隔离性（Isolation）和持久性（Durability）等四个特性，通常简写为 ACID。

1）原子性（Atomicity）也称不可分割性，一个事务（transaction）中的所有操作，要么全部都执行完成，要么全都不执行，不能停滞在其在中间的某个环节。事务在执行过程中如何遇到任何错误，不能顺利完成，会被回滚（Rollback）到事务开始前的状态，就像这个事务没有执行之前一样（可通过 redo 和 undo 日志实现）。

2）一致性（Consistency）指的是在一个事务执行之前和执行之后数据库的完整性约束得到遵守。在数据库中有许多一致性的约束条件，数据库的内容发生变化时（如增加或删除某些数据）根据一致性约束条件，有些相关数据需要做相应的处理，否则将破坏一致性约束，对于事务处理，如果事务成功地完成，意味着与该事务有关所有约束关系得到正确的处理，相应的数据都得到了符合约束条件的处理，系统处于有效状态。否则需要撤销该事务做出的所有改变，系统回滚到事务之前的状态。

3）隔离性（Isolation）也称独立性，指的是在并发的情况下，同时运行的多个事务之间相互不产生影响，即使在不同的事务同时操纵相同的数据时，每个事务都有各自完整的数据空间，也就是说一个事务在处理过程中，其数据对于其他事务是不可见的。由并发事务所做的修改必须与任何其他并发事务所做的修改隔离。事务查看数据更新时，数据所处的状态要么是另一事务修改它之前的状态，要么是另一事务修改它之后的状态。事务隔离分为不同级别，包括读未提交（Read Uncommitted）、读提交（Read Committed）、可重复读（Repeatable Read）和串行化（Serializable）。

4）持久性（Durability）指的是当事务成功完成后，它对数据库所做的更新便永久地保存在数据库系统中。即使发生系统崩溃，重新启动数据库系统，数据库还能恢复到事务成功结束时的状态，成功完成的事务产生的影响不会被回滚之类的操作撤销。

事务的 ACID 特性是由关系数据库管理系统来保障实现的。数据库管理系统采用日志来保证事务的原子性、一致性和持久性。日志记录了事务对数据库所做的更新，如果某个事务在执行过程中发生错误，就可以根据日志，撤销事务对数据库已做的更新，使数据库退回到执行事务前的初始状态。

知识扩展

事　务

数据库领域中所谓"事务"指的是一个不可分割的工作逻辑单元，在数据库系统上执行并发操作时事务是作为最小的控制单元来使用的。它所包含的所有数据库操作命令作为一个整体一起向系统提交或撤销，这一组数据库操作命令要么全部执行，要么都不执行。比如银行业务中的"存款"事务，要完成"存款"这个交易，需要数据库进行一系列操作，这些操作要么全部执行完成"存款"事务；要么都不执行，反馈为"存款"失败。

7.3　关系数据库及其运算

以关系模型为基础实现的数据库系统称为关系数据库。目前应用最广泛的几种数据库都是关系型数据库，包括大型的 Oracle、SQL Server、DB2 等和小型的 Access、Foxpro 等，当下流行的 MySQL 也属于关系型数据库。

关系数据库实现的基础之一是关系运算。关系数据库查询是通过关系运算实现，关系运算是"离散数学"的内容，大家可以参考相关书籍。

数据库系统通常具有各自的操作控制方法，由于关系数据库应用广泛，逐渐形成了标准化的运算模式，并出现了标准化的工具语言——结构化查询语言（SQL）。

7.3.1　关系模型

关系模型的概念是建立在实体 – 关系方法基础上的。数据模型通常由数据结构、数据操作和完整性约束 3 部分组成。与关系模型相对应，在实现时一些术语与模型中有些变化。在实际的关系数据库系统中，具体实现关系的是表，数据存储在表中。表由若干记录组成，一条记录是表中的一行，记录模型中的元组。同一个表中，每条记录的结构是相同的，组成记录的是字段，字段对应模型中的属性。字段相当于表的列，同一字段中存储的数据形式相同。表中也有主键，是特定的某个字段或几个字段的组合，通过键能够确定唯一的记录。

1. 概念模型

概念模型是现实世界到数据模型的一个中间层次，是现实世界的一层抽象。概念模型具有较强的表达能力，能够方便、直接地表达应用中的各种语义知识。概念模型简单、清晰、易于理解，是数据库设计人员进行数据库设计的有力工具。概念模型的表示方法很多，其中最为著名最为常用的是 P.P.S.Chen 于 1976 年提出的实体 – 关系方法（Entity-Relationship Approach）。该方法用 E-R 图来描述现实世界的概念模型，E-R 方法也称为 E-R 模型。E-R 图提供了表示实体、属性和关系的方法：实体用矩形表示，矩形框内写明实体名；属性用椭圆形表示，并用无向边将其与相应的实体连接起来。

例如，学生实体具有学号、姓名、性别、出生年份、入学时间、系等属性，用 E-R 图表示，如图 7-7 所示。

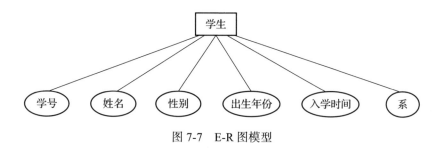

图 7-7　E-R 图模型

概念模型中主要研究实体的共性（称为属性），根据其共性特点把具有相同属性的实体称为同类实体，同类实体的集合成为实体集合。概念模型涉及的概念主要有以下几个。

（1）实体

客观存在并可相互区别的事物称为实体（Entity）。实体可以是具体的人、事、物，也可以是抽象的概念或联系。例如，一个职工、一个学生、一个部门、一门课、学生的一次选课、部门的一次订货、老师与系的工作关系（即某位老师在某系工作）等都是实体。具有相同属性的实体必然具有共同的特征和属性。用实体名及其属性名集合起来抽象和刻画同类实体。例如，学生（学号，姓名，性别，出生年份，系，入学时间）就是一个实体类型。同型实体的集合称为实体集。例如，全体学生就是一个实体集。

（2）属性

实体所具有的某一特性称为属性（Attribute）。一个实体可以由若干个属性来刻画。例如，学生实体可以由学号、姓名、性别、出生年份、系、入学时间等属性组成。（03160408，张山，男，1984，计算机系，2003）这些属性组合起来表征了一个学生实体。

（3）键

唯一标识实体的属性集称为键（Key）。例如，学号是学生实体的键。

（4）域

属性的取值范围称为该属性的域（Domain）。例如，学号的域为 8 位数字，姓名的域为字符串集合，性别的域为（男，女）。

（5）关系

在现实世界中，事物内部以及事物之间是有关系（Relationship）的，这些关系在概念模型中反映为实体内部的联系和实体之间的联系。实体内部的联系通常是指组成实体的各属性之间的联系。两个实体之间的关系可以分为 3 类。

一对一关系（1：1）

如果对于实体集 A 中的每一个实体，实体集 B 中至多有一个（也可以没有）实体与之联系，反之亦然，则称实体集 A 与实体集 B 具有一对一关系，记为 1：1。

一对多关系（1：n）

如果对于实体集 A 中的每一个实体，实体集 B 中有 n 个实体（$n \geq 0$）与之联系，并且对于实体集 B 中的每一个实体，实体集 A 中至多只有一个实体与之联系，则称实体集 A 与实体集 B 有一对多关系，记为 1：n。

多对多关系（m：n）

如果对于实体集 A 中的每一个实体，实体集 B 中 n 个实体（$n \geq 0$）与之联系，并且对于实体集 B 中的每一个实体，实体集 A 中也有 m 个实体（$m \geq 0$）与之联系，则称实体集 A 与实体集 B 具有多对多联系，记为 m：n。

2. 数据结构

关系模型与以往的模型不同，它是建立在严格的数学模型基础上的。在用户观点下，关系模型中数据的逻辑结构是一张二维表，它由行和列组成。现在以表 7-1 所示学生登记表为例，介绍关系模型中的一些术语。

表 7-1　学生登记表

学号	姓名	年龄	性别	系	年级
03100401	王小明	22	女	机械工程系	03
03160508	黄大鹏	23	男	计算机工程	03
03010609	张大斌	21	女	化学工程系	03
⋮	⋮	⋮	⋮	⋮	⋮

关系（Relation）：一个关系对应通常说的一张表，如表 7-1 中的这张学生登记表。

元组（Tuple）：表中的一行即为一个元组。

记录（Record）：表中的一行即为一个记录。

属性（Attribute）：表中的一列即为一个属性，给 每一个属性起一个名称即属性名。如上表有 6 列，对应 6 个属性（学号、姓名、年龄、性别、系、年级）。

主键（Key）：表中的某个属性组，它可以唯一确定一个元组，如表 7-1 中的学号，可以唯一确定一个学生，也就成为本关系的主键。

外键（Foreign Key）：另外一个关系中的主键，且出现在某关系中，则称为这个关系的外键。外键通常用于连接两个关系，有主键的关系为主关系，引用主关系的称为从关系。这两个关系构成**主从明细（Master-Detail）结构**。

关系模型要求关系必须是规范化的，即要求关系必须满足一定的规范条件，这些规范条件中最基本的一条就是，关系的每一个分量必须是一个不可分的数据项，也就是说，不允许表中还有表，表 7-2 所示工资表中工资和扣除是可分的数据项，工资又分为基本工资、工龄工资和职务工资，扣除又分为房租和水电。因此，下表中的表就不符合关系模型的要求。

表 7-2　工资表

职工号	姓名	职称	工资			扣除		实发
			基本	工龄	职务	房租	水电	
86051	陈平	讲师	805	20	50	60	12	803
⋮	⋮	⋮	⋮	⋮	⋮	⋮	⋮	⋮

其他规范条件包括：关系中每个属性列的所有数据都属于同一种数据类型，关系中没有各属性都完全相同的元组，关系中元组之间顺序位置的调换和属性列之间位置的调换不影响它们所表示的信息内容。

3. 数据操作与完整性约束

关系数据模型的操作主要包括查询、插入、删除和修改数据。插入、删除和修改数据会对模型中的数据产生直接影响。插入是增加新的数据，删除是减少已有数据，修改是改变已有数据的值，而查询是指按要求在已有数据中找到合适的数据并且将其输出，查询操作不改变数据的现有状态。对于关系数据模型插入和删除是以元组为基本对象，而修改的对象通常是元组的属性。查询的结果通常是元组，查询的条件通常是属性值。

关系模型中的数据操作是集合操作，操作对象和操作结果都是关系，即若干元组的结合。另一方面，关系模型把存取路径向用户隐蔽起来，用户主要指出"干什么"或"找什么"，不必详细说明"怎么干"或"怎么找"，从而提高了数据的独立性。

关系数据模型的操作必须满足关系的完整性约束条件。**数据完整性**是指数据的精确性和可靠性。完整性约束是防止数据库中存在不符合语义规定的数据和防止因错误信息的输入／输出造成无效操作或错误信息而提出的。数据完整性分为 4 类：实体完整性、域完整性、参照完整性、用户定义的完整性。

实体完整性规定关系的元组在关系中是唯一的实体，即在关系中不应出现主键相同的元组。这样，在进行查询时，通过主键的值可以区分或确定唯一的元组。

域完整性是指关系中的属性必须满足某种特定的数据类型或约束。其中约束又包括取值范围、精度等规定。如人的年龄值不应小于 0，性别不应出现除男女以外的值，年份不应出现小数等。

参照完整性是指两个关系的主关键字和外关键字的数据要对应一致。它确保了有主关键字的表中对应其他从表的外关键字的行存在，即保证了表之间的数据的一致性，防止数据丢失或无意义的数据在数据库中扩散。参照完整性是建立在外键和主键之间或外键和唯一性键之间的关系上的。通常参照完整性作用表现在如下几个方面：

- 禁止在从关系中插入包含主关系中不存在的主键值的元组。
- 禁止删除在从关系中有对应元组的主关系中的元组。

用户定义的完整性是针对某个特定关系数据库的约束条件，它反映某一具体应用所涉及的数据必须满足的语义要求。不同的关系数据库系统根据其应用环境的不同，往往还需要一些特殊的约束条件。用户定义的完整性主要的是：规则、默认值、约束和触发器。其中默认值是指创建元组时，如果没有指定某个属性的值，则系统自动将其置为默认值，以防止空值造成的问题。触发器通常是一组数据库内部的操作，特别是当对某个属性进行修改时，需要对相关的其他属性或其他关系作出相应的调整，触发器实际上数据库中内嵌的处理过程。

7.3.2　结构化查询语言

在关系数据库中，我们可以定义一些运算来通过已知的关系创建新的关系。这些运算包括插入、删除、更新、选择等。我们并不抽象地讨论这些运算，而是把它们描述成在数据库查询语言 SQL 中的定义。

结构化查询语言（Structured Query Language，SQL）是一种介于关系代数与关系演算之间的语言，是一种用来与关系数据库管理系统通信并进行关系运算的标准计算机语言，其功能包括数据查询、数据定义、数据更新和数据控制 4 个方面，是一个通用的、功能极强的关系数据库语言。目前已成为关系数据库的标准语言。

1. SQL 语言的特点

SQL 语言作为关系数据库管理系统中一种通用的结构查询语言，已经被众多的数据库管理系统所采用，例如 Oracle、SQL Server、IBM DB2 等数据库管理系统，它们都支持 SQL 语言。SQL 语言功能强大，语法简单，按用途分为三类：

- 数据操作语言（Data Manipulation Language，DML）：用于查询、修改或者删除数据。
- 数据定义语言（Data Definition Language，DDL）：用于定义数据的结构，例如创建数据库中的表、视图、索引等。
- 数据控制语言（Data Control Language，DCL）：用来授予或收回访问数据库的某种特权、控制数据操纵事务的发生时间及效果、对数据库进行监视。

SQL 是非过程化语言。它一次能够处理一批记录，并对数据提供自动导航。SQL 允许用户在高层的数据结构上工作，而不对单个记录进行操作，可操作记录集。所有 SQL 语句接受集合作为输入，返回集合作为输出。SQL 的集合特性允许一条 SQL 语句的结果作为另一条 SQL 语句的输入。SQL 不要求用户指定对数据的存放方法。这种特性使用户更易集中精力于要得到的结果。所有 SQL 语句使用查询优化器，它是关系数据库管理系统的一部分，由它决定对指定数据存取的最快速度的手段。查询优化器知道存在什么索引，哪儿使用合适，而用户从不需要知道表是否有索引，表有什么类型的索引。

SQL 是统一的语言，可用于所有用户的数据库活动模型，包括系统管理员、数据库管理员、应用程序员、决策支持系统人员及许多其他类型的终端用户。基本的 SQL 命令只需很少时间就能学会，最高级的命令在几天内便可掌握。

SQL 为许多任务提供了命令，包括：

- 查询数据。
- 在表中插入、修改和删除记录。
- 建立、修改和删除数据对象。
- 控制对数据和数据对象的存取。
- 保证数据库一致性和完整性。

以前的数据库管理系统为上述各类操作提供单独的语言，而 SQL 将全部任务统一在一种语言中。

SQL 是所有关系数据库的公共语言。由于所有主要的关系数据库管理系统都支持 SQL 语言，用户可将使用 SQL 的技能从一个关系数据库管理系统转到另一个。所有用标准 SQL 编写的程序都是可以移植的。

SQL 的历史

在 20 世纪 70 年代初，E. F. Codd 首先提出了关系模型。20 世纪 70 年代中期，IBM 公司在研制 SYSTEM R 关系数据库管理系统时研制了 SQL 语言，最早的 SQL 语言（称为 SEQUEL2）是在 1976 年 11 月的 IBM Journal of R&D 上公布的。1979 年 ORACLE 公司首先提供商用的 SQL，IBM 公司在 DB2 和 SQL/DS 数据库系统中也实现了 SQL。

1986 年 10 月，美国 ANSI 采用 SQL 作为关系数据库管理系统的标准语言（ANSI X3. 135-1986），后为国际标准化组织（ISO）采纳为国际标准。1989 年，美国 ANSI 采纳在 ANSI X3.135-1989 报告中定义的关系数据库管理系统的 SQL 标准语言，称为 ANSI SQL 89，该标准替代 ANSI X3.135-1986 版本。该标准也被国际标准化组织（ISO）和美国联邦政府所采纳。目前，所有主要的关系数据库管理系统都支持并遵守 ANSI SQL89 标准。

2. SQL 的基本语法

SQL 语言作为关系数据库管理系统中的一种通用结构查询语言在开发数据库应用程序中大量使用。

SQL 设计巧妙，语言十分简捷，完成核心功能只用了 9 个动词，如表 7-3 所示。

表 7-3　SQL 语言基本动词

SQL 功能	动　　词
数据查询	SELECT
数据定义	CREATE、DROP、ALTER
数据操纵	INSERT、UPDATE、DELETE
数据控制	GRANT、REVOKE

SQL 的语法规则简单明了。在 SQL 中，用大写字母的单词表示保留关键字，是语言的基本部分。用"< >"表示占位符，在实际编写语句时，用 SQL 元素或标识符替代它。用"()"表示元素的组合，各元素之间用","分隔，作用类似数学表达式中的括号。用"[ ]"表示可选项，在编写语句时根据需要可以有该项，也可以省略该项。用"|"表示在若干值中选择其一。用"…"表示复制的元素，即与前面结构相同的元素在描述语法结构时不一一逐个列出，但在实际编写语句时需要将元素逐个列出。SQL 以";"表示一条语句的结束。通过语句的有机组合，可以形成一段 SQL 程序。

基本的 SQL 命令简单易用，而且其强大的功能足以完成对数据库操作的大多数任务。目前大部分数据库所采用的 ANSI SQL89 标准语法结构如表 7-4 所示。

表 7-4　SQL 语句的语法结构简表

SQL 语句	语法结构
ALTER TABLE 用于改变现存表的结构	ALTER TABLE tablename (ADD|DROP column datatype [Null|NOT NULL] [CONSTRAINTS], ADD|DROP column datatype [Null|NOT NULL] [CONSTRAINTS], …);
CREATE INDEX 用于在一列或多列上创建索引	CREATE indexname ON tablename (column, …);

（续）

SQL 语句	语法结构
CREATE TABLE 用于创建一个新数据库表	CREATE TABLE tablename (column <datatype_definition> [NULL|NOT NULL] [CONSTRAINTS], column <datatype_definition> [NULL|NOT NULL] [CONSTRAINTS], …);
CREATE VIEW 用于为一个或多个表创建视图	CREATE VIEW viewname AS SELECT columns, … FROM tables, … [WHERE …][GROUP BY…] [HAVING …];
DELETE 从表中删除一行或多行	DELETE FROM tablename [WHERE …];
CREATE DATABASE 用于创建一个数据库	CREATE DATABASE <database_name>
DROP 永久删除数据库对象（表、视图、索引等）	DROP INDEX|TABLE|VIEW indexname|viewname;
INSERT 插入一行到表中	INSERT INTO tablename [(columns,…)] VALUES(values, …);
INSERT SELECT 插入从一个表中查询到的结果	INSERT INTO tablename [(columns, …)] SELECT columns, ... FROM tablename, … [WHERE…];
SELECT 用于从一个或多个表（或视图）中提取数据	SELECT columnname,…FROM tablename, … [WHERE …] [GROUP BY …] [HAVING …] [ORDER BY …];
UPDATE 用于更新表中的一行或多行	UPDATE tablename SET columnname = value, … [WHERE …];

注意   上表列出了那些最常用的 SQL 操作符的语法结构。当阅读语句的语法结构时，请记住以下几点：

1. | 符号用于表明多个选项，比如：NULL|NOT NULL 意思是在 NULL 或 NOT NULL 中指定一个。

2. 方括号中的关键字或句子（如 [Like this]）是可以选用的。

3. 以上列出的语法结构可以在大多数的 DBMS 中使用。

7.4 数据仓库与数据挖掘

进入信息时代以来，数据呈爆炸式增长。吉姆·格雷提出了一个经验定律：在网络环境下，每 18 个月产生的数据量等于有史以来数据量的总和。这使得传统数据库方法显现出力不从心，查询检索机制和统计分析方法均不能满足实际需要，这个时代面临"数据爆炸，知识匮乏"的窘境，如何有效地管理和利用更大规模的数据，需要一种新的、更为有效的技术手段。由此，数据仓库（Data Warehouse）和数据挖掘（Data Mining）技术应运而生。

7.4.1 数据仓库

1. 从数据库到数据仓库

数据仓库是建立在传统事务型数据库的基础之上，为决策支持系统及数据挖掘系统提供数据源。数据仓库与传统数据库的最根本区别在于其侧重点不同。数据处理分为事务型处理和分析型处理。事务型处理以传统数据库系统为中心进行日常的业务处理；分析型处理以数据仓库为中心分析数据内在的关联和规律，为决策提供可靠、有效的依据。

传统数据库主要任务是进行事务处理，所关注的是事务处理的及时性、完整性和正确性。在数据分析方面则有一些不足，主要体现在缺乏集成性、主题不明确、分析效率低等方面。

数据仓库是在传统数据库的基础上发展起来的，建立在异构的业务数据库基础上。如果仅从存储数据的角度看，数据仓库与传统的数据库没有本质的差别。

2. 数据仓库的概念

数据仓库的概念最早由 William H. Inmon 提出。他将数据仓库的定义阐述为：面向主题的、集成的、不可修改的且随时间变化的数据集合，以支持管理人员的决策。

面向主题（Subject-Oriented）是相对于传统数据库的面向应用而言。所谓面向主题是指系统实现过程中主要考虑问题域，对问题域涉及的数据和分析数据所采用的功能给予充分的重视。主题本身是一个抽象的概念，是在较高层次上将信息系统中的数据进行综合、归类和抽象。

集成（Integrated）是指数据仓库中的数据可能来自不同的数据源，比如不同的应用系统数据库。由于各种原因，各数据源的结构通常是不同的，这就要求数据仓库系统具备异构数据的导入能力，并且采用科学的方法消除各应用系统中数据的不一致性。

相对稳定（Non-Volatile）是指数据仓库中的数据在导入后就作为永久记录保存起来，供以后的分析、查询使用，数据仓库中的数据是记录已经发生的事实，是不能修改的。这与传统数据库中频繁的数据插入、修改、删除等变更操作区别很大。作为数据仓库整体，数据是可以，也是需要更新的，也就是可以有新的数据不断被导入。

随时间变化（Time-Variant）是指数据仓库按时间维度对数据进行组织，数据仓库中数据的时间跨度可能很大，有几年甚至几十年，通常称之为历史数据。传统操作型数据库中数据时限通常为 60 ～ 90 天，而数据仓库中数据的时限通常是 5 ～ 10 年。传统操作型数据库有数据"当前值"，而且"当前值"经常会被更新。而数据仓库更关心数据的变化全过程。

数据仓库的核心是在系统中保留最有可能被用户使用的数据。

知识扩展

数 据 粒 度

数据仓库中存储了大量历史数据，为保证数据的存储效率和组织清晰，数据被组织成不同粒度。

数据细化与综合的级别或程度，称之为数据粒度。粒度越大，表示精细程度越低，综合程度越高。常用的粒度级别分别是：细节级、轻度综合级、高度综合级。这几个级别的粒度逐级递增。

数据粒度的确定对数据仓库的数据规模及分析应用有非常直接的影响。高粒度级别在存储与检索等方面效率要更高，但会损失细节。有些系统为支持多种应用，可能需要同时支持多种粒度。

7.4.2 数据挖掘

经过一段时期的实践，人们发现在实际应用的大量数据所包含的不仅是数据表面所反映的情况，其内部隐藏着内在的关系和规律，也包含某种发展趋势的信息。数据挖掘是为在海量数据中发现隐藏的知识和规律，充分利用数据资源而逐步发展起来的一项新兴技术。其涉及数据库、统计学、机器学习、可视化、信息检索、高性能计算、人工智能、模式识别、空间数据分析、概率论、图论、归纳逻辑等诸多领域。

1. 数据挖掘概述

从技术角度而言，数据挖掘是从大量的、随机的、不完整的、有噪声的数据中，提取隐含在其中人们事先不明确但又是潜在有用的信息和知识的过程。

其中，数据不完整是指单个数据只是关于知识的某个部分或侧面的情况，不能反映知识的完整情况；数据有噪声是指由于测量、传递、干扰等因素，每个数据的值与实际情况可能会有不同程度的偏差。这种不完整和有噪声可以在大量数据的基础上，通过某种方法进行综合。数据挖掘是对大量数据进行抽取、转换、分析和其他模型化处理，从中提取出关键性的信息和知识。这些信息和知识可用于决策和预测等应用。

进行数据挖掘需要前提条件。第一，要有良好的积累，也就是前面提到的大量数据。第二，要有明确的需求，就是希望通过挖掘得到哪方面的知识。第三，要有能够进行挖掘处理的工具和能力。另外，还需要对挖掘的结果有一定的准备，才能在挖掘完成后对结果进行评价，并合理利用挖掘的成果。

数据挖掘本质上是一种深层次的数据分析方法。因此，数据挖掘可以描述为按既定目标，对大量的数据进行探索和分析，揭示隐藏的、未知的或验证已知的规律，并且进一步将其模型化的有效方法。

数据挖掘所发现的最常见的知识包括：

（1）广义知识

广义（Generalization）知识是指描述类别特征的概括性知识。数据挖掘目的之一是根据源数据中的微观特征发现其表征的、带有普遍性的、较高层次概念的、中观和宏观的知识，反映同类事物的共同性质，它是对数据进行汇总、概括、精炼和抽象的过程。我们知道在源数据中存放的一般是细节性数据，而人们有时希望能从较高层次的视图上处理或观察这些数据，通过数据挖掘进行不同层次上的泛化来寻找数据所蕴含的概念或逻辑，以适应数据分析的要求。被挖掘出的广义知识可以结合可视化技术以直观的图形展示给用户，也可以作为其他应用的基础知识。

广义知识的发现方法和实现技术有多种。如数据立方体、面向属性的归纳等。其中，数据立方体的基本思想是实现某些常用的代价较高聚集函数的计算，如求和、平均值和最大值等，并将其存储在多维数据库中。因为很多聚集函数都需要重复计算，在多维数据立方体中存放预先计算好的结果将保证快速的响应，并灵活地提供不同角度和抽象层次的数据视图。面向属性的归纳方法应用一系列数据分析方法，包括属性删除、概念树提升、属性阈值控制及其他聚集函数计算等。

（2）关联知识

关联（Association）知识是反映一个事件与其他事件之间的依赖或关联的知识。如果两项式多项属性之间存在关联，则其中一项就可以依据其他属性值进行预测。最典型的关联分析算法是 R. Agrawal 提出的 Apriori 算法。关联分析的基本实现步骤是先通过迭代识别所有的频繁项集，要求频繁项集的支持率不低于设定的阈值或门限值，然后从频繁项集中构造可信度不低于阈值或门限值的规则。其核心是识别或发现所有频繁项集，这部分工作的计算量非常大。

知识扩展

项　　集

项的集合称为项集。包含 k 个项的项集称为 $k-$ 项集。例如：集合 { 计算机科学，数据仓库 } 是一个二项集。项集的出现频率（支持计数）是项集的事务数，支持率计数或者计数称为项集的频率。如果项集 I 的相对出现频率大于等于预定义的最小支持度阈值，则 I 是频繁项集。

（3）分类知识

分类（Classification & Clustering）知识是反映同类事物共同性质的特征知识和不同事物之间的差异性的特征知识。最典型的分类方法是基于决策树的分类，它从实例集中构造决策树。如果该决策树不能对所有样本给出正确的分类，则选择一些例子加入到窗口中，重复该过程直到形成正确的决策集，即一棵决策树，其叶节点是类名，中间节点是带有分支的属性，分支对应该属性的某一种可能值。最经典的是 ID3 算法，还有统计、粗糙集（Rough Set）和神经网络等分类方法。

知识扩展

决　策　树

树的基本概念请参照第 4 章数据结构中的有关内容。

决策树一般都是自上而下生成的。每个决策或事件（即自然状态）都可能引出两个或多个事件，导致不同的结果，把这种决策分支画成图形很像一棵树的枝干，故称决策树。决策树提供了一种展示类似在什么条件下会得到什么值这类规则的方法。决策树的基本组成部分：决策节点、分支和叶子。决策树中最上面的节点称为根节点，是整个决策树的开始。决策树的每个节点子节点的个数与决策树在用的算法有关。如果某算法得到的决策树每个节点有两个分支，这种树称为二叉树。允许节点含有多于两个子节点的树称为多叉树。决策树的内部节点（非树叶节点）表示在一个属性上的测试。每个分支要么是一个新的决策节点，要么是树的结尾，称为叶子。在沿着决策树从上到下遍历的过程中，在每个节点都会遇到一个问题，对每个节点上问题的不同回答导致不同的分支，最后会到达一个叶子节点。这个过程就是利用决策树进行分类的过程，利用几个变量（每个变量对应一个问题）来判断所属的类别（最后每个叶子会对应一个类别）。

（4）预测知识

预测（Prediction）知识是根据时间序列，由历史的和当前的数据预测未来，也可以认为是以时间为关键属性的关联知识。

目前，时间序列主要方法包括统计、神经网络和机器学习等。Box 和 Jenkins 最早提出了一套比较完善的时间序列建模理论和分析方法，通过建立随机模型，如自回归模型、自回归滑动平均模型、求和自回归滑动平均模型和季节调整模型等，实现时间序列预测。由于大量的时间序列是非平稳的，其特征参数和数据分布随着时间的推移而发生变化。因此，仅仅通过对其某段历史数据的训练，建立单一的预测模型，还无法准确地进行预测。为此，人们提出了基于统计学和精确性的再训练方法，当发现现有预测模型不再适用于当前数据时，对模型重新训练，获得新的参数，建立新的模型。也有许多系统借助于并行算法实现时间序列预测。

（5）偏差知识

偏差（Deviation）知识是对差异和极端特例的描述，提示事物偏离常规的异常现象的知识，如标准类外的特例，数据聚类外的孤立点（outlier）等。通过分析标准类以外的特例、数据聚类外的离群值、实际观测值和系统预测值间的显著差别，对差异和极端特例进行描述。

数据挖掘是在没有明确假设的前提下挖掘信息，发现知识。数据挖掘所得到的信息应该具备先前未知，有效和可实用 3 种特征。

2. 数据挖掘的功能

1）概念 / 类别描述（Concept/Class Description）

概念 / 类别描述是对数据集做一个简洁的总体性描述并 / 或描述其与某一对照数据集的差别。

2）关联分析（Association Analysis）

从一个数据集中发现关联规则，该规则显示给定数据集中经常一起出现的属性 – 值元组。

3）分类和预测（Classification and Prediction）

分类是指通过分析一个类别已知的数据集的特征建立分类模型，该模型可预测类别未知对象的类别。分类模型可以表现为多种形式，如分类规则（if-then）、决策树或数学公式乃至神经网络。预测与分类类似，只不过预测的不是类别，而是连续的数值。

4）聚类分析（Clustering Analysis）

聚类分析又称为"同质分组"或"无监督的分类"，即把一组数据划分为不同的"簇"，每一簇中的数据相似而不同簇间的数据则相异，可以通过距离函数等度量相似性。聚类应保证不同类别间数据的相似性尽可能小，而类别内数据的相似性尽可能大。

5）时间序列分析（Time Series Analysis）

时间序列分析即预测，是指通过对大量时间序列数据的分析找到特定的规则和感兴趣的特性，包括搜索相似序列或者子序列，挖掘序列模式、周期性、趋势和偏差。预测的目的是对未来的情况做出估计。

6）其他功能

偏差分析（Deviation Analysis）、孤立点分析（Outlier Analysis）等。

3. 数据挖掘的基本过程

数据挖掘的基本过程主要分为 4 个阶段：数据准备、数据挖掘、模式评价和知识运用。

1）数据准备

数据挖掘的处理对象是海量数据，先确定要分析的业务对象，虽然结果不可预测，但是我们必须清楚要分析业务对象的方向，不能盲目进行数据挖掘，不然后期无法明确如何进行对数据的处理，也就根本得不到正确的结果。数据准备阶段工作量很大，基本上会占用60%～80% 的时间，只有建立在详细准确的数据之上，后面的挖掘才不会得出错误的结果。

这个阶段包括数据收集过滤及录入、数据预处理和数据分析及建模。通过对数据的处理，对数据进行处理和优化，并对已有的数据进行分析，将数据转换成分析模型，而分析模型是针对挖掘算法建立的，建立适合挖掘算法的分析模型也是成功的关键之一，其成功与否将直接影响数据挖掘的效率、准确性及有效性。

2）数据挖掘

数据挖掘是最为关键的一个步骤。根据挖掘的目标，选用相关模型，运用统计分析、规则归纳等主要技术，运用关联规则、分类、回归分析等常用的分析方法，使用一定的算法进行计算，得出具体的关联模式。

3）模式评价

经过前面的步骤得到的模式，需要根据实际情况进行评估，确定其是否有效或某些部分有效；并且大部分模式是用数学的表达式表示，并不直观，比较难于理解，这时通常会结合可视化技术来展现得到的结果，可视化技术的好处就是将得到的结果直观的展示出来，有助于直接发现具体关联，得到有用知识。

4）知识运用

发现知识的目的是运用。运用知识主要有两种途径：其一是需要看知识本身描述的关系或结果，可以对决策提供支持；其二是要求对新的数据运用知识，由此可能产生新的问题，并需要对知识做进一步优化。

数据挖掘过程可能需要多次的循环，如果其间某个步骤与预期目标不符，则需要回溯到前面的步骤，重新调整和执行。

4. 数据挖掘与其他分析

数据挖掘是在没有明确假设的前提下挖掘信息，发现知识。数据挖掘所得到的信息应该具备先前未知、有效和可实用 3 种特征。数据挖掘的本质是一种深层次的数据分析方法。数据分析已有多年的历史，传统的数据收集和分析通常用于科学研究。另外，由于当时计算能力的限制，很难实现对海量数据进行非常复杂的分析。现在，由于计算机在各领域应用的普及，产生了大量的业务数据，这些数据并不是为了分析的目的而收集的，而是在各种活动过程中由于工作需要自然产生的。不再是单纯为了研究，更主要的是为决策提供真正有价值的信息和知识，进而使效能最大化。所有单位面临的一个共同问题是数据量非常大，而其中真正有价值的信息和知识却很少，因此需要对大量数据进行深入分析，获得有利于提高核心能力的信息和知识。

数据挖掘与传统数据分析方法的区别主要在于：

1）数据挖掘的数据源与以前相比有显著的改变。首先，数据挖掘出现的背景是"数据爆炸而知识贫乏"，它需要处理的数据量达到了"TB"级（1TB=1000GB）以上，比传统的数据分析所处理的数据量超出若干数据级。对于如此大规模的数据，传统的数据分析方法可能根本无法处理，即使能够处理，效率也是一个瓶颈。因此需要对原有的数据分析方法重新检验并加以改进。其次，传统数据分析的数据源一般都是清洁的、结构化的，数据挖掘则是从不完全的、有噪声的、模糊的数据中发现知识。数据的抽取、清洁、转换和集成是数据挖掘的重要组成部分。数据挖掘不仅可以处理结构化的数据，还可以处理半结构化或非结构化的数据。事实上，非结构化的文本挖掘甚至半结构化的 Web 挖掘是数据挖掘重要的研究方向之字一。

2）传统数据分析方法一般都是先给出一个假设然后验证，即在一定意义上是假设驱动的；与之相反，数据挖掘在一定意义上是发现驱动的，模式都是通过大量的探索工作从海量数据中自动提取。这一点是数据挖掘区别于传统数据分析方法的本质特点。数据挖掘是事先没有假定想法与问题的情况下，在大量数据中发现隐含的模式。所获得的信息和知识具有预先未知的特征，即数据挖掘要发现那些不能靠直觉发现的甚至是违背直觉的信息或知识，越是出乎意料，可能越有价值。

近年来，数据挖掘的研究重点逐步从算法研究转向系统应用，更加注重多种策略技术的集成，以及多学科之间的渗透和交叉。这标志着数据挖掘技术逐步成熟，正在从实验室走向实用领域。数据挖掘的研究在技术领域主要集中在发现语言的形式化描述、寻求数据挖掘过程的可视化、研究网络环境下的数据挖掘技术、对各类非结构化数据的挖掘、知识的维护更新等方面；就应用领域而言，当前数据挖掘的热点包括网站的数据挖掘、生物信息或基因挖掘、文本挖掘和多媒体挖掘。

7.5 数据科学

简单地说数据科学是以数据为中心的科学。在计算机科学领域中，数据逐步由配合程序运行的原料，成为价值中心，这一变化充分体现了量变到质变的过程。当人们进入数据时代，尤其是大数据时代，数据成为价值的新核心。数据科学逐步成长为计算机科学的一个重要分析领域。

7.5.1 大数据

毋庸置疑，我们已经身处"大数据"时代，我们中的任何一位无论对其持什么态度，都已经置身于这场变革之中。之所以称其为变革是因为其改变是革命性的，数据已经完成量变的积累，实现质变的飞跃成为大数据。如果说当初"大数据"只是 IT 行业里的一个技术结构层面的变化，那么时至今日，它已经借助互联网影响到了社会的方方面面。正如很多新事物一样，"大数据"从最初的概念提出，到今天被多个重要大国作为发展战略，其内涵与外延仍非常模糊，中国工程院院士李国杰在《大数据》创刊号上发表的《对大数据的再认识》中指出：人们对大数据的认识有一个不断加深的过程。人们对大数据有不同的理解和认识并不奇怪，因为大数据影响面非常广泛，人们分别从各自不同的视角去解读它，这些观点也许都不错，但也都不全面完整，只是从某些视角对大数据的诠释。

数据是人类最伟大的创造之一。数据最初只是人们用以表示特定抽象概念的数字，随着信息技术的发展，人们创造出用数字表示万物的方法，现在所有人类能够认知的信息均可以用数据来表示，其规模已经远超出人们使用传统方式表示的信息量。在很多情况下，数据已经成为信息的最佳载体。

1. 大数据及相关研究的发展历程

正如丘吉尔所言"回首得越久远，前瞻得越长远"。要正确认识"大数据"，不妨也从了解其发展历程入手。

关于大数据的发展过程，王家耀院士的《时空大数据：态势·任务·思维·平台·应用》演讲和连玉明所著《中国大数据发展报告，No.1》中的观点一致，认为可以将大数据的发展过程大体划分为萌芽期、发展期和应用期 3 个阶段，如表 7-5 所示。

表 7-5 大数据发展过程

阶段	代表事件
萌芽期 20 世纪 90 年代	IT 领域的学者从技术角度提出"大数据"概念，NASA 研究员米歇尔·考克斯（Michael Cox）与戴维·埃尔斯沃思（David Ellsworth）1997 年 7 月发表论文 *Application-Controlled Demand Paging for Out-of-Core Visualization* 中提出这一术语
发展期 20 世纪末～21 世纪初	大数据的定义、内涵、特性得到丰富与发展。时任 META 集团的分析师道格·莱尼（Doug Laney）于 2001 年提出描述大数据的"3V"基本框架，即数据量大（Volume）、数据处理速度快（Velocity）、数据类型多样（Variety）
应用期 2011 年至今	对大数据的认识从技术概念发展思维变革、战略等多个维度。麦肯锡全球研究院（简称 MGI）2011 年 6 月发布研究报告《大数据：下一个具有创新、竞争和生产力的前沿》

如果查看一下原始文件，不难发现这只是个粗略的估计。比如 NASA 网站上公布的米歇尔·考克斯与戴维·埃尔斯沃思的那篇论文中明确显示，参考文献的第 9 项是这两位撰写的一篇名为 *Managing Big Data for Scientific Visualization* 的论文，这篇论文标题中就出现了"Big Data"，显然应当比表中所列的论文更早。科研社交服务网站 Researchgate 提供的文件显示，这篇标题中就有"大数据"一词的论文于 1997 年 1 月投稿并于同年 5 月正式发表。历史常常这样难以精确回溯，但并不影响我们对其进行整体性认识。

2011 年 6 月 MGI 发布了长达 156 页的研究报告标志着大数据技术的基本成熟，进入实际应用阶段，该报告主要是从经济视角看大数据的影响。高德纳（Gartner）公司自 1995 年起开始每年推出技术成熟度曲线（Hype Cycle for Emerging Technologies），大数据 2011 年第一次出现在该曲线上，位列技术触发期（On the Rise）的第 7 位，2012 年、2013 年分别位列期望膨胀期（At the Peak）的第 5、6 位，2014 年位列泡沫幻灭期（Sliding Into the Trough）的首位，2015 年从曲线中消失。从曲线上消失的技术一般理解为这些技术不再是"新兴的"，正慢慢地融入我们的生活，也可以理解为该技术趋向成熟的表现，当然技术的成熟并不意味着不发展。对于大数据没有出现在 2015 年的曲线上，可以解读为对大数据概念的炒作进入尾声，大数据技术发展走向深入，更加关注于如何应用。

国内著名作者涂子沛称其所著《大数据》是第一本大数据领域的专著。该书第一版于 2012 年 7 月在国内正式出版，牛津大学的维克托·迈尔·舍恩伯格（Viktor Mayer-Schönberger）教授被誉为"大数据时代的预言家"，其所著 *Big Data: A Revolution That Will Transform How We Live, Work, and Think* 是国外大数据系统研究的开先河之作，该书的中译本《大数据时代：生活、工作与思维的大变革》于 2013 年 1 月在我国出版，而英文版于 2010 年 1 月出版，该书的第二作者肯尼思·库克耶（Kenneth Cukier）2010 年 2 月在《经济学人》上发布大数据的专题报告《数据，无所不在的数据》。当然他们谁先谁后对于我们认识"大数据"并不重要。涂子沛将数据划分为量数和据数，量数指用于作为"量"而存在数据，泛指传统意义上对事物观测的结果；而据数泛指图片、音频、视频等对客观事物的记录，"据"意指证据、根据；大数据为包括传统量数与现代据数之合集。这是一种比较便于理解的通俗解释，而认识大数据的主要特征或许才是深入理解它的关键所在。

2. 大数据的基本特征

自 2001 年道格·莱尼（Doug Laney）提出大数据的"3V"特征即数据量大（Volume）、数据处理速度快（Velocity）、数据类型多（Variety），对于大数据特征的研究不断丰富。国家统计局综合研究后，将大数据的特点总结归纳为"6V 加 1C"，即数据体量大（Volume）、数据类型多样化（Variety）、速度快（Velocity）、应用价值大（Value）、数据获取与发送的方式自由灵活（Vender）、准确性（Veracity）及处理和分析难度非常大（Complexity）。

体量巨大是大数据的最基本特征，究竟多大才算大数据？不同时期有不同的理解。考克斯与埃尔斯沃思于 1997 年提出大数据这一概念，其论文中估测其规模约为 100GB，这与当前对大数据的理解有天壤之别。100GB 在当今只是一部中端配置手机的机身存储容量，现在最普通的移动硬盘是 2TB 容量（1TB 约为 1000GB），平均 1GB 的价格不到 0.5 元人民币。现在一般认为大数据的数据体量规模在 PB 级（1PB 约为 1000TB，1PB 即 10^{15}B），有研究显示 2020 年人类拥有的数量总量达到了约 60ZB（1ZB 为 10^6PB，1ZB 即 10^{21}B），人均 5200GB。显然这还远不是数据量增长的尽头，中国信息通信研究院 2020 年 12 月发布的《大数据白皮书（2020 年）》中援引 Statista 的统计和预测，全球数据总量到 2025 年将达到 175ZB，2035 年全球数据产生量预计达 2142ZB，约合 2.1YB（1YB 约为 10^3ZB），人们现在已经设计了相当于 10^6ZB 的单位——BrontoByte。

如此大量的数量是如何产生的呢？在计算机诞生之初，其接收、存储和处理的数据是依靠人工输入的，显然不可能有太大规模。那个年代存储器是稀缺资源，由于其容量有限、成本高昂，以致于当时的设计者为了节省 2 个字节而将 4 位数的年份只用后 2 位数表示，从而引发了轰动一时的"千年虫"危机。当时的处理器能力也非常有限。随着技术的进步，处理数据和存储数据的能力和成本按照著名的摩尔定律发展了几十年，这为大数据的出现创造了基本的物质基础。直接推动数据量爆发性增长的是数据生产方式的变革——数据的自动化生产。随着数字录入技术的进步，大量原先不可能或不易转为数据的信息形式得以快速转换为数据并录入信息系统。最典型是数字图像技术。照相术发明之初是非常专业的领域，胶片和相片都是化学工业的产品。在胶片时代，一张相片曾经是何等珍贵。数字图像技术的出现改变了这一切，到 21 世纪初数码相机产品发展成熟并且普及，其质量提升到可以与胶片直接竞争，并且成本远低于胶片，现在最普通的手机上自带的摄像头也能生产千万像素级的数字图像，而一幅这样的数字图像就是数十兆字节的数据量。基于动态图像技术的数字视频，在静态图像的基础上又增加了一个量级，以目前高校通常使用的安全监控系统为例，每个摄像头工作每小时约产生 1GB 的数据量，这还是经过较大比例压缩后的数据量，有测算表明，如果不压缩 1min8K 清晰度的视频高达 190GB。与数字图像技术类似的其他数据自动录入技术已经遍布我们生产、生活的各个领域。因此对速度快（Velocity）的理解也不只是当初考虑的数据处理快，也有数据生产快的内涵，数据生产不快，也不可能有大数据。当然对与如此体量巨大的数据，如果处理不快也不行。体量大（Volume）与速度快（Velocity）显然是一对好搭档。数据生产快到能产生大数据显然不是单个数据源所能达成的，是网络时代众多数据源共同完成的。数据源的数量大了，其种类就多，产生的数据类型自然也多种多样，从而也就派生出大数据的多样性（Variety）特征。

对大数据价值（Value）特征的理解需要特别注意，很多论述只注重片面强调其总体的高价值特征。国际数据公司（IDG）的解释比较全面，在大数据总体价值高的同时，其价值密度低。在大数据时代，单位规模数据的价值远低于大数据出现之前。大数据总体价值高的特征吸引了越来越多的社会资源，而价值密度低的特征给一般用户的使用带来了很大的挑战，必须运用专门的技术对巨量数据进行有效处理，才有可能真正实现其价值。如果运用不当，很可能不仅不能实现其价值，反而将有限的资源白白消耗在垃圾数据上。正因为其价值密度低的特征，也使得社会对大数据充满各种质疑，类似"大数据——聚宝盆还是垃圾堆？"这样的疑问并不少见。

准确性（Veracity）也有真实性的理解，即数据反映客观事实。Complexity 的直接意思是复杂性，大量异构数据的分析与处理，显然是极其复杂的问题。

目前大数据特征方面得到承认比较普遍的观点是 4V 加 1C，即数据总体量大（Volume）、数据类型多（Variety）、数据生产速度快和处理要求速度快（Velocity）、总体价值大但价值密度低（Value）和数据的处理与分析复杂度高（Complexity）。

随着时代的发展和人们对大数据应用的推进，人们对大数据特征的认识还会有新的理解和总结方式，比如 Matthew J. Salganik 在 2017 年出版的专著 *Bit by Bit: Social Research in the Digital Age* 中，提出他总结出大数据的 10 个特征：海量性（Big）、持续性（Always-On）、不反应性（Nonreactive）、不完整性（Incomplete）、难以获取（Inaccessible）、不具代表性（Nonrepresentative）、漂移（Drifting）、算法干扰（Algorithmically Confounded）、脏数据（Dirty）、敏感性（Sensitive）。就概念方面而言，我们当前认为，大数据是指规模在 PB 级及以上，用现有常规计算机和计算方法不能够容纳和处理的数据集。

3. 大数据的战略定位

大数据经过前期若干年的积累与发展，在 2010 年代成长为战略资源，引起全世界高度重视，这一成长过程完全符合唯物辩证法的量变到质量理论。

联合国专门设有"数据创新促进发展"的日常议题，联合国秘书长提出了题为"联合国全球脉动（UN Global Pulse）"的创新倡议，旨在为加快大数据作为公共产品的发现、发展和利用，并于 2012 年 5 月发布了《大数据促发展：挑战与机遇》白皮书，2013 年 6 月发布了《大数据促发展：入门指南》，2015 年起，将大数据用于发展和人道主义行动；2016 年 12 月发布了《数据创新促发展指南：从概念到概念验证》等一系列报告。可见联合国作为全球顶级的国际组织对大数据的重视，也从侧面折射出大数据的影响力。

2014 年我国首次将大数据写入政府工作报告，该年被称为"中国大数据政策元年"。2015 年 9 月，国务院公开发布了我国发展大数据产业的战略性指导文件《促进大数据发展行动纲要》，充分体现了国家层面对大数据发展的顶层设计和统筹布局，为我国大数据应用、产业和技术的发展提供了行动指南。2016 年 3 月，《中华人民共和国国民经济和社会发展第十三个五年规划纲要》正式公布，在其第二十七章，首次公开提出"实施国家大数据战略"，对我国大数据的发展具有深远意义。习近平总书记在 2017 年 12 月主持中央政治局就实施国家大数据战略进行第二次集体学习时强调要推动大数据技术产业创新发展、构建以数据为关键要素的数字经济、运用大数据提升国家治理现代化水平、切实保障国家数据安全等。习近平总书记指出要运用大数据促进保障和改善民生。善于获取数据、分析数据、运用数据，是领导干部做好工作的基本功。各级领导干部要加强学习，懂得大数据，用好大数据，增强利用数据推进各项工作的本领，不断提高对大数据发展规律的把握能力，使大数据在各项工作中发挥更大作用。

值得注意的是美国在推动大数据研发和应用上最为迅速和积极，强化顶层设计，力图引领全球大数据发展。2012 年美国奥巴马政府于 3 月发布了《大数据研究和发展倡议》。由于在任期间提出了若干与大数据相关的政策，奥巴马被冠以"大数据总统"的名号。美国政府是大数据的积极使用者，2013 年由斯诺登曝光的棱镜计划（PRISM）显示出美国国家安全部门大数据应用方面的强大实力，其应用范围之广、规模之大、水平之高、程度之深都远远超过人们的想象。美国国家安全局（NSA）、联邦调查局（FBI）及中央情报局（CIA）等政府情报机构通过与谷歌、脸书、雅虎、亚马逊、微软、苹果等大型网络公司开展所谓数据和服务合作，大规模开展基于大数据应用的全球数据采集，进而实现监听和深度分析。随着应用的深入，美国政府对大数据带来的负面影响也更加重视，白宫2014年5月发布的《大数据：抓住机遇，守护价值》报告中提醒，在发挥正面价值的同时，应该警惕对大数据应用对隐私、公平等长远价值带来的负面影响。美国是大数据发展的策源地和创新的引领者，它会不断谋求通过建立数据优势，巩固其在该领域的领先地位。我们在运用大数据，享受其带来的益处的同时，需要时刻提防由于使用美国的核心技术所带来的安全风险。

大数据是典型的通用目的技术（General Purpose Technologies，GPT），数字技术是最通用的通用目的技术。也正因为大数据技术层面的通用性，大数据在人类已知的所有领域都可以甚至是必须得到运用，由于其运用的深度与广度以及其已经展现出来的能力和可能的潜力使得所有主要国家、国际组织都极其重视其战略地位，各行业领域都希望依托大数据创造新的发展机会，在竞争中谋求新的优势。

4. 数据共产主义

通过对大数据基本内涵的讨论我们可以看到，大数据是数据资源极为丰富的一种状态，之所以会有大数据是因为各个行业领域甚至每个人、每台机器都无时无刻在产出数据，这些众多的数据源一刻不停地丰富着人类的数据资源总量，并且研究显示这一过程是在加速进行中。身在数据时代的我们也都在有意或无意地运用数据并且能够从中获益，出行人们会查地图看路况，就餐人们会查评价，方便快捷的电子支付可以让人们身无分文行遍天下，同时还让传统的扒窃者无从下手。网上有句玩笑话：消灭小偷的不是警察，而是支付宝。我们每一次操作都会产生一定量的数据，我们在运用数据的同时，就在产生数据。与物质资源所不同的是，数据资源似乎不会被消耗掉，数据的使用不仅不会消耗掉原来的数据，还会产生出越来越多新的数据，多到有人称之为"数据废气（Data Exhaust）"。

从发展的视角看，大数据时代是信息技术发展进化的自然结果，是人类社会信息化进程的一个发展阶段，习近平总书记指出大数据是信息化发展的新阶段。大数据之大，在于数据资源的极大丰富，数据资源的极大丰富在于全社会都在极力创造数据，而全社会又都在从丰富的数据资源中汲取所需，这种场景的描述是何其熟悉！是的，这与我们对共产主义"物质极大丰富，各尽所能，各取所需"的描述非常的接近，所以我们乐观地认为：在大数据时代，当发展到一定程度时，共产主义的形式有可能在数据领域率先实现，我们姑且称之为"数据共产主义"，即数据资源极大丰富，社会各方都各尽所能地创造数据资源，根据各自的需要获取数据资源。

7.5.2　大数据存储与管理

在大数据时代，由于所需处理的数据量大和类型复杂等因素，使用场景对性能和效率的要求不断提高，分布式文件系统、NoSQL数据库等技术应运而生。

1. 分布式文件系统

从发展的过程来看，数据库是从文件管理系统的基础上发展起来的，属于数据管理的高级阶段。在大数据时代，非结构化或半结构化的数据占了主体，传统的以应对结构化数据为主的数据库系统并不擅长处理非结构化或半结构化的数据，并且单台主机的文件系统也无法提供足够的扩展和处理能力，分布式文件系统获得了很大的发展。

分布式文件系统建立在通过网络连接的多台服务器上，将要存储的文件按照一定的策略划分成若干个片段分散配置在系统中的多台服务器上。服务器之间的管理和联系相对松散，当整个系统的存储或处理能力不足需要扩展时，可以通过增加系统中的服务器数量来实现便捷的扩容，而无须将系统中的整个数据集进行整体迁移。传统的方法中，当一台较小的服务器容量不足时，需要用一台更大的服务器来替换它，这时需要将原服务器中的数据和应用整体迁移到新服务器上，这种方式称为纵向扩容或纵向迁移。而分布式系统所采用的在原服务器群体中增加新服务器的方式，是在保留原有资源基本不变的前提下，通过增加系统中的服务器数量来扩充系统的整体能力，这种方式被称为横向扩容。分布式文件系统在响应相关的文件操作时，可以根据应用的具体情况将操作分解到多台服务器的子操作，从而为客户端提供了更好并行性和性能。分布式文件系统中的多台服务器之间构成了硬件上的冗余，将同一数据块在多台服务器上存放，以提供更好的可靠性，即使系统中某一服务器意外失效，也不会影响相关的数据。

从分布式文件系统的用途来看，主流的分布式文件系统有两类。一类是主要面向大文件、块数据顺序读写为主要应用的数据分析业务，其典型代表是 Hadoop 系统（Hadoop distributed File System，HDFS）；另一类主要服务于通用文件系统需求并支持标准可移植操作系统接口，其代表主要有 Ceph 和 GlusterFS。这种分类主要强调各系统的主要应用场景，并非指某一种系统只能用于某种用途。

2. NoSQL 数据库

NoSQL（Not only SQL）数据库是为了满足互联网的需求而诞生的，也可以说是为了服务于大数据而产生的。互联网数据具有规模大、种类多、增长快等大数据的典型特点，并且这些数据不是以传统的结构化数据为主，更多的是非结构化或半结构化数据，传统的关系型数据库管理此类的数据时效率不高，难以满足快速增长的应用需要，非关系型的数据库逐步发展起来，在很多情景下，非关系型数据库被称为 NoSQL 数据库，其主要特点如下：

1）易扩展，也称为伸缩性强。NoSQL 数据库的主要应用场景基于网络环境，数据快速变化，其扩展性要求高于传统关系型数据库。

2）灵活性。NoSQL 数据库区别于传统的关系型数据库，无须为存储的数据提前设计表，创建字段等，可以随时根据存储的需要自定义数据格式。

3）弱约束性。由于 NoSQL 的前两条特性，使其常常难以满足事务处理的 ACID 要求，基本不支持事务处理；其所管理的数据间通常也不具备明显的约束条件，以致于 NoSQL 数据库都不支持 SQL 语言，现在 NoSQL 数据库没有通用的语言，各 NoSQL 数据库有各自的语法和应用，以及适应其相应的业务应用场景。

NoSQL 数据库的种类非常丰富，影响较大的有以下 4 类：

1）键值数据库（Key-Value Databases）

此类数据库主要会使用到一个哈希表或称散列表，这个表中有一个特定的键和一个指针指向特定的数据。键值（Key value）模型对于 IT 系统来说的优势在于简单、易部署。键值数据库可以按照键数据进行定位，也可以通过键进行排序和检索，以实现快速的数据操作，但是如果只对部分值进行查询或更新的时候，键值模型效率相对低下。此类的典型代表有：Redis、Memcached、Berkeley DB、Oracle 等。

2）列存数据库（Column-Oriented Databases）

列存数据库也称面向列的数据库或列族、列式数据库，这部分数据库通常是用来应对分布式存储的海量数据。键仍然存在，但是它们的特点是指向了多个列，这些列是由列族来安排的。此类数据库的典型代表有：Cassandra、HBase、Riak 等。传统的关系数据库（RDBMS）可以称之为 Row-Oriented Database，即行组数据库，一行就是一条记录。

3）文档型数据库（Document Databases）

文档型数据库源于办公系统的开发，其要存储各种文档文件，与键值存储相类似的是可以对某些字段建立索引，并可实现关系数据库的某些功能。该类型的数据模型是版本化的文档，半结构化的文档以特定的格式存储，如 JSON（JavaScript Object Notation）。文档型数据库可以看作是键值数据库的升级版，允许嵌套键值。文档型数据库比键值数据库的查询效率更高。此类数据库的典型代表有：CouchDB、MongoDB。国内的文档型数据库 SequoiaDB 已经开源。

4）图数据库（Graph Databases）

图数据库也称图形数据库，其基本原理基于图论，以节点、边及节点间的关系来表示复杂网络中的网络关系。图数据库可以高效支撑网状图形结构数据的管理与分析型应用，图结构的数据库使用灵活的图形模型，并且能够扩展到多个服务器上。在图形模式中，关系和节点本身就是数据，此类数据库的代表有：Neo4j、InfoGrid、Infinite Graph 等。

除上述 4 类主要的类型外，时序存储、对象存储、xml 数据库、RDF 存储、事件存储、内容存储、导航数据库等也是 NoSQL 数据库的常见类型，搜索引擎也可以算是一类 NoSQL 数据库，有兴趣的读者可以查阅相关资料。

7.5.3　大数据挖掘与可视化

在大数据时代，数据的生产和收集是基础，数据挖掘则是大数据应用的关键。数据挖掘与知识发现泛指从大量数据中挖掘出其中隐含的、潜在的、先前未知的有用信息。

1. 大数据挖掘

大数据挖掘与基于传统数据库或数据仓库的数据挖掘相比，由于其面对的是规模大、类型繁多、结构复杂、快速动态变化、总体价值高但价值密度低的大数据，决定了大数据挖掘不同于之前的数据挖掘技术。一般来说，大数据挖掘技术包括：高性能计算支持的分布式、并行数据挖掘技术，面向多源、非完整数据的不确定数据挖掘技术，面向复杂数据组织形式的图数据控制技术（包括基于语义的异质网络数据挖掘），面向非结构化稀疏性的超高维数据挖掘技术，面向高价值但低价值密度特征的特异群组控制技术以及面向动态数据的实时、增量数据挖掘技术等。

国际数据挖掘社区合众人之力，统计出在 2006 年实际中应用最广泛、影响最大的 10 种数据挖掘算法。涵盖了分类、聚类、统计学习、关联分析和链接分析等重要的数据挖掘研究和发现主题。这 10 大数据挖掘算法分别是：

1）C4.5 决策树分类算法

C4.5 是机器学习算法中的一个分类决策树算法，它是决策树（决策树是做决策的节点间的组织方式像一棵树，其实是一个倒树）核心算法 ID3 的改进算法，所以基本上了解了一半决策树构造方法就能构造它。决策树构造方法其实就是每次选择一个好的特征以及分裂点作为当前节点的分类条件。

2）K 均值聚类算法（The K-Means Algorithm）

把 n 个对象根据其某种属性分为 k 个分割（$k < n$）。它与处理混合正态分布的最大期望算法很相似，因为他们都试图找到数据中自然聚类的中心。它假设对象属性来自空间向量，并且目标是使各个群组内部的均方误差总和最小。

3）支持向量机分类或回归算法（Support Vector Machines，SVM）

SVM 是一种监督式学习的方法，它广泛地应用于统计分类以及回归分析中。支持向量机将向量映射到一个更高维的空间里，在这个空间里建有一个最大间隔超平面。在分开数据的超平面的两边建有两个互相平行的超平面，分隔超平面使两个平行超平面的距离最大化。

4）关联规则挖掘算法（The Apriori Algorithm）

Apriori 算法是一种最具影响力的挖掘布尔关联规则频繁项集的算法。其核心是基于两阶段频集思想的递推算法。该关联规则在分类上属于单维、单层布尔关联规则。在这里，所有支持度大于最小支持度的项集称为频繁项集，简称频集。

5）最大期望参数估值算法（Expectation–Maximization，EM）

在统计计算中，最大期望算法是在概率模型中寻找参数最大似然估计的算法，其中概率模型依赖于无法观测的隐藏变量（Latent Variable）。最大期望经常用在机器学习和计算机视觉的数据集聚（Data Clustering）领域。

6）链接分析（PageRank）

PageRank 是 Google 算法的重要内容。2001 年 9 月被授予美国专利，专利人是 Google 创始人之一拉里·佩奇（Larry Page）。PageRank 里的 page 不是指网页，而是指佩奇，即这个方法是以佩奇来命名的。PageRank 根据网站的外部链接和内部链接的数量和质量，衡量网站的价值。PageRank 背后的概念是，每个到页面的链接都是对该页面的一次投票，被链接的越多，就意味着被其他网站投票越多。

7）集成算法（AdaBoost）

AdaBoost 是一种迭代算法，其核心思想是针对同一个训练集训练不同的分类器（弱分类器），然后把这些弱分类器集合起来，构成一个更强的最终分类器（强分类器）。其算法本身是通过改变数据分布来实现的，它根据每次训练集之中每个样本的分类是否正确，以及上次的总体分类的准确率，来确定每个样本的权值。将修改过权值的新数据集送给下层分类器进行训练，最后将每次训练得到的分类器融合起来，作为最后的决策分类器。

8）K 最近邻算法（K-Nearest Neighbor Classification，KNN）

K 最近邻分类算法是一个理论上比较成熟的方法，也是最简单的机器学习算法之一。该方法的思路是：如果一个样本在特征空间中的 k 个最相似（即特征空间中最邻近）的样本中的大多数属于某一个类别，则该样本也属于这个类别。

9）朴素贝叶斯模型分类算法（Naive Bayes）

在众多的分类模型中，应用最为广泛的两种分类模型是决策树模型（Decision Tree Model）和朴素贝叶斯模型（Naive Bayesian Model，NBC）。朴素贝叶斯模型发源于古典数学理论，有着坚实的数学基础，以及稳定的分类效率。同时，NBC 模型所需估计的参数很少，对缺失数据不太敏感，算法也比较简单。理论上，NBC 模型与其他分类方法相比具有最小的误差率。但是实际上并非总是如此，这是因为 NBC 模型假设属性之间相互独立，这个假设在实际应用中往往是不成立的，这给 NBC 模型的正确分类带来了一定影响。在属性个数比较多或者属性之间相关性较大时，NBC 模型的分类效率比不上决策树模型。而在属性相关性较小时，NBC 模型的性能最为良好。

10）分类与回归树（CART）

CART 是 Classification and Regression Trees 的缩写。在分类树下面有两个关键的思想：第一个是关于递归地划分自变量空间的想法；第二个想法是用验证数据进行剪枝。CART 假设决策树是二叉树，内部节点特征的取值为"是"和"否"，左分支是取值为"是"的分支，右分支是取值为"否"的分支。这样的决策树等价于递归地二分每个特征，将输入空间即特征空间划分为有限个单元，并在这些单元上确定预测的概率分布，也就是在输入给定的条件下输出的条件概率分布。

2. 可视化

可视化（Visualization）是通过将数据转化为图形、图像，通过提供交互，帮助用户更有效地完成数据的分析、理解等任务的技术手段。可视化可以迅速有效地简化与提炼数据，帮助人们从大量的数据中寻找新的线索，发现和创造新的理论、技术和方法，从而帮助业务人员而非数据处理专业人员更好地理解数据分析的结果。在可视化的基础上再进一步，通过可视分析，对大量且关联复杂的数据，将分析技术与可视技术、交互技术结合，帮助用户高效地理解和分析数据，探索数据中的规律，帮助用户做出决策。

人类学研究表明，视觉是人类获得信息的主要渠道，视觉信息占人类获取信息总量的 80% 以上。人类的视觉主要是基于图像的理解。人们的眼睛看到的是自然界所呈现的各种画面。经过长久的演化，人类对于图像的理解效率远高于后来人类发明的文字等符号，这是可视化发展最基本的动机。地图可以算是人类史上最早的可视化应用，南宋时期的《平江图》是目前发现的存世最早的城市平面图，如图 7-8 所示。

现代意义的科学可视化（Scientific Visualization）在 20 世纪 80 年代正式确立，可视化具有培育和促进主要科学突破的能力。1990 年 IEEE 举办了首届可视化会议，2012 年更名为 IEEE 科学可视化会议，1989 年提出了信息可视化（Information Visualization）的学科名，2007 年 IEEE 专题研讨会改为信息可视化会议。进入 21 世纪后，海量、高维、

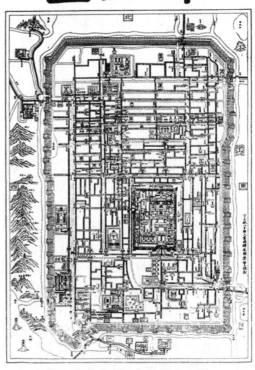

图 7-8　南宋《平江图》碑示意图

异构以及动态数据对现有的可视化技术提出了新的挑战，出现了可视分析（Visual Analytics）等新技术，2012 年 IEEE 会议更名为可视分析科学与技术会议。

可视化主要流程包括 3 个步骤：数据处理、视觉编码（Visual Encoding）、可视化生成。首先对数据进行处理。这里的处理主要指数据清洗、数据规范以及数据分析，通过数据清洗和数据规范，将脏数据、敏感数据进行过滤，并且去除与分析任务无关的冗余数据，并且规范数据结构。在处理后，需要针对数据设计视频编码，使用位置、尺度等视觉通道映射所需展示的数据维度。最后将数据映射到视觉编码，从而得到最终的可视化形式。

可视化分析对于大量且复杂的数据，将自动化的分析技术与交互的可视化方法相结合，帮助用户高效地理解分析数据并做出决策。

数据可视化的方式和数据内容密切相关，不同的数据类型，决定了其数据内部之间的依存关系，也决定了需要不同的可视化映射（Visual Mapping）方法。

属性或变量是度量某一指标的数据。属性可以分为类别型、序数型（Ordinal）和数值型。类别型属性自身没有顺序，可以比较相同与否。序数型属性可以比较顺序，但不进行代数运算。数值型属性可以进行比较和运算。数值型属性可细分为间隔型和比率型。间隔型如温度、日期等，可以计算两个属性值间的差，但不能计算比率；比率型如长度、重量等，不仅可以计算两个属性值间的差，还可以计算两个属性的比率。可视化时需要根据属性类型选取合适的映射方式，否则很容易引起误解。

数据集是数据的集合，其基本组成单元依据不同的结构或数学含义，可以分为：对象、对象关系、属性、网格、空间位置等。对象是离散的个体，网格和空间位置是连续的对象。数据集可以是结构化的数据，也可以是非结构化的数据。结构化数据包括四个基本类型：表格数据、网络数据、场数据和几何数据。非结构化数据包括自然语言文本、图片、音频、视频等，通常需要转换为结构化数据以便进行可视化。

可视化映射可以分为两部分：视觉标记（Visual Marks）和视觉通道（Visual Channels）。视频标记是表现数据项或关系的视觉元素；视觉通道，又称为视觉变量，可以根据属性值控制视觉元素的外观。映射数据项的视觉标记包括点、线、二维形状以及三维体等能够被人眼所直接识别的标记。映射关系的标记包括连接和包含，通常以连线或形状的包含关系表示。视觉通道包括适合映射序数型或数值型数据的大小通道和适合类别型数据的身份通道。前者包括位置、大小、角度、深度、颜色亮度、饱和度和曲率等；后者包括区域、色调、运动、形状等。不同视觉通道的重要程度或者有效性不同，常常需要映射最重要的属性。不同通道属性有效性排序如下：

1）大小通道：位置（对齐）> 位置（未对齐）> 长度 > 角度 > 面积 > 深度 > 亮度 = 饱和度 > 曲率 = 体积。

2）身份通道：区域 > 色调 > 运动 > 形状。

注：> 代表前者的有效性高于后者。

（1）高维数据可视化

现在，高维数据十分常见。其数据拥有多个属性，每个属性称为数据的一个维度或变量。在笛卡儿坐标系中，各维度数轴相互正交形成高维数据空间，每个数据样本对应于空间中的一个点。可视化高维数据的难点在于，人们并不具备三维以上空间的想象力，无法直观想象高维空间中的数据分布情况，人们为此研究了许多方法，如降维投影、子空间分析、散点图矩阵、平行坐标等。

散点图矩阵是将多维数据的各维度进行两两展示，每个二维图中的点，只表示相应的两个维度间的对应关系，也就是用每两个维度构成一个二维空间，用多个二维空间组合成多维空间，如图 7-9 所示。

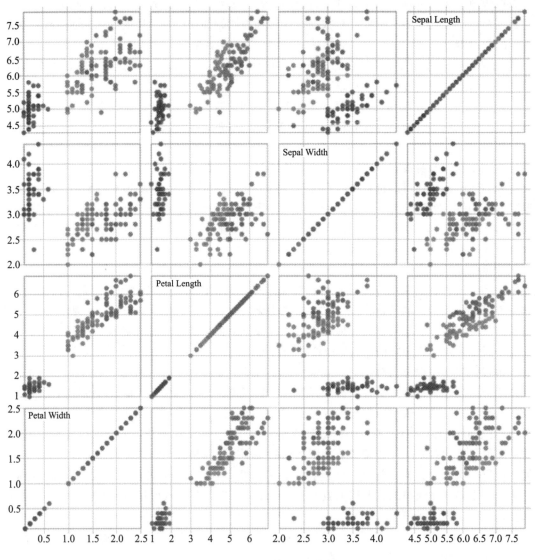

图 7-9   散点图矩阵示意图

平行坐标是将每一维度用一个一维数轴表示，不同维度的数轴平行布置，用一条折线连接各轴上数据对象对应维度上的值对应的点，如图 7-10 所示。平行坐标形式紧凑、表达高效，应用较为广泛。但是当数据量较大、显示空间线条很多时，容易产生视觉混淆，另外平行坐标表示相邻两轴之间的数据关系比较明确，不相邻的维度不易直接比较。维度顺序的组织对于平行坐标方法至关重要。

降维投影是一类常用方法，通过在低维空间中构造数据的投影，近似地展现高维空间中的数据关系。比如在自然空间中三维物体会在平面上形成二维投影，实际上人们眼睛看到二维图像多是自然界三维物体的降维投影。按照投影空间与原数据空间的关系，投影算法可以分为线性投影和非线性投影两大类。最典型的降维投影是世界地图，将球体的地球投影到二维平面上，常见的有兰勃特投影和墨卡托投影两种方式。线性投影的优点在于结果稳定、直观易理解。非线性投影能更好地适应非线性的数据结构，包括数据聚类、数据异常、流形拓扑等。

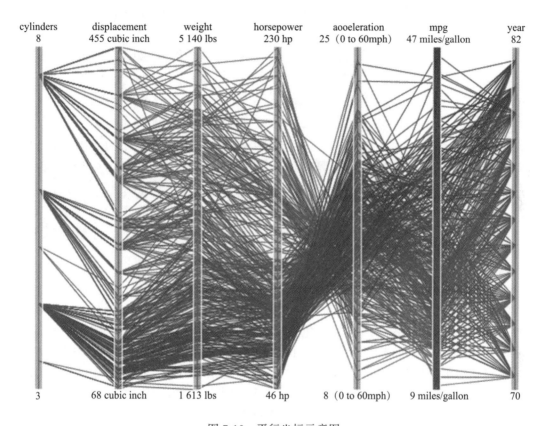

图 7-10　平行坐标示意图

除前述几种方法以外，还有星形坐标（Star Coordinates）或称星形图 / 雷达图 / 蜘蛛图等方法。

（2）时空数据可视化

时空数据在现代社会中非常常见，它同时包含时间、空间和属性特征。时空数据广泛存在于交通、电力、气象、市政、情报和生态等众多领域。时空事件数据是最常见的一类时空数据。这类数据通常包含一系列事件记录，每一条记录会包含事件发生的时间、地点和属性。对于时空分布，最常见的方法是分别使用热度图和折线图。为了能同时显示多个区域的时间分布，通常会使用多个小图标并行排布（Small Multiple）的策略，也就是称为马赛克图表（Mosaic Diagram），利用二维空间表示空间上的对应关系，并用被称为马赛克的矩形块表示时间上的对应关系，如图 7-11 所示。

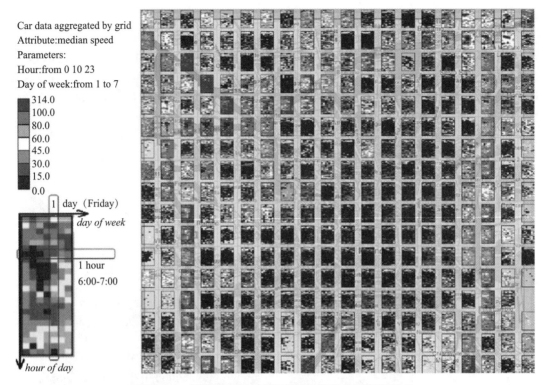

图 7-11　米兰城不同区域的交通速度模式马赛克图表

（3）网络可视化

网络关联关系是数据中常见的关系，如互联网与社交网络。层次结构数据属于网络信息的一种特殊情况。网络与层次结构数据可以用图（Graph）进行抽象与表示。图表示了对象之间关联信息，真实世界中各种有关联的个体都可用图来表示。节点链接图（Node-Link Graph）是信息可视化中表现图结构数据最古老也最重要的方法之一。它采用空间中的二维或三维节点代表对象，用节点之间的连线代表对象之间的关联信息，通过布局算法将大量的节点及连线有组织地呈现出来。图可视化方法能够快速呈现关系数据中的大量信息：节点和连线的视觉设计可以传达关于对象及对象间的关联信息，整个图的布局则能够揭示大量对象之间的内在关系和结构，相应的交互方法能够帮助用户对数据进行深入地挖掘。图可视化方法在物理网络、生物网络、社会网络、信息网络等领域都有着重要的应用。图 7-12 是典型的弧长连接图示例。

（4）文本可视化

随着大数据时代的来临，越来越多的数据给人们的分析带来了巨大的挑战，其中大量的数据是以文本的形式存储的，例如邮件、新闻、网页、社交网络等。文本数据中包含着大量隐含的信息，如何有效地从文本中挖掘信息并转化为知识一直是一个研究热点。可视分析是可视分析领域的一个重要研究方向，它通过可视化的手段将文本内容直观地呈现出来，帮助分析者迅速了解文本内容，并通过人机交互手段促进用户的分析。

一些基础的可视化方法是通过可视化高频关键词来展示文本的主要内容。词云或称标签云（Tag Cloud）是一种最为常见也是最简单直接的可视化方式（如图 7-13 所示），它通过字体大小来表示词语在文本中的重要性，直观呈现出文本主题中最重要的词语。

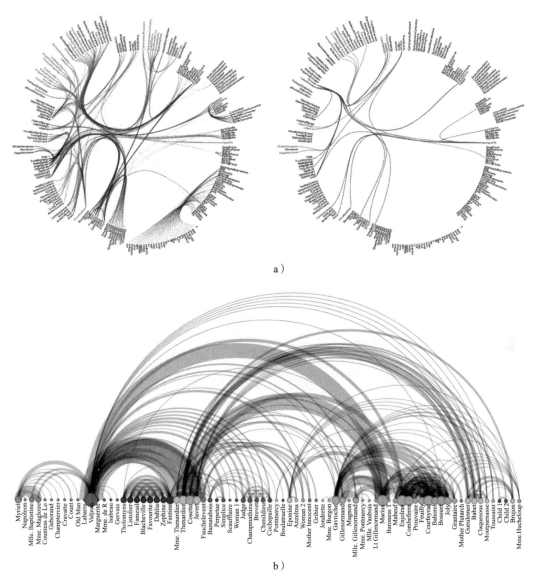

a）

b）

图 7-12 弧长连接图示例

图 7-13 词云或标签云示意图

在许多情境下人们还关心关键词的时变特性。这样能够分析文档及内容随着时间所发生的演变。为此提出了主题河（ThemeRiver）的概念，借用河流的形式来展示主题热度在时间维度上的变化。如图 7-14 所示，每条河流代表一个主题，河流的宽度代表主题的热度，河流越宽对应的主题越热门。将这些河流紧密地堆叠在一起，通过不同的颜色进行区分，就能将主题及其在时间维度上的变化清晰地展示出来。

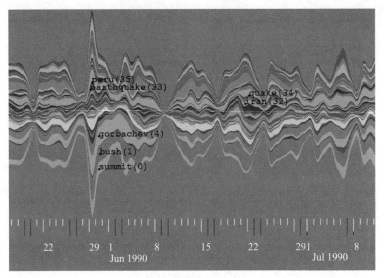

图 7-14　主题河示意图

可视化研究成果非常丰富，线上有大量的各类可视化工具，比如高维数据可视化工具、文本可视化工具、网络可视化工具等，甚至有可视化编程工具，并且很多工具是开源的或有免费版本供个人使用。有兴趣的读者可以在网上查找所需的工具。

7.5.4　认识数据科学

当信息科学处理的数据发展到一定规模，大数据计算使得底层的数据理论、计算复杂性、算法设计都产生了质变，数据在获取、治理、管理、分析与可视化的整个处理过程中都面临挑战，面向数据处理的大规模分布式计算技术形成了自己的技术体系。大数据的思维模式向不同应用学科和行业渗透，形成了以大数据处理为核心，多学科融合、多行业辐射的发展态势。部分学者提出了数据科学（Data Science）、数据工程（Data Engineering）的概念。

1. 数据科学的提出

在 1974 年，丹麦计算机科学家彼得·诺尔（Peter Naur）提出过"数据学"（Datalogy）的概念，当时这一概念更多指的是以数据为对象的计算机科学和编程，属于计算机科学的延伸，其研究对象是数值化的数据。早期计算机的主要用途确实是处理数据和科学计算。

1996 年的一个国际会议上正式出现了"数据科学"这一名称。1997 年，杰夫·吴（Jeff C. Wu）曾经提出"统计学 = 数据科学"的观点，建议将统计学更名为数据科学。2001 年，威廉·克利夫兰（William S. Cleveland）提出数据科学应作为由统计学延伸出来的一个独立研究领域，统计学与数据分析有关的技术内容在下列几个方面扩展后形成了一个新的独立研究领域——数据科学。

1）多学科研究（Multidisciplinary Investigations）。

2）数据模型与分析方法（Models and Methods for Data）。

3）数据计算（Computing with Data）。

4）数据学教授（Pedagogy）。

5）工具评估（Tool Evaluation）。

6）理论（Theory）。

2002 年和 2003 年，国际科学委员会和哥伦比亚大学分别创办了数据科学杂志，为这一学科领域研究成果的发表和交流建立了国际学术平台。大规模数据计算的特点和重要性也开始引起科学界的注意，数据科学或数据处理技术被有些科学家认为将成为一个与计算机科学并列的新科学领域。在数据库领域声誉卓著的詹姆斯·格雷（James Nicholas Gray）认为数据密集型科学发现（Data-Intensive Scientific Discovery）将成为科学研究的第四范式，科学研究将迎来与经验科学、理论科学、计算科学并列的数据科学。

2017 年北京大学鄂维南院士提出，数据科学所依赖的两个因素是数据的广泛性和多样性，以及数据研究的共性。数据科学主要包括两个方面：用数据的方法来研究科学和用科学的方法来研究数据。前一部分与格雷不谋而合，即采用数据分析和数据驱动的方法研究各学科领域，现在已经在生物信息学、天体信息学、数字地球等领域取得重大突破；后者着重讨论数据采集、数据存储和数据分析，涵盖统计学、机器学习、数据挖掘、数据库等领域。

2. 数据科学的范畴

数据科学可以理解为基于传统的数学、统计学理论和方法，运用计算机技术进行的大规模数据计算、分析和应用的一门学科。德鲁·康威（Drew Conway）采用维恩图（Venn Diagram）来描述数据科学的知识结构，图 7-15 所示为其英文版和一种中译版本。

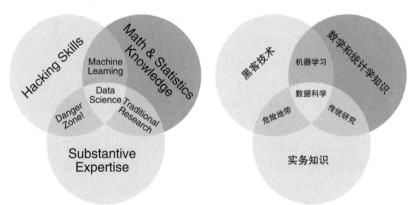

图 7-15　数据科学的维恩图（图片源于网络）

上图所示的数据科学是由传统的数学和统计学知识、对数据进行计算所需的计算机科学技术（工具）和方法、各行业领域知识和经验等三个方面的交叉区域，这是人们对数据科学的一般理解。需要注意的是维恩图是一类在不太严格的意义下用以表示集合（或类）的草图，用于展示在不同的事物群组（集合）之间的数学或逻辑联系，尤其适合用来表示集合或类之间的"大致关系"，大家不要以图示中面积的大小来理解其实际内容的多少。

数据科学对学科发展提供了前所未有的机遇和挑战，一方面为数学、统计学、计算机科学等传统学科的发展带来了新的机遇，同时通过数据密集型的科学探索，催生和带动一批交叉学科和应用交叉学科的发展，比如计算社会学（Computational Social Science）的提出，这是一门数据驱动和基础学科相结合的交叉学科，其关注利用数据和计算及统计学方法研究社会现象，并为观察到的数据寻求合理的解释。相似的例子还很多，近年来大数据在机器翻译、自然语言处理、语音识别、文本分析等应用领域蓬勃发展。

本章小结

数据库是一个组织内被应用程序使用的逻辑相一致的相关数据的集合。数据库提供了一种把相关信息集合在一起的方法，它是一个数据的有机集合，它可以使我们在某个集中的地方存储和维护这些信息。

数据库系统一般由数据库、数据库管理系统、数据库应用系统、数据库管理员和用户构成，是指在计算机系统中引入数据库后的系统。

数据库对数据的组织方式称为数据模型，数据库系统均是建立在某种数据模型之上。数据模型通常由数据结构、数据操作和完整性约束3部分组成。

数据库模型定义了数据的逻辑设计，它也描述了不同数据之间的联系。在数据库设计发展中，曾使用过3种数据库模型：层次模型、网络模型和关系模型。

数据字典是系统中各类数据描述的集合，数据字典实际上是管理数据库所用的内部数据库。用户数据字典中通常定义用户数据的格式等内容。

关系模型建立在严格的数学模型基础上，关系模型中数据的逻辑结构是一张二维表，由行和列组成。关系数据模型的操作必须满足关系的完整性约束条件，包括实体完整性、域完整性、参照完整性和用户定义的完整性。

结构化查询语言（SQL）是一种介于关系代数与关系演算之间的语言，用来与关系数据库管理系统通信并进行关系运算，其功能包括数据查询、数据定义、数据更新和数据控制。SQL语言作为关系数据库管理系统中的一种通用的结构查询语言，已经被众多的数据库管理系统所采用。SQL是非过程化语言，是统一的语言，是所有关系数据库的公共语言。

数据库是指一种多维的数据集合；而传统的文件系统是一种一维的存储系统。文件作为传统的数据管理方法至今依然被广泛使用，即使是数据库也是建立在文件基础上的。

当信息科学处理的数据发展到一定规模，大数据的出现使得计算机科学底层的数据理论、计算复杂性、算法设计都产生了质变，数据在获取、治理、管理、分析与可视化的整个处理过程中都面临挑战，面向数据处理的大规模分布式计算技术形成了自己的技术体系。大数据的思维模式向不同应用学科和行业渗透，形成了以大数据处理为核心，多学科融合、多行业辐射的发展态势。在当今社会中，数据的价值和作用逐渐突显，在需求的推动下，逐步形成了数据科学。为应对大数据的挑战，发展出相适应的面向互联网、大数据的NoSQL数据管理技术和适应大数据非结构化特点的数据挖掘、可视化等技术。随着数据在社会中的作用越来越明显，相关技术越来越复杂，学界逐步提出了数据科学的概念。

本章习题

一、复习题

1. 数据的内涵是什么？

2. 数据模型根据其应用层次和建模目标有哪些类型，该如何理解。

3. 关系模型由哪3部分组成？

4. 关系的完整性分为哪 3 类？

5. 在参照完整性中，为什么外码的属性值也可以为空？什么时候可以为空？

6. 什么是基本表？什么是视图？两者的区别是什么？

7. 数据库设计的 6 个主要阶段是什么？

8. 数据库系统生存期分成哪几个阶段？数据库结构的设计在生存期中地位如何？

9. 什么叫查询？什么叫视图？它们之间有何区别？

10. 什么是 E-R 图，如何阅读它？

11. 什么是数据仓库？它的主要应用是什么？

12. 什么是数据挖掘？简述其基本过程。

13. 数据科学的内涵是什么？

14. 大数据的概念及特征是什么？

15. 数据可视化的内涵是什么？

16. 什么是数据废气？

二、练习题

（一）填空题

1. 根据数据的加工程度，通常可将数据划分为_____数据、_____数据、_____数据、_____数据。

2. 数据库技术是一种运用计算机长期管理大量数据的方法，它研究如何_____和_____数据，如何高效地获取和处理数据。数据管理是指对数据的_____、_____、_____、存储、_____和维护，它是数据处理的中心问题。数据管理方法根据数据管理的特点，其发展可划分为_____、_____和_____3 个阶段。

3. 关系模型的操作必须满足完整性约束条件，它们可以分为_____、_____、_____、_____四类约束。

4. SQL 设计巧妙、语言简洁，完成核心功能只用了 9 个动词，它的英文全称是_____。

5. 模型按应用不同，可分为两类，一类是_____，也称信息模型，它是按用户的观点来对数据和信息建模，主要用于数据库设计。另一类是数据模型，主要包括_____、_____、_____等。

6. 概念模型涉及的概念主要有_____、_____、_____、_____和_____。

7. 以关系模型为基础实现的数据库系统称为_____。目前应用最广泛的几种数据库都是关系型数据库，包括大型的_____、_____、_____等和小型的_____、_____等。

8. 所谓转储即 DBA 定期地将整个数据库复制到磁带或另一个磁盘上保存起来的过程。转储可分为_____和_____。转储还可以分为_____和_____两种方式。

9. 文件的逻辑结构是从用户角度来看待文件结构，通常分为两种形式_____和_____；文件的存取方法是指用户访问文件的方式，包括_____和_____；文件在外存上存储的实际存储方式称为物理结构，包括_____、_____和_____。

10. 数据字典实际上是管理数据库的内部数据库，通常由_____自动管理维护，_____有也一定权限对其进行维护。

11. SQL 提供了许多聚集函数用于对查询结果进行处理，如果要对查询结果进行求和应使用_____函数。

12. 文件的存储方式可分为_____、_____和_____三种。

13. 大数据基本特征 4V+1C 指_____（V）、_____（V）、_____（V）、_____（V）和_____（C）。

（二）选择题

1. 数据可视化主要包括_____等类型。

　　A. 高维可视化　　　　　B. 时空可视化　　　　　C. 网络可视化　　　　　D. 文本可视化

2. 在现实世界中，事物内部以及事物之间是有联系的，这些联系包括_____。

　　A. 一对一联系　　　　　B. 一对多联系　　　　　C. 多对多联系　　　　　D. 零对多联系

3. 层次模型的优点主要有_____。

　　A. 层次数据模型本身比较简单

　　B. 对于实体间联系是固定的，且预先定义好的应用系统，性能较好

　　C. 层次数据模型提供了良好的完整性支持

4. 下列是网状模型缺点的是_____。

　　A. 结构比较复杂，不利于最终用户掌握

　　B. 数据定义和数据操作复杂，不易使用

　　C. 由于记录之间联系时通过存取路径实现，应用程序的负担较重

　　D. 对插入和删除操作的限制比较多

5. 建立数据表的 SQL 关键词为_____。

　　A. CREATE TABLE　　　　　　　　　　B. CREATE VIEW

　　C. CREATE INDEX　　　　　　　　　　D. ALTER TABLE

6. 微型计算机中使用的关系数据库，就应用领域而言属于_____。

　　A. 数据处理　　　　　B. 科学计算　　　　　C. 实时控制　　　　　D. 计算机辅助设计

7. 为了防止一个用户的工作影响另一个用户，应该采取_____。

　　A. 完整性控制　　　　　B. 访问控制　　　　　C. 安全性控制　　　　　D. 并发控制

8. DBMS 普遍采用_____方法来保证调度的正确性。

　　A. 索引　　　　　B. 授权　　　　　C. 封锁　　　　　D. 日志

9. 数据库系统的核心是_____。

　　A. 数据模型　　　　　B. 数据库管理系统　　　　　C. 软件工具　　　　　D. 数据库

10. 下列叙述中正确的是_____。

　　A. 数据库是一个独立的系统，不需要操作系统的支持

　　B. 数据库设计是指设计数据库管理系统

　　C. 数据库技术的根本目标是要解决数据共享的问题

　　D. 数据库系统中，数据的物理结构必须与逻辑结构一致

11. 下述关于数据库系统的叙述中正确的是_____。

　　A. 数据库系统减少了数据冗余

　　B. 数据库系统避免了一切冗余

　　C. 数据库系统中数据的一致性是指数据类型的一致

　　D. 数据库系统比文件系统能管理更多的数据

12. 关系表中的每一横行称为一个_____。

　　A. 元组　　　　　B. 字段　　　　　C. 属性　　　　　D. 码

13. 数据库设计包括两个方面的设计内容，它们是_____。

　　A. 概念设计和逻辑设计　　　　　　　　B. 模式设计和内模式设计

　　C. 内模式设计和物理设计　　　　　　　D. 结构特性设计和行为特性设计

14. 在数据管理技术的发展过程中，经历了人工管理阶段、文件系统阶段和数据库系统阶段。其中数据

独立性最高的阶段是_____。

    A. 数据库系统   B. 文件系统   C. 人工管理   D. 数据项管理

15. 在关系数据库中，用来表示实体之间联系的是_____。

    A. 树结构   B. 网结构   C. 线性表   D. 二维表

16. SQL 语言又称为_____。

    A. 结构化定义语言   B. 结构化控制语言

    C. 结构化查询语言   D. 结构化操纵语言

17. 下列有关数据库的描述，正确的是_____。

    A. 数据库是一个 DBF 文件   B. 数据库是一个关系

    C. 数据库是一个结构化的数据集合   D. 数据库是一组文件

18. 在数据管理技术发展过程中，文件系统与数据库系统的主要区别是数据库系统具有_____。

    A. 数据无冗余   B. 数据可共享   C. 专门的数据管理软件   D. 特定的数据模型

19. 大数据的规模起点一般认为是_____。

    A. TB 级   B. PB 级   C. ZB 级   D. YB 级

20. 平行坐标一般认为是属于_____技术。

    A. 高维可视化   B. 时空可视化   C. 网络可视化   D. 文本可视化

21. 词云或称标签云（Tag Cloud）一般认为是属于_____技术。

    A. 高维可视化   B. 时空可视化   C. 网络可视化   D. 文本可视化

22. 根据数据的结构化程度，通常将数据划分为_____。

    A. 结构化数据   B. 半结构化数据   C. 非结构化数据

（三）判断题

1. 概念模型的表示方法中最重要的是 E-R 图表示法。   （   ）

2. 关系也是实体的一种。   （   ）

3. 关系模型必须是规范化的，其每一个分量必须不可分。   （   ）

4. 先有数据，后有信息。   （   ）

5. 数据是一种资源，因此在使用后会被消耗掉。   （   ）

6. 互联网时代，数据以非结构化为主。   （   ）

（四）讨论题

1. 请结合 DLKW 模型，讨论数据与信息的关系。

2. 试析零次数据、一次数据、二次数据、三次数据的区别。

3. 给大学注册办公室设计一个关系数据库，此机构保存各门课的数据，包括讲课教师、选课学生数、上课时间和地点。对于每个学生 – 课程对，还需要记录一个成绩。

4. 为车辆保险公司设计一个 E-R 图，每个客户有一到多辆车。每辆车可能发生 0 次或任意多次事故。

5. 简述数据仓库的基本特点。

6. 简述数据挖掘的基本功能，试比较数据挖掘与其他数据分析方法。

7. 大数据的存储方法。

8. 数据可视化的基本方法。

第8章 软件工程

本章中，我们将讨论规模化软件开发的方法。由于软件的特殊性质，其开发过程和方法与传统的硬件设备生产有很大的不同。

软件工程是计算机学科中的一个分支，致力于寻找指导大型复杂软件系统的开发原则。软件工程是提高软件质量和开发效率的科学方法，它包括对软件本质的分析和对开发过程的研究，并提供一系列具体方法。软件工程还包括了诸如人员和项目管理之类的论题，这样的论题更多与业务管理相关，而不是与计算机科学相关。当然，我们的侧重点还是放在那些与计算机科学密切相关的论题上。

8.1 从软件到软件工程

在计算机系统中，软件是逻辑部件，而硬件是物理部件。软件相对硬件而言有许多不同特点。了解这些特别之处能够帮助我们全面、正确地理解计算机软件。

8.1.1 再认识软件

与硬件相比，软件所特有的抽象性、复杂性等，使得软件在开发、使用、维护上与硬件有很多不同。

1）软件具有很强的抽象性。软件是一种逻辑实体，而不是具体的物理实体，具有很强的抽象性。我们只能把它记录在介质上或运行在系统上，但却无法直接通过我们的眼睛看到软件的形态。

2）软件是一个逻辑上复杂而规模上庞大的系统，涉及技术、管理等多方面问题。如果将代码比作零件，则一个软件是由成千上万个零件组成的复合体，而且其结构远较机械装置复杂。应该说软件的复杂程度高于同等规模的硬件产品。

3）软件是智力产品，其价值体现在解决问题的知识和能力上，而并不体现在软件载体本身。软件的生产方式与硬件明显不同，设计方法和制造阶段不同；软件的生产成本主要在研发设计上，而大量复制几乎没有成本。

4）在软件的运行和使用期间，没有硬件的磨损、老化问题。但软件维护比硬件维护要复杂得多，软件的故障主要是由于软件的改变和使用环境的变化引起的。

5）软件的开发和运行对硬件有较强依赖性。软件开发存在可移植性的问题，现在通常把软件的可移植性作为衡量软件质量的重要因素之一。

6）软件工作涉及许多社会因素。软件与人的关系密切，涉及语言、文化等多方面，甚至关系到的道德领域。

在软件行业出现的早期，由于人们对软件这些独有的特点认识不清，习惯性地按照开发硬件产品的方式来组织软件的开发，逐渐出现许多问题。以机械产品为代表的硬件产品的失效过程大体如图 8-1a 所示的浴缸曲线，在初期主要是由于新产品的设计或制造等因素产生较高的失效率，经过改进后进入一个相当稳定的阶段，到了产品使用的后期，由于磨损或自然损耗等因素导致失效率逐步上升，直到整个系统退出使用。软件产品本身没有磨损，无论使用多少次或多久，都不会出现硬件系统那样的磨损，但软件的使用要求和环境会不断变化，特别是互联网发展以来，这种变化的趋势愈发明显，为适应变化，需要软件不断推出新的版本，一方面是改正早期版本的问题，同时提供新的功能以应对新的需求，而这种版本的更新不可避免地带来新的问题，进而形成了震荡式的曲线，如图 8-1b 所示。当这些问题积累到一定程度，就出现了所谓的"软件危机"。

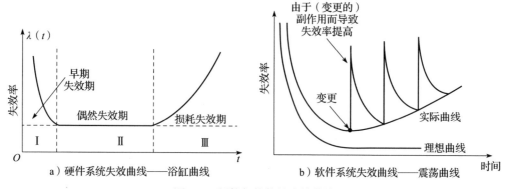

图 8-1　硬件与软件的失效曲线

1. 软件危机

"软件危机"概念的提出是在 20 世纪 60 年代。随着软件规模的不断发展，仍采用传统方法进行软件开发遇到了不可逾越难题。正如美国 IBM 360 的操作系统项目负责人 F. P. Brook 所说："就像一只逃亡的野兽落到泥潭中做垂死的挣扎，越是挣扎，陷得越深。最后无法逃脱灭顶的灾难。"

1968 年 10 月北大西洋公约组织在德国召开的学术会议上，科学委员会将大型软件开发中普遍存在的费用高、开发过程不易控制、工作量估计困难、软件质量低、软件项目失败率高、无法判断大型系统能否正常工作以及软件维护任务重等现象，归结为"软件危机"。实际上，这些问题不仅仅是不能正常运行的软件才具有的，实际上几乎所有软件都在不同程度上存在这些问题。

软件危机涉及软件开发和维护过程中遇到的一系列严重问题。产生软件危机的主要原因，一方面是软件本身所固有的抽象性、复杂性等特性；另一方面是人们当时对软件和软件开发过程的不正确认识。但也正是软件危机促生了软件工程。

2. 软件工程

第一届国际软件工程会议于 1969 年召开，会议认为软件工程是利用合理的工程方法和原则来获得在真实机器上工作的可靠软件。下面我们来了解软件工程的概念及其关系。

软件工程是应用计算机科学、数学及管理科学等原理开发软件的工程。它借鉴系统工程的原则、方法，以提高质量、降低成本为目的。计算机科学、数学用于构造模型与算法，工程科学用于制定规范、设计范型、降低成本及确定权衡，管理科学用于计划、资源、质量、成本等管理。

8.1.2　软件工程的内涵

软件工程的核心思想包含两方面的问题：如何开发软件，怎样满足对软件日益增长的需求；如何维护数量不断膨胀的已有软件。

1. 软件工程的含义

软件工程是从管理和技术两方面研究如何更好地开发和维护计算机软件的一门学科。采用工程化方法和途径来开发与维护软件。应当认识到软件开发不是某种个体劳动的神秘技巧，而应该是一种组织良好、管理严密、各类人员协同配合、共同完成的工程项目。必须充分吸取和借鉴人类长期以来从事各种工程项目所积累的行之有效的原理、概念、技术和方法。特别是吸取人们在实践中总结出来的开发软件的成功技术和方法。

国际权威机构 IEEE 于 1993 年发布了软件工程的定义：软件工程是将系统的、受规范约束的、可量化的方法，应用于软件的开发、运行与维护，即将工程方法应用于软件开发以及在软件开发中工程方法的研究。

重要　软件工程的目标是在给定成本、进度的前提下，开发出具有可修改性、有效性、可靠性、可理解性、可维护性、可重用性、可适应性、可移植性、可追踪性和可互操作性并满足用户需求的软件产品。

用一句来说软件工程就是运用系统工程的方法来指导软件开发活动。需要特别指出的是：软件工程不仅是关系到计算机科学领域的各类技术问题，还涉及社会学、管理学、心理学等各领域。软件工程是各学科领域知识与方法的综合，并应用于指导软件生产活动中。

2. 软件工程研究的基本内容

软件工程研究的内容包括与软件开发相关的理论、结构、过程、方法、工具、环境、管理、规范等。理论与结构是软件开发的技术基础，包括程序正确性证明理论、软件可靠性理论、软件成本估算模型、软件开发过程模型、模块划分原理等。软件开发技术包括软件开发方法学、软件工具和软件开发环境。良好的软件工具可促进方法的研制，而先进的软件开发方法能改进工具。软件工具的集成构成软件开发环境。管理技术是提高开发质量的保证，软件工程管理包括软件开发管理和软件经济管理，前者包括人员分配、制订计划、确定标准与配置，而后者的主要内容有成本估算和质量评价。

软件工程可以看成是一个层次化的技术结构，如图 8-2 所示。对质量管理的重视是软件工程的基础。全面的质量管理促进过程的不断改进，正是这种改进促使更加成熟的软件工程方法的不断出现，对质量的关注是支持软件工程的根基。软件开发过程定义了一系列活动及它们之间的相互关系。过程给出了软件开发要遵循的基本路线。方法覆盖过程中的一系列

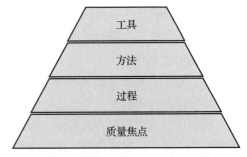

图 8-2　软件工程的技术框架层次图

活动和任务，包括每个关键过程环节。工具对软件工程的过程和方法提供自动或半自动的支持。当一系列工具被有机地集成起来，就建立了计算机辅助软件工程（Computer-Aided Software Engineering，CASE）设计。

8.2 软件开发过程

软件工程研究的基本内容之一是对软件开发过程进行研究，并建立相应的开发过程模型。软件过程是开发和维护软件所涉及的一系列活动和产生的结果。过程是活动的集合，活动是任务的集合，任务的作用是将输入转换为输出。活动的执行可以是顺序的、迭代的、并发的、嵌套的或者是条件触发的。软件开发本身是一个综合的、复杂的、具有创造性的过程。需要涉及众多不同层次的开发人员，这些人员使用不同的开发工具，彼此之间需要进行良好的协作。

8.2.1 软件生命周期

和其他产品相似，软件作为一种工业化产品，也有其生命周期。由于软件自身独特的特性，其生命周期的划分和各阶段的特点与别的产品有所不同。软件生命周期实际上是从时间角度对软件的开发与维护这个复杂问题进行分解，将软件的整个生命期划分为若干阶段，每个阶段都有其相对独立的任务，然后逐步完成各个阶段的任务。

软件生命周期包括从提出软件产品开始，直到该软件产品被淘汰的全过程。软件生命周期是软件过程模型的基础，对软件生命周期的不同划分，形成了不同的软件过程模型。目前软件开发实践中使用的各种生命周期模型，通常都包括下面这些基本组成部分的不同排列组合，如表 8-1 所示。

表 8-1　软件生命周期的不同划分

基本阶段划分	国标划分
市场分析，可行性研究，以及项目定义	软件定义阶段
需求分析	
设计（总体设计和详细设计）	软件开发
编码实现	
测试	
使用与维护	软件维护

划分软件生命周期的组成部分时，遵循的基本原则是使各个部分彼此之间尽可能相对独立，同一组成部分中任务的性质尽可能相同，以降低每个部分中任务的复杂程度，有利于软件开发的组织管理和质量保证。

知识扩展

我国的软件工程标准中将软件生命周期从总体上分为软件定义、软件开发和软件维护 3 个阶段，每个阶段中又进一步划分为若干个部分。

软件定义阶段确定软件开发工程的总体目标，通常包含问题定义、可行性研究和需求分析 3 个具体的部分。

软件开发时期的任务是具体设计和实现在软件定义时期定义的软件项目，通常包含总体设计、详细设计、编码和单元测试，以及综合测试等几个具体的部分。

软件维护阶段的主要任务是使软件持久地满足用户的需要。维护阶段通常不再进一步划分，但是每一次维护活动本质上都是一次简化和压缩的定义和开发过程。

8.2.2 软件过程模型

为了反映软件生命周期内各种工作应如何组织及周期各个阶段应如何衔接，需要用软件过程模型给出直观的图示表达。软件过程模型是软件工程思想的具体化，是实施于过程模型中的软件开发方法和工具，是在软件开发实践中总结出来的软件开发方法和步骤。总的说来，软件过程模型的实质是开发策略，软件过程模型是跨越整个软件生命周期的系统开发、运作、维护所实施的全部工作和任务的结构框架。

1. 瀑布模型

瀑布模型是软件工程的基础模型。其核心思想是按工序将问题化简，将功能的实现与设计分开，便于分工协作。该模型规定软件生命周期的各个阶段如同瀑布流水，逐级下落，有着自上而下、相互衔接的固定次序，如图 8-3 所示。

瀑布模型是线性顺序模型，它将软件开发过程划分为若干个互相区别而又彼此联系的阶段，每个阶段中的工作都

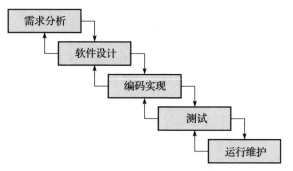

图 8-3　瀑布模型结构示意图

以上一个阶段工作的结果为基础，同时为下一个阶段的工作提供前提。瀑布模型是一种系统的、顺序的软件开发方法，过程的每一个步骤都应当生产出可交付的产品，这个结果可以复审，又要用来作为下一个步骤的基础。

瀑布模型为软件开发和软件维护提供了一种有效的管理模式，简单直观。但是，该模型缺乏灵活性，无法解决软件需求不明确或不准确的问题，最终可能导致开发出的软件并不是用户真正需要的软件。由于瀑布模型的顺序性，后一阶段出现的问题需要通过前一阶段的重新确认来解决，其代价十分高昂。随着软件开发项目规模的日益庞大，上述问题显得更为严重；并且，软件开发需要多人合作完成，开发工作之间的并行和串行等都是必要的，但瀑布模型不能体现这种关联。

2. 原型模型

原型模型示意图如图 8-4 所示，从需求分析开始。软件开发者和用户共同定义软件的总目标，说明需求，并规划出定义的区域。然后快速设计软件中对用户 / 客户可见部分的表示。快速设计完成了原型的建造，原型由用户 / 客户评估，并进一步明确待开发软件的需求。逐步调整原型使之满足用户需求，这个过程是可以迭代的。

原型模型的优点是支持软件需求开发，帮助用户和开发人员理解需求，提高了处理模式的描述能力，该模型能更

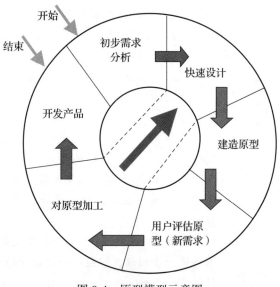

图 8-4　原型模型示意图

好地控制资源管理、配置管理、确认和验证等方面的处理。从总体上看，原型模型提高了开发人员的效率，降低开发费用，缩短开发时间。

用户和开发者都喜欢原型模型，用户能够感受到实际的系统，开发者能够很快地建造出一些东西。原型模型系统可作为培训环境，有利于用户培训和开发同步，开发过程也是学习过程。原型模型可以低风险开发柔性较大的计算机系统。

原型模型的缺点是容易给人错觉，用户似乎看到的是软件的工作版本，不一定能理解原型与正式系统之间的差别，软件开发管理常常会放松。允许多个工作版本在生存期的不同阶段同时建立，明显增加了管理的开销，并且资源管理也很困难。

3. 螺旋模型

螺旋模型可以说是瀑布模型与原型模型的结合，它将原型模型的迭代特征与瀑布模型中控制和系统化方面结合起来，并且增加了风险分析（Risk Analysis）。

图 8-5 显示了螺旋模型的基本原理，沿着螺旋线旋转，在笛卡儿坐标系中的 4 个象限上分别描述 4 个方面的活动，也称为任务区域。

- 制订计划：确定软件目标，选定实施方案，明确项目开发的限制条件。
- 风险分析：分析所选方案，考虑如何识别和消除风险。
- 工程实施：实施软件开发。
- 客户评估：评价软件功能和性能，提出修正意见。

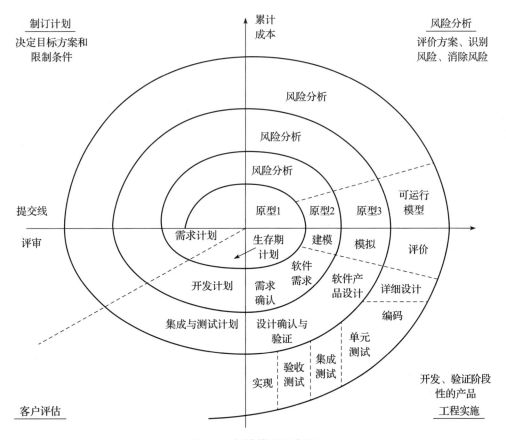

图 8-5 螺旋模型示意图

在螺旋模型中，软件开发是一系列的增量发布，沿螺线自内向外每旋转一圈便开发出更为完善的一个新的软件版本。螺旋模型适合于大型软件系统的开发，软件项目越大，问题越复杂，各种因素的不确定性就越大，承担该项目的风险也就越大，风险分析也就越重要。螺旋模型由风险驱动，强调可选方案和约束条件，从而支持软件的重用，有助于将软件质量作为特殊目标融入产品开发之中。运用螺旋模型需要具有相当丰富的风险评估经验和专门知识，如果项目风险较大，又未能及时发现，势必造成重大损失。此外，多次迭代会增加开发成本，延迟提交时间。

4. 软件过程模型的运用

对一个软件开发项目而言，无论其规模大小，都需要选择合适的软件过程模型，这种选择基于项目和应用的性质、采用的方法、需要的控制，以及要交付的产品的特点。

除了我们上面介绍的 3 种基本模型以外，还有许多其他模型。每种模型都是某种开发策略的具体体现，有其各自的优点和缺点。在实际运用中，用户应当根据项目的需要选择适合自己项目的开发策略，使用相应的过程模型。在某些情况下，只运用一种策略不能够满足要求，则可以考虑综合运用多种策略，将几种模型组合在一起，在项目的不同阶段或不同部分分别使用不同的模型，使项目沿着最有效的路径发展。根据不同的项目和不同情况，研究灵活多样的动态运用方法，有些学者将这种综合运用的方式称为混合模型。

8.3 软件工程的方法与工具

软件工程方法指的是开发与维护软件时应该"如何做"的一系列技术性方法。软件工程的方法有多种，我们在这里介绍两种最常用的方法：结构化方法和面向对象方法。

8.3.1 结构化方法

结构化方法是使用广泛的一种系统化的软件开发方法，出现于 20 世纪 70 年代。它简单实用，适用于开发大型的数据处理系统。所谓结构是指系统内各组成要素之间相互联系、相互作用的框架，结构化方法强调结构的合理性和所开发软件结构的合理性。它的基本思想是：把一个复杂问题的求解过程分阶段进行，每个阶段处理的问题都控制在人们容易理解和处理的范围内。生物学有个观点叫"结构决定功能"，对于软件开发同样适用。结构化方法采用"抽象"和"分解"两个基本手段。抽象是从众多的事物中抽取出共同的、本质性的特征，而舍弃其非本质的特征，暂时不考虑它们的细节。抽象主要是为了降低复杂度。

用抽象模型的概念，按照软件内部数据传递、交换的关系，自顶向下逐层分解，直到找到满足功能需要的所有可实现的软件元素为止，分解后的单元称为模块。

在分解软件结构时，每一个模块的实现细节对于其他模块来说是隐蔽的，也就是说，模块中所包括的信息不允许其他不需要这些信息的模块调用，称为信息隐蔽。隐蔽表明有效的模块化可以通过定义一组独立的模块而实现，这些独立的模块间仅交换为完成系统功能而必须交换的信息。

模块间的通信仅使用实现软件功能的必要信息，通过抽象，可以确定组成软件的过程实体；而通过信息隐蔽，可以实施对模块的过程细节和局部数据结构的存取限制。局部化的概念和信息隐蔽概念密切相关。局部化是指把一些关系密切的软件元素在物理上放得彼此靠近。在模块中使用局部数据元素就是局部化的一个例子。显然，局部化有助于实现信息隐蔽。

如果在测试期间和以后的软件维护期间需要修改软件，那么使用信息隐蔽原理作为模块化系统设计的标准就会带来极大好处。因为绝大多数数据和过程对于软件的其他部分而言是隐蔽的，也就是看不见的，在修改期间由于疏忽而导致的错误传播到软件其他部分的机率就很小。

结构化方法包括结构化分析、结构化设计、结构化编程 3 个方面。结构化分析作为一种分析方法通常用于需求分析阶段。结构化设计方法是以模块化设计为中心，将待开发的软件系统划分为若干个相互独立的模块，每一个模块的功能简单，任务明确，为组合成较大的软件奠定基础。当模块划分良好时，改变一个模块的内部数据或结构，不会影响到其他的模块。模块的独立性还为扩充已有的系统、建立新系统提供了方便，可以充分利用现有的模块做积木式的扩展。使用结构化设计方法，不但提高了程序的质量，而且也增强了程序的可读性和可修改性。结构化编程可用于代码编写阶段。结构化方法也可用于软件的测试阶段。

1. 模块

模块是具有特定功能的部分。具体可以表现为一组数据或一段程序的集合。**模块化设计**就是将整个软件划分为若干相互独立的部分，这些部分可以分别进行程序的编写、测试，模块与模块之间的关系称为接口。这样，通过划分，把复杂的问题分解成许多容易解决的较小问题，每个模块处理相对简单的一个小问题。

模块化可以使软件结构清晰，容易实现设计，使设计出的软件的可阅读性和可理解性大大增强。由于程序错误会出现在有关模块内部及它们之间的接口中，采用模块化技术会使软件容易测试和调试，进而有助于提高软件的可靠性。在需要改进时，改动往往只涉及部分模块，模块化能够提高软件的可修改性。模块化也有助于软件开发工程的组织管理，一个复杂的大型程序可以由许多程序员分工编写不同的模块，即简化了每个问题的难度，还可以在一定程度上提高开发工作的并行性。

（1）模块划分的粒度

模块化设计中一个重要问题是模块划分的**粒度**。粒度的概念在第 7 章中已经讨论过，只是那时粒度用于数据。粒度大时，模块的规模较大，每个模块需要处理的问题较为复杂，但模块总数较少，整体结构较为简单；如果粒度较小，每个模块相对简单，但是模块量较多，模块之间的关系和整体结构也较为复杂。模块划分的数量目前还没有统一的方法进行确定，从两方面因素折中考虑比较可取，也就是既不要将模块搞得很大，也不要划分过细。

（2）模块的独立性

模块独立性是指软件系统中的每个模块与其他模块的关联程度。关联程度越低独立性越好，与其他模块的接口越简单。

模块独立性的概念体现了模块化、抽象、信息隐蔽和局部化概念。设计软件结构时，使得每个模块完成一个相对独立的特定子功能，并且与其他模块之间的关系很简单。

模块的独立程度可以由**耦合**和**内聚**两个标准来度量。耦合表示不同模块之间连接的紧密程度；内聚表示一个模块内部各个元素彼此结合的紧密程度。

耦合

耦合是对一个软件结构内各个模块之间互连程度的度量。耦合强弱取决于模块间接口的复杂程度、调用模块的方式，以及通过接口的信息。

根据模块独立性的原则，在软件设计中应该尽可能采用松散耦合。在松散耦合的系统中测试或维护任何一个模块，而不影响系统的其他模块。模块间联系简单，在某一处发生错误时，传播到整个系统中的可能性较小。模块间的耦合程度影响系统的可理解性、可测试性、可靠性和可维护性。

模块之间的耦合一般分为 7 种类型，具体情况如下。

1）非直接耦合：两个模块中的每一个都能独立地工作而不需要另一个模块的存在，它们彼此完全独立，无任何连接，耦合程度最低。

2）数据耦合：两个模块间相互交换的信息只是数据，没有程序上的调用等形式。

3）标记耦合：一组模块通过共享参数表传递复杂结构的数据，参数表是某种数据结构，而非简单变量，称为标记耦合。

4）控制耦合：在模块间传递的信息中含有控制信息（有时控制信息以数据的形式出现），则这种耦合称为控制耦合。

5）外部耦合：一组模块都访问同一全局简单变量而不是同一全局数据结构，并且不通过参数表传递该变量的信息，则称之为外部耦合。

6）公共环境耦合：当两个或多个模块通过一个公共数据环境相互作用时，称为公共环境耦合。

7）内容耦合：最高程度的耦合是内容耦合。当一个模块直接修改或操作另一个模块的数据，或者直接转入另一个模块时称为内容耦合。

耦合是影响软件复杂程度的一个重要因素。图 8-6 表明了各种类型的耦合强度关系。运用的原则是：如果模块间必须存在耦合，尽量使用数据耦合，少使用控制耦合，限制公共环境耦合的范围，避免使用内容耦合。

图 8-6　耦合类型的比较

内聚

内聚表示一个模块内各个元素间结合的紧密程度，它是信息隐蔽和局部化概念的自然扩展。设计时应该力求做到高内聚，少用或尽量不要使用低内聚。

内聚按强度从低到高有以下 7 种类型：

1）偶然内聚：模块内的各成分之间毫无关系，则称为偶然内聚。

2）逻辑内聚：将若干个逻辑上相关的功能放在同一模块中，则称为逻辑内聚。

3）时间内聚：如果一个模块包含的任务必须在同一段时间内执行，这些功能只是因为时间因素关联在一起，称为时间内聚。

4）过程内聚：如果一个模块内的处理成分是相关的，而且必须以特定的次序执行，则称为过程内聚。

5）通信内聚：如果模块中所有成分都对同一个数据集进行操作，则称为通信内聚。

6）顺序内聚：模块的各个成分和同一个功能密切相关，而且一个成分的输出作为另一个成分的输入，称为顺序内聚。

7）功能内聚：如果模块内所有成分属于一个整体，完成一个单一的功能，称为功能内聚。

图 8-7 表明 7 种内聚类型的比较。

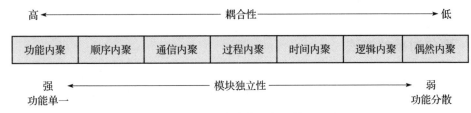

图 8-7 内聚类型的比较

内聚和耦合是密切相关的，模块内的高内聚往往意味着模块间的低耦合。通过修改设计提高模块的内聚程度，并降低模块间的耦合程度，从而获得较高的模块独立性。内聚和耦合都是进行模块化设计的有力工具，实践表明内聚更重要，应该把更多注意力集中到提高模块的内聚程度上。

2. 结构化设计原则

软件结构化设计的目标是产生一个模块化的程序结构，并明确模块间的控制关系。对同一问题可有多种解决方式。进行高质量结构化设计的基本原则有以下几种。

（1）模块高独立性

提高模块的内聚程度降低模块间的耦合程度是一个评价的标准，力求降低耦合、提高内聚。

（2）模块规模适中

模块的规模不应过大，规模大了以后模块的可理解程度迅速下降。模块规模也不能过小，小模块必然导致数量大，容易使系统接口复杂。过小的模块不值得单独存在，特别是只有一个模块调用它时，通常应合并到上级模块中。

（3）层次深度、宽度适当

深度表示软件结构中控制的层数，能够粗略地标志一个系统的大小和复杂程度。

宽度是软件结构内同一个层次上的模块总数的最大值。一般说来，宽度越大系统越复杂。经验表明，典型系统的一个层次分支上模块数量通常限制在个位数以内。

（4）模块的作用域应该在其控制域之内

模块的作用域指受该模块影响的所有模块的集合。模块的控制域是这个模块本身以及所有直接或间接从属于它的模块的集合。如果模块的作用域超出其控制域，表明系统中有较紧的耦合存在。

（5）模块接口简单

模块接口是软件发生错误的主要位置。设计模块接口力求信息传递简单并且和模块的功能一致。接口复杂或者不一致是高耦合或低内聚的原因所致，应力争降低模块接口的复杂程度。在结构上模块最好只有一个入口和一个出口，这样结构比较容易理解、比较容易维护。

（6）模块功能可预测

模块的功能应能够预测，对于一个模块，只要输入的数据相同就产生同样的输出。带有内部存储器的模块的功能可能是不可预测的，内部存储器对于上级模块而言是不可见的，这样的模块不易理解、难以测试和维护。

结构化方法有许多优点，但也存在许多明显的缺点。结构化方法的本质是功能分解，是围绕实现功能的过程来构造系统的，强调的是过程抽象和模块化。结构化方法中采用的功能/数据划分方法，起源于冯·诺依曼的硬件体系结构，强调程序和数据的分离。功能/数据方法的主要问题在于所有的功能必须知道数据结构，要改变数据结构就必须修改与其有关的所有功能。这样，系统难以适应环境的变化，开发过程较为复杂，相应开发周期较长。

8.3.2 面向对象的方法

在软件开发与设计中，开发与设计的演进过程与人类认识客观事物的过程类似，这种过程是一种渐进的过程，是在继承了以往所有相关知识的基础上多次迭代往复并逐步深化而形成的。在这种认识的深化过程中，既包括了从一般到特殊的演绎，也包括了从特殊到一般的归纳。**面向对象**（Object Oriented，OO）的方法使人们分析、设计的方法尽可能接近人们认识客观事物的自然情况。其基本思想是：分析、设计和实现一个系统的方法尽可能地接近认识一个系统的方法，对问题进行自然分割，以接近人类思维的方式建立问题域模型，从而使设计出的软件尽可能地描述现实世界，构造出模块化的、可重用的、可维护性好的软件，并能控制软件的复杂性和降低开发维护的费用。

1. 面向对象的基本概念

面向对象的方法中，对象和传递消息分别表现事物及事物间相互联系；类和继承是适应人们一般思维方式的描述方式；方法是允许作用于该类对象上的各种操作。通过封装将对象的定义和对象的实现分开，通过继承能体现类与类之间的关系，以及由此带来的动态聚束和实体的多态性，构成了面向对象的基本特征。

（1）对象

对象是现实空间中客观事物实体在数据空间的抽象模型。现实世界中的任何事物都可以通过一定方法抽象为数据空间中的对象，事物的组成部分可以是更基础的某个或某些对象。复杂的对象由比较简单的对象以某种方式组织而成。对象不仅表示数据结构，也表示抽象的事件、规则等复杂的工程实体。对象的两个主要因素是属性和服务：属性是用来描述对象静态特征的数据项；服务是用来描述对象动态特征（行为）的操作序列。任何一个对象可以有多项属性和多项服务。对象只描述客观事物本质的、与系统目标有关的特征，而不考虑那些非本质的、与系统目标无关的特征。在设计不同系统时，对同一现实事物抽象成的对象可能是不同的。

（2）消息和方法

在系统中对象与对象之间通过消息进行联系。**消息**包括某一对象发送给其他对象的数据或某一对象调用另一对象的操作等形式。系统的运行是靠在对象间传递消息来完成的。

消息通常由 3 个部分组成：消息接收对象、消息名称和若干个参数。参数的具体格式称为消息协议。消息的接收者是提供服务的对象，它对外提供服务。消息的发送者是要求提供服务的对象或其他系统成分。

知识扩展

消息中只包含发送者的要求，它指示接收者要完成哪些处理，并指明接收者应该怎样完成这些处理。消息完全由接收者解释，接收者决定采用什么方式完成所需的处理。通常一个对象能够接收多个不同形式、内容的消息；相同形式的消息也可以送往不同的对象。不同的对象对于形式相同的消息可以有不同的解释，做出不同的反应。

方法指对象能够执行的操作。方法是对象的实际可执行部分，它反映了对象的动态特征。通常每个对象都有一组方法，用于描述各种不同的功能。

（3）类

在面向对象方法中，将具有相同属性和服务的一组对象的集合定义为**类**，为属于该类的全部对象提供了统一的抽象描述。实质上，类定义的是对象的类型，它描述了属于该类型的所有对象的性质。而对象则是符合这种定义的一个实体。有的文献又把类称作对象的模板。同类对象具有相同的属性与服务，它们的定义形式相同，但是每个对象的属性值可以不同。对象在执行过程中由其所属的类动态生成，一个类可以生成多个不同的对象。同一个类的所有对象具有相同的性质，即其外部特性和内部实现都是相同的，但它们可能有不同的内部状态。从某种程度上说，类的概念有些类似于西方哲学中的本体的概念，本体代表的是完全抽象的概念，而现实中的任何事物均是类在现实空间的映射。可以理解为类是一种逻辑上的定义，而对象则是符合这个定义的一个具体实现，只是对象是数据空间的一个实现，而非现实空间的实现。如同现实世界中人这一概念，人可以作为一个类，每个人就是一个实现，是一个具体的人，每个人都具有人类的共有特征，而每个人的具体特征值又不尽相同。

在一个类的上层可以有超类，下层可以有子类，形成一种层次结构。这种层次结构的一个重要特点是继承性，一个类可以继承其超类的全部描述。这种继承具有传递性，即一个类实际上继承了层次结构中在其上面的所有类的全部描述。因此，属于某个类的对象除具有该类所描述的特性外，还具有层次结构中该类上面所有类描述的全部特性。

知识扩展

在类的层次结构中，一个类可以有多个子类，也可以有多个超类。因此，一个类可以直接继承多个类，这种继承方式称为多重继承。如果限制一个类至多只能有一个超类，则一个类至多只能直接继承一个类，这种继承方式称为单重继承或简单继承。在简单继承情况下，类的层次结构为树结构，而多重继承是网状结构。

2. 面向对象的基本特征

面向对象方法的基本特征包括封装性、继承性和多态性。

（1）**封装性**

封装是一种信息隐蔽技术，用户只能见到对象封装界面上的信息，对象内部对用户来说是隐蔽的。封装是面向对象方法的一个重要原则。它有两个含义：第一个含义是，把对象的全部属性和全部服务结合在一起，形成一个不可分割的独立单位（即对象）。第二个含义也称作信息隐蔽，即尽可能隐蔽对象的内部细节，对外形成一个边界，只保留有限的对外接口使之与外部发生联系。这主要是指对象的外部不能直接地存取对象的属性，只能通过几个允许外部使用的服务与对象发生联系。封装的目的在于将对象的使用者和对象的设计者分开，使用者不必知道行为实际的细节，只使用设计者提供的消息来访问该对象。

（2）**继承性**

继承性是指后代保持了前一代的某些特性。继承利用了抽象的力量来降低系统的复杂性，同时也提供了一种重用的方式。被继承的前一代称为父类，继承的后一代称为子类。如果没有继承性机制，则对象中的数据和方法就可能出现大量重复。继承是面向对象方法中一个十分重要的概念，并且是面向对象技术提高软件开发效率的重要原因之一。

继承意味着自动地拥有或隐含地复制。继承的类拥有被继承者的全部属性与服务，并且继承关系是传递的。第一代的特性可以通过几代的继承关系一直保持下去。

（3）多态性

对象的**多态性**是指在父类中定义的属性或服务被继承之后，子类可以具有不同的数据类型或表现出不同的行为。这使得同一个属性或服务名在类及其各个父类和子类中具有不同的语义。多态性是一种比较高级的功能，它的实现需要面向对象程序设计语言提供支持。

3. 面向对象的软件工程

面向对象方法在软件工程领域能够全面运用。它包括面向对象的分析、面向对象的设计、面向对象的编程、面向对象的测试和面向对象的软件维护等主要内容。

（1）面向对象的分析

面向对象的分析（Object-Oriented Analysis，OOA）强调直接针对问题域中客观存在的各项事物建立模型中的对象，用对象的属性和服务分别描述事物的静态特征和行为。面向对象的分析主要用于需求分析阶段。

问题域有哪些值得考虑的事物，模型中就有哪些对象。对象及其服务的命名都强调与客观事物一致。模型也反映问题域中事物之间的关系。把具有相同属性和相同服务的对象归结为一类，用继承关系描述类与类之间的关系。用整体 / 部分结构（又称组装结构）描述事物间的组成关系；用实例连接和消息连接表示事物之间的静态联系和动态联系。静态联系是指一个对象的属性与另一对象属性有关，动态联系是指一个对象的行为与另一对象行为有关。无论是对问题域中的单个事物，还是对各个事物之间的关系，面向对象的分析模型都能保留着它们的原貌，没有转换、扭曲，也没有重新组合。面向对象的分析对问题域的观察、分析和对问题域的描述很直接。它所采用的概念及术语与问题域中的事物保持了最大程度的一致。

（2）面向对象的设计

面向对象的设计（Object-Oriented Design，OOD）是针对系统的一个具体的实现运用面向对象方法。包括两方面的工作，一是把面向对象的分析模型直接搬到面向对象的设计，不经过转换，仅做某些必要的修改和调整；二是针对具体实现中的人机界面、数据存储、任务管理等因素补充一些与实现有关的部分。这些部分与面向对象的分析采用相同的表示法和模型结构。

面向对象的分析与设计采用一致的表示法是面向对象方法优于传统软件工程方法的重要因素之一。从面向对象的分析到面向对象的设计不存在转换，只有很局部的修改或调整，并视情况增加与实现有关的独立部分。面向对象的分析与设计二者之间能够紧密衔接，大大降低了从分析过渡到设计的难度、工作量和出错率。

（3）面向对象的编程

面向对象的编程（Object-Oriented Programming，OOP）又称作面向对象的实现。面向对象的编程工作是用一种面向对象的编程语言把面向对象设计模型中的每个成分书写出来。理想的面向对象开发规范，要求在分析和设计阶段运用面向对象的方法，对系统需要设立的每个对象类及其内部构成（属性和服务）与外部关系（结构和静态、动态联系）都认识透彻且描述清晰。程序员主要关注的工作是：用具体的数据结构来定义对象的属性，用具体的语句来实现服务流程图所表示的算法。

（4）面向对象的测试

面向对象的测试（Object-Oriented Test，OOT）是指对于用面向对象技术开发的软件，在测试过程中继续运用面向对象技术，进行以对象概念为中心的软件测试。

采用面向对象技术开发的软件含有大量与面向对象方法的概念、原则及技术机制有关的语法和语义信息。在测试过程中发掘并利用这些信息，运用面向对象的概念与原则来组织测试，可以更准确地发现程序错误并提高测试效率。

（5）面向对象的软件维护

软件维护的最大难点在于人们对软件的理解过程中所遇到的障碍。通常软件维护人员不是当初的开发人员，实践表明读懂并正确地理解别人开发的软件非常困难。用传统的软件工程方法开发的软件，各个阶段的表示不一致，程序不能很好地映射问题域，使得维护工作困难重重。

面向对象的软件工程方法为改进软件维护提供了有效的途径。程序与问题域一致，各个阶段的表示一致，大大降低了理解的难度。无论是发现了程序中的错误而逆向追溯到问题域，还是需求发生了变化而从问题域正向地追踪到程序，道路都是比较平坦的。面向对象方法可提高软件维护效率的另一个重要原因是，将系统中最容易变化的因素（功能）作为对象的服务封装在对象内部，对象的封装性使一个对象的修改对其他影响较小，避免了波动效应。

知识扩展　　　波动效应是指在软件维护过程中，由于改正已经发现的问题而在修改过程中导致软件引入了新的问题，可能旧的问题解决了，又带来更多的新问题，这样使得软件总是处于待修改的不稳定状态。波动效应主要是由于软件的复杂性引起的，对于某个位置微小的改变，可能对其他部分产生较大的影响。采用面向对象的方法，可以将影响控制在对象范围内。

8.3.3　计算机辅助软件工程

随着软件规模和数量的发展，原来的开发模式越来越难以适应社会需要，因此有人自然而然地将在其他领域广泛应用的计算机辅助概念引入到软件工程领域中。

1. CASE

计算机辅助软件工程（Computer-Aided Software Engineering，CASE）是用自动化手段对软件开发过程进行辅助，帮助软件开发人员进行应用程序的开发，包括软件的分析、设计和代码生成及文档编制。

我们可以看到 CASE 首先是一种技术，是为软件开发、维护和项目管理提供自动化、工程化准则的软件技术，包括自动化结构化方法和自动化工具。

CASE 工具是 CASE 技术和方法的具体实现。某种具体的 CASE 工具通常是一组工具和方法的集合，可以辅助软件各阶段的开发。CASE 的实质是为软件开发人员提供一组优化集成的且能大量节省人力的软件开发工具，以实现软件开发各个环节的自动化并使之成为一个整体。CASE 工具分成高级和低级工具两类，高级 CASE 工具用来绘制软件模型以及规定应用要求，低级 CASE 工具用来生成实际的程序代码。CASE 工具和技术可提高系统分析和程序员工作效率。其重要的技术包括应用生成程序、前端开发过程面向图形的自动化、配置和管理及寿命周期分析工具。

一般来说 CASE 工具具有以下具体作用：

1）通过自动检查提高软件的质量。

2）使原型的建立成为可行。

3）简化程序的维护工作。

4）加快软件的开发过程。

5）鼓励进化式和递增式的软件开发，使软件部件可重复使用。

我们可能还会经常遇到这两个名词：CASE 系统和 CASE 工具箱。CASE 系统是指能共享一个公用的用户界面、并且在公用的计算机环境中运行的一组集成化的 CASE 工具。CASE 工具箱（Toolkit）是指一组集成化的 CASE 工具，能够实现在软件开发中的某一个阶段或一个特殊的软件开发活动的自动化（或部分自动化）。

可见 CASE 系统或工具通常也是以一个软件包的形式出现。CASE 中最重要的手段是对设计目标和过程进行建模。下面我们简单讨论一下标准建模语言——UML。

2. UML

统一建模语言（Unified Modeling Language，UML）运用统一的、标准化的标记和定义实现对软件系统进行描述和建模。从形式上看 UML 是一个支持模型化和软件系统开发的图形化语言，为软件开发的所有阶段提供模型化和可视化支持，包括由需求分析到规格、构造和配置，支持软件开发的全过程。UML 融合了之前的各类建模语言的优点，并在其基础上进一步发展，形成了业界的标准，极大地方便了交流，从而降低了设计开发的成本。

作为一种建模语言，UML 的定义包括 UML 语义和 UML 表示法两个部分。

1）UML 语义：描述基于 UML 的精确元模型定义。元模型为 UML 的所有元素在语法和语义上提供了简单、一致、通用的定义性说明，使开发者能在语义上取得一致，消除了因人而异的最佳表达方法所造成的影响。此外 UML 还支持对元模型的扩展定义。

2）UML 表示法：定义 UML 符号的表示法，为开发者或开发工具使用这些图形符号和文本语法进行系统建模提供了标准。这些图形符号和文字所表达的是应用级的模型，在语义上它是 UML 元模型的实例。

标准建模语言 UML 的重要内容可以由下列 5 类图来定义。

第一类是用例图（Use Case Diagram），从用户角度描述系统功能，并指出各功能的操作者。

第二类是静态图（Static Diagram），包括类图、对象图和包图。其中类图用于定义系统中的类，表示类的内部结构和类之间的联系。对象图是类图的实例。包图用于描述系统的分层结构。

第三类是行为图（Behavior Diagram），描述系统的动态模型和组成对象间的交互关系，是 UML 的动态建模机制。行为图包括：状态图、活动图、顺序图和协作图。其中状态图描述对象所有可能的状态以及事件发生时的状态转移条件。活动图描述要进行的活动以及活动间的约束关系。顺序图展现对象和由对象收发的消息，用于按时间顺序对控制流建模。协作图展现对象及对象间的连接以及对象收发的消息，它按组织结构对控制流建模。

第四类是交互图（Interactive Diagram），描述对象间的交互关系。其中顺序图显示对象之间的动态合作关系，它强调对象之间消息发送的顺序，同时显示对象之间的交互；合作图描述对象间的协作关系，合作图跟顺序图相似，显示对象间的动态合作关系。除显示信息交换外，合作图还显示对象以及它们之间的关系。如果强调时间和顺序，则使用顺序图；如果强调上下级关系，则选择合作图。这两种图合称为交互图。

第五类是实现图（Implementation Diagram），描述系统的实现，包括构件图和部署图。其中构件图描述部件的物理结构及各部件之间的依赖关系。部署图定义系统中软硬件的物理体系结构。

UML 可以用来描述任何类型的系统，具有很宽的应用领域。其中最常用的是建立软件系统的模型，但它同样可以用于描述非软件领域的系统，如机械系统、机构或业务过程，以及处理复杂数据的信息系统、具有实时要求的工业系统或工业过程等。总之，UML 是一个通用的标准建模语言，可以对任何具有静态结构和动态行为的系统进行建模。UML 是标准的建模语言，而不是标准的开发过程。不同的组织和不同的应用领域，需要采取不同的开发过程。

运用 UML 最具影响力的工具是 Rational Rose，它提供了包括业务领域、系统逻辑分析与设计及系统物理设计与部署的对 UML 的全面建模支持。

8.4 软件需求管理

需求是软件产生的根本动力。需求管理是软件开发过程中非常关键的活动之一。从理论上讲需求分析是应该在开始软件设计和实现之前就应当完成的任务。

8.4.1 软件需求

所谓"软件需求"是指软件能够做什么，或者说用户需要用软件来做什么，具体表现为用户对软件的要求的集合。从历史情况来看，对软件需求的研究长期滞后。这一方面是由于软件本身抽象的特点造成的，一方面是由于软件早期通常由专业人员制作和使用，同时也是由于人们对软件规模化生产认识不足造成的。当软件的开发者与使用者逐渐分开，软件越来越多地面向非计算机行业的用户时，软件需求的研究在软件生产中的作用越来越大。

通常来说用户对软件的需求包括功能需求、性能需求和适用性需求等几个方面。功能需求是指软件在服务功能方面应当满足的要求，也就是目标软件应当具备什么样的功能。性能需求通常指对软件在时间和空间上的要求，比如软件执行某项功能的处理速度、需要耗费的存储空间容量等。适用性需求相对更复杂些，包括对运行环境的要求、对人员培训的要求、对后期升级维护的要求以及方便美观等方面的要求。

总之，社会对软件的要求是多方面的。这些要求综合形成的了软件需求。那么如何使软件的开发者清楚了解社会对待开发软件的需求呢？这就需要进行软件需求分析。

需要强调的是：需求本身与系统如何实现是完全无关的。

8.4.2 需求分析

在软件工程中，需求分析是软件开发过程中重要的一步，是开发前期最关键的环节。需求分析是明确项目目标的过程，是软件开发的基础。有关研究表明，在失败的软件开发项目中，由于需求错误导致的失败占很大比重。产生需求错误的主要因素有以下 3 个：

- 需求不明确：由于软件的抽象性，在软件开发出来以前，用户和开发者都只能通过想象来描述需求，这种想象通常是难以表达清楚的。
- 需求变更：由于在开始阶段的认识不清，随着时间的推移，用户和开发者都会不断产生新的想法，导致需求经常性的变动。
- 用户和开发者理解不同：由于用户比较关注自身的业务，对软件开发不一定很了解，而开发者又很可能对业务不熟悉，时常会对同一个问题产生不同的理解。

1.需求分析的任务

在计算机出现的初期，只有专业人员使用计算机，那时程序的编写者和使用者通常是相同的。现在，软件开发已经成为一个独立的产业，软件的开发和使用是完全不同的人员，相信我们中的绝大多数人都没有见过 Windows 的实际开发者。需求分析的根本任务就是要明确项目的目标，也就是准确地回答"系统要做什么？"这个问题。请注意体会"要做什么？"与"怎么做？"之间的关系。

重要

需求问题对于开发者和用户同样重要。之所以很多软件项目由于需求方面的问题而失败，原因在于用户在见到真正的软件之前很难说清楚自己的需求；而作为开发者就更加难以把握。另外，用户和开发方还需要明确开发目标系统对其他资源的需求情况，比如资金、技术、人员等方面的投入。

需求分析的理想目标是制定出用户满意和开发者能够实现的，且双方理解一致的需求，需求以需求规格说明的形式表示。

2. 需求分析的过程

需求分析过程包括需求的获取、分析、编写文档、管理等一系列活动。

（1）需求的获取

需求获取是需求分析阶段的基本活动。软件的需求来源可以是多方面的，这取决于待开发产品的性质和开发环境。主要的需求来源有以下几种：

- 有潜在需要的用户。用户的需要是最根本的需求，要明确用户对软件产品的需求，最有效的方法就是直接与用户沟通、交流。
- 当前同类产品（如果有的话）。同类型软件往往具有相当好的参考价值，从某种意义上讲，同类产品可以作为原型来研究。
- 原有系统的缺陷报告或改进性要求。对已有系统的意见是用户实践的成果，是相当有价值的需求来源。
- 市场调查和用户问卷调查。通过大面积的调查可以获得相当有代表性的数据。
- 分析用户的工作内容和工作方式。直接观察用户的工作，以用户的角度去设身处地地分析新的软件系统究竟应该具有哪些功能。

需求获取的关键是同用户之间的交流，它也是非常容易出现误解和歧义的环节。需求获取的成功完全依赖于客户和开发者之间的合作效果。

（2）综合分析

在需求获取的基础上，需要进行问题分析和方案的综合。由于需求获取来源的多样性，最初的需求表达往往是不规范的，描述问题的形式和角度各不相同。并不是用户提出的所有需求都是合理的，有些甚至是矛盾的，这就需要有经验的分析人员用科学的方法，找出系统各元素之间的联系，逐步细化所有的软件功能，接口特性和设计上的限制等。通过分析确定满足功能要求的程度，根据功能需求、性能需求、运行环境需求等，删除其不合理的部分，增加其需要的部分，最终给出目标系统的逻辑定义。

需求分析是一个需要经过多次反复的工作阶段。在这个阶段可以使用前面介绍过的原型法，实践已经证明原型法是需求分析的有力工具。经过分析过程，应该得到正确、完整和清晰的系统需求。在需求分析过程中通常会用到系统结构层次图、数据流图、输入/处理/输出图、数据字典等描述系统的工具，由于篇幅限制本书不详细介绍，有兴趣的读者可以从专业化书籍中深入学习。

需求分析的基本原则是自顶向下、逐层分解问题。在纵向上将系统划分为若干层次，在同一层次上横向分解为若干部分，将复杂问题分解为多个较易理解的部分，确定各部分间的接口，从而实现整体功能。

（3）编写需求文档

需求文档是需求过程阶段的成果体现形式。在软件工程中特别强调文档的重要性，强调各阶段工作文档化。根据需求分析阶段的基本任务，需求文档包括下述 4 份主要资料：

- 系统规格说明。主要描述目标系统的概述、功能要求、性能要求、运行环境要求和其他要求（如可使用性、安全保密性、可维护性、可移植性等），以及将来可能提出的要求。
- 数据要求。主要包括在需求分析阶段建立的数据字典以及数据结构的描绘，还包括对存储信息（数据库或普通文件）分析的结果。
- 用户系统描述。这个文档从用户使用系统的角度描述系统，相当于一份初步的用户手册，使得未来的用户能从使用的角度检查该目标系统，帮助他们判断这个系统是否符合他们的需要。
- 修正的开发计划。经过需求分析阶段的工作，对目标系统有了更深入、更具体的认识，能够对系统的成本和进度作出更准确的估计，在此基础上应该对开发的成本计划、资源使用计划和进度计划等进行细化和修正。

需求文档是客户了解未来产品的依据，是开发者开发的基本指导，是将来产品研制出来以后判定是否符合要求的基准，而且还是编写各种客户文档、培训材料的基础。可见，需求文档将在整个软件开发中起非常重要的指导性作用。

8.4.3 需求管理

需求的管理活动贯穿需求分析的全过程。从组织需求的获取，进行需求分析，到编制相应文档，都需要进行严格的管理。除此之外，需求的管理还有两个重要的环节：需求评审和变更管理。

1. 需求验证

需求分析阶段的工作结果是软件开发其他工作的重要基础，在软件需求文档完成以后，需要认真进行验证。技术评审是一种比较正式的验证机制，对于验证合格的需求可以用于指导软件开发的下一步工作，对于评审中发现的问题需要及时修改并对修改过的版本再次评审。评审作为需求分析阶段工作的验证手段，应该对功能的正确性、完整性和清晰性，以及其他需求给予评价。评审主要从下述 4 个方面进行：

- 完整性。需求必须是完整的，文档中的所有描述是否完整、清晰、准确反映用户要求，应该包括用户需要的每一个功能或性能；文档资料是否齐全；所有图表是否清楚，在不补充说明时能否理解；与所有其他系统成分的重要接口是否都已经描述。
- 有效性。必须证明需求是正确有效的，系统定义的目标是否与用户的要求一致；确实能解决用户面对的问题。是否详细制定了检验标准，它们能否对系统定义成功进行确认。
- 一致性。所有需求必须是一致的，任何一条需求不能和其他需求互相矛盾；所有文档中是否有遗漏、重复或不一致的地方。
- 现实性。提出的需求应该是在现有的硬件技术和软件技术基础上可以实现的。设计的约束条件或限制条件是否符合实际；开发的技术风险是什么。

● 通过评审的需求，为用户和开发者双方认可和接受才能作为下一步工作指导。

这里需要明确一点。对于已知用户而言，软件开发者可以与之讨论需求；而对于某些有开创性的产品，没有明确的已知用户，只有潜在的用户时，需要开发者有更超前的预见能力和创造能力，才可能明确未来的需求，从而创造出引领社会的新产品。

2. 需求变更

由于需求的可变性，需求变更是正常的情况，出现变更并不代表原来的需求分析不够完善，业务过程、市场机会、竞争产品和软件技术在系统开发期间都可能发生改变。提出变更的本意是好的，是希望能开发出更好的软件产品。但是，必须严肃对待变更，软件需求变更会给项目带来巨大的风险，不加控制的变更可能导致成本费用增加、质量下降、项目延期等客户和开发者双方利益都受损失的不良后果。因此需要对需求变更进行控制和管理。在软件开发过程中需求的变化是永恒的，需求不可能是完备的。应该正确对待需求变更，尽量将其负面影响降到最低。

注意　需求变更管理最主要的两点是对变更的影响进行评估和记录。在软件开发过程中，用户和开发者都必须认识到需求变更是件非常严肃的事情，在某一方提出变更请求后，必须慎重、全面地评估其影响，在双方都确认此变更的必要性和需要付出的代价后，才能实施变更。并且从变更提出到影响评估都必须有相应的文档资料进行记录。有效的变更控制可以在很大程度上减少需求变更。

需求变更发生后，需要及时归档。有的需要生成相应的新文档，有的需要修改已有的文档，并且这些文档的书写也应该采用规范的形式书写。需求变更文档应包含历史记录以供开发人员和客户清楚当前文档内容的新旧以及历史文档的情况，以备日后查看。

8.5 软件质量管理

软件工程关注的焦点是软件的质量。软件产品质量是软件工程开发工作的关键问题，也是软件规模化生产中的核心问题。提高软件质量是软件工程的基本目标。

8.5.1 软件质量与评价

质量是反映产品或服务满足明确或隐含需求的能力特性总和。软件作为一类特殊的产品，其质量也有区别于其他产品的内涵。

1. 软件质量的含义

软件质量是指所有描述计算机软件优秀程度的特性的组合。也就是说，为满足软件的各功能、性能需求，符合文档化的开发标准，需要相应地制定或设计一些质量特性及其组合，如果这些特性能在产品中得到满足，则这个软件产品质量就是高的。IEEE 定义软件质量为"与软件产品满足规定的和隐含的需求的能力有关的特征或特性的集合"。

软件质量具有以下内涵：

1）软件需求是度量软件质量的基础，不符合需求的软件就不具备质量。

2）在各种标准中定义了一些开发准则，用来指导软件人员用工程化的方法来开发软件。如果不遵守这些开发准则，软件质量就得不到保证。

3）往往会有一些隐含的需求没有明确地提出来。例如，软件应具备良好的可维护性。如果软件只满足那些精确定义了的需求而没有满足这些隐含的需求，软件质量也不能保证。

软件质量是各种特性的复杂组合。它随着应用的不同而不同，随着用户提出的质量要求不同而不同。用户满意度是衡量软件质量的总体标准。

2. 软件质量的评价

软件质量是难以定量度量的软件属性，通常提出许多重要的软件质量指标，从管理角度对软件质量进行度量。主要从以下几个方面评价软件质量：

- 正确性（Correctness）：系统满足规格说明和用户目标的程度，即在预定环境下能正确地完成预期功能的程度。也就是说在合理的输入时，有正确的输出结果。
- 健壮性（Reliability）：在硬件发生故障、输入的数据无效或操作错误等意外情况下，系统能做出适当响应的程度。有的资料中称为可靠性或鲁棒性。
- 效率（Efficiency）：为了完成预定的功能，系统所需占用资源的情况。占用资源越少效率越高。
- 安全性（Integrity）：系统对合法操作的保护和对非法使用禁止程度。有些资料称为完整性。
- 可用性（Usability）：系统在完成预定应该完成的功能时令人满意的程度。
- 可维护性（Maintainability）：改正系统在运行中所发现错误的难易程度和工作量。
- 适应性（Flexibility）：修改或改进系统的难易程度和需要的工作量。
- 可测试性（Testability）：软件容易测试的程度。
- 可移植性（Portability）：把软件从一种硬件或软件系统环境转移到另一种配置环境时，需要的工作量的多少。有一种定量度量的方法是用原来程序设计和调试的成本减去除移植时需用的费用。
- 可再用性（Reusability）：在其他应用中该程序可以被再次使用的程度（或范围）。

上述几个方面可归类为 3 个大的方面：一类是软件的运行质量特征，包含正确性、健壮性、效率、安全性、可用性；一类是软件修改维护方面的质量特征，包括可维护性、适应性、可测试性；还有一类是软件在跨平台、升级等方面的质量特征，包括可移植性、可再用性。

3. 如何保证软件质量

在软件项目的开发过程中，应强调软件总体质量，不能片面强调软件正确性，忽略其可维护性、健壮性、可用性与效率等方面。应在软件工程化生产的整个周期中的各个阶段都注意软件的质量，在软件最终验收时才注意质量很可能为时已晚。应制定软件质量标准，定量地评价软件质量，使软件产品评价走上评测结合，以测为主的科学轨道。提高软件质量的有效途径是从研究管理问题（资源调度与分配）、产品问题（正确性、可靠性）转向过程问题（开发模型、开发技术），从单纯的测试、检验、评价、验收，深入到设计过程中。

为了在软件开发过程中保证软件的质量，主要采取的技术措施是审查和测试。在前面的部分我们已经介绍过的需求评审，就是需求分析阶段的质量保证措施。实际上，在软件开发的各个阶段都可以分别组织审查和测试，以实现全程的质量管理。

8.5.2 软件评审与测试

1. 软件评审

在软件开发和维护过程中每个阶段的工作都可能引入人为的错误。在某一阶段中出现的错误，如果得不到及时纠正，就会传播到开发的后续阶段中去，并在后续阶段中引出更多、更大的错误。实践证明，问题发现得越早，处理代价越小，必须在开发时期的每个阶段结束时都要进行严格的技术评审，不使错误向下一个阶段传播。

软件评审（Software Reviews）是以提高软件质量为目的的技术活动，在设计阶段的评审尤其重要。评审的主要内容与软件质量关注的内容是相同的，即从软件质量的要点进行评审，包括软件的正确性、健壮性、安全性、可维性、可移植性等。评审的具体内容包括：软件的结构设计、模块的层次、模块结构、处理过程的结构、与运行环境的接口、与用户的接口等许多方面。

软件评审活动的形式通常是对相关技术文档的审查，并且在有条件的情况下结合一定的测试。软件评审是专业性很强的技术工作，对于参与评审的人员要求很高。参与评审的人员要有通过技术文档发现问题并提出解决问题正确建议的能力。评审工作本身也会产生相应的文档，评审后开发人员应该根据评审的意见对开发工作做出及时、适当的调整，消除前一阶段产生的错误。需要特别注意的是在修改已发现问题的同时，尽量避免引入新的问题。

2. 软件测试

软件质量需要有一整套的软件测试手段来进行技术保障。软件测试技术的发展正在改变着传统软件开发的模式，基于单元测试的测试驱动开发正在成为软件工程的一种新模式。

（1）软件测试的概念和原则

软件测试是对软件计划、软件设计、软件编码进行查错和纠错的活动（包括代码执行活动与人工活动）。测试的目的是找出软件设计开发整个周期中各个阶段的错误，以便分析错误的性质与位置并加以纠正。纠正过程可能涉及改正或重新设计相关的文档活动。找错的活动称为测试，纠错的活动称为调试。

测试的基本原则如下：

- 测试前要认定被测试软件有错，不要认为软件没有错。
- 要预先确定被测试软件的测试结果。
- 要尽量避免测试自己编写的程序。
- 测试要兼顾合理输入与不合理输入数据。
- 测试要以软件需求规格说明书为标准。
- 测试是相对的，不可测试所有的可能情况。

需要注意的是：应根据实际情况合理安排测试，并选择好测试用例与测试方法。测试只能查找出程序中的错误，不能证明程序中没有错误。

（2）软件测试方法

测试方法主要有黑盒测试和白盒测试方法。黑盒法是功能驱动方法，仅根据 I/O 数据条件来设计测试用例，而不管程序的内部结构与路径如何。白盒法是通过分析程序内部的逻辑与执行路线来设计测试用例并进行测试的方法，白盒法也称逻辑驱动方法。通常的做法是，用黑盒法设计基本的测试方案，再用白盒法补充一些方案。

黑盒测试法把程序看成一个黑盒子，完全不考虑程序的内部结构和处理过程。也就是说，黑盒测试是在程序接口进行的测试，它只检查程序功能是否能按照规格说明书的规定正常使用，程序是否能适当地接收输入数据产生正确的输出信息，并且保持外部信息的完整性。黑盒测试又称为功能测试。

白盒测试法的前提是可以把程序看成装在一个透明的白盒子里，也就是完全了解程序的结构和处理过程。这种方法按照程序内部的逻辑测试程序，检验程序中的每条通路是否都能按预定要求正确工作，白盒测试又称为结构测试。白盒测试由程序员负责，只有他们准确地知道程序内部发生了什么。每个编写代码的程序员都必须确保每一条指令和每一种情况都已经被测试过。

注意

使用白盒测试法，为了做到全面测试，软件中每条可能的通路至少都应该执行一次，严格地说每条通路都应该在每种可能的输入数据下执行一次。即使测试很小的程序，通常也不能做到这一点，所以软件测试不可能发现程序中的所有错误，也就是说通过测试并不能证明程序是正确的。但是，通过测试能够保证软件的可靠性，因此，必须仔细设计测试方案，力争用尽可能少的测试发现尽可能多的错误。

（3）设计测试方案

设计测试方案是测试阶段的关键技术问题。所谓测试方案包括预定要测试的功能，应该输入的测试数据和预期的结果，其中最困难的问题是设计测试用的输入数据，即测试用例。

不同的测试数据发现程序错误的能力差别很大，为了提高测试效率、降低测试成本，应该选用高效的测试数据。因为不可能进行穷尽的测试，所以要选用少量"最有效的"测试数据，做到尽可能完备的测试。

设计测试方案的基本目标是，确定一组最可能发现某个错误或某类错误的测试数据。已经研究出许多设计测试数据的技术，这些技术各有优缺点，没有哪一种是最好的，更没有哪一种可以代替其余所有技术，同一种技术在不同的应用场合效果可能相差很大，因此，通常需要联合使用多种设计测试数据的技术。

（4）测试过程

与开发过程类似，测试过程也必须分步骤进行，每个步骤在逻辑上是前一个步骤的延续。大型软件系统通常由若干个子系统组成，每个子系统又由许多模块组成。因此，大型软件系统的测试基本上由单元测试、集成测试、确认测试和系统测试几个步骤组成。

单元测试也称模块测试、逻辑测试或结构测试，测试的方法一般采用白盒法，以路径覆盖为最佳测试准则。其测试策略包括单元测试中设计测试用例要测试哪些方面的问题、针对这些方面问题各自测试什么内容、测试的具体步骤等。

单元测试之后便进入集成测试。尽管模块已经进行了单元测试，由于测试不能穷尽，单元测试又会引入新错误，单元测试后肯定会有隐藏错误，集成不可能一次成功，必须经测试后才能成功。

确认测试也称合格测试或称验收测试。集成后已成为完整的软件包，消除了接口的错误。确认测试主要由使用用户参加测试，检验软件规格说明的技术标准的符合程度，是保证软件质量的关键环节。

8.6　软件项目管理

本章前面介绍过软件的基本特点和软件危机产生的主要原因。软件工程在引入工程化技术的同时，也引入管理学方法配合工程技术共同解决软件危机中遇到的问题。

项目管理是指把各种资源组合在一起，在规定的时间、预算和质量目标范围内完成项目的各项工作。管理工作强调协调各方面的因素，达到整体的最优。

软件项目管理的主要内容包括项目的组织计划、资源管理、质量管理，其中资源管理包括对项目开发所需的技术、人员、资金等方面的管理。软件项目管理的手段主要是一系列制度、规范文档和专业管理工具。

8.6.1　项目管理内容

1. 组织计划

软件项目管理的基本工作之一是制订软件开发计划，即规定待完成的任务、要求、资源、人力和进度等。在计划制订后，组织力量完成计划，在计划执行过程中还需要根据实际情况进行必要的调整。软件开发计划以计划书的形式体现计划工作的成果。

项目计划的目标是为项目负责人提供一个框架，使之能合理地估算软件项目开发所需的资源、经费和开发进度，并控制软件项目开发过程按此计划进行。在做计划时，必须就需要的人力、项目持续时间及成本作出估算。

软件项目计划的主要内容包括：确定开发目标，包括项目的主要功能、性能、接口关系和有关要求等；开发资源，包括人员、软、硬件环境、技术条件和其他资源；进度安排，包括时间安排、成本估算等。

在制订项目计划时要注意参考软件工程规范，包括：国家标准与国际标准、行业标准与工业部门标准等。在必要时可以制定企业级标准和开发小组级标准。

知识扩展

在项目计划中成本估算是比较困难的工作之一。由于软件的特性，使得开发软件的工作量很难准确估计，其成本也就很难准确估计。目前比较通用的方法是根据以往其他项目的情况进行估计。但是由于项目之间的差异和人员能力之间的差异，这种估计常常会与实际有较大偏差，需要在项目实施过程中不断进行调整。目前比较通用的软件工作量估算单位是"人年"或"人月"，即一个开发人员一年或一个月能够完成的工作量，并以此为基础计算费用。

---

2. 资源管理

开发软件项目，除了人力资源外，还需要硬件设备、操作系统、编程环境、工具软件等资源。为了方便项目成员之间的交流，应该尽可能地使用相同类型的软硬件资源。在大型软件项目的开发中，使用的工具软件较多，包括需求分析工具、设计工具、调试工具、测试和测试管理工具、项目管理工具、配置管理工具等。

资源管理中最重要的是人力资源管理，需要确定参加项目的人员以及每个人的分工和角色。开发小型项目时，一个人经常同时承担多个角色；开发大型项目时，一个人只能承担一个角色，并且有时需要多人共同承担同一任务。现在通常以开发团队的形式组织人力资源，在一个开发团队中，有一个项目负责人，称为项目经理，是整个团队的领导核心，主要作用是协调其他人员互相协调工作；其他人员按照任务分别负责设计、开发、测试等工作。一般建议这些工作组的人员不要交叉，但应互相交流。

3. 文档管理

软件工程强调工作的可追溯性，因此文档资料的管理是各项工作的重要保证，是项目管理的重要内容。国外经验表明，文档工作可占到项目总工作量的三分之一左右。

项目文档包括项目过程各阶段的成果记录，如需求分析文档、设计文档、程序清单等；还包括项目实施过程中的各种管理文档，如开发计划、过程记录等；以及需要交付用户的各种用户文档，如用户手册、操作使用说明等。

文档管理通常由专人负责，并且安排专门的工作小组从事具体工作。文档的编制应与开发过程同步，各阶段产生各自的文档。用户文档的编制应与软件设计和编码工作同时开展。由于软件需求的可变性，在开发过程中常常出现变化，这就需要根据变化及时修改已经完成的文档，称为版本控制。文档管理需要保证开发人员掌握的技术文档是同一版本，避免由于各开发成员之间因文档不一致导致的系统开发错误。版本控制包括新版本的发布和旧版本的废止与回收。

8.6.2 项目管理过程

由于现代软件系统的开发大多是建立在软件工程理论基础上的团队集体合作开发，单靠个人的能力是无法完成的。因此，如何管理开发团队进行分工协作，共同完成一个大型软件系统往往成为项目成败的关键。软件开发过程的管理需要用到系统工程学、统计学、心理学、社会学、经济学，乃至法律等多方面的综合知识，比技术问题复杂得多。但是通过完善、科学的项目管理能够带来巨大效率，赢得技术上的优势。

软件工程是系统工程学方法在软件开发领域的具体运用，是帮助人们更好地开发和管理软件的科学方法，其具体方法和理论需要我们在实践中不断理解。

长期以来，国内软件行业重技术轻管理的错误思想导致软件企业的发展规模小，项目失误多，资源浪费严重。通过对大量失败的软件项目进行总结和分析，不难发现其原因大多与项目管理工作有关。因此，作为软件系统开发的参与者，无论是管理人员还是开发人员都应该了解软件开发过程的项目管理。

一个典型的项目管理的实施过程如图 8-8 所示，它涵盖了项目管理的主要内容，并包括了以下具体工作阶段。

- 确定系统边界：通过对项目范围的界定，可以明确该项目需要完成的工作。
- 确定任务：通过任务分解，将工作划分为阶段性的任务和子任务。这些任务可以代表项目中的一个里程碑或一个可提交的阶段性工作。
- 估计工作量：根据分解的任务估算工作量，以确定完成任务所需要的时间。由于人员水平、工作状态、健康状况等诸多因素影响着实际工作时间，通常需要确定最长（悲观）工时和最短（乐观）工时。
- 安排进度：由于各任务之间可能出现的相互依赖关系，比如某一任务必须等上一任务结束才能开始，所以要对各任务完成时间进行统筹安排，避免任务间的冲突。

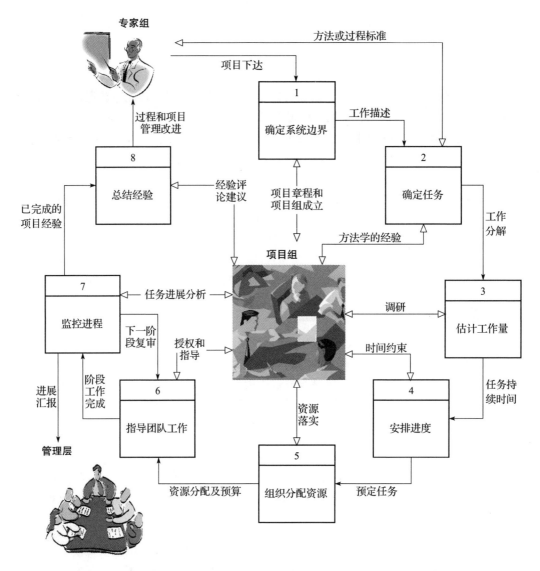

图 8-8 项目管理的过程

- 组织分配资源：为了保证任务顺利完成，需要合理组织和分配人力、服务、设备、供给、材料、资金等资源。
- 指导团队工作：对团队的指导包括策略上的和技术上的指导，指导工作的重点在于对项目的监管。
- 监控进程：对项目进程的监控表现为防止项目在范围、时间和预算上出现偏差。对已经出现的偏差要采取积极的措施进行纠正和调整。
- 总结经验：通过对所完成的项目进行总结，可以获得新的经验。最后的总结包括了项目组成员对问题的反馈和对项目管理改进的建议。

8.6.3　团队

软件开发是智力密集型的劳动，必须由人来完成。开发人员，尤其是优秀的专业技术人是决定软件能否成功开发的关键因素之一。然而，仅有技术人员还不够。如果是小规模的程序设计，可以由一个程序员或少数几个人承担，现代软件的规模化生产要求大量的、不同专业的人员一起合作，因此，如何将各类人员有效地组织起来，建立优秀的开发团队是非常重要的。

团队（Team）最基本的概念指为了共同目标而进行合作的两人以上的集体。团队合作是利用团队之间的彼此了解和个人特长，发挥各自优势，在团队中一起通过责任、奉献和知识共享，通过成员的共同努力产生积极的作用，使团队的绩效水平远大于个体成员绩效的总和。

与团队相关的概念是工作组（Work Group）。工作组是指一个共同工作的群体，但工作组中不一定有积极的协同力量，这个群体的总体绩效也不一定大于个人绩效之和。在群体中，责任常常由个人承担，每个人的职责很明确，而在团队中，个人责任与共同的责任同时存在，甚至更多的时候是共同责任。

工作组成员之间存在一定的等级关系，下级是由于工作的职位原因服从上级。在这样的模式中，一般管理层与员工之间可能没有共同的目标，他们之间的关系是中性的甚至是消极的。这种工作关系是以完成各自的工作为目标而产生的关系。

团队关系是建立在大家共同要实现的业绩目标基础之上，大家为了共同的利益一起工作而产生的一种关系。在这种工作关系下，管理层与员工之间能够更加融洽地合作，不会因为个人利益而产生冲突，相互之间的关系是积极的。

团队合作和团队关系侧重的是采取实际行动和具体步骤，以解决团队内部问题并实现目标，而工作关系和协作是其基础，即互相尊重、互相信任、和谐共处。

团队中的每一员必须是合格称职的专业人员。ACM/IEEE-CS 联合工作组发布了"软件工程道德规范"的基本原则：

- 公众——软件工程师应当始终如一地以符合公众利益为目标。
- 客户和雇主——在保持与公众利益一致的原则下，软件工程师应满足客户和雇主的最高利益。
- 产品——软件工程师应当确保他们的产品和相关的改进符合可能达到的最高专业标准。
- 判断——软件工程师在进行相关的专业判断时，应该坚持正直、诚实和独立的原则。
- 管理——软件工程的管理和领导人员在软件开发和维护的过程中，应自觉遵守、应用并推动合乎道德规范的管理方法。
- 专业——软件工程师应当自觉推动本行业所提倡的诚实、正直的道德规范，并自觉维护本行业的声誉，使软件行业更好地为公众利益所服务。
- 同僚——软件工程师对其同僚应持平等互助和支持的态度。
- 自身——软件工程师应终生不断地学习和实践其专业知识，并在学习和实践的过程中不断提高自身的道德规范素养。

这些原则是对团队中每个成员的共同要求。

8.6.4 管理者

项目管理已经被公认为项目成功与否的关键因素之一，因此对项目管理者（通常称为项目经理）的职业道德、专业技术方面都有一定的要求：

- 项目管理专业人员应具备较高的个人和职业道德标准，对自己的行为承担责任。
- 只有通过培训、获得任职资格，才能从事项目管理。

- 在与雇主和客户的关系中，项目管理专业人员应在专业和业务方面，对雇主和客户诚实。
- 向最新专业技能看齐，不断发展自身，接受继续教育。
- 遵守所在国家的法律。
- 项目管理专业人员应具备相应的领导才能，能够最大限度地提高生产率，以及最大限度地缩减成本。
- 项目管理专业人员应采用当今先进的项目管理工具和技术，以保证达到项目计划规定的质量、费用和进度等控制目标。
- 为项目团队成员提供适当的工作条件和机会，公平待人。
- 乐于接受他人的批评，善于提出诚恳的意见，并能正确地评价他人的贡献。
- 帮助团队成员、同行和同事提高专业知识。
- 无论是聘期或离职，项目管理专业人员对雇主和客户没有被正式公开的业务和技术工艺信息应予以保密。
- 告知上级和客户可能会发生的利益冲突。
- 不得直接或间接对有业务关系的雇主和客户行贿、受贿。
- 如实、真实地报告项目质量、费用和进度。

这些要求使得管理者有别于团队中的其他成员。一个合格的团队成员未必能成为一名合格的管理者，但一名合格的管理者首先必须是一名优秀的团队成员。

8.6.5　敏捷开发

互联网的出现推动了新式软件开发方法的出现。众所周知，互联网是一个快速发展的动态生态系统，这意味着基于互联网的软件，其需求的模糊性和变化速度远高于传统的软件开发，因此逐步出现了以快速迭代（如几周甚至几天）为主要特征的敏捷方法，俗称"小步快跑"。

1. 敏捷宣言

软件开发的敏捷（Agile）方法或称敏捷模型以 2001 年肯特·贝克（Kent Beck）等 17 人共同发布"敏捷软件开发宣言"（Agile Manifesto）作为标志。宣言全文如下：

敏捷软件开发宣言

我们一直在实践中探寻更好的软件开发方法，身体力行的同时也帮助他人。由此我们建立了如下价值观：

个体和互动　高于　流程和工具

（Individuals and interactions over processes and tools）

工作的软件　高于　详尽的文档

（Working software over comprehensive documentation）

客户合作　高于　合同谈判

（Customer collaboration over contract negotiation）

响应变化　高于　遵循计划

（Responding to change over following a plan）

也就是说，尽管右项有其价值，我们更重视左项的价值。

该宣言的著作权为17名作者所有。宣言所在网页链接有12条敏捷宣言遵循的原则：

敏捷宣言遵循的原则

我们遵循以下原则：

我们最重要的目标，是通过持续且及早交付高价值的软件使客户满意。

欣然面对需求变化，即使在开发阶段的后期也一样。敏捷流程就是通过掌控变化，为客户获得竞争优势。

频繁交付可工作的软件，相隔几星期或一两个月，倾向于采取较短的交付周期。

业务人员和开发人员必须相互合作，项目中的每一天都不例外。

激发个体的斗志，以他们为核心搭建项目。提供所需的环境和支援，辅以信任，从而达成目标。

不论团队内外，传递信息效果最好、效率最高的方式是面对面的交谈。

可工作的软件是衡量进度的首要标准。

敏捷过程倡导可持续开发。责任人、开发人员和用户要能够共同维持其步调长期稳定向前。

坚持不懈地追求技术卓越和良好的设计，由此增强敏捷能力。

以简洁为本，它是极力减少不必要工作量的艺术。

最好的架构、需求和设计出自自组织型团队。

团队定期地反思如何能提高成效，并依此调整自己的工作方式。

其英文版请参见 https://agilemanifesto.org/iso/en/principles.html。

敏捷开发更加积极地面对软件开发过程中的各种变更。在传统的软件工程中大多数情况下将变更视为有害因素，而在互联网时代，不仅软件需求在变更，同时还存在开发团队成员的变更、开发技术的变更等，为了积极面对变更，软件的各构件之间变得更加独立，相互间的联系更少，开发团队中的人员也必须有储备，以避免成员变更影响项目进展。敏捷开发在软件开发的前期需要更多的管理投入，而在软件开发的后期，由于软件构件间的独立性，开发人员间的相互适应，在应对各种变更时，风险更低。敏捷开发过程非常重要的标志是用户直接介入开发过程。敏捷开发提倡直面各种变更，用户角色在开发团队中尤其重要，用户在整个开发过程中都是参与者，开发团队能够在最短的时间内得到用户的反馈，不断适应需求的变更，从而使得最终的产品能够充分符合用户的要求。

敏捷开发更适合互联网的软件开发。常用的具体方式有极限编程、Scrum、特征驱动开发（Feature Driven Development）、Crystal 等。其中心议题是加快工作步频，节约总工期和成本，极大地发挥程序员的积极性。敏捷开发是一种以人为核心、迭代、循序渐进的开发方法，认为人是软件开发中最重要的因素。对于人来说，软件开发应该是一种愉快而又轻松的事情，注重调动自我的能动性，以积极、愉悦、乐观的心态完成开发，并培养人的自豪感。敏捷开发的理念是充分信任开发团队能够很好地完成任务，这是管理的中心主题。

2. 极限编程

极限编程（Extreme Programming，XP）是最为成熟且影响广泛的敏捷开发过程，敏捷开发的很多理论在极限编程中得到具体体现，这一概念最早由肯特·贝克在1996年提出。肯特·贝克在其著作《解析极限编程》中解释极限编程是一个轻量级方法论，适用于中小规模软件开发过程中面对模糊或者快速变化的需求的时候。

极限编程是一种灵巧的软件开发思维方法，致力于解决软件开发过程中的风险，其基础和价值观是沟通（Communication）、简单（Simplicity）、反馈（Feedback）和勇气（Courage）。

问题往往是由于开发人员与设计人员、设计人员与客户之间的沟通不畅造成的。XP 认为项目成员之间的沟通是项目成功的关键，并把沟通看作项目中间协调与合作的主要推动因素。因此，项目相关人员之间进行充分、多渠道（最好面对面）的沟通是很有必要的。

XP 假定未来不能可靠地预测，现在从经济上考虑它是不明智的，所以不应该过多考虑未来的问题而是应该集中力量解决燃眉之急。在系统可运转的前提下，做最简洁的工作，坚定地专注于最小化解决方案；在开发中不断优化设计，时刻保持代码简洁、无冗余。需求尽量简单，设计尽量简单，代码尽量简单，文档尽量简单。

尽快获得用户的反馈，并且越详细越好，使得开发人员能够保证自己的成果符合用户的需要。强调各种形式的反馈，如小交付、短迭代、测试先行等。XP 认为系统本身及其代码是报告系统开发进度和状态的可靠依据。系统开发状态的反馈可以作为一种确定系统开发进度和决定系统下一步开发方向的手段。

XP 强调"拥抱变化"，因此对于用户的反馈，鼓励积极面对现实和修改问题，如放弃已有代码、改进系统设计等；也鼓励勇敢的重构代码，所有人拥有代码，敢于把好的方法做到极致。XP 思想认为，软件开发中，人是最重要的一个方面。在一个软件产品的开发中，人的参与贯穿其整个生命周期，只有人的勇气可以克服困境，让团队把局部的最优抛之脑后，实现更重大的目标。

极限编程也是一套非常严谨和周密的方法。XP 是一种近螺旋式的开发方法，将复杂的开发过程分解为一个个相对比较简单的小周期，通过规划策略（Planning Game）、结对编程（Pair Programming）、测试（Testing）、重构（Refactoring）、简单设计（Simple Design）、所有人拥有代码（Collective Code Ownership）、持续集成（Continuous Integration）、用户参与项目（On-site Customer）、小型发布（Small Release）、每周 40h 工作制（40-Hour Work）、编码规范（Code Standards）、系统愿景（System Metaphor）12 项实践措施保证任务的成功。

罗恩·杰弗里（Ron Jeffries）在后续的研究中对实践措施提出了一些修改，可以理解为 XP 的演进。

在系统开发项目中，极限编程的 5 个原则被用来为决策做出指导。原则描述得更加具体化，以便在实际应用中更容易转变为具体的指导意见。

（1）快速反馈

当反馈能做到及时、迅速时，将发挥极大的作用。一个事件和对这一事件做出反馈之间的时间，一般被用来掌握新情况以及做出修改。与传统开发方法不同，与客户发生接触是不断反复出现的。客户能够清楚地洞察开发中系统的状况，能够在整个开发过程中及时给出反馈意见，并且在需要的时候能够掌控系统的开发方向。

单元测试同样对贯彻反馈原则起到作用。在编写代码的过程中，因需求变更而做出修改的系统将出现怎样的反应，正是通过单元测试来给出直接反馈的。比如，某个程序员对系统中的一部分代码进行了修改，假如这样的修改影响到了系统中的另一部分（超出了这个程序员的可控范围），则这个程序员不会去关注这个缺陷。往往这样的问题会在系统进入生产环节时暴露出来。

（2）假设简单

假设简单认为任何问题都可以"极度简单"地解决。传统的系统开发方法要考虑未来的变化, 还要考虑代码的可重用性, 极限编程思想不认同这种做法。

(3) 增量变化

极限编程的提倡者总是说: 罗马不是一天建成的。一次就想进行一个大的改造是不可能的。极限编程采用增量变化的原则, 比如, 可能每三个星期发布一个包含小变化的新版本。这样一小步一小步前进的方式, 使得整个开发进度以及正在开发的系统对于用户来说变得更为可控。

(4) 拥抱变化

可以肯定的是, 不确定因素总是存在的。"拥抱变化"这一原则就是强调不要对变化采取反抗的态度, 而应该拥抱它们。比如, 在一次阶段性会议中客户提出了一些看来戏剧性的需求变更。作为程序员, 必须拥抱这些变化, 并且拟定计划使得下一个阶段的产品能够满足新的需求。

(5) 高质量的工作

没人喜欢拖泥带水, 每个人都期望出色地完成工作。极限编程的提倡者认为范围、时间、成本和质量这个 4 个软件开发的变量, 只有质量是不可妥协的。

极限编程是敏捷软件开发中应用最为广泛和最富有成效的几种方法学之一。极限编程和传统方法学的本质不同在于它更强调可适应性而不是可预测性。极限编程的支持者认为软件需求的不断变化是很自然的现象, 是软件项目开发中不可避免的, 也是应该欣然接受的现象, 他们相信, 和传统的在项目起始阶段定义好所有需求再费尽心思控制变化的方法相比, 有能力在项目周期的任何阶段去适应变化, 将是更加现实更加有效的方法。通过积极地交流、反馈以及其他一系列的方法, 开发人员和客户可以非常清楚开发进度、变化、待解决的问题和潜在的困难等, 并根据实际情况及时地调整开发过程。

3. Scrum

Scrum 作为敏捷开发的主要方式之一, 目前没有明确的中文名称, 通常直接采用英文表示。可以将 Scrum 理解为用于开发、交付和持续支持复杂产品的一个框架, 是一个增量的、迭代的开发过程。在这个框架中, 整个开发过程由若干个短小的迭代周期组成, 我们称之为快捷段 (Sprint), 每个快捷段的建议长度是 1～4 周。在 Scrum 中, 使用产品的待办列表 (Backlog) 来管理产品的需求, 待办列表是一个按照商业价值排序的需求列表, 列表条目的体现形式通常为用户故事。Scrum 团队总是先开发对客户具有较高价值的需求。在快捷段中, Scrum 团队从待办列表中挑选最高优先级的需求进行开发。挑选的需求快捷段计划会议上经过讨论、分析和估算得到相应的任务列表, 我们称它为快捷段待办列表。在每个快捷段结束时, Scrum 团队将递交潜在可交付的产品增量。Scrum 起源于软件开发项目, 但它适用于任何复杂的或是创新性的项目。Scrum 目前已被用于开发软件、硬件、嵌入式软件、交互功能网络、自动驾驶、学校、政府、市场、管理组织运营, 以及几乎我们 (作为个体和群体) 日常生活中所使用的一切。Scrum 流程示意图如图 8-9 所示。

Scrum 框架包括 3 个角色、3 个工件、5 个事件、5 个价值。

- 3 个角色包括: 产品负责人 (Product Owner, PO)、Scrum Master (简称 SM, 一般不翻译)、开发团队。Scrum 开发团队的规模通常不大, 一般控制在 7 人以内, 如果超过 7 人, 则划分成若干小团队分别开展相应的工作, 通过组合形成多级 Scrum (Scrum of Scrum)。

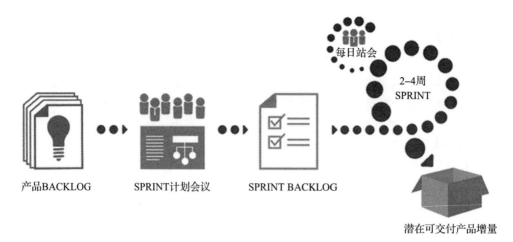

图 8-9 Scrum 流程示意图

- 3 个工件分别是：产品待办列表（Product Backlog），指需求清单；快捷段待办列表（Sprint Backlog），即快捷段的任务清单；产品增量（Increment）。
- 5 个事件指快捷段（Sprint）及其所包含的其他 4 个事件，快捷段本身是一个事件，是 Scrum 的核心，其包括了如下 4 个事件：快捷段计划会议（Sprint Planning Meeting）、每日站会（Daily Scrum Meeting）、快捷段评审会议（Sprint Review Meeting）、快捷段回顾会议（Sprint Retrospective Meeting）。快捷段长度（持续时间）为一个月或更短的时限，这段时间内构建一个完成的、可用的和潜在可发布的产品增量。在整个开发过程期间，快捷段的长度保持一致。前一个快捷段结束后，下一个快捷段紧接着立即开始。在快捷段执行期间，不能做出有害于快捷段目标的改变，不能降低质量的目标，随着对信息掌握的增加，产品负责人与开发团队之间对范围内要做的事可能会澄清和重新协商。每个快捷段都可以被视为一个项目，为期不超过一个月。就如同项目一样，快捷段被用于完成某些事情。每个快捷段都会有一个要构建什么的目标，还有一份设计好的、灵活的计划用来指导如何做这些事、工作内容和最终产品增量。

  快捷段的长度之所以限制在一个月内，是因为如果快捷段的长度太长，对要构建什么的定义就有可能会改变，复杂性也有可能会增加，同时风险也有可能会增加。快捷段通过确保至少每月一次对达成目标的进度进行检视和适应，来实现可预测性。快捷段同时也把风险限制在一个月的成本上。快捷段是本书作者的自译，Sprint 在多数资料里直接采用英文表示，也有些资料里译为冲刺，Sprint 的语义是短距竞速，在体育项目中常译作冲刺。

- 5 个价值指：承诺——愿意对目标做出承诺；专注——把你的心思和能力都用到你承诺的工作上去；开放——Scrum 把项目中的一切开放给每个人看；尊重——每个人都有他独特的背景和经验；勇气——有勇气做出承诺，履行承诺，接受别人的尊重。

Scrum 以经验性过程控制理论（经验主义）作为理论基础的过程。经验主义主张知识源于经验，以及基于已知的东西做决定。Scrum 采用迭代、增量的方法来优化可预见性并控制风险。

Scrum 的 3 大支柱是透明性、检验和适应，它们支撑起每个经验性过程控制的实现。

（1）透明性（Transparency）

透明性是指，在软件开发过程的各个环节保持高度的可见性，影响交付成果的各个方面对于参与交付的所有人和管理生产结果的人保持透明。管理生产成果的人不仅要能够看到过程的这些方面，而且必须理解他们看到的内容。也就是说，当某个人在检验一个过程，并确信某一个任务已经完成时，这个完成必须等同于他们对完成的定义。

（2）检验（Inspection）

开发过程中的各方面必须做到足够频繁地检验，确保能够及时发现过程中的重大偏差。在确定检验频率时，需要考虑到检验会引起所有过程发生变化。当规定的检验频率超出了过程检验所允许的程度，那么就会出现问题。幸运的是，软件开发并不会出现这种情况。另一个因素就是检验工作成果人员的技能水平和积极性。

（3）适应（Adaptation）

如果检验人员检验的时候发现过程中的一个或多个方面不满足验收标准，并且最终产品是不合格的，那么便需要对过程或是材料进行调整。调整工作必须尽快实施，以减少进一步的偏差。

Scrum 中通过 3 个活动进行检验和适应：每日站会检验快捷段目标的进展，做出调整，从而优化次日的工作价值；快捷段评审和计划会议检验发布目标的进展，做出调整，从而优化下一个快捷段的工作价值；快捷段回顾会议是用来回顾已经完成的快捷段，并且确定做出什么样的改善可以使接下来的快捷段更加高效、更加令人满意，并且工作更快乐。

Scrum 可能是历史最久的敏捷方法，Scrum 的特点在于聚焦软件开发的项目管理，配合适当的程序设计方法，可以大幅提升团队的生产力。Scrum 最初是面向小规模软件开发项目设计的，对于较大规模的项目，需要多个团队协作才能完成，为此创建了 Scrum@Scale，需要彼此协作的团队组建成 "Scrum of Scrums"（SoS），即跨团队协作的 Scrum 团队。Scrum 可以扩展到数以百计的团队，该方法不仅应用于互联网企业，也成功应于其他行业中，事实说明良好实施的 Scrum 能够运作起整个组织。

本章小结

软件工程是计算机学科中的一个分支，致力于寻找指导大型复杂软件系统的开发原则。软件工程为提高软件质量和开发效率的科学方法，它包括对软件本质的分析、对开发过程的研究，并提供一系列具体方法。

在计算机系统中，软件是逻辑部件，而硬件是物理部件。软件相对硬件而言有许多不同特点。软件是一种逻辑实体，具有很强的抽象性。软件可以记录在介质上，或运行在系统上。软件是一个逻辑上复杂而规模上庞大的系统，涉及技术、管理等多方面的问题。

软件是智力产品，其价值体现在解决问题的知识和能力，而并不体现在软件载体本身。软件在运行和使用期间，没有硬件的磨损、老化问题。但软件维护比硬件维护要复杂得多。

在软件发展的过程中，由于起初人们对软件特性认识不足，使用传统开发硬件的方式进行开发，导致了软件危机的发生，进而引发人们对软件工程的研究。

软件工程是应用计算机科学、数学及管理科学等原理开发软件的工程。软件工程是从管理和技术两方面研究如何更好地开发和维护计算机软件。软件工程也是系统工程学方法在软件开发领域的具体运用，是帮助人们更好地开发和管理软件的科学方法，其具体方法和理论需要我们在实践中不断理解。

软件工程的目标是在给定成本、进度的前提下，开发出具有可修改性、有效性、可靠性、可理解性、可维护性、可重用性、可适应性、可移植性、可追踪性和可互操作性并满足用户需求的软件产品。

软件工程研究的内容包括与软件开发相关的理论、结构、过程、方法、工具、环境、管理、规范等。

软件作为一种工业化产品，也有其生命周期。软件生命周期是软件过程模型的基础。通过对软件开发过程分析，定义了软件生命周期，并总结出瀑布模型、原型模型、螺旋模型等软件过程模型。

软件开发过程的第一步是需求分析，需求分析的质量直接决定了软件的成败。在软件的开发过程中，需求是变化的，应该对变更进行有效控制。

软件工程方法包括结构化方法和面向对象的方法。软件产品的质量是软件工程关注的焦点。影响软件质量的因素是多方面的，评价软件质量的指标包括正确性、健壮性、可用性等多个方面。

软件项目的管理是决定软件项目成败的重要因素。项目管理主要包括项目的组织计划和资源管理。文档管理是软件项目管理的重要手段。

敏捷开发是软件业面对互联网软件开发的新要求发展出来的一种管理模式，提供了从小团队到规模生产的管理方法。

本章习题

一、复习题

1. 软件的特点有哪些？
2. 什么是软件危机？主要有哪些表现？其产生的原因是什么？
3. 简述什么是软件工程。
4. 简述软件工程研究的基本内容与目标。
5. 软件生命周期一般可分为哪几个阶段？
6. 试比较各种软件开发模型的优点和缺点。
7. 简述需求分析的任务和过程。
8. 简述面向对象的软件工程方法。
9. 什么是软件质量？如何保证软件质量？
10. 简述软件项目管理的内容。
11. 简述敏捷开发方法。

二、练习题

（一）填空题

1. 在软件开发过程中要产生大量的信息，要进行大量的修改，＿＿＿＿＿能协调软件开发，并使混乱减少到最低程度。
2. 规定功能的软件，在一定程度上对自身错误的作用（软件错误）具有屏蔽能力，则称此软件为具有＿＿＿＿＿的软件。
3. 软件可维护性度量的7个质量特性是可理解性、可测试性、可修改性、可靠性、＿＿＿＿＿、可使用性和效率。
4. 为了便于对照检查，测试用例应由输入数据和预期的＿＿＿＿＿两部分组成。
5. 软件结构是以＿＿＿＿＿为基础而组成的一种控制层次结构。
6. 在结构化分析中，用于描述加工逻辑的主要工具有3种，即结构化语言、判定表、＿＿＿＿＿。

7. 结构化语言是介于自然语言和_____之间的一种半形式语言。

8. 面向对象方法的基本特征包括_____性、_____性和_____性。

9. 极限编程的原则包括_____、_____、_____、_____和_____。

（二）选择题

1. 在软件开发中，下面任务不属于设计阶段的是_____。

   A. 数据结构设计　　　　　　　　　　B. 给出系统模块结构

   C. 定义模块算法　　　　　　　　　　D. 定义需求并建立系统模型

2. 软件需求分析阶段的工作，可以分为 4 个方面：需求获取、需求分析、编写需求规格说明书以及_____。

   A. 阶段性报告　　　　B. 需求评审　　　　C. 总结　　　　D. 都不正确

3. 检查软件产品是否符合需求定义的过程称为_____。

   A. 确认测试　　　　B. 集成测试　　　　C. 验证测试　　　　D. 验收测试

4. 可行性研究要进行一次_____需求分析。

   A. 详细的　　　　B. 全面的　　　　C. 简化的、压缩的　　　　D. 彻底的

5. 系统流程图用于可行性分析中的_____的描述。

   A. 当前运行系统　　B. 当前逻辑模型　　C. 目标系统　　　　D. 新系统

6. 系统流程图是描述_____的工具。

   A. 逻辑系统　　　　B. 程序系统　　　　C. 体系结构　　　　D. 物理系统

7. 软件维护产生的副作用，是指_____。

   A. 开发时的错误　　　　　　　　　　B. 隐含的错误

   C. 因修改软件而造成的错误　　　　　D. 运行时误操作

8. 可维护性的特性中相互促进的是_____。

   A. 可理解性和可测试性　　　　　　　B. 效率和可移植性

   C. 效率和可修改性　　　　　　　　　D. 效率和结构好

9. 提高软件质量和可靠的技术大致可分为两大类：其中一类就是避开错误技术，但避开错误技术无法做到完美无缺和绝无错误，这就需要_____。

   A. 消除错误　　　　B. 检测错误　　　　C. 避开错误　　　　D. 容错

10. _____是以提高软件质量为目的的技术活动。

   A. 技术创新　　　　B. 测试　　　　C. 技术创造　　　　D. 技术评审

11. 面向对象方法学的出发点和基本原则是尽可能模拟人类习惯的思维方式，分析、设计和实现一个软件系统的方法和过程，尽可能接近于人类认识世界解决问题的方法和过程。因此面向对象方法有许多特征，如软件系统是由对象组成的；_____；对象彼此之间仅能通过传递消息互相联系；层次结构的继承。

   A. 开发过程基于功能分析和功能分解

   B. 强调需求分析重要性

   C. 把对象划分成类，每个对象类都定义一组数据和方法

   D. 对既存类进行调整

12. 软件开发过程中，抽取和整理用户需求并建立问题域精确模型的过程叫_____。

   A. 生存期　　　　B. 面向对象设计　　　C. 面向对象程序设计　　　D. 面向对象分析

13. 为了提高测试的效率，应该_____。

   A. 随机地选取测试数据

    B. 取一切可能的输入数据作为测试数据

    C. 在完成编码以后制订软件的测试计划

    D. 选择发现错误可能性大的数据作为测试数据

14. 软件复杂性度量的参数包括_____。

    A. 效率   B. 规模   C. 完整性   D. 容错性

15. 对象实现了数据和操作的结合，使数据和操作_____于对象的统一体中。

    A. 结合   B. 隐藏   C. 封装   D. 抽象

16. 软件测试方法中的静态测试方法之一为_____。

    A. 计算机辅助静态分析   B. 黑盒法

    C. 路径覆盖   D. 边界值分析

17. 软件生命周期中花费最多的阶段是_____。

    A. 详细设计   B. 软件编码   C. 软件测试   D. 软件维护

18. 需求分析中开发人员要从用户那里了解_____。

    A. 软件做什么   B. 用户使用界面   C. 输入的信息   D. 软件的规模

19. 结构化程序设计主要强调的是_____。

    A. 程序的规模   B. 程序的效率

    C. 程序设计语言的先进性   D. 程序易读性

20. 需求分析阶段的任务是确定_____。

    A. 软件开发方法   B. 软件开发工具

    C. 软件开发费   D. 软件系统的功能

21. 可行性分析是在系统开发的早期所做的一项重要的论证工作，它是决定该系统是否开发的决策依据，因此必须给出_____的回答。

    A. 确定   B. 行或不行   C. 正确   D. 无二义

（三）判断题

1. 在软件的运行和使用期间，没有硬件的磨损、老化问题。   （   ）

2. 由于软件不会磨损、老化，其生命周期通常比硬件要长。   （   ）

3. 软件需求是不断变化的，因而永远也不能满足。   （   ）

4. 敏捷开发方法只适合于小型应用软件的开发。   （   ）

（四）讨论题

1. 试比较软件与硬件失效曲线的不同，并分析原因。

2. 试分析软件何时变得无用。

3. 试论系统开发的分析阶段有什么工作。

4. 试比较白盒测试和黑盒测试的区别。

5. 试分析内聚和耦合的异同点。

6. 某函数要找出一组数中的最小值。这组数以数组形式传递给函数，最小值返回给主调函数。在调用和被调用函数之间使用的是什么类型的耦合？

7. 某程序员编写一个包含汇总函数的程序，接着编写另一个需要做汇总运算的程序，当他试图使用前面已编好的函数时，发现必须要重新编写一个全新的函数才行，问此处违背了什么质量原则？

8. 试描述面向对象方法的基本特征。

9. 试描述敏捷开发方法的基本思想。

第 9 章　计算机网络

网络是当前计算机应用的主要形式，绝大多数计算机都会用来联网操作。本章我们从计算机网络的形成与发展开始，进一步讨论计算机网络体系结构，并介绍组建网络所需的基本知识和设备，讨论互联网基本技术与应用，以及移动互联网——蜂窝移动通信网的基本情况。

9.1　什么是计算机网络

计算机网络是计算机技术与通信技术紧密结合的产物，是计算机与通信网络发展的高级阶段。现在的计算机网络尚未具备完全意义上的网络操作系统，仅实现了一定程度的资源共享，从学术层面看它们是计算机通信网，也称为广义计算机网络。

9.1.1　计算机网络的历史

在 20 世纪 50 年代，人们开始将彼此独立发展的计算机技术与通信结合起来，完成了数据通信技术与计算机通信网络的研究，为计算机网络的产生做好了技术准备，奠定了理论基础。纵观计算机网络的形成与发展历史，我们大致可以将它划分为 4 个阶段。

1. 第一阶段：分组交换网

在 20 世纪 60 年代，美国的分组交换网（ARPANET）是计算机网络技术发展的里程碑，它的研究成果对促进网络技术的发展起到了非常重要的作用，并为因特网（Internet）的形成奠定了技术和应用基础。

2. 第二阶段：形成计算机网络的体系结构

20 世纪 70 年代中期国际上各种广域网、局域网与公用分组交换网发展十分迅速，各个计算机生产商纷纷发展各自的计算机网络系统，但随之而来的是网络体系结构与网络协议的国际标准化问题。国际标准化组织（International Standards Organization，ISO）在推动开放系统互联参考模型与网络协议的研究方面做了大量的工作，对网络理论体系的形成与网络技术的发展起了重要的作用。但是，由于 OSI 参考模型所规定的网络体系结构在实现上的复杂性和 ARPANET 与 UNIX 系统的迅速发展，TCP/IP 协议逐渐得到了工业界、学术界以及政府机构的认可，并且迅速发展，逐渐形成了今天席卷全球的 Internet 网络。

3. 第三阶段：Internet 推广与普及

1986 年，由于美国国家基金会的支持，许多地区和院校的网络开始使用 TCP/IP 协议和 NSFNET 连接，Internet 的名字作为使用 TCP/IP 协议连接的各个网络的总称被正式采用。

1989 年，日内瓦欧洲粒子物理实验室成功开发了万维网（World Wide Web，WWW），为在互联网上存储、发布和交换超文本的图文信息提供了强有力的工具。1990 年，电子邮件、FTP、消息组等互联网应用开始越来越受到人们的欢迎，同时 TCP/IP 协议在 UNIX 系统中得以实现。由于互联网的规模日益扩大，不同地域和国家之间开始建立相应的交换中心。

国际互联网络信息中心 InterNIC 也开始把相应的 IP 地址分配权向各地区交换中心转移。

1993 年，美国伊利诺伊大学国家超级计算中心开发成功了网上浏览工具 Mosaic，进而发展成 Netscape，使得 Internet 用户可以自由地在 Internet 上浏览和下载 WWW 服务器上发布和存储的各种软件与文件，WWW 与 Netscape 的结合引发了 Internet 的第二次发展大高潮。各种商业机构、企业、机关团体、军事部门、政府部门和个人开始大量涌入 Internet，并在 Internet 上大做 Web 主页广告，进行网上商业活动，一个网络上的虚拟空间（Cyberspace）开始形成。

4. 第四阶段：Internet 大发展

从 1993 年开始，无论学术界、工业界、政府部门还是广大用户都清楚地看到 Internet 的重要作用和巨大潜力，不再认为 OSI 参考模型会成为计算机网络发展的主流，纷纷开始支持和使用 Internet，计算机科学技术也由此而进入了以网络计算为中心的历史性新阶段。随着跨平台的网络语言 JAVA（1996 年）、网络计算机（NC）与掌上计算机（Handed Personal Computer）的问世以及下一代互联网（Next Generation Internet）等的新研究计划的提出，计算机网络正在向一个无处不在的方向发展。

9.1.2   计算机网络的含义

到目前为止，计算机网络并无一个公认的严格定义，随着科学技术的发展和应用侧重点的不同，对计算机网络的含义有不同的理解。目前对计算机网络这个名词的解释如下：

重要

计算机网络的概念解释

计算机网络是一种将地理上分散的、具有独立功能的多台计算机，通过数据通信方式连接起来，并且配有相应的软件（网络协议、操作系统等），能够实现资源共享的系统。

应用广泛的因特网已经发展成为世界上最大的全球性的计算机网络。

从宏观上看，计算机网络包括计算机系统、通信链路和网络节点。从逻辑上看，计算机网络包括资源子网和通信子网。所谓资源子网，包括网络中的主机系统、终端控制器和终端。资源子网的功能一是提供资源共享所需的硬件、软件和数据等资源，二是提供访问计算机网络和处理数据的能力。所谓通信子网也称数据通信网，它实际上也是计算机网络，只是着重于计算机通信技术。通信子网由网络节点和传输介质组成，包括网络节点、通信链路和信号变换器。通信子网的功能一是完成数据的传输、交换和控制，二是提供网络通信功能。

计算机网络的功能主要体现在几个方面：信息交换、资源共享、提高计算机的可靠性和可用性、分布式处理。

- 信息交换：这是计算机网络最基本的功能，主要完成计算机网络中各个节点之间的系统通信。用户可以在网上传送电子邮件，发布新闻消息，进行电子购物、电子贸易、远程电子教育等。
- 资源共享：所谓的资源是指构成系统的所有要素，包括软、硬件资源，如计算处理能力、大容量存储空间、通信链路、数据库、文件和海量的信息资源。由于受经济和其他因素的制约，这些资源并非（也不可能）所有用户都能独立拥有，所以网络上的计算机不仅可以使用自身的资源，也可以共享网络上的资源。

- 提高计算机的可靠性和可用性：可靠性的提高体现在网络中的计算机彼此互为备用。一台计算机出故障，可将任务交由其他计算机完成，不会由于单机故障而影响任务的完成。可用性指当网络中某台设备负担过重时，可将部分任务转交网络中较空闲的设备处理，通过计算机网络均衡各台计算机的负担，从而提高整个网络的可用性。

- 分布式处理：对于较大型的综合性问题，一台机器不能及时处理任务，这时可将任务分割并交给不同的计算机分工协作完成。利用网络，能够将多台计算机连成具有高性能的计算机群。使用这种系统解决大型复杂的问题，效率及费用要优于采用单台高性能的大中型计算机。

可见，计算机网络大大扩展了计算机系统的功能，扩大了应用范围，提高了可靠性，给用户提供了方便性与灵活性，降低了系统费用，提高了系统的性能价格比。计算机网络不仅传输计算机数据，也可以实现数据、话音、图像、图形等综合传输，构成综合服务数字网络，为社会提供更广泛的应用服务。

9.1.3　计算机网络的分类

计算机网络按其覆盖范围大小可分为局域网（LAN）、城域网（MAN）、广域网（WAN）三大类，全球性的互联网显然属于广域网，各类网络的特点如表 9-1 所示。

局域网（LAN）的覆盖面小，传输距离常在数百米，限于一幢楼房或一个单位内。主机或工作站用 1～1000Mbit/s 的高速通信线路相连。网络拓扑多用简单的总线或环形结构，也可采用星形结构，它是广播通信网。

城域网（MAN）的作用范围是一个城市，距离常在 10～150km 之间。由于城域网采用了具有有源交换元件的局域网技术，故网中时延较小，通信距离也增加了。城域网是一种扩展了覆盖面的宽带局域网，其数据传输速率较高，在 1Mbit/s 以上，乃至每秒数百兆比特。网络拓扑多为树形结构。

广域网（WAN）的主要特点是进行远距离（几十到几千千米）通信。其又称远程网，最早起源于远程资源共享，现在实际上就是远程通信，因此，可归于专用数据通信网络范畴。像公共数据一样，客观上存在含有复杂的分组交换系统，是交换通信网。广域网传输时延长（尤其是国际卫星分组交换网），信道容量较低，数据传输速率在 9.6kbit/s～45Mbit/s 之间。网络拓扑设计主要考虑其可靠性和安全性。因此，往往要求网络节点对间存在多于一条不同路径，并根据各节点通信业务量大小，决定链路设置和链路容量，使传输介质得到最佳利用。

表 9-1　通信子网的分类

网络类别	分布距离	节点位置	传输速率
LAN（局域网）	100m 至几十千米	室内 / 大楼 / 校园	1～1 000Mbit/s
MAN（城域网）	几千米至 150km	城市范围	56kbit/s～45Mbit/s
WAN（广域网）	100km～1000km	国家范围	9.6kbit/s～45Mbit/s
Internet	7100km	全球范围	9.6～256k bit/s

从使用范围和用途来分，计算机网络又可分为校园网、企业网、公用网、专用网，以及内联网（Intranet）和外联网（Extranet）等。

其中校园网大多由多个局域网加上相应的交换与管理中心构成，主要用于校园内外师生们教学科研的信息交流与共享。企业网主要指企业用来进行销售、制造过程控制以及人事、财务等管理的各种局域网或广域网的组合。公用网则一般由政府或相应的商业机构出资建造，为大众或各种组织机构提供网络服务。专用网指某个行业或公司为本部门工作需要所建造的专用网络。这些网络或具有自己的网络体系结构，或虽采用 Internet 体系结构，但不和其他的计算机网络连接。

内联网或外联网一般多针对企业网而言。**内联网**主要指采用 Internet 技术，具有自己的 WWW 服务器和安全防护系统，但其仅服务于企业内部，不与 Internet 直接连接的计算机网络。**外联网**则指那些既采用 Internet 技术，又有自己的 WWW 服务器，同时又将该网络扩展连接到与自己相关的其他企业的网络上，但不与 Internet 直接连接的计算机网络。

内联网或者外联网与 Internet 连接时，都要经过相应的防火墙设施和访问认证。因此，安全是内联网或外联网所关心的重要问题之一。

1. 以太网

以太网（Ethernet）是一种网络技术的名称，是目前使用最为广泛的一类局域网技术。它最初由 Xerox 公司研发并命名，1980 年由 DEC 公司、Intel 和 Xerox 三家公司共同使之规范成形，后来发展为 IEEE 802.3 标准，正式成为行业标准。

以太网技术的核心是采用载波监听多路访问 / 冲突检测（Carrier Sense Multiple Access/Collision Detection，CSMA/CD）的共享访问方案，即多个工作站都连接在一条总线上，所有的工作站都不断监听总线的状态，但在同一时刻只能有一个工作站在总线上发送数据，而其他工作站必须等待其发送结束后再开始自己的发送。早期以太网传输速率定为 10Mbit/s。

（1）快速以太网

100 Base-T 快速以太网是从 10 Base-T 以太网标准发展而来的。它保留了以太网的帧结构和 CSMA/CD 协议，使 10 Base-T 和 100 Base-T 站点间数据通信时不需要进行协议转换。随着桌面计算机和应用程序功能的增加，网络用户日益增加，所产生的数据量也越来越大，网络带宽成为一个瓶颈，100 Base-T 的出现较好地解决了这一问题。快速以太网能显著提高工作站和服务器的传输带宽，从而可以安全地增大网络上的负载。IEEE 于 1995 年 5 月正式通过了快速以太网 100 Base-T 标准，即 IEEE 802.3u 标准。

（2）千兆以太网

随着网络技术飞速发展，多媒体应用越来越多，对网络的需求也越来越大，尤其是在服务器端上，100Mbit/s 的速度已不能满足要求。于是千兆以太网（Gigabit Ethernet）诞生了。千兆以太网是对 IEEE 802.3 以太网标准的扩展，在快速以太网协议的基础之上，将其传输速率提高了 10 倍，达到了 1Gbit/s。因为千兆以太网是以太网技术的改进和提高，所以在以太网和千兆以太网之间可以实现平滑升级。对于网络管理人员来说，也不需要再接受新的培训，凭借已经掌握的以太网网络知识，完全可以对千兆以太网进行管理和维护。从这一意义上来说，千兆以太网技术可以大大节省网络升级所需要的各种开销。千兆以太网为局域主干网和城域主干网（借助单模光纤和光收发器）提供了一种高性能价格比的宽带传输交换平台，使得许多宽带应用能施展其魅力。例如，在千兆以太网上开展视频点播业务和虚拟电子商务等。1998 年 6 月，正式批准基于光纤的千兆以太网 IEEE 802.3z 标准；1999 年 6 月，正式批准基于双绞线的 IEEE 802.3ab 标准（即 1000 Base-T）。

（3）更高速度的以太网

随着网络技术和通信技术的快速发展，尤其是互联网和多媒体技术的飞速发展，网络用户的数量和网络数据的流量快速增长，原有的网络速率越来越难以满足用户通信要求。在千兆以太网出现不久后，以太网的速度很快就发展到了万兆级（10Gbit/s），即可以在单根线缆上实现10Gbit/s的传输速度。IEEE 于 2002 年 7 月通过 10Gbit/s 以太网标准，IEEE 802.3an、IEEE 802.3ae、IEEE 802.3ak 定义了基于不同传输介质的 10Gbit/s 以太网标准。万兆网初期主要用于城际的骨干网上，现在已经逐步扩展到边缘网络中。而更快的 IEEE 802.3ba 标准即 40 ～ 100Gbit/s 以太网标准，于 2010 年 6 月正式颁布。

2. 无线网络

无线网络是目前发展非常快速的一种网络连接形式。网络在最初阶段由于受技术条件限制都采用各种线缆作为连接线路，包括各种电缆、光缆等，我们将其统称为有线连接。随着技术的进步，无线传输技术逐渐成熟，出现了无线局域网络（Wireless Local Area Networks，WLAN），它利用射频（Radio Frequency，RF）技术取代原来的线缆构成网络，使得无线局域网络能利用简单的存取架构让用户透过它，达到"信息随身化，便利走天下"的理想境界。无线局域网用无线基站替代有线的终端接入设备，允许用户在基站的一定范围内，通过特定的频段接入网络。基站之间仍可以采用高速的有线连接。目前无线局网主要采用 IEEE 802.11 标准，允许在局域网络环境中使用 2.4GHz 或 5.8GHz 射频波段进行无线连接。使用 IEEE 802.11 系列标准协议的局域网又称为 Wi-Fi（Wireless-Fidelity，直译为无线保真），Wi-Fi 实际上已经成为无线局域网 WLAN 的代名词。Wi-Fi 的写法并不统一，Wi-Fi、WiFi、Wifi 等表述形式在文献中都能见到。

无线网络具备有线网络所没有的一些优点，主要体现在以下几个方面。

1）灵活性和移动性。在有线网络中，网络设备的安放位置受网络位置的限制，而无线局域网在无线信号覆盖区域内的任何一个位置都可以接入网络。无线局域网另一个最大的优点在于其移动性，连接到无线局域网的用户可以移动且能同时与网络保持连接。

2）安装便捷。无线局域网可以免去或最大程度上减少网络布线的工作量，一般只要安装一个或多个接入点设备，就可建立覆盖整个区域的局域网络。

3）易于进行网络规划和调整。对于有线网络来说，办公地点或网络拓扑的改变通常意味着重新建网。重新建网并布线是一个昂贵、费时、浪费和琐碎的过程，无线局域网可以避免或减少以上情况的发生。

4）故障定位容易。有线网络一旦出现物理故障，尤其是由于线路连接不良而造成的网络中断，往往很难查明，而且检修线路需要付出很大的代价。无线网络则很容易定位故障，只需更换故障设备即可恢复网络连接。

5）易于扩展。无线局域网有多种配置方式，可以很快从只有几个用户的小型局域网扩展到上千用户的大型网络，并且能够提供节点间"漫游"等有线网络无法实现的特性。由于无线局域网有以上诸多优点，因此其发展十分迅速。无线局域网已经在企业、医院、商店、工厂、学校和家庭等场合得到了非常广泛的应用。

当然，无线网也存在一些不足之处，主要体现在以下几个方面。

1）性能。无线局域网是依靠无线电波进行传输的。这些电波通过无线发射装置进行发射，而建筑物、车辆、树木和其他障碍物都可能阻碍电磁波的传输，所以会影响网络的性能。

2）速率。无线信道的传输速率与有线信道相比要低得多。2019 年发布的 Wi-Fi 6（IEEE 802.11.ax）技术标准，理论上最高传输速度可达到 9.6Gbit/s。3Gbit/s 速率的产品已经比较常见，能够满足个人终端和小规模网络的高速应用。在当前的应用场景下，速度已经不再是限制条件，但其与同时代光纤动辄每秒几十太比特或几百太比特的传输速率，仍有很大差距。

3）安全性。本质上无线电波不要求建立物理的连接通道，无线信号是发散的。从理论上讲，很容易监听到无线电波广播范围内的任何信号，造成通信信息泄露。

9.2　计算机网络体系结构

9.2.1　概述

计算机网络系统是一个很复杂的信息系统，需要用高度结构化的方式来进行设计，即将一个比较复杂的系统设计问题分解成一个个容易处理的子问题，"分而治之"逐个加以解决。从功能上，一个网络系统的总体结构，可以用如下"体系结构"来描述：

$$A=\{S，E，L，P\}$$

其中，各项含义介绍如下：

A——网络体系结构，实质上是一种网络功能层次化结构模型。

S——系统，是包含一个或多个实体的具有统一信息处理和通信功能的物理整体。

E——实体，在计算机系统中，任何能完成某一特定功能的进程或程序，都可称为一个逻辑"实体"，如"文件传输进程""网络服务"等都是实体。其中能完成发送和接收信息的实体，称为"通信实体"。

L——层，是一个系统中能够提供某一种或某一类服务功能的"功能群"。例如，能够专门完成二进制比特信号在物理传输媒体介质中传输的一个功能群，可归纳为一个服务层，即物理层。

P——协议，是为完成在两实体间通信或服务而必须遵循的规则和约定。协议可以分为对等层间的对话协议和相邻层间的接口协议。

所谓网络体系的**分层结构**，就是指把网络系统所提供的通路分成一组功能分明的层次，各层执行自己所承担的任务，依靠各层之间的功能组合，为用户或应用程序提供与另一端点之间的访问通路。在同一体系结构中的上层与下层之间，下层为上层提供服务，上层为下层的用户，上下层之间靠预先定义的接口联系。不同计算机之间的通信在同等的层之间进行，同等层之间的连接和信息由**通信协议**来定义。

层次化网络体系结构具有以下优点：

- 各层相互独立。某一高层只需通过接口向下一层提出服务请求，并使用下一层提供的服务，并不需要了解下一层执行时的细节。
- 灵活性好。如果某一层发生变化，只要层间接口不变，则相邻层就不会受影响，这样有利于技术进步和模型修改。例如，当某一层的服务不再需要时，可以取消这层提供的服务，对其他层不会造成任何影响。
- 易于通信系统的实现和维护。整个系统被分割为多个容易实现和维护的小部分，使得整个庞大而复杂的系统容易实现、管理和维护，有利于标准化的实现。由于每一层都有明确的定义，即功能和所提供的服务都很确切，因此非常有利于系统标准化的实施。

OSI 参考模型和 TCP/IP 模型都是分层的体系结构。下面我们先介绍 OSI 参考模型。

9.2.2　OSI 参考模型

国际标准化组织 ISO 在 1979 年建立了一个分委员会专门研究一种用于开放系统的体系结构，提出了**开放系统互连**（Open System Interconnection，OSI）模型，这是一个定义连接异种计算机的标准结构。OSI 为连接分布式应用处理的"开放"系统提供了基础。"开放"这个词表示任意两个遵守参考模型和有关标准的系统都可以进行连接。

OSI 参考模型共分成 7 层：物理层、数据链路层、网络层、传输层、会话层、表示层和应用层。OSI 参考模型如图 9-1 所示。

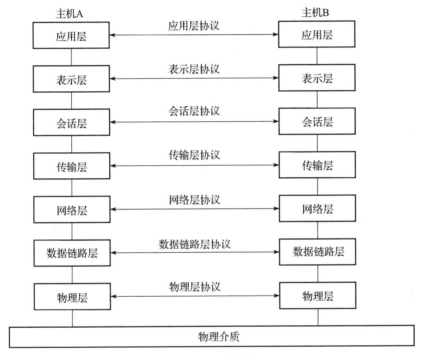

图 9-1　OSI 参考模型

OSI 参考模型的特性为它提供了控制互连系统交互原则的标准骨架，它只定义了一种网络系统的抽象结构，而并非具体实现的描述，直接的数据传递仅在最底层实现。在不同层次上，处于相同层的两个实体称为同等层实体，相邻层间的接口定义了原语操作和下层向上层提供的服务，所提供的公共服务是面向连接的或无连接的数据服务。同等层实体之间通信由该层的协议来管理，这是一种将异构系统互连的分层结构，每层完成所定义的功能，修改本层的功能，并不影响其他层的工作。

1. 物理层

物理层是 OSI 参考模型（OSI/RM）的第一层，其任务是为数据链路上的两端实体间提供建立、维持和拆除物理连接信道，实现物理连接所必需的机械的、电气的、功能的特性。目的在于保证可靠的电信号传输，即按位串行的同步与传输，将数据信息从一个实体经物理信道送到另一个实体，向数据链路层提供一个透明的比特流传送服务。

在计算机领域，"透明"表示某一个实际存在的事物看起来却好像不存在一样，是用户在使用时不需要了解的，由系统自动进行处理。类似"黑盒"的概念，你可能只知道它的存在，但不知道其内部的结构和处理过程。

2. 数据链路层

数据链路层是 OSI/RM 的第二层。数据链路是构成逻辑信道的一段点到点式数据通路，是在一条物理信道基础上建立起来的具有自己的数据传输格式和传输控制功能的节点与节点间的直接信道。

3. 网络层

网络层是 OSI/RM 的第三层，也称为"通信子网层"，为网络中的报文提供具体的逻辑信道（虚拟线路），并控制子网有效地运行。网络层负责为分组交换网上的不同主机提供通信。在网络层，数据的传送单位是分组或包，在 TCP/IP 体系中，分组也称作 IP 数据报，或简称为数据报。网络层是控制通信子网进行工作，提供建立、保持和释放连接的手段，包括路由选择、流量控制、传输确认、中断、差错及故障的恢复等，从而保证传输层实体之间进行透明的数据传输。

4. 传输层

传输层是 OSI/RM 的第四层，是主机——主机协议层。传输层负责主机中两个进程之间的通信，其数据传输的单位是报文段。传输层具有复用和分用的功能。在互联网中，传输层可使用两种不同的协议，即面向连接的传输控制协议（Transmission Control Protocol，TCP）和无连接的用户数据报协议（User Datagram Protocol，UDP）。

5. 会话层

会话层是 OSI/RM 的第五层。会话层的主要任务是为两个应用进程建立、组织和同步进行一次"对话"的逻辑连接关系，并解决应用进程之间会话的许多具体问题，包括用户使用权管理、差错恢复、会话活动管理等。

6. 表示层

表示层是 OSI/RM 的第六层。所谓表示，是由一个端点用户所产生的报文，要在另一个端点用户上以什么形式表示出来。表示层是为应用进程之间传输的信息提供表示方法的服务，包括代码转换、数据压缩与恢复、数据加密与解密、实际终端与虚拟终端之间的转换及文件传输协议等。

7. 应用层

应用层是 OSI/RM 的第七层，也是最高层。应用层负责两个应用进程之间的通信，为网络用户之间的通信提供专用的应用程序包，即应用层为用户访问 OSI 环境提供了一种手段，方便用户使用网络。由于应用层面向各个不同的用户，而应用又是五花八门的，所以应用层的协议也比较复杂。其功能直接取决于用户和网络服务的目的，应用层相当于一个独立的用户。

9.2.3 TCP/IP 模型

TCP/IP 是最早出现在互联网上的协议，是一组能够支持多台相同或不同类型的计算机进行信息交换的协议，它是一个协议的集合，简称为互联网协议族。传输控制协议（TCP）和网际协议（Internet Protocol，IP）是其中两个极其重要的协议，除此之外，还有 UDP、ICMP 及 ARP 协议等。

TCP/IP 体系结构如图 9-2 所示。

TCP/IP 协议是 OSI 七层模型的简化，它分为 4 层：网络接口层、互联网层、传输层和应用层。

| 应用层 |
| 传输层 |
| 互联网层 |
| 网络接口层 |

图 9-2　TCP/IP 体系结构

1. 网络接口层

从概念上来说，网络接口层控制网络硬件，它负责接收 IP 数据报，并通过网络发送出去，或者从网络上接收物理帧，装配在 IP 数据报上交给互联网层。网络接口层可有两种类型：一种是设备驱动程序；另一种是含自身数据链路协议的复杂系统。

2. 互联网层

该层是整个体系结构的核心部分，负责解决计算机到计算机的通信问题。具体功能如下：

1）对来自传输层的分组发送的请求进行处理，即收到请求后，将分组装入 IP 数据报，再填好数据报报头，确定把这个数据报直接递交出去还是发送给一个网关，然后把数据报传递给相应的网络接口，发送出去。

2）处理到来的数据报，首先检查输入数据报的合法性，然后进行地址识别，如该数据报已到达目的地，则去掉数据报的报头，取出有用的数据交给适当的传输协议处理。如果不是本计算机要接收的数据报，就将该数据报转发出去。

3）处理 ICMP（Internet Control Message Protocol）报文、路由选择、流量控制、拥塞控制等问题。

3. 传输层

传输层的根本任务是提供一个应用程序到另一个应用程序之间的通信，这样的通信通常称为端到端的通信。传输层可以对网络上的数据流进行有效的调节，该层也提供可靠传输功能，确保数据能够按正确顺序无差错到达目的地。在接收方安排发回确认功能和要求重发丢失的报文分组的功能。传输软件把要发送的数据流分成若干小段，在 ISO 术语中称此小段为报文分组，把每个报文分组连同目的地址一起传送给下一层以便发送。通常在一台计算机中，可以同时有多个应用程序访问网络，这时传输层就要从几个用户程序中接收数据，然后把数据传送给下一层，为此传输层要在每个报文分组上加一些辅助信息，包括指明是哪个应用程序发送这个报文分组的标识码，哪个应用程序应当接收这个报文分组的标识码以及校验码，接收计算机使用这个校验码检验到达的报文分组是否完整无损，用目的标识码识别应当递送给哪个应用程序。

4. 应用层

该层向用户提供一组常用的应用程序，如文件传输访问、电子邮件等。应用程序与传输层协议相互配合，发送或接收数据，每个应用程序应选用适当的数据形式，它可以设想为一系列报文，也可以设想成一种字节流，然后把数据传递给传输层，以便递交出去。

TCP/IP 模型将与物理网络相联系的那一部分称为网络接口，它相当于 OSI 的物理层和数据链路层；互联网层和 OSI 的网络层对应，不过它是针对网络环境设计的，具有更强的网际通信能力；传输层与 OSI 的传输层相对应，主要协议包括 TCP、UDP 等；传输层以上统称为应用层，没有 OSI 层次中的会话层和表示层，主要定义了远程登录、文件传送和电子邮件等应用。TCP/IP 使用的协议以及与 OSI 的关系如图 9-3 所示。

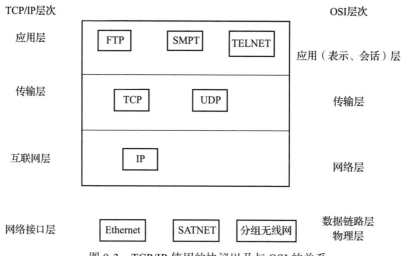

图 9-3　TCP/IP 使用的协议以及与 OSI 的关系

在 TCP/IP 层次模型中，为了把各种各样的通信子网（如局域网 LAN、卫星网 SATNET 和分组无线网等）互连起来，专门设置了互联网层，该层是整个 TCP/IP 层次模型中的核心，在该层运行的是 IP 协议。TCP/IP 并没有具体规定网络接口层运行的协议，任何一种通信子网只要其上的服务可以支持 IP 协议，都可接入 Internet，并通过它互连。图 9-3 中只是给出了几种通信子网的例子，如以太网是一种使用最广泛的局域网，SATNET 是一种卫星通信网，分组无线网则是以分组方式传送信息的无线通信子网。传输层运行的协议主要有两个：一个是传输控制协议（TCP），该协议提供面向连接的服务；另一个是用户数据报协议 (UDP)，该协议提供无连接的服务。应用层中常用的 3 个协议是文件传输协议（FTP）、简单报文传输协议（SMTP）和远程网络登录协议（TELNET），主要用于网络中的文件传输、电子邮件和终端通过网络登录到远程主机。

TCP/IP 模型与 OSI 参考模型具有以下相同点：

1）它们都是层次结构的模型。

2）其最底层都是面向通信子网的。

3）都有传输层，且都是第一个提供端到端数据传输服务的层次，都能提供面向连接或无连接运输服务。

4）最高层都是向各种用户应用进程提供服务的应用层。

TCP/IP 模型与 OSI 参考模型具有以下不同点：

1）两者所划分的层次数不同。

2）TCP/IP 中没有表示层和会话层。

3）TCP/IP 没有明确规定网络接口层的协议，也不再区分物理层、数据链路层和网络层。

4）TCP/IP 特别强调了互联网层，其中运行的 IP 协议是 TCP/IP 的核心协议，且互联网层向上只提供无连接的服务，而不提供面向连接的服务。

9.3　组建网络

网络由两个或两个以上通过线缆连接的设备构成。线缆是从一个设备到另一个设备数据传输的通信通道。为了可视目的，最简单的就是把任何线缆想象成两点间的连线。为了要进行的通信，两个设备必须使用某种方式在相同时间连接到同一根线缆。可能的连接类型有两种：点对点连接和多点连接，如图 9-4 所示。

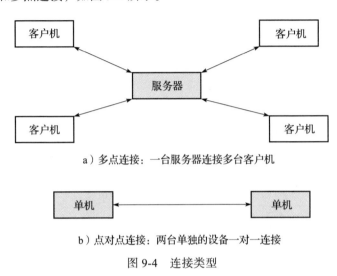

a）多点连接：一台服务器连接多台客户机

b）点对点连接：两台单独的设备一对一连接

图 9-4　连接类型

点对点连接提供了两设备间的专线，线缆的整个容量为两设备的传输所拥有。**多点连接**（也称多站连接）是多于两个指定设备共享单根线缆。在多点环境中，通道的能力被共享，不管是空间上的，还是时间上的。

网络拓扑是指网络在物理上的布置方式。两个或多个设备连接一根线缆，一根或多根线缆形成拓扑。网络的拓扑是所有线缆和设备（通常称之为**节点**）间关系的几何表示。四种可能的基本结构是：网状、星形、树形和环形（见图 9-5）。

组建网络就是进行网络的物理连接，除了线缆和设备还需要用到网络互连设备。

9.3.1　计算机网络拓扑

计算机网络拓扑通过网中节点与通信线路之间的几何关系表示网络结构，反映出网中各实体间的结构关系。拓扑设计是建设计算机网络的第一步，也是实现各种网络协议的基础，它对网络性能、系统可靠性与通信费用都有重大影响。计算机网络拓扑主要是指通信子网的拓扑构型。

网络拓扑构型可以根据通信子网中通信信道类型分为两类：点 – 点线路的通信子网与广播信道的通信子网。

在采用点 – 点线路的通信子网中，每条物理线路连接一对节点。假如两个节点之间没有直接连接的线路，那么它们之间的通信要通过其他节点转接。采用点 – 点线路的通信子网的基本拓扑构型有 4 类：星形、环形、树形与网状，如图 9-5 所示。

在采用广播信道的通信子网中，一个公共的通信信道被多个网络节点共享。在广播通信信道中，任一时间内只允许一个节点使用公用通信信道，一个节点利用公用通信信道发送数据时，其他网络节点都能"收听"到发送数据。因此利用广播通信信道完成网络通信时，必须解决两个基本问题：一是如何确定通信对象；二是如何解决多节点争用公用信道时的冲突问题。这是采用广播信道通信子网与采用点–点线路通信子网技术上的主要差异。采用广播信道通信子网的基本拓扑构型主要有 3 种：总线型、树形和环形。

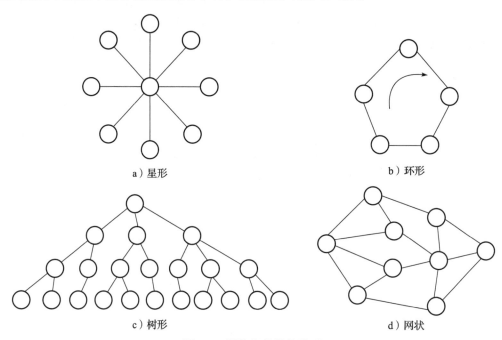

a）星形　　　　　　　　　　　　　　b）环形

c）树形　　　　　　　　　　　　　　d）网状

图 9-5　网络拓扑结构类型

星形拓扑结构的中心节点控制全网通信，易管理，但该节点出现故障时会造成全网瘫痪；环形结构实现简单，数据沿一个方向传输，但一个节点出问题就会导致全网瘫痪；树形结构按层次连接，数据交换量小；网状结构系统可靠性高，结构复杂，必须采用路由选择算法和流量控制方法，目前实际存在和使用的基本上是网状结构。

9.3.2　网络的物理组成

网络由两个或两个以上通过传输介质连接的设备构成。一个基本的计算机网络由下列硬件组成。

1. 服务器

为网上用户提供服务的节点称为服务器（Server）。服务器上装有网络操作系统和网络驱动器，它能进行分组的发送和接收以及网络接口的处理。而使用这个服务器的设备或人称为该服务器的客户机（Client）或用户。常见的服务器类型有文件服务器、打印服务器和终端服务器。

2. 工作站

使用服务器提供功能的网络节点就是工作站。工作站可以是基于 DOS、Windows 95/98 的 PC、Apple Macintosh 系统、运行 OS/2 的系统以及无盘工作站。无盘工作站没有软驱和硬驱，而是使用网络接口卡上固化在引导芯片中的特殊引导程序直接从服务器上引导。

3. 网络接口卡

与网络相连的每一台计算机都需要一个接口。接口卡必须符合使用网络的类型，网络的电缆连在网络接口卡的后部。网络接口卡（简称网卡）可由不同的厂家生产，目前使用较多的是以太网类型的网卡。网卡的速度表示能够多快地产生物理信号，如 10Mbit/s、100Mbit/s 和 1000Mbit/s。如果想使网卡的适应性更广，也可以考虑 10/100Mbit/s 等多速自适应的网卡。

4. 传输介质

常用的传输介质包括双绞线、同轴电缆和光导纤维等用来连接服务器和节点的电缆线。另外，还有各种形式的电磁传播，如微波、红外线和激光等。

5. 共享的资源与外围设备

共享资源包括连接在服务器上的所有存储设备、光盘驱动器、打印机、绘图仪以及网络上所有用户都能使用的其他设备。

9.3.3 连接网络

如果只是组建一个小型的局域网，我们只要配置几块网卡和一些数据线，就可以自己动手实现。例如，Windows 操作系统内置了点到点的网络配置能力，我们可以直接利用串、并行通信电缆通过计算机的串、并口把两台 PC 连接起来。如果局域网中的计算机设备多于两台，就需要用到网卡、网线和**集线器**（Hub）来连接设备，此时设备通过集线器构成星形网络结构。使用集线器时，计算机 CPU 占用率高，全网通信效率低，在工作站较多的情况下，会因集线器的处理速率远远低于通信线路的传输速度而造成瓶颈问题。因此，集线器只适用于小型工作组级别的应用，更复杂的应用则需要使用交换机。

当我们的局域网需要和相邻的现存网络连接以形成一个扩展的、更大的网络时，通常可以将总线连接起来形成一个更大的总线。组建这样的网络需要使用中继器、网桥、交换机等不同的设备来完成。

中继器（Repeater）可以将两条总线连接成一条较长的总线。中继器的作用是在两条总线之间放大并传递信号。**网桥**（Bridge）类似于中继器，但是更复杂一些。它也是连接两条总线，但是它不必在线路上传输所有的信息。相反，网桥要检查每条信息的目标地址，并且当该信息的目标地址是另一边的计算机时才将其在线路上传输。因此，在网桥同一侧的两台计算机不需要打扰另一边的通信就可以互相传输信息。相对于中继器，网桥形成的系统效率更高。**交换机**（Switch）本质上就是具有多连接的网桥，可以连接不止两条总线。因此，交换机形成的网络包括若干从交换机延伸出来的总线，它们就类似于车轮的辐条。与网桥一样，交换机也要考虑所有信息的目标地址，并且仅仅传递那些目标地址是其他"辐条"的信息。此外，传输中的信息只会送至恰当的"辐条"，因此减轻了每根"辐条"的传输负荷。

需要注意的是，当计算机通过中继器、网桥以及交换机连接时得到的是一个大网络，每台计算机仍然继续通过系统采用相同的方式进行通信（使用同样的协议）。也就是说，对于系统中每一台计算机而言，中继器、网桥以及交换机的存在是透明的。

然而，连接起来的网络有时候会不兼容。在这种情况下，必须建立一个网络的网络，称为**互联网**。在这个网络中，原始的网络仍然保持其独立性，并且继续作为单独的网络运行。

将两个网络连接形成互联网的设备是称为**路由器**（Router）的机器。路由器是属于所连接的两个网络的一台计算机，它将信息从一个网络传输到另外一个网络。需要注意的是，路由器的任务要远远大于中继器、网桥以及交换机，因为路由器必须在两个原始网络的特性之间转换。

图 9-6 显示了路由器将不同的网络连接在一起形成的一个广域网（WAN）。其中连接的网络既有采用集线器连接的星形结构，也有采用交换机连接的总线结构（图中未画出交换机）。

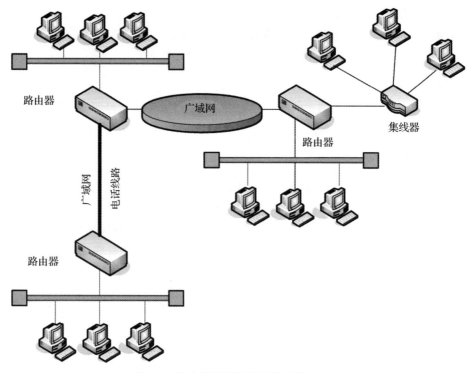

图 9-6　路由器将不同的网络连接在一起

如果是组建无线局域网，相对更简单一些，只需要将有线网络的最末一级网络连接设备更换为无线基站，市场的产品通常称为无线路由，并在需要入网的计算机上配备无线网卡即可，现在的笔记本计算机中通常预置了无线网卡。

9.4　Internet 及应用

Internet 是一个全球的、开放的信息互连网络，它在全球范围内将成千上万个计算机网络互连在一起，因此又被称为网络的网络或网络的集合。

9.4.1　Internet 简介

Internet 的前身是美国国防部 20 世纪 60 年代建立的 ARPANET。ARPANET 是全世界第一个分组交换广域网，建立它主要用于军事研究目的。ARPANET 的实际运行机构均为美国的大学等研究机构，其早期的实际应用是为大学等研究机构提供免费的教育科研资源，经过多年的发展和演化于 20 世纪 80 年代中期逐渐形成了现在人们称为 Internet 的全球性网络并快速发展，它以 TCP/IP 通信协议进行网络互连，提供广域超媒体信息获取工具 WWW、文件传输协议（FTP）等多种应用工具，以及文件传送、电子邮件（E-mail）、信息查询、信息发布、电子数据交换（EDI）等多种信息服务，因此可以将 Internet 比喻成全新的信息超级市场。

世界各地的计算机通常可用以下 3 种直接或间接的方式连接到 Internet，成为 Internet 的一个用户：

- 将计算机连到一个以服务器为 Internet 主机的局域网。
- 通过宽带或其他方式进入一个 Internet 的主机。
- 通过宽带或其他方式进入一个提供 Internet 服务的联机服务系统。

接入 Internet 后用户可通过各种工具与服务访问世界各地的信息资源，实现远距离的信息高速传送与信息查询获取。较典型的应用是电子邮件与信息浏览，其中电子邮件是使用最为广泛的 Internet 工具。WWW 是功能强大的信息查询与获取工具，WWW 将不同地点各种形式的信息作为超文本，信息体系的结构是分布式的网状主页链接结构，信息单元以规范统一的超文本方式组织，信息单元之间通过关键字转换指明的 URL 的超链（Hyperlink）连接；信息的检索则采用 URL、索引、关键字等方式实现；信息界面由浏览器（Browser）的页面实现。

知识扩展

统一资源定位符 URL

统一资源定位符（Uniform Resource Locator，URL）是用于完整地描述互联网上网页和其他资源地址一种标识方法。Internet 上的每一个网页都具有一个唯一的名称标识，通常称之为 URL 地址，这种地址可以是本地磁盘，也可以是局域网上的某一台计算机，更多的是 Internet 上的站点。简单地说，URL 就是 Web 地址，俗称"网址"。

我国于 1994 年被批准进入 Internet。中国国家计算与网络设施 NCFC 于 1994 年 4 月使用 64kbit/s 专线连入 Internet，在 NCFC 网络上建立了代表中国域名（CN）的域名服务器，正式向 Internet 注册。由我国高等院校与科研院所联合建立的中国教育科研网 CERNE、中国电信经营的中国公用互联网络 China NET 都已与 Internet 连接，并建立了一批网络服务器（如 Mail、NEWS、FTP、WWW、Gopher、Database 服务器等），为我国和国外的 Internet 用户提供服务。

Internet 的应用已经并将继续影响社会的各方面，如人们的通信方式、组织的结构及运行机制等。对企业来说，Internet 的应用将为企业信息系统外部信息的开发与利用提供强有力的手段。企业信息系统与 Internet 相连可使企业与同行之间、与客户及供应商之间在全球范围内方便地互通信息，加强联系，促进业务的开展，加速业务的处理。

9.4.2　传输协议与地址

传输协议是网络中用于控制连接和数据传输的一组约定，而地址是为了准确传输数据到指定设备而给出的特定标识，类似我们住所的门牌号码。

1. Internet 的相关协议

Internet 的相关协议主要有 TCP/IP、SMTP、POP3、HTTP、FTP 等。

（1）TCP/IP 协议

TCP/IP 即传输控制协议 / 网际协议，泛指与国际互联网（Internet）有关的一系列网络协议的总称。

作为国际互联网的基本协议，TCP/IP 协议定义了网络通信的过程，更为重要的是，定义了数据单元应该采用什么样的格式及它应该包含什么样的信息，使得接收端的计算机能够正确地解释对方发送过来的信息。TCP/IP 协议及其相关协议形成了一套完整的系统，详细地定义了如何在支持 TCP/IP 协议的网络上处理、发送和接收数据。网络通信具体是由 TCP/IP 协议的软件组件来实现的。

作为一个最早的也是迄今为止发展最为成熟的互联网络协议系统，TCP/IP 包含许多重要的基本特性，这些特性主要表现在以下几个方面：逻辑编址、路由选择、域名解析、错误检测和流量控制以及对应用程序的支持等。

逻辑编址

众所周知，网卡在出厂时就被厂家分配了一个独一无二的永久性的物理地址（也叫硬件地址）。在很多局域网系统中，底层的硬件设备和相应的软件可以识别这个物理地址，并且通过传输介质来进行数据通信。每种不同类型的网络都有其各自进行数据通信的不同方法。比如在以太网上，计算机直接将数据信息传送到某个特定的网络，这样该网络上的每台计算机网卡都要监听本地网络上的每路信息，以确定该信息是否是传送给自己的。

与任何一个协议系统一样，TCP/IP 有它自己的地址系统——逻辑编址。所谓逻辑编址，就是给每台计算机分配一个逻辑地址，这个逻辑地址一般由网络软件来设置，包括一个网络 ID 号，用来标识网络；一个子网络 ID 号，用来标识网络上的一个子网；另外，还有一个主机 ID 号，用来标识子网络上的一台计算机。这样，通过分配给某台计算机的逻辑地址，就可以很快地找到一个网络上的该台计算机。在实际应用过程中，为了在连接各个计算机的物理介质上传输数据，逻辑地址在传送到目的地的过程中，必须和物理地址之间进行相互转换。

路由选择

在 TCP/IP 中包含了专门用于定义路由器如何选择网络路径的协议，即 IP 数据包的路由选择。简单地说，路由器就是负责从 IP 数据包中读取 IP 地址信息，并使该 IP 数据包通过正确的网络路径到达目的地的专用设备。

域名解析

虽然 TCP/IP 采用 32 位的 IPv4（Internet 协议第 4 版）地址，比起直接使用网卡上的物理地址来说已经方便了许多。但是，IP 地址的设计出发点是为了确定网络上的一台特定的计算机，并没有考虑使用者的记忆习惯。例如，我们很难记住某个单位或某家公司 Web 服务器的 IP 地址是什么，但是我们可轻而易举地记住其域名。为此，TCP/IP 专门设计了一种方便人记忆的字母式地址结构，一般称为域名或 DNS（域名服务）名字。将域名映射为 IP 地址的操作，称为域名解析，具体而言是由一种称为域名服务器的专用程序来实现的。

错误检测与流量控制

TCP/IP 具有与分组交换相应的特性，用来确保数据信息在网络上的可靠传递。这些特性包括检测数据信息的传输错误（保证到达目的地的数据信息没有发生变化），确认已传递的数据信息是否成功地接收，监测网络系统中的信息流量，防止出现网络拥塞。具体而言，这些特性通过传输层的 TCP 协议以及网络访问层的一些协议实现。

支持应用程序

一般而言，每一种协议都需要为计算机上的应用程序提供一个接口，使得应用程序能够访问协议软件，实现网络通信。在 TCP/IP 中，应用程序与协议软件之间的接口是通过一个称为端口的逻辑通道系统来实现的。每个端口有一个端口号，用来唯一地标识该端口。形象地说，可以把端口看成计算机的逻辑管道，通过这些管道，数据信息可以从应用程序传到协议软件，也可以从协议软件流向应用程序。

（2）SMTP 协议

SMTP 协议，即简单邮件传输协议，是 TCP/IP 应用层协议的一部分，它描述了电子邮件的信息格式和传输处理方法。

SMTP 协议程序运行在邮件服务器上，将邮件从发送端传送到接收端，也称为电子邮局。当它接收客户端提交的发送邮件请求时，首先根据 E-mail 地址与收件人邮箱所在的邮局建立 TCP 连接，然后将邮件传送到接收方邮件服务器上运行的 SMTP 程序，或者暂存在要发送的邮件队列中待发。接收方邮件服务器上的 SMTP 程序接收到邮件之后，将邮件存放在收件用户的邮箱中，等待收件人使用自己的客户端电子邮件应用程序来取走并阅读。

（3）POP3 协议

POP3（Post Office Protocol 3）协议为邮件系统提供了一种收邮方式，用户可以使用客户端邮件程序直接将信件下载到本地计算机，脱机阅读邮件。如果电子邮件服务系统不支持POP3，用户则必须登录到邮件服务器上连机查阅邮件。因此，使用客户端电子邮件软件时，必须在该软件上设置外发邮件服务器 SMTP 和接收邮件服务器 POP3 的地址。例如，网易免费 163 邮件系统的 SMTP 服务器是 smtp.163.com，而 POP3 服务器是 pop3.163.net。

（4）HTTP 协议

HTTP 是超文本传输协议（Hypertext Transfer Protocol）的缩写，是将文档从主机或服务器传送到浏览器或者个人用户的协议。为了在 Internet 上传递 HTML 文档，必须使用基于TCP/IP 的协议——超文本传输协议 HTTP。

在使用中，计算机利用 HTTP 协议控制 HTML 文件的工作，Web 浏览器使用 HTTP 协议解释 HTML 文件，显示各种数据对象。

（5）FTP 协议

传输文件（如文档、照片或者其他编码信息）的一种方法是将其作为附件附在电子邮件中。不过一种更有效的方法是利用文件传输协议（File Transfer Protocol，FTP），它是一种在因特网上传输文件的客户 / 服务器协议。使用 FTP 传输文件，因特网中一台计算机用户需要使用一个实现 FTP 的软件包，然后与另外一台计算机建立连接（最初的计算机相当于客户，它所连接上的计算机相当于服务器，通常称为 FTP 服务器）。一旦建立了这个连接，文件就可以在两台计算机之间以任意方向传输了。

虽然从一个系统到另一个系统的文件传输看起来简单直接，但有些问题必须先解决好。例如，两个系统可能使用不同的命名约定。两个系统也可能有不同的方式表示文本和数据，或不同的目录结构。所有这些问题都被 FTP 用非常简单优美的方法解决。

FTP 会在两台主机间建立两个连接。一个连接是用来传输数据的；另一个连接是用来控制信息的（命令和响应）。命令和数据的分开传输使得 FTP 效率更高。控制连接使用非常简单的通信规则。

2. 用户地址、网络层地址与物理地址

在计算机网络中，计算机之间的通信采用按照相同的网络体系结构把信息划分成多个分组之后共享通信传输介质的方式实现，计算机网络依靠帧或分组中的地址来确定发送和接收

分组的计算机。我们把发送分组的计算机地址称为源地址，把接收分组的计算机地址称为目的地址。

正如通过邮局寄送信件一样，Internet 等计算机网络也使用非常直观和易懂的由 InterNIC（Internet Network Information Center）注册的 web 服务器地址 URL。如 http://www.qq.com/ 和 http://www.google.com/ 等，以及由各地区或网络服务提供商（Internet Service Provider，ISP）提供的电子邮件地址，如 xxx@hotmail.com 等。用户可以把自己或公司、机关、团体等的名称根据 InterNIC 的域名注册规定，注册成世界通用的唯一性的地址。我们把这些地址称为万维网地址（或称域名）或电子邮件地址。这些地址属于网络用户地址。

除了用户地址之外，每一台处于统一网络体系结构中的计算机还需要一个唯一的识别地址，我们把这个在同一网络体系结构中的计算机识别地址称为网络层地址或互联地址。例如，在互联网中，网络层地址就是其网络层协议的 IPv4 地址。4 个字节的 IPv4 地址包含了两部分内容，即网络地址和网络内连接的主机地址。为了指明网络类型，IPv4 地址中的头一个字节被用来定义网络类型。因而，Internet 所拥有的 IP 地址数要小于 2^{32}。

IPv4 地址，即网际协议地址，是人们在 Internet 上使用的唯一、明确、供全世界识别的通信地址。IPv4 地址占用四个字节（32 位），可以用四组十进制数字表示，每组数字取值范围为 0 ～ 55。一组数字与另一组数字之间用圆点"."作为分隔符，如百度 www.baidu.com 的 IP 地址为 220.181.37.55。

为了使 IP 地址便于用户使用，同时也易于维护和管理，Internet 建立了域名管理系统 DNS。域名管理系统 DNS 负责域名到 IP 地址之间的转换，采用分层的命名方法给网络上每台计算机赋予一个直观的、唯一的标识名。也就是说，通过 DNS 实现了地址和域名之间的一一对应。例如百度的 IP 地址相对应的域名为"www. baidu.com"，对于我们而言，记忆域名显然要比记忆 IP 地址容易。另外，当百度更换 IP 地址时，会将域名定位到新的地址，而不影响我们的使用。所以当你用 ping 命令查看 www. baidu.com 的 IP 地址时，有可能会和本书上的不一致。

在同一网络体系结构中的任何主机和网络设备，都必须具有唯一的网络层地址才能相互通信，否则将会引起冲突而导致整个网络发生混乱甚至瘫痪。

万维网地址与电子邮件地址是依赖于网络层 IPv4 地址而存在的。它们之间的关系如图 9-7 所示，一个 IPv4 地址可以对应多个电子邮件地址或多个万维网地址，一个万维网地址或电子邮件地址只对应一个 IPv4 地址。

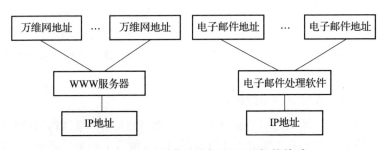

图 9-7　地址 – 用户地址与 IP 地址间的关系

除了用户地址和 IPv4 地址之外，计算机网络中还有另外一个重要的地址概念。这就是计算机网络中的物理地址或硬件地址。

我们知道，网络层地址唯一性确定了同一体系结构中的计算机主机或相应的网络设备（如路由器）。然而，在同一台主机中，可能连接着共享不同传输介质的多块网络接口卡（如以太网卡和令牌环网卡），这就需要区分所传输的数据究竟是从哪一个网络接口卡来的或应送到哪一个接口卡上去。在一个共享传输介质的子网中，这些计算机的网络接口卡之间必须规定一个在该子网内唯一确定的物理地址才能完成数据帧的发送和接收，这就是物理地址，如图 9-8 所示为网络层地址与物理地址的关系。

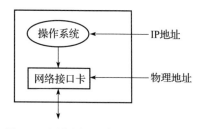

图 9-8　网络层地址与物理地址的关系

9.4.3　Internet 应用

随着 Internet 的高速发展，据不完全统计 Internet 上的服务至少已达数万种之多，其中相当一部分服务是免费提供的，随着电子商务的应用，大量收费服务近几年得到广泛应用。而且随着 Internet 商业化趋势的发展，它所能提供的服务会进一步增多。Internet 的功能可以大致分为 3 类：基本服务功能、信息服务功能和 Internet 新闻与公告类服务功能。

1. Internet 基本服务功能

电子邮件、远程登录和文件传输是 Internet 的三大基本服务功能。

（1）电子邮件服务

电子邮件（E-mail）是一种通过网络实现 Internet 用户之间快速、简便、价廉通信的现代化通信手段，也是目前 Internet 上使用最频繁的一种服务。据统计，每天有数千万人在世界各地发送电子邮件。使用电子邮件的用户首先要在一个 Internet 电子邮件服务器上建立一个用户电子邮箱。每个电子邮箱有一个全球唯一的邮箱地址。当用户需要发送电子邮件时，首先将自己的计算机与电子邮件服务器连接，按照规定的格式起草、编辑与发送邮件，同时也能接收、转发邮件，进行邮箱管理。由于电子邮件采用简单报文传输协议 SMTP，可以保证不同厂家生产的计算机之间可靠地传送信息。电子邮件采用存储转发的方式，用户可以不受时间、地点的限制来收发邮件。通过 Internet 发送电子邮件的费用低，而且传递时间较短，一般是快则几分钟，慢则几个小时，便可将邮件传送到世界上任何一个 Internet 用户，因此很受人们欢迎。传统的电子邮件只能传送文字，目前开发的多用途 Internet 电子邮件系统 MIME（Multipurpose Internet Mail Extensions）已经将语音、图像结合到电子邮件中，使之成为多媒体信息传输的重要手段。

（2）远程登录服务

远程登录是指在 TCP/IP 的远程终端协议（Telnet）的支持下，用户可以用仿真终端方式远程登录到 Internet 主机的过程。远程登录是 Internet 提供的最基本信息服务之一。用户可以使用 Telnet 命令使自己的计算机暂时成为远程计算机的一个终端。一旦用户成功地实现了远程登录，用户就可以像远程计算机的本地终端一样进行工作，使用远程计算机对外开放的全部资源，如硬件、程序语言、操作系统、应用软件及信息资源。

（3）文件传送服务

文件传送服务通过 FTP 允许 Internet 用户将一台计算机上的文件传送到另一台计算机

上。文件传送服务也是一种实时的联机服务，在工作时先要登录到对方计算机上，登录后仅可以进行文件查询、文件传送操作。Internet 上的许多公司、大学的主机上含有的数量很多的各种程序和文件，是 Internet 上的巨大信息资源。普通 FTP 服务要求用户在登录时要提供用户名与口令，否则无法使用 FTP 服务。为了方便用户访问，Internet 中很多数据服务中心提供一种匿名 FTP 服务，用户登录时可以用 anonymous 作为用户名，用自己的电子邮箱地址作为口令。

目前世界上有很多文件服务系统为用户提供公用软件、技术通报、论文研究报告，这就使 Internet 成为目前世界上最大的软件和信息流通渠道。

2. Internet 的信息服务

由于 Internet 整个结构的开放性，因此由三个基本功能派生出多种应用、资源与服务项目，其中最重要的是信息服务。

Internet 上基本的信息服务单位是网站（Website）。网站由域名（也就是网站地址）和网站空间构成，通常包括主页和其他具有超链接文件的页面。网站是根据一定的规则，使用 HTML 等工具制作的用于展示特定内容的相关网页的集合。简单地说，网站是一种通信工具，人们可以通过网站来发布自己想要公开的资讯，或者利用网站来提供相关的网络服务。人们可以通过网页浏览器来访问网站，获取自己需要的资讯或者享受网络服务。衡量一个网站的性能通常从网站空间大小、网站位置、网站连接速度（俗称"网速"）、网站软件配置、网站提供的服务等几方面考虑，最直接的衡量标准是这个网站的真实流量。几乎所有的商业单位、政府组织机构和民间机构都开设了自己的网站，所以人们将 Internet 称为"虚拟社会"，指的是在 Internet 上几乎能够找到现实世界的一切，就像真实世界的影像，只是它们存在于网上，只能通过上网设备看到。

浏览器是访问网站的工具软件。微软公司的 Edge/IE、苹果公司的 Safari、谷歌的 Chrome 以及自由软件 Firefox 都是现在最常用的浏览器。它们能够显示格式化的文档、嵌入的图像，播放语音与视频信息。由于浏览器具有基于窗口的图形用户界面和多媒体功能，因此成了一种运行 Web 应用程序的宿主，使得 Web 应用程序的运行不受操作系统和运行平台的限制。

随着 Internet 的发展，网上的资源越来越多，如何在浩若烟海的网络上快速找到自己感兴趣的资源成为一个问题，于是出现了所谓"搜索引擎"。"搜索引擎"是指根据一定的策略、运用特定的计算机程序从 Internet 上搜集信息，在对信息进行组织和处理后，为用户提供检索服务，将用户检索相关的信息展示给用户的系统。搜索引擎包括全文索引、目录索引、元搜索引擎、垂直搜索引擎、集合式搜索引擎、门户搜索引擎与免费链接列表等。百度和谷歌等是搜索引擎的代表。

"门户网站"是指通向某类综合性 Internet 信息资源并提供有关信息服务的应用系统。门户网站最初提供搜索服务、目录服务，后来由于市场竞争日益激烈，门户网站不得不快速地拓展各种新的业务类型，希望通过门类众多的业务来吸引和留住 Internet 用户，以至于目前门户网站的业务包罗万象，成为网络世界的"百货商场"或"网络超市"。国内比较著名的门户网站包括搜狐、新浪、网易等。

3. Internet 新闻与公告类服务

Internet 的作用不仅表现在为用户提供丰富的信息资源上，而且也表现在为分布在世界各地的广大用户提供通信、网络新闻服务与电子公告牌服务上。

网络新闻 Usenet 是一种利用网络进行讨论的国际论坛，它已经有相当长的历史。Usenet

的基本通信手段是电子邮件，但它不是采用点对点通信方式，而是采用多对多的方式传送。用户必须使用专门的新闻阅读程序访问 Usenet 主机、发表意见、阅读网络新闻。Usenet 的基本组织单位是特定讨论主题的新闻组，Internet 已拥有成千上万的新闻组（News Group），它也是电子公告牌 BBS（Bulletin Board System）的一个重要组成形式。电子公告牌可以限于几台计算机、一个组织，或在一个小的地理范围，或者是世界上所有的 Internet 节点，可以方便、迅速地使各地用户了解公告信息，是一种有力的信息交流工具。

4. 其他应用

随着 Internet 的不断发展，网络应用也深入到普通人的生活当中。特别是进入 21 世纪后，大量新型的网络应用不断涌现，使 Internet 步入到一个以人人参与交互为特征的全新的 Web 2.0 时代。

（1）即时通信

即时通信（Instant Messaging，IM）是一种可以让使用者在网络上建立某种私人聊天室的实时通信服务。大部分的即时通信服务提供了状态信息的特性——显示联络人名单，联络人是否在线及能否与联络人交谈。目前在 Internet 上受欢迎的即时通信软件包括 QQ、MSN Messenger 等。

通常 IM 服务会在使用者通话清单（类似电话簿）上的某人连上 IM 时发出信息通知使用者，使用者便可据此与此人通过 Internet 开始进行实时的通讯。除了文字外，在频宽充足的前提下，大部分 IM 服务也提供视讯通信的能力。实时通信与电子邮件最大的不同在于不用等候，不需要每隔几分钟就按一次"发送"与"接收"，只要两个人都同时在线，就能像多媒体电话一样，传送文字、档案、声音、影像给对方，只要有网络，无论对方在天涯海角，或是双方隔得多远，都没有距离。

（2）博客

博客一词，源于英文单词 Blog，是 Weblog 的简称，写博客的人称为博主（Blogger）。博客是一种简易的个人信息发布方式。任何人都可以注册，完成个人网页的创建、发布和更新。博客充分利用网络互动、更新即时的特点，既可以让你最快获取最有价值的信息与资源，也可以让你发挥无限的表达力，发布信息、发表文章。

博客类似个人网站，博客便于动态更新，比传统的静态网站更加吸引人。博客用户不需要技术经验就可以发布文章，互动性更强。在网络上发表 Blog 的构想使于 1998 年，但到了 2000 年才真正开始流行。目前网络上数以万计的博主发表和粘贴 Blog 的目的有很大的差异，有的记录所见所闻和发布个人故事；有的以文会友，结交同好；有的进行网络营销，开展电子商务。不过，由于沟通方式比电子邮件、讨论群组更简单和容易，Blog 已成为家庭、公司、部门和团队之间越来越盛行的沟通工具，因为它也逐渐被应用在企业内部网络。目前有很多网站都提供免费的博客服务，可以让网友申请账号及发表 Blog。

微博是微博客（MicroBlog）的简称，用户可以通过 Web、Wap 以及各种客户端组建个人社区，以 140 字左右的文字更新信息，并实现即时分享。微博在中国发展很快，用户数量已超过 3 亿，新浪网是最早在国内开通微博服务的网站，随后主要的门户网站都开通了相应的微博服务。

（3）百科知识库

百科知识库是维基（Wiki）创建的一种基于 Web 的面向社群的协作式写作，同时也包括一组支持这种写作的辅助工具。Wiki 站点可以由多人（甚至任何访问者）维护，每个人都可以发表自己的意见，或者对共同的主题进行扩展或者探讨。Wiki 系统属于一种人类知识网格系统，我们可以在网上对 Wiki 文本进行浏览、创建、更改，而且创建、更改、发布的代价远比 HTML 文本小。Wiki 的写作者自然构成了一个社群，Wiki 系统为这个社群提供简单的交流工具。由于 Wiki 有使用方便及开放的特点，所以 Wiki 系统可以帮助我们在一个社群内共享某领域的知识。

与 Blog 相比，Wiki 站点一般都有着一个严格的共同关注，Wiki 的主题一般是明确、坚定的。Wiki 站点的内容要求高度相关性。只要是其确定的主旨，任何写作者和参与者都应当严肃地遵从。Wiki 的协作是针对同一主题做外延式和内涵式的扩展，将一个问题谈得很充分很深入。而 Blog 是一种无主题变奏，一般来说是少数人（大多数情况下是一个人）的关注的蔓延。一般的 Blog 站点都会有一个主题，但是这个主旨往往是很松散的，而且一般不会去刻意地控制内容的相关性。

维基的概念始于 1995 年，创建者最初的意图是建立一个知识库工具，其目的是方便社群的交流，也因此提出了 Wiki 这一概念。在 1996 年至 2000 年间，这个知识库得到不断的发展，维基的概念也得到丰富和传播，Internet 上也相继出现了许多类似的网站和软件系统，其中最著名的、全球影响力最大的是维基百科（Wikipedia）。国内比较有影响的是百度百科。

（4）地图

电子地图服务是近来非常流行的 Internet 应用服务。谷歌推出了其电子地图服务谷歌地图（Google Maps），包括局部详细的卫星照片，能提供三种视图：一是矢量地图（传统地图），可提供政区和交通以及商业信息；二是不同分辨率的卫星照片（俯视图，跟 Google Earth 上的卫星照片基本一样）；三是地形视图，可以用以显示地形和等高线。此处，谷歌推出了专门的产品 Google Earth。随着谷歌的成功，其他同类产品不断涌现，国内比较成功是百度地图、高德地图等。现在电子地图服务不仅可以提供主要地区的地理、气象、道路等信息，还可以提供大型商店和机场的室内地图。随着更多商店和交通枢纽的所有方和运营方提交内部楼层图，网络电子地图未来将在更多场所中提供该功能。在电子地图的基础上可以开发定位、导航等更多的增值服务。目前，移动终端成为电子地图服务的最新领域。

9.4.4　Internet 发展新趋势

Internet 在全球范围内发展迅猛，带来的经济与社会效益十分可观，它已经成为信息产业革命的一个重要组成部分。然而，Internet 服务方面依然存在很多问题，现在的服务水平难以满足更大的用户量和用户不断增长的需求。

一是所有的数据包地位相同、费率相同；二是所有的服务都受到同样的待遇并被收取同样的费用；三是所有的用户都受到同样的待遇并被收取同样的费用；另外，当前 E-mail、WWW 等必要的传统服务的质量还难以得到保证，性能和性能保障没有成为 Internet 服务中重要的指标。

而现在用户主要的需求，一是更宽的带宽，二是更好的服务，三是如果用户的重要服务上网，ISP 必须保证这些服务能够顺利、及时地实现。

如何才能解决上述各种问题？在 Internet 服务中达到现有的通信水平，成为摆在所有 ISP 面前刻不容缓的任务，成为 ISP 提高竞争力、增加销售额和利润、提高用户稳定性的关键所在。

展望 Internet 服务的发展，我们不难看出下面几个主要的趋势。

首先，IP 协议已经被证实是 Internet 的标准协议，并逐渐会成为整个电信行业的标准协议。一个时期以来，代表电信行业的公司和代表 Internet 业务的公司都在讲"殊途同归"，即不管是电信行业传统的话音通信，还是现代的数据通信，将会最终走到一起，使用统一的 IP 协议，IP 协议会成为整个通信业的标准协议。统计数字也证明了这一点。话音通信量在全球以每年 6% 的速度增长，在诸多传统行业中算是比较快的。而数据业务通信量则在以每年 300% 的速度增长。

再者，网络已经转变成为一种商品。虽然最初网络并不是商品，但现在网络已经成为一种商品。在美国几次比较大规模的企业并购中，如 WorldCom 收购 MCI、ANS，Qwest 收购 LCI 等，都表明谁拥有了网络谁就可以赚钱。

第三是大量的增值服务出现。例如，MCI 曾在 1995 年提出的"亲朋好友计划"，也就是说用户可以告诉 MCI 一些电话号码，当用户拨打这些号码时，其话费就会自动打折。与 Internet 服务类比，这要求 ISP 具有稳定灵活的管理计费系统。其核心是用户管理和计费系统的灵活性和稳定性，要求 ISP 能够组合服务，提供更多的增值服务。

许多原来没有的服务（如安全服务、咨询服务），怎样提供给用户呢？首先，在话音服务上有接通率的概念，在数据业务中能否也达到同样的水平，在接入服务中提供高带宽、高接通率的服务？其次，在骨干网上提供高吞吐量、低时延的服务。最后，在服务等级方面，如果用户愿意多付费的话，就能够得到更好的服务。

总之，网络技术经过多年的发展，目前业界所期望的下一代网络具备多业务、高质量、宽带化、分组化、智能化、移动性、安全性、开放性、分布性、兼容性、可管理性与可赢利性等基本特征。

针对上一代互联网主要存在的安全性、移动性和实时性等问题，其中安全问题成了互联网高可信应用的巨大障碍，下一代互联网 NGI 和 IPv6 是解决互联网问题的重要出路。研究新一代互联网，实际上是重新设计新的互联网体系结构。目前各国都在抓住互联网更新换代的历史机遇，针对目前互联网存在的主要问题，成立了专门的研究计划，并提出了不同的创新网络体系结构。目前 IPv6 已经全面使用，由下一代互联网国家工程中心牵头发起的"雪人计划"已在全球完成 25 台 IPv6（互联网协议第 6 版）根服务器架设，中国部署了其中的 4 台，打破了中国过去没有根服务器的困境。在过去的 IPv4 体系内，全球共 13 台根服务器，唯一主根部署在美国，其余 12 台辅根有 9 台在美国，2 台在欧洲，1 台在日本。

9.5　移动互联网技术及发展

移动通信（Mobile Communication）指移动用户之间或移动用户与固定用户之间所进行的通信。进入 21 世纪以来，移动通信得到了迅猛的发展，最主要的表现就是移动电话用户的规模已经超过了固定电话用户的规模。根据工信部公布的数据，我国在 2003 年底移动电话用户总数超过了固定电话用户总数，我国移动电话用户总数在 2021 年 3 月超过了 16 亿户，到 9 月末达到 16.4 亿户，其中 5G 手机终端连接数达到 4.45 亿户；2020 年底全国固定电话用户总数为 1.82 亿户，全年净减 913 万户，呈明显下降趋势。当然固定电话的情况并不能反映固定网络的全部情况，工信部发布的数据显示，截至 2021 年 9 月末，我国三家基础电信企业的固定互联网宽带接入用户总数达 5.1 亿户，其中，100Mbit/s 及以上接入速率的固定互联网宽带接入用户达 4.85 亿户，1000Mbit/s 及以上接入速率的固定互联网宽带接入用户达 2134 万户。显然，移动用户的数量远远高于固定用户，并且移动用户的主要业务量是数据及互联网业务，传统的话音业务占比持续缩小，也就是说移动用户的手机主要是用来上网的，打电话早已成为附属功能，可以说现在的移动通信网就是移动互联网。

9.5.1　蜂窝移动通信网

移动通信有许多种类，如无线集群通信、卫星移动通信等。人们日常使用最多的显然是手机，手机用户使用的移动通信系统称为蜂窝移动通信系统。从技术角度看，其使用的技术称为蜂窝移动通信技术；从网络的角度看，其网络被称为蜂窝移动通信网。

1. 蜂窝系统基本原理

蜂窝移动通信，又称为小区制移动通信。其基本思想是把整个网络服务所覆盖的地理区域划分成若干个无线小区（Cell），在每个小区中设置一个小功率无线基站台，负责本小区内所有移动台的通信联络与控制管理等，所有移动台的发送或接收都经过基站完成，而非移动台之间直接进行。

小区是相对于大区而言的，在无线集群通信中采用大区制，大区制中每个基站的服务半径可以达到数十千米，然而在小区制中，每个基站的服务半径远小于大区制。

基站发往移动台的通信信号称为下行信号，移动台发往基站的信号称为上行信号。这里的移动台通常是指手机，也可以是使用此网络的计算机等设备，甚至可以是一个移动的基站。移动通信系统通常采用非对称策略，即下行的传输速率大于上行的传输速率，这一策略既符合实际需要，也便于技术实现。

由于小区中的基站功率较小（相对于大区制的基站而言），信号强度影响范围有限，因此同一频率的载频可以在一定距离之外的另一小区重复使用。移动用户从一个小区到下一个小区移动过程中，系统能够自动地为其提供连续不断的信道接续，称为自动越区切换（Handover）。频率复用加上自动越区切换是无线蜂窝移动通信（Cellular Mobile Communication）技术的概念主体。

（1）蜂窝小区的概念

每个小区实际上是以基站为中心形成的一个服务区域，在理想情况下，这个区域通常可以理解为圆形。根据基本的几何知识可以知道，如果要用圆形完全覆盖某一区域，那么这些圆必须有一定的重合才能保证圆与圆之间不会有空隙，在基站功率相当的情况下，其作用半径相等，所覆盖的圆形区域大小相同，也就是说用大小相等的圆来覆盖整个服务区域。如果既要保证所覆盖的区域没有空隙，又要最大限度发挥基站的作用，根据几何学原理，很容易得到如图 9-9b 所示的以正六边形为基本几何形状的小区覆盖，由于其形状类似自然界的蜂窝，故名蜂窝移动通信系统。

正六边形区域可以理解为小区的理论服务区，在这个区域内的移动用户均由本小区内的基站提供服务。实际上在小区的边缘部分，本小区的基站信号与相邻小区的基站所发出的信号是有重叠的，也就是说其信号覆盖范围有所重叠，这是要实现完全覆盖所不可避免的。由于存在信号覆盖的重叠，就要求相邻小区的基站不能使用完全相同的信号，否则就会相互干扰，最典型的就是同频干扰。小区的实际形状取决于该地区的具体地形，地形会对电磁波的传播产生多种影响，从而使得在某些方向或区域内小区形状与理论情况有所不同。

a）自然界的蜂窝（蜂巢）

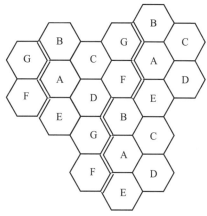

b）蜂窝移动通信系统小区

图 9-9 蜂窝移动通信系统小区结构示意图

（2）频率重用与区群

在不相邻的小区之间，由于不存在信号的重叠，因此其基站可以使用相似甚至相同的信号，这样就可以充分利用无线电频率资源，这就是所谓的频率重用，或称频率复用，也有资料称为频率再用。频率重用是蜂窝移动通信核心技术之一。

在蜂窝移动通信系统中，为有效管理信号频谱资源，充分提高频谱资源利用率，提出了区群的概念。区群由一组空间相邻的小区组成，区群里的每个小区中，均使用不同的信号，这样信号就不会在相邻的小区间相互干扰，也有资料将区群称为小区簇。在区群之外的其他小区，则可有规律地重复使用相应的信号，这个重复规律就是区群，另一个区群可以重复使用相同的载频信号。也就是说蜂窝移动通信系统中，频率重用实际上是以区群为单位进行的，而不能以小区为单位进行。图 9-9b 所示意的是典型的 7 个小区的区群组织方式，即以某小区为起点，加上其周围相邻的 6 个小区，共 7 个小区形成一个区群。在这样的系统设计中，至少需要有 7 组不同的载频信号，分别供区群内的 7 个小区使用，而在区群之外，是另一组完全相同的区群，各区群中对应的小区可以使用完全相同的载频信号，这样不仅能够保证各小区间不会发生干扰，也保障了较高的频率资源利用率，同时对设备的管理和维护也相对简单。也就是说，蜂窝移动通信系统的覆盖实际上是以区群为基本单元进行的，而并不是以小区为基本单元。区群的设计有多种形式，区群中的小区数量称为频率复用系数或频率复用因子，7 个小区的区群比较容易理解，因此我们用其作为示例，在实际的通信系统中，可能根据系统的情况和要求，有多种区群的组织方式，常见的频率复用系数有 3、4、7、9、12等。需要特别指出的是，有的资料也将频率复用因子定义为区群大小的倒数。

（3）自动越区切换

设计蜂窝移动通信系统是为移动通信用户服务的，处于移动状态的用户，也就是移动台，从一个小区（基站服务或覆盖）的范围移动到另一个小区的范围时，为了保持不中断通信，需要将与原小区基站连接的信道转换为新小区基站的信息，这个操作称为越区信道切换，或简称越区切换。越区切换过程应在用户不介入并且察觉不到的情况下完成，也就是说不能影响到用户的通信使用，因而也有资料称之为自动越区切换。所谓切换就是移动用户与相关联的基站发生了改变，切换过程的三种状态如图 9-10 所示。

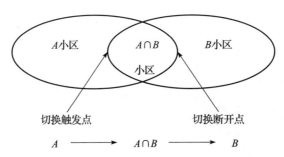

图 9-10　蜂窝移动通信系统越区切换三种状态示意图

越区切换与小区的大小、用户移动的速度等因素有关，先后发展出多种越区切换技术。在我国建设高速铁路的初期，当时以 2G 和 3G 为主的蜂窝移动通信系统，由于切换技术的原因，在高速列车上的移动用户经常掉线，而进入到 4G 以后，充分保证了在速度为 350km/h 的高铁列车上，也能正常进行各种通信。设计良好的蜂窝移动通信网络能够使得移动用户在大多数情况下都处于超过一个基站的服务区内，以保证无线通信的稳定。网络会决定在什么时候具体由哪个基站来为某一移动用户服务。

（4）移动 IP

移动 IP（Mobile IP）又称为移动 IP 协议，是由 IETF 开发的一种技术，该技术允许移动网络设备移动到其他地区时，仍然保留原来的 IP 地址。移动 IP 对移动中上网的应用有着极其重要的意义。

一般来说，Internet 用户不直接关心自己使用的 IP 地址，因为 IP 地址通常是网络自动分配的，即使用户在不同时间、不同地点使用不同的 IP 地址，只要不影响用户上网就不会对用户有任何实质性的影响，这也是网络所希望的。根据 IP 协议的设计，在 Internet 上任何一台设备都至少需要有一个唯一的 IP 来确定网络与其的连接，并且 IP 地址的分配实际上是区域属性的，也就是说不同地区的网络使用不同的 IP 地址区间，这有些类似我们使用邮政编码或电话的区号，实际上手机的号码也是有区域性的，现在网络上可以方便地查询某一手机号的归属地。

互联网设计之初是服务于固定设施的，那时的计算机系统非常庞大，不可能移动，因而传统的 IP 协议管理方式没有考虑这种移动对网络产生的影响，并不支持接入设备在空间上的移动。在 Internet 上，网络寻找某一设备是通过其 IP 地址，并且是通过 IP 先寻找到其所在的网络，然后再在这个网络中找到相应的具体设备。因此，如果上网设备的位置变化了，可以重新接入当地的网络，使用当地网络的相应 IP 地址。如果在位置变化过程中用户不需要上网，这种设计不会有影响；但是对于移动用户而言，其经常的工作状态是在位置变化的过程中需要保持连续的网络连接。在这种状态下，如果由于位置的变化而动态改变移动设备的 IP 地址，会造成网络连接的断断续续，因为 IP 地址变化后，需要重新建立移动设备与网络的连接，这显然需要时间来处理。要保持移动用户在空间位置变化的过程中，始终与网络有稳定的连接，就要使用户的移动性对上层的网络应用是透明的。具体而言，就是使移动站在漫游时仍保持其 IP 地址不变，为此专门设计了移动 IP 这一特殊方法。移动 IP 使用代理（Agent）机制，在其移动上网的过程中，其自身的 IP 地址保持不变，而利用其原所在位置的网络路由器和当前所在位置的网络路由充当代理，将其所需的数据进行转发。为实现此功能，实际上还设计了一系列专门的协议，因篇幅有限本书不展开讨论，有兴趣的读者可以参阅相关资料。

9.5.2　蜂窝移动通信网发展的基本过程

蜂窝移动网络的发展非常迅速，至少已经发展出数十种不同的标准。现在我国已经进入 5G（此处的 G 是 Generation 的缩写）时代，也就是第五代移动通信。

第一代蜂窝移动通信（简称 1G），是为话音通信设计的，采用模拟调制技术，虽然现在已经淘汰，但其创立的蜂窝结构设计思想一直沿用至今。发展应用的主要时期在 1975 ～ 1985 年，代表体制有美国的 AMPS、北欧的 NMTS、英国的 TACS 等。无线寻呼系统在同时期伴随出现。

第二代蜂窝移动通信（简称 2G），主要时期在 1985 ～ 2005 年，可称之为数字时代。采用了数字调制技术，在提供基本的语音服务基础上，增加了低速数字通信（短信服务）。这一代的典型代表是全球移动通信（Global System for Mobile Communications，GSM 系统），简称全球通和码分多址（Code Division Multiple Access，CDMA）系统。为了能提供接入 Internet 的服务，在基本 2G 的基础上，又发展出了通用分组无线服务（General Packet Radio Service，GPRS）和增强型数据速率 GSM 演进（Enhanced Data Rate for GSM Evolution，EDGE）等技术，也有人称之为 2.5G 技术，说明其为 2G 向 3G 的过渡性技术。2G 技术在很多区域仍然在继续使用。今天即使是使用 5G 手机，在某些状态下也会显示 2G 状态，是因为蜂窝移动通信系统的各代技术都保持了向下兼容（Downward Compatible）或称向后兼容（Backwards Compatibility），即新一代的技术能够支持前一代甚至更早期的技术体制，当系统达不到新技术要求时，可以降级使用，以保证最低程度的通信服务。2G 基站的服务半径通常为 5 ～ 10km。

第三代蜂窝移动通信（简称 3G），主要时期为 2005 ～ 2012 年，可称之为数据时代。与 2G 相比，3G 的带宽提高了上百倍，并且使用 IP 的体系结构和混合交换机制（电路交换与分组交换），能够提供移动宽带多媒体业务（包括语音、数据、网络音乐、视频等），能够支持一般的互联网应用（如浏览网页、收发电子邮件等）。在这个时期内一方面是网络的发展，另一方面是智能终端的进步。最具代表性的智能终端是 2007 年出现的 iPhone，代表了智能手机的开元，2008 年 iPhone 开始全面支持 3G。国际电信联盟（ITU）提出的 3G 标准为国际移动通信系统 2000（International Mobile Telecom System-2000，IMT-2000），实际投入使用的 3G 技术标准主要有 3 种，分别是美国主导的 CDMA 2000（当时中国电信使用）、欧洲提出的 WCDMA（Wideband CDMA，宽带码分多址，当时中国联通使用）和中国提出的 TD-SCDMA（Time Division-Synchronous CDMA，时分同步码分多址，中国移动使用）。多种移动通信标准的出现是不同厂商为各自利益竞争的结果。每一种制式的调研与编码方法都不相同。3G 手机的上网速率比起 2G 有了质的飞跃，尽管 3G 在视频方面表现一般，但其带宽已经完全满足高品质音乐的要求，网络音乐快速崛起，逐步淘汰了曾经的高品质音乐载体 CD 和 DVD。自 3G 以后的各代蜂窝移动通信都是以数据业务为主的通信网络，并且向下兼容 2G 的功能。3G 基站的服务半径通常为 2 ～ 5km。

第四代蜂窝移动通信（简称 4G），主要时期为 2012 ～ 2019 年，可称之为无线宽带时代。我国工信部于 2013 年 12 月正式发放 4G 牌照，标志着我国移动通信行业正式进入 4G 时代。国际电联将 4G 命名为 IMT-Advanced（高级国际移动通信系统）。与 3G 相比，4G 网络的速度有了进一步的提升，尽管当前全世界实际投入运行的 4G 网络中有许多并没有达到 ITU 的设计标准，但其速率较 3G 有大幅提升是不争的事实。4G 的国际标准被称为 LTE（Long-Term Evolution，长期演进），当时普遍认为从 3G 过渡到 4G 需要较长的时间。4G 实现高速传输的核心是采用了 OFDM（Orthogonal Frequency Division Multiplexing，正交频分复用技术）的调制技术，并且全面支持 IPv6。随着更高带宽的出现，对应的应用得到了发展，需求得到释放，典型的如视频应用，在 2G 的条件下移动网络只能传输质量一般的图片，3G 的带宽可以支持较高分辨率的大尺寸静态图像和一定规格的动态图像服务，4G 视频应用普及，出现了以抖音为典型代表的基于视频的应用，便捷的网络进一步推进了电子商务、移动支付等经济模式的发展，在这一时期物联网也得到了较快的发展，相关应用进入实际阶段。4G 基站的服务半径通常为 1～3km。

第五代蜂窝移动通信（简称 5G），主要时期从 2019 年起至今。2019 年 6 月 6 日工业和信息化部举行了发牌仪式，向中国移动、中国电信、中国联通等颁发了 5G 商用牌照，随后几大运营商公布 5G 商用套餐，并于 11 月 1 日正式上线 5G 商用套餐，标志着中国正式进入 5G 商用时代。2019 年是新中国成立 70 周年，也是中国 5G 商用元年。值得注意的是，就在 5G 正式商用的几天之后，2019 年 11 月 3 日，我国召开了 6G 技术研发工作启动会，会议宣布成立国家 6G 技术研发推进工作组和总体专家组，标志着我国 6G 技术研发工作正式启动。回顾移动通信的发展，1G 时代我国基本属于空白，2G 时代仍完全由国外主导，我国主要是跟随，3G 时代我国发力推出了自己的技术标准，实现了突破，在 4G 时代基本实现了并跑，在 5G 时代实现了超越，华为成为全球 5G 技术最领先的企业，我国有望在 6G 继续保持技术领先优势。在国际方面，国际电联 2015 年底正式确定其 5G 标准的名称为 IMT-2020 并开始着手相关标准的制定工作，2021 年 2 月正式发布了 IMT-2020（5G）标准规范。随着互联网和物联网的高速发展，高清视频、VR/AR/MR 应用、新智能设备、工业互联网 4.0 等新业务形态层出不穷，为实现更多且更加灵活、可靠、智能、高效的应用，对网速、接入密度、网络延迟、网络可靠性等方面提出了更高的要求，5G 应运而生。5G 的增强移动宽带、高可靠低时延、广覆盖大连接的特性，扩展了移动互联网面积消费、产业和社会治理的广阔应用前景。有研究分析未来十年，移动通信网络将面对几个数量级的数据容量增长，5G 的发展与应用方兴未艾，让我们拭目以待。目前，5G 基站的服务半径通常小于 0.5km。

本章小结

计算机网络是计算机技术与通信技术紧密结合的产物，它是一种地理上分散的、具有独立功能的多台计算机通过通信设备和线路连接起来，在配有相应的网络软件（网络协议、操作系统等）的情况下实现资源共享的系统。

计算机网络的功能主要体现在几个方面：信息交换，资源共享，提高计算机的可靠性和可用性，实现分布式处理。

计算机网络按其覆盖范围大小可分为局域网（LAN）、城域网（MAN）、广域网（WAN）三大类，Internet 属于广域网。采用以太网技术的局域网是应用最广泛的一类计算机网络。

OSI 参考模型共分成 7 层：物理层、数据链路层、网络层、传输层、会话层、表示层和应用层。TCP/IP 是 OSI 七层模型的简化，它分为 4 层：网络接口层、互联网层、传输层和应用层。

TCP/IP 是最早出现在 Internet 上的协议，是一组能够支持多台相同或不同类型的计算机进行信息交换的协议，它是一个协议的集合，简称为互联网协议族。传输控制协议（TCP）

和网际协议（IP）是其中两个极其重要的协议。

网络拓扑是指网络在物理上的布置方式。两个或多个设备由一根或多根线缆连接形成拓扑。采用点 – 点线路的基本拓扑构型有四类：星形、环形、树形与网状。

一个基本的计算机网络由服务器、工作站、网络接口卡、传输介质和共享的资源与外围设备组成。网络互连设备主要有集线器、中继器、网桥、路由器、交换机等。

Internet 的主要协议包括 TCP/IP、SMTP、POP3、HTTP、FTP 等，其地址分为用户地址、网络层地址与物理地址。Internet 基本服务和应用包括电子邮件、远程登录、文件传输、信息服务，以及即时通信、博客、维基等。

下一代网络应该具备多业务、高质量、宽带化、分组化、智能化、移动性、安全性、开放性、分布性、兼容性、可管理性与可赢利性等基本特征。

网络领域的最新应用趋势是移动互联网，特别是移动网络进入 4G 时代以后，其良好的带宽和便捷的移动方式，催生出大量基于移动互联网的独特应用。现在已经进入 5G 时代，相应的新应用正在向我们走来。

本章习题

一、复习题

1. 什么是计算机网络？它是如何分类的？

2. 什么是以太网？它是如何分类的？

3. 什么是计算机网络的体系结构？分层结构的主要特点有哪些？

4. 网络一般由哪几部分组成？网络互连设备有哪些？

5. 简述 TCP/IP 模型及其协议。

6. 什么是 OSI 参考模型？试比较 OSI 和 TCP/IP 两种模型。

7. 简述 Internet 的主要协议。

8. 举例说明 Internet 几种主要应用。

9. 你认为当前 Internet 的主要问题有哪些，应如何发展？

10. 试区分用户地址、网络层地址和物理地址。

11. 移动互联网基本原理是什么。

二、练习题

（一）填空题

1. 从宏观上看，计算机网络包括＿＿＿＿＿、＿＿＿＿＿和＿＿＿＿＿；从逻辑上看，计算机网络包括＿＿＿＿＿和＿＿＿＿＿。

2. 资源子网包括＿＿＿＿＿、＿＿＿＿＿和＿＿＿＿＿；通信子网由网络节点和传输介质组成，包括＿＿＿＿＿、＿＿＿＿＿和＿＿＿＿＿。

3. 计算机网络的功能主要体现在＿＿＿＿＿、＿＿＿＿＿、＿＿＿＿＿和＿＿＿＿＿几个方面。

4. 计算机网络按其覆盖范围大小可分为＿＿＿＿＿、＿＿＿＿＿和＿＿＿＿＿三大类；从使用范围和用途来分，计算机网络又可分为＿＿＿＿＿、＿＿＿＿＿、＿＿＿＿＿、＿＿＿＿＿，以及＿＿＿＿＿和＿＿＿＿＿等。

5. 应用最广泛的一类局域网是基带总线局域网——＿＿＿＿＿，采用＿＿＿＿＿，其核心技术是采用一种称为＿＿＿＿＿＿＿＿＿的共享访问方案。

6. 计算机网络的体系结构可描述为＿＿＿＿＿、＿＿＿＿＿、＿＿＿＿＿和＿＿＿＿＿。

7. OSI 参考模型共分成 7 层：＿＿＿＿＿、＿＿＿＿＿、＿＿＿＿＿、＿＿＿＿＿、＿＿＿＿＿、＿＿＿＿＿和＿＿＿＿＿。

8. TCP/IP 协议是 OSI 七层模型的简化，它分为 4 层：＿＿＿＿＿、＿＿＿＿＿、＿＿＿＿＿和＿＿＿＿＿。

9. 一个基本的计算机网络由＿＿＿＿＿、＿＿＿＿＿、＿＿＿＿＿、＿＿＿＿＿和＿＿＿＿＿组成。

10. Internet 主要有＿＿＿＿＿、＿＿＿＿＿、＿＿＿＿＿、＿＿＿＿＿、＿＿＿＿＿、＿＿＿＿＿等相关协议，其地址分为用户地址、＿＿＿＿＿与＿＿＿＿＿。

（二）选择题

1. 通信子网的功能是＿＿＿＿＿＿＿＿＿。
   A. 完成数据的传输、交换和控制
   B. 提供访问计算机网络和处理数据的能力
   C. 提供网络通信功能
   D. 提供资源共享所需的硬件、软件和数据等资源

2. 资源子网的功能是＿＿＿＿＿＿＿＿＿。
   A. 完成数据的传输、交换和控制
   B. 提供资源共享所需的硬件、软件和数据等资源
   C. 提供网络通信功能
   D. 提供访问计算机网络和处理数据的能力

3. 信息交换是计算机网络最基本的功能，主要完成计算机网络中各个节点之间的系统通信。用户可以在网上＿＿＿＿＿＿＿＿＿。
   A. 传送电子邮件　　　　　　　　　　B. 发布新闻消息
   C. 进行电子购物　　　　　　　　　　D. 进行电子贸易、远程电子教育等

4. 计算机网络不仅传输计算机数据，也可以实现＿＿＿＿＿＿＿＿＿等综合传输，构成综合服务数字网络，为社会提供更广泛的应用服务。
   A. 数据　　　　　B. 话音　　　　　C. 图像　　　　　D. 图形

5. 层次化网络体系结构具有的优点有＿＿＿＿＿＿＿＿＿。
   A. 各层相互独立　　　　　　　　　　B. 灵活性好
   C. 易于通信系统的实现和维护　　　　D. 结构简单

6. TCP/IP 模型与 OSI 参考模型具有的相同点包括＿＿＿＿＿＿＿＿＿。
   A. 都是层次结构的模型
   B. 其最底层都是面向通信子网的
   C. 都有网络层
   D. 最高层都是向各种用户应用进程提供服务的应用层

7. 共享资源包括连在服务器上的所有＿＿＿＿＿＿＿＿＿以及网络上所有用户都能使用的其他设备。
   A. 存储设备　　　　B. 光盘驱动器　　　　C. 打印机　　　　D. 绘图仪

8. 如果局域网中的计算机设备多于两台，就需要用到＿＿＿＿＿＿＿＿＿来连接设备，此时设备通过集线器构成星形网络结构。
   A. 网卡　　　　　B. 网线　　　　　C. 集线器　　　　D. 交换机

（三）判断题

1. 计算机网络是计算机技术与通信技术紧密结合的产物，是计算机通信网络发展的高级阶段。　　（　　）

2. Internet 遵循的是 OSI 参考模型。　　（　　）

3. 以太网是一种广域网。　　　　　　　　　　　　　　　　　　　　　　　　（　　）

4. 内联网或者外联网与 Internet 连接时，都要经过相应的防火墙设施和访问认证。　（　　）

5. TCP/IP 模型和 OSI 七层模型完全不相关。　　　　　　　　　　　　　　　（　　）

6. TCP/IP 模型的网络接口层和 OSI 模型的网络层一致。　　　　　　　　　　（　　）

7. TCP 和 UDP 都是运行在传输层的协议。　　　　　　　　　　　　　　　　（　　）

8. 每个网卡都有自己唯一的 MAC 地址。　　　　　　　　　　　　　　　　　（　　）

9. PCI 总线是得到计算机厂家广泛支持的高性能的与处理器无关的总线。　　　（　　）

10. 第三层交换机是实现路由功能的基于硬件的设备。　　　　　　　　　　　（　　）

11. 在蜂窝移动通信中，每个小区都是正六边形的。　　　　　　　　　　　　（　　）

（四）讨论题

1. 什么是计算机网络拓扑？它是如何分类的？

2. Internet 的基本服务功能有哪些？

3. 举例说明进入 21 世纪后 Internet 有哪些新应用，你还知道哪些？

4. 世界各地的计算机通常可用哪几种直接或间接的方式连接到 Internet，成为 Internet 的一个用户。

5. 试分析在同样拥有 100 台计算机的网络中，如果有 5 台故障，在采用星形、总线型、环形等不同结构时，其影响范围分别有多大。

6. 试解释电子邮件地址和 IP 地址之间的区别。在两个地址之间可以建立一对一的关系吗。

7. 试分析 TCP 与 UDP 的主要异同点。

8. 解释 Internet 的客户机 / 服务器模型。在 TCP/IP 协议簇中哪个层实现这个模型？

9. 调查你周围的人上网的时间、关注的内容，以及主要使用哪些应用，并和大家讨论为什么喜欢这些应用。

10. 上网查询有关 Internet 技术最新发展的资料，讨论 Internet 的发展趋势。

11. 试比较有线网与无线网。

12. 试描述移动通信的主要发展历程与方向。

第 10 章　信息系统安全

　　本章中，我们着重讨论计算机科学领域相关的安全问题。分析对信息系统安全的理解；讨论信息系统安全面临的问题，如计算机病毒；介绍信息安全的核心技术数据加密和常见的网络安全技术防火墙和入侵检测。

　　安全问题原本是一个社会问题，包括社会安全、国家安全、个人的人身和财产安全等。当信息在我们的生活中越来越重要，社会运行越来越依赖于信息系统时，信息领域的安全问题更显突出。简单地说，信息系统安全一方面是要实现信息系统的正常运行，另一方面是要确保信息这种软资源在生产、传输、使用、存储等过程中的保密、完整、可用、真实和可控。信息安全保障的战略方针是积极防御、综合防范，积极应对信息安全面临的威胁，努力使遭受损害程度最小化，所需的恢复时间最短化。

10.1　信息安全概述

　　信息技术的快速发展推动社会进入了信息时代，大家都已生活在信息社会中，人类正在享用信息化带来的成果，同时信息基础设施成为社会基础设施中必不可少的关键基础设施之一。就像阳光之下总会有阴影一样，人类越依赖于信息系统，信息安全问题就越发凸显。社会发展对信息化的高度依赖，使信息安全问题已经涉及国民经济、个人权益甚至是国家安全等社会发展的方方面面，信息安全已经成为国家安全的重要组成部分。不解决信息安全问题、强化信息安全保障，信息化社会就不可能得到可持续的健康发展。

　　在现实应用中，计算机信息系统已由传统意义上的存储和处理信息的独立系统演变为互相连接、资源共享的系统集合，也就是说，计算机信息系统同时也是一个网络系统。

10.1.1　安全威胁

　　在社会已经网络化的今天，公共利益及公民个人、法人和其他组织的合法权益都与信息安全息息相关。信息时代，传统犯罪活动借助网络得到了新的活动空间，网络诈骗、网络赌博、通过网络散布谣言、网上销售违禁品甚至传播淫秽色情等违法犯罪活动层出不穷，相比传统犯罪而言，其危害面更广，犯罪行为更加隐蔽难以追查。随着电子商务、网上银行等业务的发展，一些专门利用网络窃取他人财产的新型案件也不断出现，极大危害了网络正常应用，企业和用户的敏感信息面临严重威胁。由于任何个人或单位都可以在网上发布信息，给某些不法之徒和一些不负责任的人以可乘之机，网上除了有价值的信息之外，充斥着大量虚假信息，对公民日常生活、经济利益甚至正常的公共秩序、社会稳定都带来极大负面影响。公民的隐私权在信息社会中受到巨大挑战。随着信息化在政府和军队中的推广，信息安全不仅关乎人们的生产和生活，也关系到国家安全。信息系统的全球化使得传统国界受到冲击，在信息领域中很容易进行"跨国"活动，信息领域成为国家主权在自然疆域之外的另一个领域，"信息疆域"的安全逐渐成为国家安全体系的一部分，保卫信息疆域成为国家安全的基本任务之一。

我国 2015 年 7 月 1 日通过的《中华人民共和国国家安全法》第二十五条明确指出：国家建设网络与信息安全保障体系，提升网络与信息安全保护能力，加强网络和信息技术的创新研究和开发应用，实现网络和信息核心技术、关键基础设施和重要领域信息系统及数据的安全可控；加强网络管理，防范、制止和依法惩治网络攻击、网络入侵、网络窃密、散布违法有害信息等网络违法犯罪行为，维护国家网络空间主权、安全和发展利益。信息安全是国家总体安全观的一个重要组成部分。为了保障网络安全，维护网络空间主权和国家安全、社会公共利益，保护公民、法人和其他组织的合法权益，2016 年 11 月通过的《中华人民共和国网络安全法》自 2017 年 6 月 1 日起施行。2021 年 6 月通过的《中华人民共和国数据安全法》自 2021 年 9 月 1 日起施行，提出规范数据处理活动，保障数据安全，促进数据开发利用，保护个人、组织的合法权益，维护国家主权、安全和发展利益，并且明确指出数据安全，是通过采取必要措施，确保数据处于有效保护合法利用的状态，以及具备保障持续安全状态的能力。2021 年 8 月通过，且于 2021 年 11 月 1 日起施行的《中华人民共和国个人信息保护法》将个人信息保护从立法层面向执法层面推进落实，将个人信息保护落到实处。《个人信息保护法》《网络安全法》《数据安全法》等法律共同构成我国公民个人信息保护体系。近年以来，在隐私保护问题逐渐有法可依的同时，也掀起了一波"隐私计算"技术的热潮。

具体而言，信息系统是一个基于网络的系统。信息系统的安全威胁主要体现在计算机网络的安全威胁。计算机网络所面临的威胁包括对网络中信息的威胁和对网络中设备的威胁。影响计算机网络的因素很多，有些因素可能是有意的，也可能是无意的；可能是人为的，也可能是非人为的，具体包括：内部人员（如信息系统的开发者、维护者等）、特殊身份人员（如审计人员、稽查人员、记者等）、外部黑客及组织、竞争对手、网络恐怖组织、军事组织或国家组织等。

由于黑客的攻击、管理的欠缺、网络的缺陷、软件的漏洞或"后门"，还有网络内部的威胁（如用户的误操作、资源滥用和恶意行为使得再完善的防火墙也无法抵御来自网络内部的攻击，也无法对网络内部的滥用做出反应）等安全问题的根源。网络信息安全主要面临的威胁可归纳为下列几类：

- 非授权访问。非授权访问主要有以下几种形式：假冒、身份攻击、非法用户进入网络系统进行违法操作、合法用户以未授权方式进行操作等。非授权访问的威胁涉及受影响的用户数量和可能被泄露的信息。
- 信息泄漏或丢失。指敏感数据在有意或无意中被泄漏出去或丢失，它通常包括：信息在传输中丢失或泄漏、信息在存储介质中丢失或泄漏、通过建立隐蔽隧道等方式窃取敏感信息等。具有严格分类的信息系统不应该直接连接 Internet。
- 破坏数据完整性。以非法手段窃得对数据的使用权，删除、修改、插入或重发某些重要信息，以取得有益于攻击者的响应；恶意添加、修改数据，以干扰用户的正常使用。
- 拒绝服务攻击。拒绝服务攻击不断对网络服务系统进行干扰，改变其正常的作业流程，执行无关程序使系统响应减慢甚至瘫痪，使合法用户被排斥而不能进入计算机网络系统或不能得到相应的服务。
- 利用网络传播病毒。通过网络传播计算机病毒，其破坏性大大高于单机系统，而且单个用户很难防范。

图 10-1 列出了一些典型的威胁以及它们之间的相互关系。

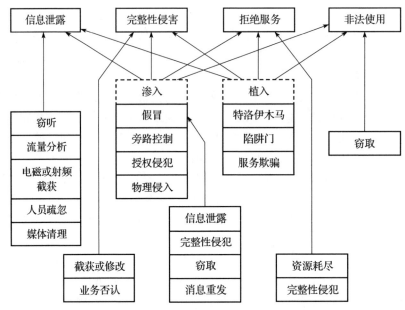

图 10-1   典型威胁及其相互关系

10.1.2   对信息系统安全的理解

通过上面的分析，可以知道如果不采取相应的防护措施，那么基于计算机网络的信息系统安全性是很脆弱的。

信息系统安全的内容包括了系统安全和信息安全两个部分。系统安全主要指网络设备的硬件、操作系统和应用软件的安全；信息安全主要指各种信息的存储、传输的安全。网络安全通常依赖于两种技术：一是传统意义上的存取控制和授权，如访问控制表技术、口令验证技术等；二是利用密码技术实现对信息的加密、身份鉴别等。

从网络运行和管理者的角度来说，他们希望对本地网络信息的访问、读写等操作受到保护和控制，避免出现"后门"、病毒、非法存取、拒绝服务、网络资源非法占用和非法控制等威胁，制止和防御网络黑客的攻击。而对安全保密部门来说，他们希望对非法的、有害的或涉及国家机密的信息进行过滤和防堵，避免机要信息泄露，对社会产生危害，对国家造成巨大损失。

一般认为可从以下 5 个方面来定义信息系统安全的目标，这些目标往往易受到安全威胁。

1）完整性

完整性（Integrity）是指信息在存储或传输过程中保持不被修改、不被破坏、不被插入、不延迟、不乱序和不丢失的特性。对于军用信息来说，完整性被破坏可能意味着延误战机、自相残杀或闲置战斗力。破坏信息的完整性是对信息安全发动攻击的目的。

2）可用性

可用性（Availability）是指信息可被合法用户访问并按要求正当使用的特性，即指当需要时可以取用所需信息。对可用性的攻击就是阻断信息的可用性，如破坏网络和有关系统的正常运行就属于这种类型的攻击。

3）保密性

保密性（Confidentiality）是指信息不泄漏给非授权的个人和实体，或不供其利用的特性。军用信息安全尤为注重信息的保密性（比较而言，商用则更注重信息的完整性）。

4）可控性

可控性（Controllability）是指授权机构可以随时控制信息的机密性，密钥托管、密钥恢复等措施就是实现信息安全可控性的例子。

5）不可否认性

不可否认性（Non-Repudiation）是一种可靠性要求，是指信息的行为人要对自己的信息行为负责，不能抵赖自己曾有过的行为，也不能否认曾经接到对方的信息。这在交易系统中十分重要。通常将数字签名和公证机制一同使用来保证不可否认性。也有人认为可靠性是人们对信息系统而不是对信息本身的要求。

重　要　　信息安全的内涵是实现信息网络系统的正常运行，确保信息在产生、传输、使用、存储等过程中保密、完整、可用、真实和可控，采用一切可能的办法和手段，千方百计保住信息的上述"五性"安全目标。

10.1.3　如何才能安全

如何才能满足信息系统安全的基本需求呢？实现信息的安全，需要从技术和管理两方面入手。受条件限制，本书重点从技术角度进行讨论。国际标准化组织 ISO 的 ISO 7498 给出了开放系统互连的基本参考模型，ISO 7498–2 标准的颁布，确定了在基于 ISO 参考模型的 7 层协议之上，保护开放系统之间通信的通用信息安全体系结构。ISO 7498–2 的核心内容是将 5 大类安全服务即身份鉴别、访问控制、数据保密、数据完整性、不可否认性以及提供这些服务的 8 类安全机制及其相应的 OSI 安全管理，尽可能地放置于 OSI 模型的 7 层协议中，以实现端系统信息安全传送的通信通路，如图 10-2 所示。

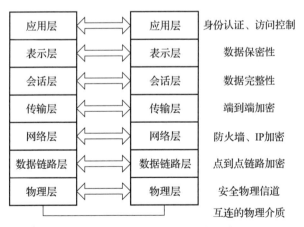

图 10-2　开放系统互连基本参考模型

1. 安全服务

通常将为加强网络信息系统安全性及对抗安全攻击而采取的一系列措施称为**安全服务**。ISO 7498-2 中定义的 5 类安全服务是：

- 数据完整性。数据完整性用于保证所接收的消息未经复制、插入、篡改、重排或重放，即用于对付主动攻击，此外还能对遭受一定程度毁坏的数据进行恢复。同数据保密性一样，数据完整性可用于一个消息流、单个消息或一个消息中的所选字段，同样，最为有用和直接的方法是对整个流的保护。

- 身份鉴别。身份鉴别用于保证通信的真实性，证实接收的数据就来自所要求的发送方，包括对等实体鉴别和数据源鉴别。数据源鉴别用于无连接方式的服务，而对等实体鉴别通常用于面向连接的服务，一方面可确保双方实体是可信的（即每个实体的确是它宣称的那个实体），另一方面可确保该连接不被第三方干扰（如假冒其中的一方进行非授权的传输或接收）。
- 数据保密。数据保密用于保护数据以防止被动攻击，服务可根据保护范围的大小分为几个层次。其中最广义的服务可保护一定时间范围内两个用户之间传输的所有数据；较狭义的服务包括对单个消息的保护或对一个消息中某个特定字段的保护，不过同广义服务比起来，这种服务用处较小，代价可能更高。
- 访问控制。访问控制用于防止对网络资源的非授权访问，保证系统的可控性。访问控制可以用于通信的发送方或接收方，或是通信链路上的某一地方。一般用在应用层，有时希望为子网提供保护，可在传输层实现访问控制。
- 不可否认性。不可否认用于防止通信双方中的某一方抵赖所传输的消息，即消息的接收方能够证明消息的确是由消息的发送方发出的，而消息的发送方能够证明这一消息的确已被消息的接收方接收了。

这 5 类安全服务同前面安全目标的 5 个方面基本对应。

2. 安全机制

安全机制是实现安全服务的技术手段，表现为操作系统、软硬件功能部件、管理程序以及它们的任意组合。信息系统的安全是一个系统的概念，为了保障整个系统的安全可以采用多种机制。ISO 7498-2 中定义了 8 类安全机制。

1）加密机制：运用数学算法将数据换成不可知的形式，数据的变换和复原依赖于算法和一个或多个加密密钥。

2）数字签名机制：附加于数据元之后的数据，是对数据元的密码变换，可使接收方证明数据的来源和完整性，并防止伪造。

3）访问控制机制：对资源实施访问控制的各种机制。

4）数据完整性机制：用于保证数据流完整性的各种机制。

5）鉴别机制：通过信息交换来鉴别身份的各种机制。

6）通信业务填充机制：在数据流空隙中插入若干位以阻止流量分析。

7）路由控制机制：能够为某些数据动态地或预定地选取路由，确保只使用物理上安全的子网络、中继站或链路。

8）公证机制：利用可信赖的第三方来保证数据交换的某些性质。

以上是特定的安全机制，可以嵌入到合适的协议层提供一些 OSI 安全服务。另外还有 5 种安全机制如下：

1）可信功能度：认为某些标准被认为是正确的，就是可信的。

2）安全标志：资源的标志，用以指明该资源的属性。

3）事件检测：用来检测与安全相关的事件。

4）安全审计跟踪：收集潜在可用于安全审计的数据，以便对系统的记录和活动进行独立地观察和检查。

　　5）安全恢复：处理来自诸如事件处置与管理功能等安全机制的请求，并采取恢复措施。
这 5 个是普遍安全机制，它们不局限于任何 OSI 的协议层，提供独立的安全服务。

　　一种安全机制可以提供多种安全服务，而一种安全服务也可采用多种安全机制来实现。
安全服务与安全机制之间的关系如表 10-1 所示。

表 10-1　安全服务与安全机制的关系

机制 / 服务	保密性	完整性	身份鉴别	访问控制	不可否认
加密	Y	Y	Y		
数字签名		Y	Y		Y
访问控制				Y	
数据完整性		Y			Y
鉴别			Y		
通信业务填充	Y				
路由控制	Y				
公证					Y

　　注："Y"表示可以提供，"空"表示不能提供。

　　其中加密机制有着最广泛的实际应用，并且可以提供最大限度的安全性。其主要应用是
防止对保密性、完整性和鉴别的破坏。在 8 种特定安全机制中，除业务填充和路由控制外，
其余的 6 种都同密码算法有关，因此说密码算法是网络信息系统安全的核心技术。

3. 安全策略

　　在实际应用中，到底应该采取什么样的安全机制，提供什么样的安全服务，需要根据网
络信息系统的情况，定义好安全需求，制定相应的安全策略，然后由安全策略来决定采用何
种方式和手段来保证网络系统的安全。也就是首先要清楚自己需要什么，制定恰当的满足需
求的策略方案，然后才考虑技术上如何实施。

　　信息安全策略是指在一个组织内部指导如何对包括敏感信息在内的资产进行管理、保护
和分配的规则和指示。信息系统安全规范和策略不仅是系统建设的重要依据，而且也是系统
安全维护的重要文档，是制定安全标准和管理制度的重要基础。

　　安全策略通常包括两个重要的部分：
- **严格的管理**：各网络使用机构、企业和单位应根据本单位的具体情况建立相应的信息
安全管理办法，加强内部管理，建立审计和跟踪体系，提高整体信息安全意识。
- **先进的技术**：先进的安全技术是信息安全的根本保障。用户需要首先对面临的威胁进
行风险评估，根据评估报告和所需的安全保护级别决定其需要的安全服务种类，选择
相应的安全机制，然后集成先进的安全技术，最后还要定期升级相关的技术。

　　安全策略内容包括：程序策略、信息 / 资源分级策略、标准访问定义策略、密码管理策
略、Internet 使用策略、网络安全策略、远程访问策略、桌面策略、服务器平台策略、应用
程序安全策略等。

　　通过上面的讨论我们知道，信息系统的安全威胁主要来自一些想要非法利用信息系统的
人，我们前面讨论的主要是技术方法，力图从技术角度尽可能减少系统设计上的安全漏洞，
建设更加安全的技术体系，从技术上减少安全隐患。同时，我们也要加强社会管理，从管理
上减少人们不良使用系统的企图。安全不可能只依靠技术手段实现，人才是关键因素。

我国十分重视信息化法制建设，并运用法律手段保障计算机信息网络系统安全，促进信息网络的健康发展。从 1994 年国务院令 147 号发布《中华人民共和国计算机信息系统安全保护条例》开始，国务院与相关部委陆续发布了《中华人民共和国计算机信息网络国际联网管理暂行规定》《计算机信息网络国际联网安全保护管理办法》《商用密码管理条例》《计算机病毒防治管理办法》《互联网信息服务管理办法》《中华人民共和国电子签名法》等多部法规文件，2021 年 6 月人大常委会通过了《中华人民共和国数据安全法》。

10.2　数据加密

保证信息安全的一个非常重要的手段就是数据加密技术，它的思想核心就是既然计算机信息系统本身并不安全可靠，那么所有重要信息就全部通过加密处理。

10.2.1　密码学基础

密码学最早起源于古代的密码术，即通过"秘密书写"隐藏消息含义，并进行消息转换的技术和学问。

1. 基本概念

现代密码术是根据密约规则和密钥算法，将人可阅读的明文与不可阅读的密文相互转换的技术。由于计算机中所有的信息都以二进制代码表示，因此在网络中的加密信息和密钥都是数字密码。将明文变为密文的过程称为**加密**；将密文译回明文的过程称为**解密**。**密钥**是随机的长数列比特数位串，它和算法结合完成加 / 解密的过程。**算法**是标识如何将密钥插入明文的数学计算规则。一个算法含有一个**密钥空间**。所谓密钥空间是可能插入密钥的信息值的范围。密钥空间越大，能插入的密钥就越多，破解就越困难，信息也就越安全。加密系统的强度直接和算法、密钥的私密性、密钥的长度、初始矢量，以及它们之间如何工作有关。一个加密系统强度越高，表示破解越困难。**工作系数**是预计解密所需的时间、资源、难度。工作系数越高，信息越安全。

密码系统的主要功能是：

1）保密性：非授权人不能明了信息意义。

2）鉴别性：复核发信人的身份。

3）完整性：保证信息在传送中无丢失、无篡改。

4）不可否认性：发送方不可否认发出信息，接收方不可否认收到信息。

2. 传统密码

传统密码常使用两种技术对入侵者隐藏信息：代换和置换。

（1）代换密码

用事先商定好的密语或字符组合直接代换明文。如前、后方将领共同约定一套军事代码：1– 前进，2– 固守，3– 撤退……代换密码简单、高效、难以破译，但必须经事先双方约定，传递的信息有限。一旦出现事先未预料到的突发情况，难以用密文沟通。

（2）置换密码

置换密码仍使用明文中出现的字符，只是将字符的顺序按密钥的指示加以颠倒。置换密码可用来传递任何信息，但无论是英文或中文，都有出现频率极高的常用字。英文如 the、 that、is、hello、dear 等，中文如"很""个""我"等，排序字符出现的频率可帮助破译。例如，明文"明天来办公室见我"，按照密钥"34152768"编密，密文变成"来办明公天见室我"。

例 10-1：使用密钥为 10 的移位密码，加密消息"LOVE"。

解：

设 26 个英文字母的序号为 0 ～ 25。采用移 10 位的加密方法，我们对明文一个字符一个字符地使用加密算法：

ABCDEFGHIJKLMNOPQRSTUVWXYZ

明文：L　　→　　向后移 10 个字符　　→　　密文：V

明文：O　　→　　向后移 10 个字符　　→　　密文：Y

明文：V　　→　　向后移 10 个字符　　→　　密文：F

明文：E　　→　　向后移 10 个字符　　→　　密文：O

因此密文是"VYFO"。注意这样的处理并不安全。在这样的情况下，密钥的值只能是 0 ～ 25，因此一个入侵者在截获密文后，简单地使用暴力攻击，尝试所有可能的密钥，就能找到一个有意义的明文。

3. 密码体系

为了进行加密变换，需要**密钥**和**算法**两个要素。进行解密，也需要这两个要素。为了提高加密强度，一是要设计安全性好的加密算法，二是要尽量提高密钥的长度（因为利用现代计算机技术可以用穷举法，穷举出密钥，加长密钥可以增加穷举的时间）。但是在实际中，如何保证密码方法的安全性呢？

为了安全，在实际中可以采用两种不同的策略：一种称为受限制的算法，即基于算法保密的安全策略；另一种是基于密钥保护的安全策略。

基于算法保密的策略曾经被使用，但是在现代密码学中，已经不再使用。原因如下：

1）算法是要人掌握的。一旦人员变动，就要更换算法。

2）算法的开发是非常复杂的。一旦算法泄密，重新开发需要一定的时间。

3）不便于标准化。由于每个用户单位必须有自己唯一的加密算法，不可能采用统一的硬件和软件产品。否则偷窃者就可以在这些硬件和软件的基础上进行猜测式开发。

4）不便于质量控制。用户自己开发算法，需要好的密码专家，否则对安全性难以保障。

因此，现代密码学都采用基于密钥保护的密码安全策略。就是将加密算法标准化（可以公开），只保护密钥。这样便于标准化和质量控制（可以由高水平的专家开发算法）；一个密钥泄密，只要换一个即可。

10.2.2　加密技术

加密可以看作把消息锁进箱子，而解密可以看成打开箱子。根据开 / 锁箱子使用密钥的不同方式，又分为对称密钥密码术和非对称密钥密码术。

1. 对称密钥密码术

在对称密钥密码术中，用相同的密钥来锁和打开"箱子"。这种技术无论加密还是解密都是用同一把钥匙，是比较传统的一种加密方法。发送方用某把钥匙将某重要信息加密，通过网络传给接收方，接收方再用同一把钥匙将加密后的信息解密。这种方法快捷简便，即使传输信息的网络不安全，被别人截走信息，加密后的信息也不易泄露。

对称密钥密码术在使用方便的同时，也带来了一系列问题：

1）信息的安全依赖密钥（密码簿）的安全。由于收/发双方使用同一个密钥，密钥就必须事先分发，为了保密，密钥还需定期更换。网上分发密钥存在着密钥泄密的巨大风险，于是只能选择网下分发密钥。这给远距离用户的密钥分发带来极高的成本，当密钥被破解及需更换时，也无法做到及时更换。

2）由于收发双方要使用同一个密钥，多人（设为 N）通信时，密钥数目就会呈几何级数的膨胀。每一方需要保存（$N-1$）个密钥，整个网络上有 $N(N-1)/2$ 个密钥，这对密钥的生成、分发和管理都带来极大困难。

3）收发双方必须事先统一并相互信任。如素不相识，就必须通过收/发方共同信任的第三方（通常是密钥分发中心）来完成密钥分发。

4）对称密钥可提供保密性，但不能提供身份鉴别和不可否认性。

这些问题在后来出现的非对称密钥密码术中得到了解决。

2. 非对称密钥密码术

非对称密钥密码术又叫公钥密码技术。此技术使用两个相关互补的钥匙：一个称为公用钥匙（Public Key），另一个称为私人钥匙（Secret Key）。公用钥匙是大家都知道的，而私人钥匙则只有每个人自己知道。发送方需用接收方的公用钥匙将重要信息加密，然后通过网络传给接收方。接收方再用自己的私人钥匙将其解密。除了私人钥匙的持有者，没有人（包括发信者）能够将其解密。公用钥匙是公开的，即使在网络不安全的情况下，也可以通过网络告知发送方。而只知道公用钥匙是无法导出私人钥匙的。现有软件如 Internet 免费提供的 PGP（Pretty Good Privacy）可直接实现这些功能。

加密技术主要有两个用途，一是加密信息，正如上面介绍的；另一个是信息数字签名，即发送方用自己的私人钥匙将信息加密，这就相当于在这条消息上签了名。任何人只有用发送方的公用钥匙，才能解开这条消息。这一方面可以证明这条信息确实是此发信者发出的，而且事后未经过他人的改动（因为只有发送方才知道自己的私人钥匙）；另一方面也确保发送方对自己发出的消息负责，消息一旦发出并签了名，他就无法再否认这一事实。

如果既需要保密又希望签名，则可以将上面介绍的两个步骤合并起来。即发送方先用自己的私人钥匙签名再用接收方的公用钥匙加密，再发给对方。反过来接收方只需用自己的私人钥匙解密，再用发送方的公用钥匙验证签名。这个过程说起来有些烦琐，实际上很多软件都可以只用一条命令实现这些功能，非常简便易行。

在网络传输中，加密技术是一种效率高而又灵活的安全手段，值得在企业网络中加以推广。目前，加密算法有多种，大多源于美国，但是大多受到美国出口管制法的限制。现在金融系统和商界普遍使用的算法是美国数据加密标准 DES 算法。近几年来我国对加密算法的研究主要集中在密码强度分析和实用化研究上。

对称和非对称密码算法的比较参见表 10-2。

表 10-2　对称和非对称密码算法比较表

属性	对称密钥密码术	非对称密钥密码术
算法	对称算法	非对称算法
密钥的数量	一个密钥，双方或多方分享	一对密钥，公钥公开，私钥隐蔽
密钥分发	网外分发	网上分发

（续）

属性	对称密钥密码术	非对称密钥密码术
算法难度	相对简单	复杂
速度	快	慢
密钥长度	固定	不固定
提供的服务	保密性，完整性	保密性，完整性，鉴别性，不可否认性

3. 解密

密文的解密，关键是对密钥的掌握，非正常获取密钥有两种基本的方法：

1）通过特殊的密钥恢复方式取得密钥。

2）通过对密文的分析破解出密钥。

第一种方式常见于合法用户因密钥遗失，密钥软件受损，存储有密钥的介质毁坏，而向 CA 证书授权中心申请密钥备份恢复。

第二种方式则是攻击方为了达到攻击目的，动用高效计算机，实施穷举攻击，试图破解防卫方的密钥。它又有 4 种基本类型：

（1）单密文型

在此种环境下，防卫方采用单明文 – 单密文——对应的方式发送密文。攻击方截获到一组密文，并已知它们用同一种加密算法加密。利用单明文 – 单密文的方式发送报文，由于发文次数多，易被攻击方截获。但如果攻击方只获得密文而没有明文，往往还未破译密钥，防卫方已经更改密钥，因此破译困难。

（2）单明文，单密文型

和前述单密文不同，在此种环境下，攻击方除了掌握一个或一组密文，也知晓了与之对应的一个或一组明文。由于可两相对照，攻击方破译的概率大为提高。

（3）多明文，单密文

由于多个明文，按单明文 – 单密文逐次单发时，报文被攻击方截获的概率高于一次单发，因此防卫方发送多个明文时，先将多个明文合并成一个文件，之后用加密算法生成单个密文，一次发出。接收方收到后，用解密算法解出全部或挑选出重要的信息加以解密。多明文，单密文法安全性好，报文被捕获的机会少，相关文件连接，捆绑加密，也提高了信息完整性。缺点是，如用选择明文，信息传输的有效载荷小，加大了信息传输成本。由于信息捆绑，一旦密钥被攻破，损失也大。

（4）单明文，多密文

与多明文，单密文相反，防卫方将一个待传文件分解成几个子件，再用多个加密算法生成多个密文，分开发送。除非攻击方全部截获密文并全部解密，否则利用此法加密的信息就是安全的或部分安全的。

10.3　计算机病毒

病毒的定义一直存在着争议，不少人包括世界各国的反病毒厂商都将基于网络的木马、后门程序以及恶意软件也归在计算机病毒之列查杀。

我国对于计算机病毒的法律定义一直沿用 1994 年 2 月 18 日颁布的《中华人民共和国计算机信息系统安全保护条例》第二十八条，即"计算机病毒，是指编制或者在计算机程序中插入的破坏计算机功能或者毁坏数据，影响计算机使用，并能自我复制的一组计算机指令或者程序代码。"司法部门可依此法规逮捕和惩罚病毒制造和散播者。例如，2007 年 9 月 24 日，"熊猫烧香"病毒的制造者李俊就因制造计算机病毒犯有破坏计算机信息系统罪（《刑法》第 286 条），被判处有期徒刑 4 年。

另外还有一类恶意软件，在未明确提示用户或未经用户许可的情况下，强行在用户计算机或其他终端上安装运行，占用用户计算机资源，侵犯用户合法权益的软件。这类软件不在我国现有法律法规所定义的计算机病毒范围内，所以对于这类令人讨厌的"流氓软件"，人们只能采取共同抵制和举报的方式来维护自己的权益。

10.3.1 计算机病毒概论

众所周知的生物病毒，是能侵入人体或其他生物体内的病原体。在它潜入到人或其他生物的细胞内后，将会大量繁殖与其本身相仿的复制品。这些复制品又去感染其他健康的细胞，大部分被感染的细胞会因此而死亡，它们是非人为的具有传染性和杀伤力的有机体。而计算机病毒在传染性、潜伏性等方面类似于生物病毒，是一种能入侵到计算机和计算机网络、危害其正常工作的"病原体"；它是人为的且以传染性、潜伏性为特征的无机体。

1. 行为

任何一种计算机病毒，都具有该病毒自己特定的破坏行为。这种破坏行为和破坏程度取决于该病毒制造者自身的设计思想、设计目标，特别是取决于其编程技术和病毒技术。随着计算机病毒技术的进步，计算机病毒的表现形式和破坏性更加隐蔽和严重，计算机病毒的影响范围和针对性不断扩大。到目前为止，计算机病毒的破坏行为和目标，归纳起来大体有：攻击文件；使系统操作和运行速度下降；扰乱键盘操作；浪费（消耗）系统资源；干扰打印机的正常工作；攻击 Boot、系统中断向量、FAT、硬盘的主引导区和目录区；侵占和删除存储空间；改动系统配置；攻击 CMOS；格式化部分磁道、扇区甚至整个磁盘；干扰、改动屏幕的正常显示；攻击内存、邮件；阻塞网络；盗版；泄露军事信息等。

2. 特征

正确而全面地认识计算机病毒的特征，有助于反病毒技术的研究。由计算机病毒的含义，以及对病毒的产生、来源、表现形式和破坏行为的分析，可以抽象出病毒所具有的一般特征。只要是计算机病毒，就必然具备以下 10 个基本特征：程序性、传染性、潜伏性、干扰与破坏性、可触发性、针对性、衍生性、夺取系统的控制权、依附性和不可预见性。

3. 分类

计算机病毒的分类方法很多，按病毒攻击对象的机型可以分为：攻击微型计算机的病毒、攻击小型计算机的病毒、攻击中大型计算机的病毒和攻击计算机网络的病毒；按病毒攻击计算机的操作系统可以分为：攻击 Macintosh 系统的病毒、攻击 DOS 系统的病毒、攻击 Windows 系统的病毒、攻击 UNIX 系统的病毒和攻击 OS/2 系统的病毒；按计算机病毒破坏行为的能力可以分为：无害型病毒、无危险型病毒、危险型病毒和非常危险型病毒。在这里主要介绍另外两种分类方法。

按计算机病毒的链接方式分类：

- 操作系统型病毒：这类计算机病毒用其自身部分加入或替代操作系统的某些功能，它们主要针对磁盘的引导扇区进行攻击，有的还能同时攻击文件配置表（FAT）。在一般情况下并不感染磁盘文件，而是直接感染操作系统。

- 外壳型病毒：这类计算机病毒在实施攻击时，并不改变其攻击目标（即该病毒的宿主程序），而是将病毒自身依附于宿主程序的头部或尾部，相当于给宿主程序加了个"外壳"。
- 嵌入型病毒：嵌入型病毒是将自身嵌入到其宿主程序的中间，把计算机病毒主体程序与其攻击的对象通过插入的方式链接。前述的外壳型病毒是将其病毒代码插入到宿主程序的头部、尾部，来改变宿主的程序代码，病毒代码与宿主程序之间仍存在明显的界限，因此，外壳型病毒能被反病毒软件发现。而嵌入型病毒则是在保证该病毒优先获得运行控制权且其宿主程序不因该病毒的非首、尾插入而"卡死"的前提下，将该宿主程序在恰当之处"拦腰截断"，嵌入病毒代码。
- 源码型病毒：这类病毒攻击用计算机高级语言编写的源程序。它们不但能够将自身插入宿主程序中，而且在插入后还能与被插入的宿主程序一道编译、链接成为可执行文件并使之直接携带病毒。源码型病毒可用汇编语言编写，亦可用计算机高级语言或"宏命令"编写。目前，大多数源码型病毒采用 Java 等网络编程语言编写。

按计算机病毒的传染方式分类：

- 引导型病毒：引导型病毒利用磁盘的启动原理工作，主要感染磁盘的引导扇区。在计算机系统被带毒磁盘启动时首先获得系统控制权，使得病毒常驻内存后再引导并对系统进行控制。病毒的全部或者一部分取代磁盘引导扇区中正常的引导记录，而将正常的引导记录隐藏在磁盘的其他扇区中。待病毒程序被执行之后，将系统的控制权交给正常的引导区记录，使得该带毒系统表面上看起来好像是在正常运作，实际上病毒已隐藏在系统中，监视系统的活动，伺机传染其他需要操作的磁盘；在一般情况下与操作系统型病毒类似，引导型病毒也不会感染磁盘文件。
- 文件型病毒：文件型病毒就是通过操作系统的文件系统实施感染的病毒，这类病毒可以感染 com、exe 文件，也可以感染 obj、doc、dot 等文件。当用户调用染毒的可执行文件（exe 和 com）时，病毒首先被运行，然后病毒驻留内存，伺机传染其他文件或直接传染其他文件，其特点是病毒依附于正常的程序文件，成为该正常程序的一个外壳或部件。
- 混合型病毒：这类病毒既具有引导型病毒的特点，又有文件型病毒的特点，即同时能够感染文件和磁盘引导扇区的"双料"复合型病毒。混合型病毒通常都具有复杂的算法，使用非常规的方法攻击计算机系统。

计算机病毒数量剧增，花样更新，传播迅速。根据其不同的特征进行分类，掌握各种类型病毒的工作原理，是防范、遏制病毒蔓延的前提。计算机病毒的分类方法很多，除了上面介绍的几种常用分类方法以外，还可以从病毒的激活方式、传播方式、寄生载体、采用的特殊算法等其他不用的角度对病毒进行合适的分类，如电子邮件病毒、木马病毒、网络病毒、多态病毒、蠕虫病毒、宏病毒等。

10.3.2 计算机病毒的作用机理

在系统运行时，病毒通过病毒载体即系统的外存储器进入系统的内存储器，常驻内存。该病毒在系统内存中监视系统的运行，当它发现存在攻击目标并满足条件时，便从内存中将自身存入被攻击的目标，从而将病毒进行传播。

1. 结构模式

尽管目前出现的计算机病毒数量、种类繁杂多样，但是通过对病毒程序代码的分析、比较和归纳，它们的程序结构都存在着许多共同之处，具有很大的相似性。绝大多数病毒程序，都是由引导模块（亦称安装模块）、传染模块和破坏表现模块这 3 个基本的功能模块所组成，如图 10-3 所示。其中，传染模块又由激活传染条件的判断部分和传染功能的实施部分组成；破坏表现模块由病毒触发条件判断部分和破坏表现功能的实施部分组成。

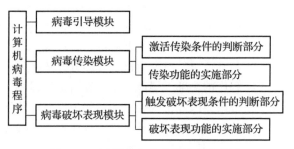

图 10-3　计算机病毒结构的基本模式

　　需强调的是，首先，并非任何一种病毒程序都全部具备如图 10-3 所示的 3 个基本功能模块。例如文件类型的 Vienna 病毒只有传染模块和破坏表现模块而没有引导模块。这类病毒利用操作系统的加载机制取得的瞬间动态执行传染和破坏表现模块，瞬时轰炸，打了就跑。而引导类型的 Brain 病毒则只有引导模块、传染模块而无表现模块，这正是某些病毒不具备"表现性"的原因所在。但是，没有表现性却增强了这类病毒的隐蔽性。

　　其次，病毒程序的这几个基本模块既有"分工"，又有"合作"，它们相互依靠、彼此协调。引导模块可以是传染模块和破坏表现模块的基础；破坏表现模块又依赖传染模块扩大攻击的范围；而传染模块则是病毒程序的核心。

2．工作机理

（1）病毒的引导机理

　　计算机的任何操作系统都有自举过程。对于 MS-DOS 而言，当该操作系统在启动时，首先由系统调入引导扇区记录并执行，然后将 DOS 调入内存。某些攻击 DOS 操作系统类型的计算机病毒正是利用了这一点。该病毒程序的引导模块率先将自身的程序代码引入并驻留在内存中。

　　病毒代码驻留内存的策略一般有两种，一是通过程序驻留；二是把病毒代码转移到内存高端并占用该范围的部分空间，以便病毒代码不被覆盖。其实现的方法主要有：

- 减少系统可分配空间。
- 利用系统暂时未用的保留空间和 DOS 系统与各模块间的空隙。
- 利用应用程序加载的功能调用（例如某些文件类型的病毒利用 DOS 系统为用户的应用程序所提供的驻留内存中断向量 INT21H、INT27H 等，使病毒自身调入并驻留于内存中）。
- 病毒程序占用系统程序的使用空间等。

　　这样，系统一旦启动，病毒就被激活，设定触发条件，伺机适时获得系统的控制权，随后引入正常的操作系统。只要是触发条件得到满足，就立即触发病毒，对未被感染的磁盘进行传染。

　　若病毒程序没有引导模块，可能会利用系统的加载机制获得动态瞬间，来执行其传染模块和破坏表现模块。

（2）病毒的传染机理

　　传染是病毒最本质的特征之一，是病毒的再生机制。在单机环境下，计算机病毒的传染途径有：

- 通过磁盘引导扇区进行传染。
- 通过操作系统文件进行传染。
- 通过应用文件进行传染。

在因特网中，病毒通过电子邮件、Web 页面进行传播已经是屡见不鲜的事实了。基于计算机病毒技术的发展趋势，可以预料，通过电磁波进行传染的病毒也是有可能出现的。

并非一种病毒只能通过单一的传染途径进行传染，有的病毒还具有通过多种途径进行传染的能力。

病毒在对攻击对象实施传染之前，要判断其传染条件是否成立。例如 CIH 病毒只针对 Windows 95/98 操作系统环境下 PE 格式的可执行文件进行传染，防治时就要判断这类文件是否已经被病毒感染过。有些病毒程序寄生在可执行文件头部或尾部，只要运行这个可执行文件，首先执行的是就病毒程序，将病毒常驻内存，再设置触发条件，然后转移到正常程序部分，执行正常程序。有的病毒程序也可能在执行文件的中间，但都要修改该可执行文件的长度和有关控制信息，以保证病毒代码能够成为该可执行文件的一部分，取得控制权而被率先执行。

重　要

对于文件类型和引导类型病毒，其传染过程可归纳为：

由引导模块将病毒程序引入内存，监视系统的运行→激活传染模块，根据传染判断条件是否满足来决定是否对目标程序进行传染→在保证被攻击对象仍可正常运行的前提下，实施传染功能。

这两类病毒传染过程的主要区别在于激活传染模块的手段有别。

（3）病毒的破坏表现机理

病毒程序的引导模块和传染模块是为破坏表现模块服务的。破坏表现模块可以在第一次病毒代码加载时运行；也可能在第一次病毒代码加载时，只有引导模块引入内存，然后再通过触发某些中断机制而运行。一般情况下，病毒是在一个或若干个设定的破坏条件都满足的情况下才触发其破坏表现功能。该破坏条件五花八门，可以是时间、日期；可以是文件名、文件扩展名；可以是人名、运行次数等。例如"黑色星期五"病毒的触发条件取用的就是日期。

有些病毒修改操作系统，使病毒代码成为操作系统功能模块的一部分。只要计算机系统工作，病毒就处于随时可能被触发的状态。

10.3.3　计算机病毒的防治

通过采取技术上和管理上的措施，计算机病毒是完全可以防范的。虽然新出现的病毒可采用更隐蔽的手段，利用现有 DOS 系统安全防护机制的漏洞，以及反病毒防御技术上尚存在的缺陷，使病毒能够暂时在某一计算机上存活并进行某种破坏，但是只要在思想上有反病毒的警惕性，依靠使用反病毒技术和管理措施，新病毒就无法逾越计算机安全保护屏障，从而不能广泛传播。

计算机病毒检测的方法主要有比较法、搜索法和分析法，具体工具有病毒扫描程序、完整性检查程序和行为封锁软件。计算机病毒的防治主要有建立程序的特征值档案、严格的内存管理和中断向量管理。计算机感染病毒后的恢复主要是防治和修复引导记录病毒、防治和修复可执行文件病毒。

1. 查杀病毒

计算机病毒要进行传染，必然会留下痕迹。检测计算机病毒，就要到病毒寄生场所去检查，发现异常情况，并进而验明"正身"，确认计算机病毒的存在。病毒静态时存储于磁盘中，激活时驻留在内存中，因此对计算机病毒的检测分为对内存的检测和对磁盘的检测。

检测的原理主要有：比较被检测对象与原始备份的比较法，利用病毒特征代码串的搜索法，病毒体内特定位置的特征字识别法以及运用反汇编技术分析被检测对象，确认是否为病毒的分析法。

用病毒扫描程序来检测系统。这种程序找到病毒的主要办法之一就是寻找扫描串，也被称为病毒特征。这些病毒特征能唯一地识别某种类型的病毒，扫描程序能在程序中寻找这种病毒特征。判别病毒扫描程序好坏的一个重要标志就是"误诊率"一定要低，否则会带来很多的虚惊。扫描程序必须是最新的，因为新的病毒在不断地涌现，何况有的病毒具有变异性和多态性。

完整性检查程序是另一类反病毒程序，它是通过识别文件和系统的改变来发现病毒或病毒的影响。完整性检查程序只有当病毒正在发作并做些什么事情时才能起作用，这是这类程序最大的一个缺点。另外，系统或网络可能在完整性检查程序开始检测病毒之前已感染了病毒，潜伏的病毒也可以避开完整性检查程序的检查。

行为封锁软件的目的是防止病毒的破坏。通常，这种软件试图在病毒马上就要开始工作时阻止它。每当某一反常的事情将要发生时，行为封锁软件就会检测到病毒并警告用户。有些程序会试图在软件允许执行之前对其行为进行确定。

另外，行为封锁软件能在任何"临头灾难"发生在系统中之前识别出来并向用户警告。

2. 感染病毒后的恢复

防治软引导记录、主引导记录和分区引导记录病毒的较好方法是改变计算机的磁盘引导顺序，避免从软盘引导。必须从软盘引导时，应该确认该软盘无毒。

即使有经验的用户也会认为修复感染病毒文件很困难。修复感染的程序文件最有效的途径是用未感染的备份代替它；如果得不到备份，就使用反病毒修复感染的可执行程序，反病毒程序一般使用它们的病毒扫描器组件检测并修复感染的程序文件。如果文件被非覆盖型病毒感染，那么这个程序很可能会被修复。

当非覆盖型病毒感染可执行文件时，它必须存放有关宿主程序的特定信息。这些信息用于在病毒执行完之后执行原来的程序，如果病毒中有这一信息，反病毒程序就可以定位它，如果需要的话还要进行解密，然后把它复制回宿主文件相应的部分。最后，反病毒程序可以从文件中"切掉"病毒。

除了上述介绍的反病毒软件外，当磁盘已经感染病毒时也可以对其进行清毒。消除病毒的方法较多，最简单的方法就是使用杀毒软件。

注意

目前最常见的计算机病毒的传播途径是：通过文件系统传播，通过电子邮件传播，通过网页传播，通过互联网上即时通信软件和点对点软件等常用工具传播。

10.4　防火墙与入侵检测

信息安全的门户是访问控制与防火墙技术。访问控制技术过去主要用于单机状态，而防火墙技术则是用于网络安全的关键技术。要实现系统全面防护，还必须建立一种网络防火墙的逻辑补偿技术，即入侵检测技术。该技术把系统安全管理能力扩展到安全检测、入侵识别、安全审计等范畴。

10.4.1　防火墙

所谓防火墙指的是一个由软件和硬件设备组合而成，在内部网和外部网之间、专用网和公共网之间的界面上构造的保护屏障，是一种获取安全性方法的形象说法。防火墙主要由服务访问策略、验证工具、包过滤和应用网关 4 个部分组成。防火墙位于计算机和它所连接的网络之间，该计算机数据的流入流出和所有网络通信均要经过此防火墙。

1. 基本概念

防火墙是指设置在不同网络（如可信任的内部网和不可信的公共网）或网络安全域之间的一系列部件的组合。它是不同网络或网络安全域之间信息的唯一出入口，通过监测、限制、更改跨越防火墙的数据流，尽可能地对外部屏蔽网络内部的信息、结构和运行状况，有选择地接受外部访问，对内部强化设备监管、控制对服务器与外部网络的访问，在被保护网络和外部网络之间架起一道屏障，以防止发生不可预测的、潜在的破坏性侵入。防火墙有两种，硬件防火墙和软件防火墙，它们都能起到保护作用并筛选出网络上的攻击者。

防火墙的出现，有效地限制了数据在网络内外的自由流动，它的优越性有：

1）可以控制不安全的服务，因为只有授权的协议和服务才能通过防火墙。

2）能对站点进行访问控制，防止非法访问。

3）可把安全软件集中地放在防火墙系统中，集中安全保护。

4）强化私有权，防止攻击者截取别人的信息。

5）能对所有的访问做日志记录。日志是对一些可能的攻击进行分析和防范的十分重要的情报。

防火墙系统也能够对正常的网络使用情况做出统计。通过对统计结果的分析，可以使网络资源得到更好的利用。它能根据企业组织的特殊要求设计出带数据加解密和安全技术等功能的安全防火墙。可见防火墙能为我们解决大多数安全问题，从而显著提高计算机网络的安全。

2. 工作原理

防火墙是指设置在不同网络之间、对网络进行相互安全隔离的部件或设施的组合。其功能是：可以提高内部网络的安全，可以强化网络安全策略，可以对网络的存取和访问进行监控，可以防止内部信息的泄露。

防火墙通常使用的安全控制手段主要有包过滤、状态检测、代理服务。根据不同的技术实现，几种常见类型的防火墙工作原理如下介绍。

（1）包过滤型

包过滤防火墙一般在路由器上实现，用以过滤用户定义的内容，如 IP 地址。包过滤防火墙的工作原理是：系统在网络层检查数据包，与应用层无关（如图 10-4 所示）。这样系统就具有很好的传输性能，可扩展能力强。但是，包过滤防火墙的安全性有一定的缺陷，因为系统对应用层信息无感知，也就是说，防火墙不理解通信的内容，所以可能被黑客所攻破。

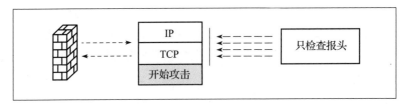

图 10-4　包过滤防火墙工作原理

包过滤型产品是防火墙的初级产品，其技术依据是网络中的分包传输技术。网络上的数据都是以"包"为单位进行传输的，数据被分割成为一定大小的数据包，每一个数据包中都会包含一些特定信息，如数据的源地址、目标地址、TCP/UDP 源端口和目标端口等。防火墙通过读取数据包中的地址信息来判断这些"包"是否来自可信任的安全站点，一旦发现来自危险站点的数据包，防火墙便会将这些数据拒之门外。系统管理员也可以根据实际情况灵活制订判断规则。

包过滤技术的优点是简单实用，实现成本较低，在应用环境比较简单的情况下，能够以较小的代价在一定程度上保证系统的安全。但包过滤技术的缺陷也是明显的。包过滤技术是一种完全基于网络层的安全技术，只能根据数据包的来源、目标和端口等网络信息进行判断，无法识别基于应用层的恶意侵入，如恶意的 Java 小程序以及电子邮件中附带的病毒。有经验的黑客很容易伪造 IP 地址，骗过包过滤型防火墙。

（2）应用网关型

应用网关防火墙检查所有应用层的信息包，并将检查的内容信息放入决策过程，从而提高网络的安全性。然而，应用网关防火墙是通过打破客户机/服务器模式实现的。每个客户机/服务器通信需要两个连接：一个是从客户端到防火墙，另一个是从防火墙到服务器。另外，每个代理需要一个不同的应用进程，或一个后台运行的服务程序，对每个新的应用必须添加针对此应用的服务程序，否则不能使用该服务。所以，应用网关防火墙具有可伸缩性差的缺点。应用网关防火墙的工作原理如图 10-5 所示。

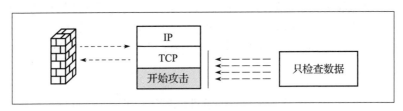

图 10-5　应用网关防火墙工作原理

（3）代理型

代理型防火墙也可以称为代理服务器，它的安全性要高于包过滤型产品，并已经开始向应用层发展。代理服务器位于客户机与服务器之间，完全阻挡了二者间的数据交流。从客户机来看，代理服务器相当于一台真正的服务器；而从服务器来看，代理服务器又相当于一台真正的客户机。当客户机需要使用服务器上的数据时，首先将数据请求发给代理服务器，代理服务器再根据这一请求向服务器索取数据，然后再由代理服务器将数据传输给客户机。由于外部系统与内部服务器之间没有直接的数据通道，外部的恶意侵害也就很难伤害到企业内部的网络系统。

代理型防火墙的优点是安全性较高，可以针对应用层进行侦测和扫描，对付基于应用层的侵入和病毒都十分有效。其缺点是对系统的整体性能有较大的影响，而且代理服务器必须针对客户机可能产生的所有应用类型逐一进行设置，大大增加了系统管理的复杂性。

（4）状态检测型

状态检测防火墙基本保持了简单包过滤防火墙的优点，性能比较好，同时对应用是透明的，在此基础上，对于安全性有了大幅提升。这种防火墙摒弃了简单包过滤防火墙仅仅考察进出网络的数据包，不关心数据包状态的缺点，在防火墙的核心部分建立状态连接表，维护了连接，将进出网络的数据当成一个个事件来处理。可以这样说，状态检测包过滤防火墙规范了网络层和传输层的行为，而应用代理型防火墙则是规范了特定应用协议上的行为，如图 10-6 所示。

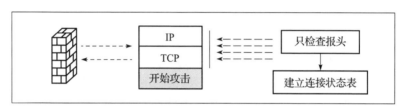

图 10-6　状态检测防火墙工作原理

虽然防火墙是目前保护网络免遭黑客袭击的有效手段，但也有明显不足：无法防范通过防火墙以外的其他途径的攻击，不能防止来自内部变节者和不经心的用户们带来的威胁，也不能完全防止传送已感染病毒的软件或文件，以及无法防范数据驱动型的攻击。

10.4.2　入侵检测技术

入侵检测是防火墙的合理补充，它可以帮助系统对付网络攻击，扩展了系统管理员的安全管理能力，提高了信息安全基础结构的完整性。

1. 入侵检测定义

入侵检测是对网络系统的运行状态进行监视，发现各种攻击企图、攻击行为或者攻击结果，以保证系统资源的机密性、完整性和可用性。

一个完善的入侵检测系统必须具有以下特点：

1）经济性：为了保证系统安全策略的实施而引入的入侵检测系统必须保证不能妨碍系统的正常运行，如系统性能。

2）时效性：必须及时地发现各种入侵行为，理想情况是在事前发现攻击企图，比较现实的情况是在攻击行为发生的过程中检测到。如果是事后才发现攻击的结果，必须保证时效性，因为一个已经被攻击过的系统往往就意味着后门的引入以及后续的攻击行为。

3）安全性：入侵检测系统自身必须安全，如果入侵检测系统自身的安全性得不到保障，首先意味着信息无效，而更严重的是入侵者控制了入侵检测系统即获得了对系统的控制权，因为一般情况下入侵检测系统都是以特权状态运行的。

4）可扩展性：可扩展性有两方面的意义。首先是机制与数据的分离，在现有机制不变的前提下能够对新攻击进行检测，如使用特征码来表示攻击特性；其次是体系结构的可扩充性，在有必要的时候可以在不对系统的整体结构进行修改的前提下对检测手段进行加强，以保证能够检测到新的攻击，例如 AAFID 系统的代理机制。

2. 入侵检测系统的工作原理

入侵检测是指从计算机网络系统中的若干关键点收集信息，并分析这些信息，检查网络中是否有违反安全策略的行为和遭攻击的迹象。入侵检测在不影响网络性能的情况下对网络进行监测，从而提供对内部攻击、外部攻击和误操作的实时保护。

入侵检测系统的基本结构如图 10-7 所示。

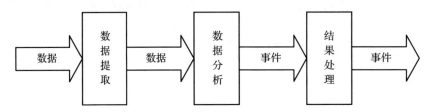

图 10-7   通用入侵检测系统结构

入侵检测关键在于信息收集和信息分析。入侵检测的第一步是信息收集，内容包括系统、网络、数据及用户活动的状态和行为。入侵检测利用的信息一般来自以下 4 个方面：

1）系统和网络日志文件：入侵者经常在系统日志文件中留下他们的踪迹，因此，充分利用系统和网络日志文件信息是检测入侵的必要条件。

2）目录和文件中的不期望的改变：网络环境中的文件系统包含很多软件和数据文件，包含重要信息的文件和私有数据文件经常是入侵者修改或破坏的目标。

3）程序执行中的不期望行为：这些异常的行为往往是潜在的威胁。

4）物理形式的入侵信息：这包括两方面的内容，一是未授权的网络硬件连接；二是对物理资源的未授权访问。

对上述 4 类收集到的有关系统、网络、数据及用户的状态和行为通过下面 3 种技术进行分析。

1）模式匹配：将收集到的信息与已知的网络入侵和系统误用模式数据库进行比较，从而发现违背安全策略的行为。

2）统计分析：首先给系统对象创建一个统计描述，统计正常使用时的一些测量属性（如访问次数、延时等）。测量属性的平均值被用来与网络、系统的行为进行比较，任何观测值在正常值范围之外时，就认为有人入侵。

3）完整性分析：主要关注某个文件或对象是否被更改，包括文件和目录的内容及属性。

3. 通用入侵检测模型

美国计算机科学家 Dorothy Denning 在 1986 年首次提出了一种通用的入侵检测模型。这个模型与具体系统和具体输入无关，对此后的大部分实用系统都很有借鉴价值。

图 10-8 表示了这个通用模型的体系结构。事件发生器可根据具体应用环境有所不同，一般可来自审计记录、网

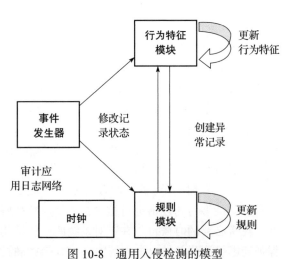

图 10-8   通用入侵检测的模型

络数据包以及其他可视行为，这些事件构成了检测的基础。行为特征表是整个检测系统的核心，它包含了用于计算用户行为特征的所有变量，这些变量可根据具体所采纳的统计方法以及事件记录中的具体动作模式而定义，并根据匹配上的记录数据更新变量值。

如果有统计变量的值达到了异常程度，则行为特征表产生异常记录，并采取一定的措施。规则模块可以由系统安全策略、入侵模式等组成。它一方面为判断是否入侵提供参考机制，另一方面根据事件记录、异常记录以及有效日期等控制并更新其他模块的状态。在具体实现上，规则的选择与更新可能不尽相同。但一般地，行为特征模块执行基于行为的检测，而规则模块执行基于知识的检测。由于这两种方法具有一定的互补性，实际系统中经常将两者结合在一起使用。

4. 入侵检测系统的分类

根据着眼点的不同，对入侵检测技术的分类方法有很多。按照数据来源的不同，可以将入侵检测系统分为 3 类。

1）基于主机：系统获得数据的依据是系统运行所在的主机，保护的目标也是系统运行所在的主机。

2）基于网络：系统获取的数据来源是网络传输的数据包，保护的目标是网络的运行。

3）混合型：毋庸置疑，混合型就是既基于主机又基于网络，因此混合型一般也是分布式的。

根据数据分析方法（也就是检测方法）的不同，可以将入侵检测系统分为 2 类：

1）异常检测模型：这种模型的特点是首先总结正常操作应该具有的特征，如特定用户的操作习惯与某些操作的频率等；在得出正常操作的模型之后，对后续的操作进行监视，一旦发现偏离正常统计学意义上的操作模式，立即进行报警。可以看出，按照这种模型建立的系统需要具有一定的人工智能，由于人工智能领域本身的发展缓慢，基于异常检测模型建立入侵检测系统的工作进展也不是很好。

2）误用检测模型：这里翻译成误用有一些习惯性的因素，它的意思应该是不正确地使用。这种模型的特点是收集非正常操作也就是入侵行为的特征，建立相关的特征库；在后续的检测过程中，将收集到的数据与特征库中的特征代码进行比较，得出是否是入侵的结论。可以看出，这种模型与主流的病毒检测方式基本一致。当前流行的系统基本上采用了这种模型。

5. 入侵检测系统的结构

入侵检测系统的结构大体上可分为 3 种模式：基于主机系统的结构、基于网络系统的结构、基于分布式系统的结构。

（1）基于主机的入侵检测系统

基于主机的入侵检测系统功能结构如图 10-9 所示。这种类型的系统依赖于审计数据或系统日志的准确性、完整性以及安全事件的定义。若入侵者设法逃避审计或进行合作入侵，则基于主机的检测系统的弱点就暴露出来了。特别是在现代的网络环境下，单独地依靠主机审计信息进行入侵检测难以适应网络安全的需求。

这主要表现在以下 4 个方面：一是主机的审计信息弱点，如易受攻击，入侵者可通过使用某些系统特权或调用比审计本身更低级的操作来逃避审计；二是不能通过分析主机审计记录来检测网络攻击；三是入侵检测系统的运行或多或少影响服务器性能；四是基于主机的入侵检测系统只能对服务器的特定用户、应用程序执行动作、日志进行检测，所能检测到的攻击类型受到限制。

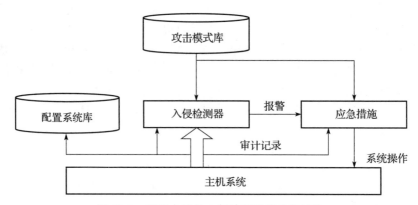

图 10-9 基于主机的入侵检测系统功能结构

（2）基于网络的入侵检测系统

基于网络的入侵检测系统功能结构如图 10-10 所示。基于网络的入侵检测系统使用原始网络包作为数据源。基于网络的入侵检测系统（Intrusion Detection System，IDS）通常利用一个运行在随机模式下的网络适配器来实时监视并分析通过网络的所有通信业务。它的攻击辨识模块通常使用 4 种常用技术来识别攻击标志：模式、表达式、字节匹配频率或穿越阈值低级事件的相关性统计学意义上的非常规现象检测。

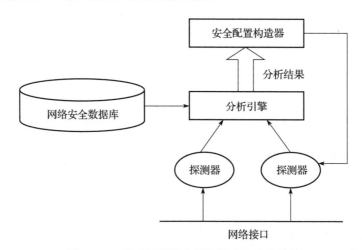

图 10-10 基于网络的入侵检测系统功能结构

一旦检测到了攻击行为，IDS 的响应模块就提供多种选项以通知、报警并对攻击采取相应的反应。反应因产品而异，但通常都包括通知管理员、中断连接并且（或）为法庭分析和证据收集做会话记录。

基于网络的入侵检测优点是：

- 服务器平台独立：基于网络的入侵检测系统监视通信流量而不影响服务器平台的变化和更新。
- 配置简单：基于网络的入侵检测系统环境只需要一个普通的网络访问接口。

- 检测多种攻击：基于网络的入侵检测系统探测器可以监视多种多样的攻击包括协议攻击和特定环境的攻击，长于识别与网络低层操作有关的攻击。

（3）基于分布式系统的入侵检测系统

传统的入侵检测技术一般只局限于单一的主机或网络框架，显然不能适应大规模网络的监测，不同的入侵检测系统之间也不能协同工作。因此，必须发展大规模的分布式入侵检测技术。在这种背景下，产生了基于分布式的入侵检测系统。

6. 入侵检测系统的发展趋势

目前的网络攻击手段向分布式的方向发展，且采用了各种数据处理技术，其破坏性和隐蔽性也越来越强。目前已有的入侵检测系统远远不能满足入侵检测的需要，一般认为未来入侵检测系统的研究会朝以下几个方向发展。

（1）分布式、协作式入侵检测技术和通用入侵检测体系结构的研究

包括同一入侵检测系统中不同部件的协作，特别是不同平台下部件的合作；入侵检测系统与其他网络安全技术相结合，如结合防火墙、安全电子交易等新的网络安全技术；还包括进行入侵检测系统的标准化研究，建立新的检测模型，使不同的入侵检测产品可以协同工作。

（2）入侵检测新技术、新方法的研究

入侵方法越来越多样化和综合化，现有的入侵检测技术已经远不能满足要求。目前，智能化检测的相关技术如神经网络、数据挖掘、模糊技术和免疫原理等已引起入侵检测学术界的广泛关注，相信智能入侵检测将是一个有良好应用前景的领域。

（3）高速网络环境下的入侵检测

目前重点研究千兆网下的入侵检测技术，而在高速网络环境下进行入侵检测是一个迫切需要解决的课题。

（4）入侵检测的评测分析方法

用户需对众多的入侵检测系统进行评价，评价指标包括入侵检测技术的检测范围、系统资源占用、检全率、检准率和入侵检测系统自身的可靠性。从而设计通用的入侵检测测试、评估方法以及评估平台，实现对多种入侵检测系统的检测已成为当前入侵检测技术的另一重要研究与发展领域。

（5）应用层入侵检测的研究

多入侵的语义只有在应用层才能理解，而目前的入侵检测系统仅能检测如 Web 之类的通用协议，而不能处理如 Lotus Notes、数据库系统等其他的应用系统。应用层入侵检测的研究将是未来的挑战。

本章小结

计算机信息系统安全就是实现计算机信息网络系统的正常运行，确保信息在产生、传输、使用、存储等过程中保密、完整、可用、真实和可控。信息安全保障的战略方针是积极防御、综合防范，积极应对信息安全面临的威胁，努力使遭受损害程度最小化，所需恢复时间最短化。

由于黑客的攻击、管理的欠缺、网络的缺陷、软件的漏洞或"后门"，还有网络内部的威胁等安全问题，网络信息安全主要面临非授权访问、信息泄漏或丢失、破坏数据完整性、拒绝服务攻击和利用网络传播病毒等威胁。

计算机网络信息系统的安全目标是保密性、完整性、可用性、可控性和不可否认性；安全服务包括鉴别、访问控制、数据保密、数据完整性和不可否认性，与需求相对应；安全机制是指加密机制、数字签名机制、访问控制机制、数据完整性机制、鉴别机制、通信业务填充机制、路由控制机制和公证机制；安全策略通常包括严格的管理和先进的技术两个重要部分。

密钥是随机的长数列比特数位串，它和算法结合，完成加/解密的过程。算法是标识如何将密钥插入明文的数学计算规则，一个算法含有一个密钥空间。所谓密钥空间是可能插入密钥的信息值的范围。

传统密码学使用代换和置换两种技术加密明文；密码体系＝加密/解密算法＋密钥；对称密钥密码术收/发双方使用同一个密钥；非对称密钥密码术收/发双方各使用一个密钥（公钥和私钥，一把加密，一把解密）。

计算机病毒的破坏行为主要有：攻击文件；使系统操作和运行速度下降；扰乱键盘操作；浪费（消耗）系统资源；干扰、改动屏幕的正常显示；攻击内存、邮件；阻塞网络；盗版；泄露军事信息等。

计算机病毒除具备程序性、传染性、潜伏性、干扰与破坏性、可触发性、针对性、衍生性、夺取系统的控制权、依附性和不可预见性等10个基本特征外，还有抗分析、隐蔽性、诱惑欺骗性、传播方式多样、破坏性、变形性、远程启动性、攻击对象和攻击技术的混合性，以及多态性等。

计算机病毒按链接方式分有操作系统型、外壳型、嵌入型和源码型；按传染方式分有引导型、文件型和混合型。

绝大多数病毒程序，都是由引导模块（亦称安装模块）、传染模块和破坏表现模块这3个基本的功能模块所组成；其工作机理分为引导、传染和破坏表现机理。

计算机病毒检测的方法主要有比较法、搜索法和分析法，具体工具有病毒扫描程序、完整性检查程序和行为封锁软件。计算机病毒的防治主要有建立程序的特征值档案、严格的内存管理和中断向量管理。计算机感染病毒后的恢复主要是防治和修复引导记录病毒、防治和修复可执行文件病毒。

防火墙是指设置在不同网络或网络安全域之间的一系列部件的组合，防火墙通常使用的安全控制手段主要有包过滤、状态检测、代理服务。

入侵检测是防火墙的合理补充，是对（网络）系统的运行状态进行监视，发现各种攻击企图、攻击行为或者攻击结果，以保证系统资源的机密性、完整性与可用性，其主要包括信息收集、信息分析和结果处理3个部分。入侵检测技术的分类方法很多，按数据来源可分为基于主机、基于网络和混合型，按分析方法可分为异常检测模型和误用检测模型。入侵检测系统的结构大体上可分为3种模式：基于主机系统的结构、基于网络系统的结构、基于分布式系统的结构。

本章习题

一、复习题

1. 信息系统主要面临哪些威胁？
2. 简述信息系统的安全服务与安全机制。

3. 什么是对称密钥，什么是非对称密钥，各有何特点？

4. 什么是计算机病毒，是如何分类的？

5. 当前计算机病毒有哪些新特征？

6. 如何发现和清除计算机病毒？

7. 简述病毒的作用机理。

8. 简述防火墙的分类及其主要工作原理。

9. 什么是入侵检测系统，试分析其结构和工作原理。

10. 试比较防火墙和入侵检测。

二、练习题

（一）填空题

1. 由于黑客的攻击、_____、_____、_____，还有网络内部的威胁等安全问题，网络信息安全主要面临非授权访问、_____、_____、_____和_____。

2. 安全策略通常包括_____和_____两个重要部分。

3. 计算机病毒按链接方式分有_____、_____、_____和_____；按传染方式分有_____、_____和_____。

4. 防火墙是指设置在不同网络或网络安全域之间的一系列部件的组合，防火墙通常使用的安全控制手段主要有_____、_____和_____。

5. 计算机病毒的防治主要有_____、_____和_____；计算机感染病毒后的恢复主要是_____、_____。

6. 编码包括_____、_____、_____和_____。

（二）选择题

1. 网络信息系统安全的基本需求是_____。

    A. 保密性、完整性、可用性

    B. 鉴别、访问控制、数据保密

    C. 可控性和不可否认性

    D. 保密性、完整性、可用性、可控性和不可否认性

2. 网络信息系统安全的安全机制是指_____。

    A. 可控性和不可否认性

    B. 鉴别、访问控制、数据保密

    C. 加密机制、数字签名机制、访问控制机制

    D. 数据完整性机制、鉴别机制、通信业务填充机制

    E. 路由控制机制和公证机制

3. 入侵检测技术的分类方法很多，按数据来源可分为_____。

    A. 基于主机、基于网络和混合型

    B. 异常检测模型和误用检测模型

    C. 基于主机系统的、基于网络系统的、基于分布式系统的

    D. 异常检测模型、误用检测模型和混合型

4. 计算机病毒检测的方法主要有_____。

    A. 比较法、搜索法和分析法

    B. 病毒扫描程序、完整性检查程序和行为封锁软件

    C. 特征值法、严格的内存管理和中断向量管理法

D. 防治和修复引导记录病毒、防治和修复可执行文件病毒

5. 计算机病毒的破坏行为主要有_____。

　　A. 攻击文件、使系统操作和运行速度下降

　　B. 扰乱键盘操作、浪费（消耗）系统资源

　　C. 干扰、改动屏幕的正常显示、攻击内存、攻击邮件

　　D. 阻塞网络、盗版、泄露军事信息等

（三）判断题

1. 入侵监测系统可以取代防火墙。　　　　　　　　　　　　　　　　　　　　（　　）

2. 绝大多数病毒程序，都是由引导模块（亦称安装模块）、传染模块和破坏表现模块这 3 个基本的功能
　模块所组成；其工作机理分为引导、传染和破坏表现机理。　　　　　　　　（　　）

3. 密钥是随机的长数列比特数位串，它和算法结合，完成加 / 解密的过程。　（　　）

4. 所谓密钥空间是可能插入密钥的信息值的范围。　　　　　　　　　　　　（　　）

5. 对称算法收 / 发双方各使用一个密钥。　　　　　　　　　　　　　　　　（　　）

6. 包过滤防火墙一般在路由器上实现。　　　　　　　　　　　　　　　　　（　　）

7. 应用网关防火墙检查所有应用层的信息包，并将检查的内容信息放入决策过程，从而提高网络的安
　全性。　　　　　　　　　　　　　　　　　　　　　　　　　　　　　　（　　）

8. 代理型防火墙位于客户机与服务器之间，完全阻挡了二者间的数据交流。　（　　）

9. 状态检测防火墙基本保持了简单包过滤防火墙的优点，性能比较好，同时对应用是透明的，在此基
　础上，对于安全性有了大幅提升。　　　　　　　　　　　　　　　　　　（　　）

10. 入侵检测在不影响网络性能的情况下对网络进行监测，从而提供对内部攻击、外部攻击和误操作的
　　实时保护。　　　　　　　　　　　　　　　　　　　　　　　　　　　　（　　）

（四）讨论题

1. 密钥算法的一种运算是位的置换。将一段 8 位长度的明文置换（编码）。第 1 位变成第 3 位，第 2 位
　变成第 7 位，以此类推。画一个表来说明这种加密 / 解密的过程。选择自己的编码，讨论这里的密
　钥是什么？加密算法是什么？解密算法是什么？

2. 试为某软件公司设计一套安全保密策略，要求各项目之间能够做到业务信息的保密，在基础技术层
　面又能够进行共享。

3. 试分析病毒软件与恶意软件（流氓软件）在设计思想、技术途径等方面的相同点和不同点？

4. 我国关于信息安全的立法与实施情况。

5. 什么是黑客，其对于信息系统安全的影响。

第 11 章　计算机科学新发展

本章中，我们着重讨论计算机科学领域近期的最新发展。计算机科学是十分活跃的领域，每天都有传统领域的新进展和应用领域的创新出现。限于各种条件，我们不可能全面讨论所有方面的最新进展，本章着重讨论云计算、物联网、区块链、人工智能等 4 个方面的新发展。

我们在前文中已经讨论过大数据，而云计算技术基本上是伴随着大数据发展起来的。由于大数据的规模远远超越了传统计算机的承载能力，如果不能在方法和手段上创新，海量的数据不仅不能体现其价值，还会成为计算机系统的沉重负担，为了解决超大规模数据的存储、处理等一系列问题，云计算技术得以快速发展和应用，可以说正是有了云计算技术，才使得大数据的价值得以体现。

物联网是在互联网基础上结合传感器技术的发展拓展出的应用领域，它的出现极大地拓展了联网设备的种类和数量，同时为网络创造出新的应用。由于每个传感器都是一个数据源，物联网的出现同时也促进了大数据技术和更高速网络的发展。

区块链是在网络技术支撑下的分布式数据存储、点对点传输、共识机制、密码学等计算机技术的新型应用模式。应用于金融、智能制造、政务管理、交通、公共设施、通信与媒体等多个领域。

人工智能是计算机科学领域近年来发展最为突出的分支之一，得益于大数据、互联网和算法等领域的发展和突破，人工智能近年来突破了大量技术瓶颈，在很多领域取得实质性的应用成果。

11.1　云计算

云计算（Cloud Computing）技术是随着多处理器、分布式存储、宽带互联网和虚拟化等技术发展而产生的一种计算模式。云计算技术的核心是资源虚拟化，将传统的以硬件为主体的信息基础设施、系统平台、数据资源和应用软件以及应用数据等均视为某些服务，以服务的形式向资源的使用者也就是用户提供这些资源的使用服务。

11.1.1　资源虚拟化

资源虚拟化是云计算的技术核心。虚拟化指对计算机资源的抽象，将传统的处理器、内存、外存、网络等物理资源进行虚拟化，将一个或多个物理设备虚拟化成逻辑上的资源，进而进行集中管理，实现跨物理平台的运用，从而突破传统物理设备的性能局限。

虚拟技术的核心思想是将提供物理设备转化为提供物理设备所具备的能力。虚拟化后软件系统是运行在虚拟的逻辑设备基础上，而非在实际的物理硬件基础上运行。

1. 处理器虚拟化

处理器的虚拟化技术，是将物理处理器抽象成虚拟的处理器。每个用户可以根据需要使用一个或多个虚拟处理器，在各个用户之间，虚拟处理器的运行相互隔离，互不影响。根据实际情况，可以用一个高性能处理器形成多个低性能的虚拟处理器，也可以利用多个较低性能的处理器虚拟成为一个性能较高的处理器。

2. 存储器虚拟化

通过虚拟化技术可以将网络上分散且结构各异的存储设备按照一定的策略映射成一个统一的逻辑存储空间，称为虚拟存储池，虚拟存储池可以跨多个存储子系统，并将虚拟存储池的访问接口提供给应用系统。一般来说存储虚拟化技术是在原有的多个存储系统结构之上，通过增加虚拟化层，形成规模更大的虚拟存储池。在具体应用时，根据用户的需要，将系统所拥有的整个虚拟存储池按一定规则划分成若干子空间，分别提供给不同的用户使用，各用户之间所感觉到的存储空间是相互独立、互不影响的，未经授权，各用户不能擅自访问其他用户的存储空间。

3. 桌面虚拟化

桌面虚拟化是一种基于中心服务器的计算机运作模式，继承了传统瘦客户端模式的优点，桌面虚拟化将所有桌面以虚拟机形式在云端的数据中心进行统一管理。一方面用户能够体验到完整的计算机技术，从个人感觉上仍然是拥有自己的计算机供自己使用，可以根据自己的需要选择安装操作系统和应用软件，保存在其中的文件、数据也归自己掌控，唯一的区别是没有庞大的主机箱的存在，因为主机是在远程的云端；另一方面系统管理员只需要专心维护若干云端的服务器，不必负担客户端计算机的应用程序管理问题。

桌面虚拟化技术区别与传统远程桌面技术的关键仍在于资源虚拟化。传统的远程桌面技术是接入一个安装在实际物理机器上的操作系统，作为远程控制和访问的一种工具，可以理解为将显示器与键盘、鼠标等人机交互设备与主机的连线延长了。而现在的桌面虚拟化技术是接入到云端，允许一个物理硬件同时支持多个操作系统，并能同时运行这些系统，虚拟桌面的核心与关键不仅是后台服务器虚拟化技术，而是让用户能够通过各种手段，任何时间、任何地点、通过任何设备都能访问到自己的桌面，这点对于经常需要出外勤的警务人员尤为重要和有利。桌面虚拟化技术将桌面系统的运行环境与安装环境、应用和桌面配置进行了拆分，在大大降低管理复杂度与成本的同时提高了管理效率。

采用桌面虚拟化，不需要在每个用户的桌面上部署和管理若干应用软件，所有客户端的应用系统都一次性部署在数据中心的云端服务器上，客户端也不通过网络向每个用户发送实际的数据，只有虚拟的客户端界面（如屏幕图像更新、键盘和鼠标的操作等）被实际传送并显示在用户面前的计算机上。对于终端用户而言，与传统客户端软件在自己的桌面上运行时的使用感受是相同的，只是所有的软件、数据和运行的主要硬件资源实际上都不存在于本地而已。

4. 应用虚拟化

应用虚拟化包括两个层面，一是前文所述的桌面虚拟化，不再重复介绍；二是应用软件的虚拟化。所谓应用软件虚拟化，是将应用软件从操作系统中分离出来，通过压缩后的可执行文件来运行，不需要任何直接与物理设备相关的设备驱动程序或者与用户的文件系统相连。应用软件虚拟化的优势在于可以帮助用户减少应用软件的安全隐患和维护成本，以及进行合理的数据管理。

5. 虚拟化的优势

与传统 IT 资源分配的方式相比，虚拟化主要有资源利用率高、平均成本低、管理效率高、安全性好等几方面的优势。通过整合计算、存储和应用服务等服务端资源，并通过动态分配方式减少了传统独占式资源使用方式中资源闲置的情况，使得总体资源的利用率提高，在同样的应用规模情况下需要占用的资源更少。资源需求的减少意味着成本的降低，同时由于大量的资源采用集中管理的形式，方便了系统的管理工作，在提升管理效率的同时也降低了运营维护的成本。虚拟系统中有专门的系统隔离技术，保证各虚拟系统间相互独立，互不干扰，所有应用都可以处于服务端较高层级的安全防护体系中，有效扭转了传统客户端安全防护层级一般较低的局面。

云计算的服务模式全部建立在资源虚拟化基础之上，有学者甚至单纯地把云计算理解为虚拟化，可以说没有虚拟化，就没有云计算，也就不可能实现资源的动态分配。

11.1.2　云计算的相关概念

如前文所述，云计算的核心是资源虚拟化，可以说所谓的"云"是指提供资源的虚拟计算资源，由于虚拟化的资源具有良好的动态性质，可以根据需要进行规模和能力上的动态调整，包括扩展或收缩。由于其虚拟化，其边界也是非常模糊的。

1. 基本概念

云计算是一个宽泛的概念，《英汉云计算·物联网·大数据辞典》中对云计算的解释是：一种基于计算资源效用和使用的计算模式。并且其引用了美国国家标准与技术研究院（National Institute of Standards and Technology，NIST）的有关解释。2011 年 9 月，NIST 公布了其关于"云计算"的定义：云计算是一种计算模式，可以实现随时随地、便捷地、按需地从可配置计算资源池中获取所需的资源（如网络、服务器、存储、应用和服务等），资源可以快速供给和释放，并且管理的工作量和服务提供者的介入很少。尽管 NIST 在文件中使用了定义（definition）的表述方式，但事实上也只是对云计算的一种解释方式。

我国信息通信研究院（原名工业和信息化部电信研究院）发布的《云计算白皮书（2012）》中对云计算的解释是：云计算（Cloud Computing）是一种通过网络统一组织和灵活调用各种信息和通信技术（Information and Communication Technology，ICT）资源，实现大规模计算的信息处理方式。云计算利用分布式计算和虚拟资源管理等技术，通过网络将分散的 ICT 资源（包括计算与存储、应用运行平台、软件等）集中起来形成共享的资源池，并以动态按需和可度量的方式向用户提供服务。用户可以使用各种形式的终端（如 PC、平板电脑、智能手机甚至智能电视等）通过网络获取 ICT 资源服务。

在各种资料中对云计算的解释采用不同的表述方式是一种正常现象，究其内涵，云计算是一种基于互联网，用户按需随时随地获取计算资源与能力的计算模式，其所提供的计算资源和能力（核心的如计算能力、存储能力、交互能力等）是动态、可伸缩，且虚拟化的，以服务的方式提供。这种计算资源与能力的组织、分配和使用模式，有益于合理配置计算资源与能力，提高其利用率，降低成本、减少排放，实现高效、弹性、绿色计算。简而言之，可以说云计算是通过网络按需提供可动态伸缩的低成本计算服务。

2. 云计算的特征

之所以称为"云计算"，主要是由于其在某些方面与现实中的云具有相似的特征，如云的体量通常较大；云的规模是动态变化的，也就是说随时可以伸缩；云的边界是模糊的。现实中的云在空中飘忽不定，无法也无须确定其具体位置，但它确实存在于某处。

NIST 在其发布的定义中描述了云计算的 5 个基本特征：按需获取自助式服务（On-Demand

Self-Service）、广阔的互联网访问（Broad Network Access）、资源池（Resource Pooling）、快速伸缩（Rapid Elasticity）和可度量的服务（Measured Service）。

（1）规模大

"云"具有相当大的总体规模，具备数十万台服务器的"云"已经是常态，因其规模"云"提供了前所未有的以计算为代表的核心能力。

（2）虚拟化

云计算支持用户在任意空间和时间，使用各种终端设备获取服务。所得到的资源来自"云"中的资源池，而非传统的处理器、硬盘、网络和软件等实体。应用在"云"中运行，用户无须关心应用运行的具体位置，用户终端只是作为用户与"云"交互的窗口。

（3）动态性

云计算的动态性特征也称柔性化或弹性化。从系统视角看"云"，其本身的规模可以进行动态伸缩，以满足应用和用户规模的变化。

（4）按需服务

云计算的按需服务特征也可称为个性化。在"云"内，可以根据不同用户的不同需要以服务的形式提供相应的能力并能支持用户需要进行相当程度的动态变化。用户可以获得更加合身的定制式能力，而非传统的规格化能力，也基于此使得云计算能够提供比传统模式更优的成本。

（5）通用性

云计算通常不针对特定应用，在同一片"云"的支持下，不同的用户可以同时构造出各自不同的应用场景，并且能够相互不干扰地同时有效运行。

（6）高可靠性

由于"云"集成了大量的资源，使得其有可能提供数据多副本容错、计算节点互换等措施来保障高可靠性，其可靠性较传统本地计算节点更高。

3. 服务模式

云计算的服务模式包括 IaaS、PaaS、SaaS、DaaS 等几种形式。IaaS 是云服务的最底层，主要提供一些基础资源。它与 PaaS 的区别是，用户需要自己控制底层，实现基础设施的使用逻辑。PaaS 提供软件部署平台（Runtime），抽象了硬件和操作系统细节，可以无缝地扩展（Scaling）。开发者只需要关注自己的业务逻辑，不需要关注底层。SaaS 使软件的开发、管理、部署都交给第三方，不需要关心技术问题，可以拿来即用。普通用户接触到的互联网服务，几乎都是 SaaS。DaaS 是目前已经实现的最新形式，用户可以不关心具体的技术细节，通过平台获取处理后的、价值纯度更高的数据集。

（1）基础设施作为服务

基础设施作为服务（Infrastructure-as-a-service，IaaS），即云端把 IT 环境的基础设施建设好，然后直接对外出租硬件服务器或者虚拟机。消费者可以利用所有计算基础设施，包括处理 CPU、内存、存储器、网络和其他基本的计算资源，用户能够部署和运行任意软件，包括操作系统和应用程序。消费者不管理或控制任何云计算基础设施，但能控制操作系统的选择、存储空间、部署的应用，也有可能获得有限制的网络组件（如路由器、防火墙、负载均衡器等）的控制，如图 11-1 所示。

云端一般都会有一个自助网站，用户可以向云端签订租赁协议以获取一个账号，登录之后可以管理自己的计算设备，如开关机、安装操作系统、安装应用软件等。

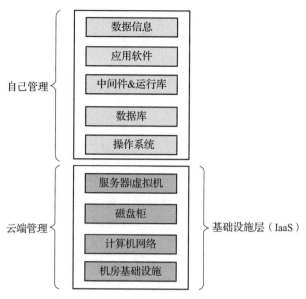

图 11-1 IaaS 示意图

IaaS 型租用方式对用户来说优点很明显，就是非常灵活，也是自由度最大的一种类型。用户可以决定安装什么操作系统，以及是否需要安装或者安装什么类型的数据库，或安装什么软件等。就像自己买了台计算机，如何使用由你全权做主。

不过缺陷也很明显，除了管理维护量大之外，还有一个缺陷就是计算资源严重浪费。操作系统、数据库以及中间件本身就要消耗大量的计算资源，而这些消耗对于租户而言是必需的，但又是无用的，因为用户只是想要运行软件。

（2）平台作为服务

平台作为服务（Platform-as-a-service，PaaS）或称平台即服务，即把运行用户所需软件的平台作为服务出租。如图 11-2 所示。

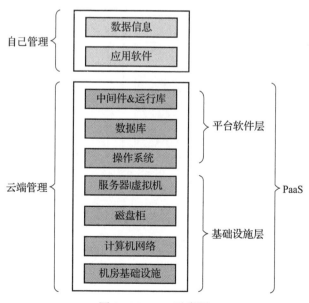

图 11-2 PaaS 示意图

云端要做事情是将运行软件所需要的下面 7 层部署完毕，然后在 PaaS 上划分出若干小块（通常称之为容器），并将其分别对外提供出租服务。用户只需要安装和使用软件，并且管理自己的数据就可以了。

平台软件层包括操作系统、数据库、中间件和运行库，但是并不是每一个软件都需要这 4 部分的支持，需要什么是由软件决定的。所以 PaaS 又分为两种：半平台 PaaS 和全平台 PaaS。

半平台 PaaS，即只安装操作系统，其他的由用户自己去解决。这样会比较麻烦，因为你需要有较强的技术实力，而且需要耗费部分资源去安装软件运行需要的中间件、运行库、数据库等。

全平台 PaaS，即安装应用软件依赖的全部平台软件，也就是 4 部分全部准备完毕。不过大家也知道，世界上的应用软件如此庞大，支撑它们的语言、数据库、中间件、运行库可能都不一样，PaaS 云端不可能全部都去安装，所以它们支持的软件是有限的。

相对于 IaaS 来说，PaaS 用户的灵活性降低了，只能在云端提供的有限平台范围内做软件，但是优点也很明显，能够最大化利用租用的资源和不需要用户有高深的 IT 技术。

（3）软件作为服务

软件作为服务（Software-as-a-service，SaaS）或称软件即服务，是把软件作为服务出租，用户不管理软件只负责数据。如图 11-3 所示。应用软件由云端安装、运营维护，用户租用软件，需要管理的是这些软件产生的数据信息。

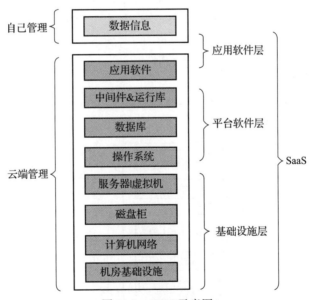

图 11-3　SaaS 示意图

对比 PaaS 略微有一些不同，应用软件是云端来安装、运营维护的，用户使用软件，需要管理的是这些软件产生的数据信息。

一般来说 SaaS 适用的软件都有如下的特点：

1）复杂：软件庞大、安装复杂、使用复杂、运营维护复杂，单独购买架构昂贵，如 ERP、CRM、BI 等。

2）模块化：按功能模块划分，需要什么功能就组什么模块。

3）多用户：多个企业用户同时操作，使用同一个软件而不互相干扰。当然，数据是逻辑隔离的，不同用户的数据检索字段之一必然是用户身份信息。

4）多币种多语言多时区的支持。

（4）数据作为服务

数据作为服务（Data-as-a-service，Daas）也称作数据即服务，是云服务的最新发展。云端负责建立全部的 IT 环境，收集用户需要的基础数据并且做数据分析，最后对分析结果或者算法提供编程接口，让数据成为服务，如图 11-4 所示。

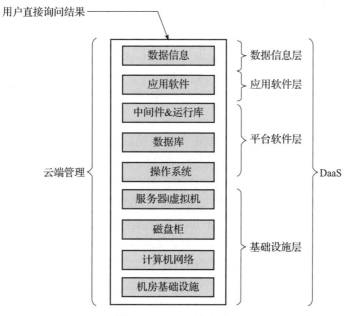

图 11-4　DaaS 示意图

DaaS 是大数据时代的象征，做 DaaS 服务的云端需要从数据积累、数据分析和数据交付三方面积累自身的核心竞争力。

4. 部署模式

云部署模式是按所有权、大小和访问方式等对云计算服务模式的区分，目前常见的主要有公有云、社区云、私有云和混合云等 4 种。

（1）公有云

公有云（Public Cloud）是云计算服务提供商为社会公众提供服务的云计算平台，云服务供应商为外部客户提供服务的云，所有的服务是供别人使用，而不是自己用的。在这种模式下，应用程序、资源、存储和其他服务，由云服务供应商提供给用户，这种模式通过互联网来访问和使用。目前典型的公有云有国内的阿里云、腾讯云和国外的微软 Windows Azure Platform、亚马逊的 AWS 等。对于用户而言，其所有应用和数据都存放在公有云中，优点是无须自己管理，省去了相应的成本；同时由于数制、应用都不在用户自己手中，其问题在于安全性存在一定风险并且公有云的可用性也不受用户掌控，存在一定的不确定性。

（2）社区云

社区云（Community Cloud）也称社群云，是由几个组织共享的云端基础设施，通常也由几个成员组织共同建设和运行。在一定程度上类似公有云，只是它的访问或服务对象被限制为特定的云用户，这些可用的云用户集合被称为用户社区。社区云可以是社区成员或提供具有访问限制的公有云的第三方云提供者共同拥有。社区的云用户成员通常会共同承担建设和发展社区云的责任。社区中的成员并不一定能够访问控制云中的所有 IT 资源。未得到社区允许的社区外的组织通常不能访问社区云。

（3）私有云

私有云（Private Cloud）是由一家组织单独拥有的。私有云使得组织可以集中访问不同部分、位置或组织内部门的 IT 资源。私有云的使用会改变组织和信任边界的定义和应用。私有云环境的实际管理是由内部和外部的人员共同实施。

采用私有云时，某个组织既是云用户，又是云服务的提供者。尽管私有云物理上可能是在组织的范围之内，但是只要它所拥有的 IT 资源允许云用户远程访问，那么就仍然是"基于云的"。在某些情况下，作为云用户的部门存放于私有云之外的 IT 资料相对于基于私有云的 IT 资源业说，也被认为是"组织内部的"。

（4）混合云

混合云（Hybrid Cloud）是由两个或更多的不同云部署模型组成的云环境。也就是本文前述三种模型中任意两种或两种以上的组合。例如，有的云用户可能会把敏感、核心数据的云服务部署在私有云上，而将一般普通数据的云服务部署到公有云上，这种组合就是典型的混合云。由于云环境中潜在的差异以及私有云提供组织和公有云提供者之间在管理责任上是分离的，因此混合部署架构的创建和维护可能会较为复杂且更具挑战性。

在上述 4 种基本云部署模型之外，还有诸如虚拟私有云、互联云等模型，篇幅有限不展开讨论，有兴趣的读者可以参阅相关资料。在实际应用中判断云部署模型可以采用如下方式：如果一个云端的所有用户只来自一个特定的单位组织（如某公司），那么是私有云；如果一个云端的所有用户来自两个或两个以上特定的单位组织，那么是社区云；如果一个云端的所有用户来自社会公众，那么是公共云；如果一个云端的资源来自两个或两个以上部署模型的云，那么就是混合云。

11.1.3　云计算的技术特点

从技术角度看，云计算主要有 5 个特点。

1. 基于互联网络

云计算可以把一台一台的服务器用网络连接起来，使它们相互之间可以进行数据传输。数据通过网络像云一样自动"飘到"另一台服务器上。云计算同时通过网络向户提供服务。

2. 按需服务

"云"的规模可以动态伸缩。用户在使用云计算服务的时候，是按照自己所能承受的费用获得计算机服务资源的，这些计算机服务资源会根据用户的个性化需求增减，或者通过云计算得到更多层次的服务，以满足不同用户的需求。

3. 资源集约化

运用虚拟化技术将大规模的资源集约化管理，运用被称为"池"的配置机制，将所管理的各种资源（包括处理器、网络、存储甚至软件和数据等资源）统一进行配置，用户无须关心这些资源采取的设备型号、复杂的内部结构、实现的方法、地理位置。从用户的角度看，这些资源是一个整体的设备，可按需为用户提供服务。作为这些资源的管理者来说，资源池可以无限地增减更换设备，统一管理、调度这些资源，使用户得到满足。

4. 高可用

云计算必须要保证服务的可持续性、安全性、高效性和灵活性，故其必须采用各种冗余机制、备份机制、足够完全的安全管理机制、高效的反应机制和保证存取海量数据的灵活机制等，从而保证用户数据和服务的安全可靠。

5. 资源可控

云计算提出的初衷，是让人们能够像使用水电一样便捷地使用云计算服务，极大方便人们获取计算服务资源，并有效节约技术成本，使计算资源的服务最大化。事实上，在云计算在线计费服务领域，如何对云计算服务进行合理和有效的计费，即如何就提供的云计算服务向最终用户收取服务费用，仍然是一项值得业界关注的课题。

上述 5 点主要是云计算的优势，在实际运用中，需要注意其另一方面。首先是安全问题，云计算的主要资源在云端，其已经暴露的和潜在的安全问题不容忽视，云计算的提出和发展并非应对安全问题，信息系统所面临的安全问题其全部都有，并且在某些方面可能还更为突出，对于公共安全领域，其安全问题需要特别注意。其次，云计算的基本理念是基于规模化、集约化、专业化，以适应大规模和多样化的数据应用，其技术起点高、复杂程度高、对资金投入需求大，对于建设和运用云计算技术，需要在决策、实施过程中注意技术和经费的保障，对于相关人员也需要进行相应的培训。

11.2 物联网

物联网（Internet of Things，IoT）是在互联网的基础上，将其用户端延伸和拓展到物品上，将信息交换领域拓展到物与物之间，进行更加广泛的信息交换和通信的一种网络概念。其基于互联网，提供了理论上万物均可互联的泛在网络。比尔·盖茨在 1995 年出版的《未来之路》一书中早已提及物联网这一概念，但限于当时的网络、传感设备等条件，只能是一种设想，并未引起足够的重视。1999 年，美国提出了主要建立在物品编码、RFID 技术和互联网基础上的"物联网"概念。中科院在同时也启动了传感网的研究，其内涵与当今的物联网相当接近。

11.2.1 物联网的内涵

2005 年 11 月国际电信联盟（ITU）发布了《ITU 互联网报告 2005：物联网》，被认为是正式提出"物联网"这一概念的文件。该报告指出，无所不在的"物联网"通信时代即将来临，世界上所有的物体从轮胎到牙刷、从房屋到纸巾都可以通过因特网主动进行交换。射频识别技术（RFID）、传感器技术、纳米技术、智能嵌入技术将到更加广泛的应用。

1. 物联网的概念

ITU 报告中关于物联网的解释引用范围较广，其将物联网解释为：通过各种信息传感装置与技术（包括但不限于射频识别技术、全球定位系统、红外感应器、激光扫描器等），按约定的协议，将任意物体与网络相连接，联网的物体能够通过网络进行信息交换，以实现智能化识别、定位、管理等功能。

通俗地说，物联网就是物品与物品相互连接的互联网。可以将其理解为两层内涵：一是互联网是物联网的核心和基础；二是其用户端延伸和扩展到了任何物品与物品之间，进行信息交换和通信。

与传统互联网最大的区别在于，物联网极大地拓展了其连接的对象，互联网主要的连接节点和对象是计算机和人，而物联网通过传感器技术的进步，将其拓展到了需要的任何物品。当然也不是随便什么物品都能接入物联网，需要满足相应的条件：有相应的数据收发装置，有数据传输通路、有一定的存储能力、有处理器、有操作系统、有专门的应用、遵循物联网协议、具备相应的物联网标识。这样具有"感知能力"和"智能"的"物"才能够融入物联网，也就是说物联网中的每个物品都可以寻址，每个物品都能够通信，每个物品都可以进行控制，具备这种特性的物品我们通常称之为智能物品，如智能家电等。

智能物品是物联网的核心概念之一。从技术视角看，智能物品是指装备了信息感知能力（如配有传感器等），并且具备信息处理能力（含有处理器）和通信能力（含有收发装置）的设备。其传感器赋予智能物品与现实世界交互的能力，处理器使其具备数据处理能力和一定的控制能力，而收发装置使其能够接入网络。可以理解为物联网是将互联网拓展到了智能物品上，使得这些物品能够上网，与其他的物或人进行信息交换，人们可以通过互联网有效地控制这些物品来实现某种功能。

在物联网的发展过程中，人们还提出了诸如传感网、泛在网等相关概念。网络发展到今天，已经成为一个非常复杂的巨大结构，从不同的视角观察，就会有不同的结论，在讨论物联网时，经常会遇到一些表述方式，比如物品到物品（Thing to Thing，T2T）、人到物品（Human to Thing，H2T）、人到机器（Human to Machine，H2M）、机器到机器（Machine to Machine，M2M）等，这些表述体现了物联网上可能的信息交互关联。

2. 物联网的特征

物联网之所以称为物联网，是因其具备了"感知、智能、传输"等方面的鲜明特征，并因此区别于互联网等其他网络。

（1）全面感知

接入物联网的所有物品上都具有传感器，根据物品功能、用途等特性的不同，这些传感器的种类也是多种多样，各种传感技术在物联网获得了广泛的应用。不同类别的传感器所感知的信息内容和所提供的数据格式也各不相同，每个传感器都是由数据源，都能够向网络提供相关数据。从这个角度看，物联网是由广泛存在、种类繁多的传感器组成的网络，这个网络从整体上能够感知人们所需要的各种各样的信息，现在技术所能感知到的情况都有可能在这个网络上有所反映。

（2）智能处理

智能物品本身具备一定的信息处理能力，而与网络相连接使其具有更强大的处理能力，通过网络上的专业资源，能够实现数据融合、模式识别等深层次的智能处理。由于物联网联接的广泛性，尽管每个传感器产生的数据量可能不是很大，但是由众多传感器产生的数据通过网络汇聚起来，将累计产生海量的数据，其规模即大数据。实际上，物联网的出现和发展也是大数据产生的推动力之一；基于大数据的机器学习、大数据挖掘等技术，能够在更高层次上推动智能化应用，也进一步推动新应用模式的出现和新应用领域的拓展。

（3）可靠传递

海量数据汇集的基石是网络互联，任何单个传感器都不足以产生大数据，物联网中的智能物品要实现其主要功能，不仅是自身具备一定的智能处理能力，更重要的是要能上网，并且其中很多应用场景需要较高的实时连接能力，因此物联网不仅要求有传感器的支持，同时也需要高可靠的网络连接，以支持其数据的传递。由于物品和传感器种类的丰富性，各种应用场景形态各异，适应的网络和协议也各不相同，因此，物联网需要支持多种异构网络的互联和不同协议间的转换，甚至为此专门发展出相应的技术。

11.2.2　物联网系统的技术架构

物联网形式多样、涉及面广、技术复杂。通过信息的生成、传输、处理和应用等环节，构成其基本的系统架构，其中最下层是智能感知层，其上层为网络构建层，再上层为管理服务层（平台层），最顶层为综合应用层（如图 11-5 所示）。每个层次都有相应技术支撑，也引导了相关技术的发展。

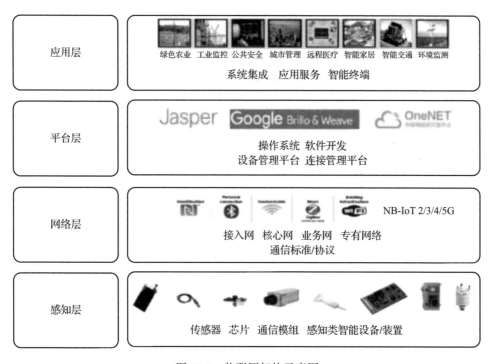

图 11-5　物联网架构示意图

1. 智能感知层

信息处理流程的首先环节是信息的获取或生成。对于物联网而言，智能感知层是其最具特点的关键层，是联系物理世界和信息世界的纽带，也可以说是物联网的触角。智能感知层的主要技术包括射频识别技术（Radio Frequency Identification，RFID）在内的无线传感技术，也涵盖各种智能电子产品用来人工生成信息。RFID 最具代表性，它是一种简单的无线系统，由阅读器（即询问器）和若干标签（即应答器）组成，RFID 标签中存储着规范的、具有互用性的信息，阅读器通过无线的方式可以获取标签中的信息，一个阅读器与若干标签实际上就构成了一个小型的无线网络，而这个小传感器网络又可以通过接入互联网汇入整个物联网，将 RFID 中的信息采集和阅读器自身的信息采集并汇集到中央信息系统，从而实现物品的识别和管理、分析和统计等不同层次的应用。人们形象地比喻 RFID 技术让物品能够"开口说话"，其赋予了物联网物品的可跟踪性，就是说人们可以随时掌握物品的准确位置及其周边环境。我们常用的图书馆借书系统就是 RFID 的典型应用之一。无线传感器网络对物品性质、环境状态、行为模式等信息开展大规模、长时期、实时的获取。

2. 网络构建层

网络构建层的主要作用是将智能感知层的数据接入互联网，供更高层服务使用。互联网是物联网的核心网络，作为感知层的智能设备主要作为接入的边缘网络，而作为核心的互联网则为其提供网络接入服务。无线广域网络包括现有的 3G、4G、5G 等移动通信网络及其未来演进技术，它们提供了广阔范围内的网络接入服务。无线局域网为一定区域内的用户提供网络访问服务。无线个域网络如蓝牙、紫蜂（ZigBee）等低功耗、近距离无线通信技术为个人电子产品和工业设备提供接入服务。随着物联网的发展，一些新兴的接入技术不断被研发出来，共同提供便捷的网络接入。网络层需要通信网络与互联网融合，其核心和基础为互联网，包括通信技术及承载通信技术的模组。网络层通过通信技术将感知层的信息高效传输，是在互联网基础之上的延伸和扩展；通信网是物联网的重要组成部分，是信息传输的重要通道。物联网的关键在于物与物之间的通信技术，网络层是实现物物互联的重要基础设施。

3. 管理服务层

在高性能计算和海量存储技术的支撑下，管理服务层将大规模数据高效、可靠地组织起来，为更上层的应用提供智能的支撑。存储是信息处理的第一步，用于应对物联网和大数据的海量存储技术近年不断取得突破。物联网是大数据的重要来源，由物联网产生的超大规模的数据，需要高效的大数据处理技术。云计算作为处理大数据的重要平台，为海量数据的存储与分析提供了强有力的支持与保障。此外，在大数据时代，信息安全与隐私保护变得越来越重要，人们使用的智能设备越多，上网的数据就越多，个人的隐私就越容易被暴露，甚至一举一动都可以被监测，在物联网高效处理数据的同时，如何有效保护数据的安全，保障数据不被破坏、不被泄露、不滥用管理层的重要职能，也是当前物联网和全社会面临的重大挑战。

4. 综合应用层

互联网从最初用来实现计算机之间的通信，发展到连接以人为主体的用户，再到物联网出现，成为物物互联的核心。互联网的应用大多以直接服务人为主旨，如电子商务、视频服务、网络社交等，当发展为物联网后，可以实现物品追踪、环境感知、智能家居、智能建筑等以物为终端的应用，网络应用的数量激增，呈现多样化、规模化、行业化的特点。

物联网各层之间既相对独立又紧密联系。在综合应用层以下，同一层次上的不同技术互为补充，适用于不同环境，构成该层次技术的整体策略。不同层次根据应用需要，提供各种技术的配置和组合，构成完整的解决方案。技术的选择以应用为导向，根据具体的需要和场景，选择相应的技术方案。

11.2.3 物联网的主要特点

从网络的角度观察，物联网具有在网络终端层面呈现联网终端规模化、感知识别智能化的特点，在通信层面呈现异构设备互联化的特点，在数据层面呈现管理处理智能化的特点，在应用层面呈现服务链条化的特点。

1. 联网终端规模化

物联网的连接终端主要是大量的智能物品，与传统的计算机等智能设备不同，物联网所接的是数量更加庞大的日常用品，如服装、家电、图书、甚至食物等，因而物联网的接入终端数量要比互联网上数以亿计的计算机高出若干倍，甚至是几个数量级。

2. 感知识别智能化

作为物联网的末梢，自动识别和传感器技术是发展的重点。物联网的设计愿景之一是用自动化设备替代人工，所有层次的各种设备均可以实现自动控制，物联网部署后通常不需要大量人工干预，这就需要大量的智能技术支持，要能无时无刻、无处不在地进行感知与识别，将物理世界信息化，对传统上分离的物理世界与信息世界实现高度融合。

3. 异构设备互联化

物联网连接的对象多种多样，各种设备设计的初衷、用途、场景均可能有很大差异，因此其设备必然是异构的，其在处理器、通信装置、协议、数据格式等方面都存在较大不同，而物联网又需要将它们同时连接在一起，因而必然发展为异构互联的自组织网络，不同协议的异构网络之间通过专门设计的"网关"相互连接，实现网际间信息共享与融合。

4. 管理处理智能化

物联网将大规模数据高效、可靠地组织起来，为上层行业应用提供智能的支撑平台。数据存储、组织以及检索成为行业应用的重要基础设施。与此同时，各种决策手段包括运筹学、机器学习、数据挖掘、专家系统等广泛应用于各行各业。

5. 应用服务链条化

链条化是物联网应用的重要特点。其源于产业的链条化，以工业生产为例，物联网技术覆盖原材料购进、生产调度、仓储物流、产品销售、售后服务等各个环节，成为提高企业整体信息化程度的有效途径。物联网技术在一个行业的应用还将带动相关上下游产业，最终为整个产业链服务。

11.3 区块链

区块链（Blockchain）技术作为支撑比特币运行的底层技术，与比特币同时引起人们的关注，被认为是可以创造颠覆性的创新模式，其引发技术革新和产业变革的巨大潜力已经引起各国和国际组织的高度关注。目前其应用已经涉及金融、智能制造、政务管理、交通、公共设施、通信与媒体等多个领域。

11.3.1 区块链简史

2008 年 10 月 31 日（美国时间），由中本聪（可能是化名）在 Metzdowd.com 的密码学邮件组列表中发表了比特币白皮书《比特币：一种点对点的电子现金系统》，其中提出的基于密码学的"比特币"（Bitcoin），使用分布式理论和点对点（P2P）对等网络技术解决了长期困扰数字加密货币的三大难题：重复支付问题、中心化问题与发行量控制问题。在随后的几年中，区块链成为电子货币比特币的核心组成部分——作为所有交易的公共账簿。通过利用点对点网络和分布式时间戳服务器，区块链数据库能够进行自主管理。为比特币而发明的区块链使它成为第一个解决重复消费问题的数字货币。这一创造是近 30 年技术创新和积累的结果。比特币系统经过若干年自动运行后，区块链作为其底层支撑技术被抽象提取出来。区块链涉及的主要核心技术包括：区块 + 链结构、分布式计算和存储技术、现代密码学技术、点对点对等网络、共识算法、智能合约等。

1. 区块链 1.0

2009 年 1 月 3 日比特币系统的正式上线作为区块链进入 1.0 时代的标志。其最显著的作用是为数字代币的产生、流通与交易提供了技术保障。2010 年 5 月 22 日佛罗里达程序员拉斯洛·汉耶茨（Laszlo Hanyecz）使用 10 000 比特币购买了两个比萨饼，被认为是比特币的第一次实物交易，当时 1 个比特币的估价约为千分之三美分。

区块链技术支撑的数字货币是一种点对点价值传递技术，在无须借助可信第三方的网格空间内，实现了不可信参与者之间的可信价值传递，使得人们逐渐接受数字货币这一新事物，并尝试挖掘其背后的区块链技术在各种领域的应用。

2. 区块链 2.0

以太坊（Ethereum）的问世作为区块链进入 2.0 时代的标志。区块链的技术架构进一步成熟，支持更加复杂的表达能力，逐渐涌现出了区域链技术平台并能提供服务，开始支持智能合约及去中心化应用，使得区块链系统演变成一个去中心的计算平台。在智能合约技术的支持下，区块链的应用开始从单一货币领域延伸到包括股票、清算、股权募集等其他金融领域，从可编程货币进阶到可编程金融。区块链 2.0 与 1.0 的最大优势在于允许在其底层技术平台的基础上进行应用开发。

11.3.2 区块链的基本概念

区块链（Blockchain）是分布式数据存储、点对点传输、共识机制、加密算法等计算机技术的新型应用模式。区块链是比特币的一个重要概念，其本质上是一种去中心化的数据库，作为比特币的底层技术，使用密码学方法相关联产生的数据块，每一个数据块中包含了一批次比特币网络交易的信息，用于验证其信息的有效性（或称防伪）和生成下一个区块。比特币白皮书英文版中并未直接出现 Blockchain 一词，使用了"Chain of Blocks"的表述方式，比特币白皮书中文译本中，将这一表述译为区块链。

国际标准化组织在 2020 版的 ISO 22739 中对区块链（3.6 条目）的解释为：区域链是一种分布式账本，由确认过的区块按顺序追加形成的一种用密码链保护的顺序链结构。

在科技层面，区域链利用链式数据结构来验证与存储数据，利用分布式节点共识算法来生成和添加数据，利用密码学的方式保证数据传输和访问安全，利用自动化脚本代码组成的智能合约进行编程和操作数据，是一种分布式的架构与计算范式。其基础涉及数学、密码学、互联网和计算机编程等很多科学技术问题。

从应用视角看，区块链是一种基于块链式数据结构的分布式共享账本，具有去中心化、难以篡改、全程留痕、可以追溯等特点。区域链通过应用密码学技术和可信规则，能够可靠地记录、追溯交易历史。区域链的核心价值在于：一是通过技术手段实现了多个参与方能在统一规则下自发实现高效协作；二是通过代码、协议、规则为分布式网络提供了信息基础。

这些特点保证了区块链的"诚实"与"透明"，为区块链创造信任奠定基础。区块链丰富的应用场景，基本上都基于区块链能够解决信息不对称问题，实现多个主体之间的协作信任与一致行动。

11.3.3 区块链的特征

区域链的最显著特性在于能够实现安全、可靠的分布式协同计算，主要特征可以总结归纳为以下几个方面：去中心化、安全性、可信性、隐私性、自治性和可靠性。

1. 去中心化

区域链的网络中不存在中心化节点，各节点高度自治，具有相等的权利和地位。区块链技术不依赖额外的第三方管理机构或硬件设施，没有中心管制，除了自成一体的区块链本身，通过分布式计算和存储，各个节点实现了信息自我验证、传递和管理。去中心化是区块链最突出、最本质的特征，这一特点可以使交易双方在没有第三方参与的情况下，完成双方互信转账，从某种意义上说是将对第三方机构的信任转化为对计算机代码的信任。去中心化系统具有高度的容错和抗攻击的优点，传统中心化机制便于管理，一旦中心节点发生故障，容易造成系统的崩溃。

2. 安全性

安全有多种内涵，这里的安全性主要指防篡改与可追溯方面。区域链的分布式数据存储方式决定了：如果要篡改一条数据，必须将大部分节点中对应的数据都进行更改，否则单个节点上的数据修改是无效的、不被系统认可的，因而使其具有很强的防篡改性。理论上说只要不能掌控 51% 以上的数据节点，就无法使人为修改的相关数据得到系统认可，这使得区块链变得相对安全，在很大程度上避免了主观的人为数据变更。

区块链通过块链式结构进行数据存储，在每个区块中记录有前一区域的相关值，并能够通过此区块访问链中的前一区块，甚至向前推导至整个区块链的起始块。通过这种机制，可以访问到区域链中的所有信息，做到对每一笔交易的追溯。

3. 可信性

区块链创造了一种信任机制，无需用户之间达成信任，即可以完成交易的确认。可以说是对机器、代码或是算法的信任，区块链一经创立，交易逻辑、共识算法等规则就确定，一旦交易发起，中间的确认步骤由事先设定好的规则完成，通过确认链上的数据就能够保证其可信度。此外，由于区块链在防篡改、可追溯等方面的安全性，更容易得到用户的充分信任。用户能够方便地加入或退出，并可以通过公开的接口查询区块链的数据记录或者开发的相关应用，其高度的开放性增加了用户的信任度。

4. 隐私性

隐私性或称匿名性。每个人都有保护隐私的需要和权利，尤其是在当下社会进入大数据时代的背景下，人们对个人隐私的重视程度达到空前的高度。商业交易中很多账户和交易信息更是商业机构的重要资产和商业机密。除了通过密码学的技术对区块链进行加密外，区块链设计有网络准入与节点授权机制，以实现信息的读写授权，为私密信息的传输提供有力的安全保障，在信息开放共享的环境下增强了信息传输对象的可控性。除非有法律要求，从技术上说，各区块节点的身份信息不需要公开或验证，信息传递可以匿名进行。

5. 自治性

也称独立性，指其采用基于协商一致的规范和协议（如采用哈希等各种数学算法），使系统中的所有节点能够在信任的环境下自由安全地交换、记录及更新数据，无须也不受第三方和其他人为因素干预影响。区块链上多个参与方按照客户已商议好的算法和规则进行处理，并能对处理结果形成共识，以确保记录在区块链上的每一笔交易的准确性和真实性，实现以客户为中心的商业重构。

6. 可靠性

可靠性主要体现在数据的完整性和数据的安全性保障方面。数据的完整性是指通过"区块＋链"创新数据存储结构，将交易打包成区块，加上时间戳，通过前一区域的哈希值加入前一区块的后面，前后顺序连接成为一套完整的账本，并且每个节点都存有一份相同的账本，保障了数据的完整性；数据的安全性主要通过哈希函数和非对称加密算法等实现。非对称加密算法使用私有密钥控制数据访问权限，哈希算法则把任意长度的输入变换成固定长度的、由字母和数字组成的输出，具有不可逆性，实现不可篡改。

此外，区块链技术基础是开源的，除了交易各方的私有信息被加密外，区块链的数据对所有人开放，任何人都可以通过公开的接口查询区块链数据和开发相关应用，因此整个系统信息高度透明，也可以称其具有开放性特点。

11.3.4 区块链的关键技术

区块链使得多个参与方能在分布式场景下交易和记录信息，因而也称为分布式账本。网络成员之间互不依赖，独立进行交易和访问账本，账本数据一经共识则无法被篡改。账本数据的完备性、安全性和可信性等特点依赖于密码学、分布式数据存储、点对点传输、共识机制等技术。

1. 分布式账本

分布式账本指的是交易记账由分布在不同地方的多个节点共同完成，而且每一个节点记录的是完整的账目，因此它们都可以参与监督交易合法性，同时也可以共同为其作证。

与传统的分布式存储有所不同，区块链分布式存储的独特性主要体现在两个方面：一是区块链每个节点都按照块链式结构存储完整的数据，传统分布式存储一般是将数据按照一定的规则分成多份进行存储。二是区块链每个节点存储都是独立的、地位等同的，依靠共识机制保证存储的一致性，而传统分布式存储一般是通过中心节点往其他备份节点同步数据。没有任何一个节点可以单独记录账本数据，从而避免了单一记账人被控制或者被贿赂而记假账的可能性。也由于记账节点足够多，理论上讲除非所有的节点被破坏，否则账目就不会丢失，从而保证了账目数据的安全性。

2. 共识机制

共识机制就是所有记账节点之间怎么达成共识，去认定一个记录的有效性，这既是认定的手段，也是防止篡改的手段。区块链的共识机制主要包括工作量证明（Proof of Work，PoW）、权益证明（Proof of Stake，PoS）、委任权益证明（Delegated Proof of Stake，DPoS）等，适用于不同的应用场景，在效率和安全性之间取得平衡。

（1）工作量证明 PoW

在实际的工作中，工作量通常用结果来证明，监测工作过程烦琐而且低效。工作量证明主要是根据机器的运算资源来分配记账权，由参与运算的不同节点根据运算资源获取记账权，资源消耗较高，在众多参与节点中最终只产生一个记账者。工作端对有一定难度的数学问题提交计算结果，其他任何节点能够通过验证这个答案确信工作端已经完成大量的计算任务。PoW 共识机制完全去中心化，节点自由进出，可监管性弱，每次达成共识需要全网共同参与，共识达成的周期很长，性能效率比较低。

（2）权益证明 PoS

权益证明是所有权证明，节点通过拥有的所有权的证明获得产生新区块的权利。PoS 的主要理念是节点记账权的获得难度与节点持有的权益成反比，相比于 PoW，其在一定程度上减少了数学运算所带来的资源消耗，性能也得到了相应的提升，但依然还是基于哈希运算通过竞争来获取记账权的方式，可监管性依然很弱。PoS 的容错性与 PoW 基本相同，在一定程度上缩短了共识达成的时间，所有的确认都只是一个概率上的表达，确定性较弱，理论上有可能存在其他攻击的影响。

（3）委任权益证明 DPoS

PoW 与 PoS 机制都能有效地解决记账行为的一致性共识问题，在 PoW 机制下拥有更强算力的一方更容易获得记账权，而在 PoS 机制下所有权比例越大的用户拥有更大的权力。发展 DPoS 机制的目标之一是解决前两者的不足。在 DPoS 中，可由区块链网络主体投票产生 N 个见证人来对区块进行签名，其根本特性是权益所有者保留了控制权从而使系统实现去中心化。通过信任少量诚信节点减少确认要求，提高交易效率；其在性能、资源消耗等方面优于 PoS，其可监管性、容错性与之相仿。

除上述 3 种常见的共识机制外，区块链还有许多其他的共识机制和算法，如 PBFT（Practical Byzantine Fault Tolerance）、DBFT (Delegated Byzantine Fault Tolerance)、PoA（Proof-of-Activity，Proof-of-Authority）、PoI（Proof-of-Importance）、PoET（Proof-of-Elapsed-Time）、PoC（Proof of Capacity）、PoS（Proof of Space）等，有兴趣的读者可以参阅更深入的专业资料。区块链的共识机制具备"少数服从多数"以及"人人平等"的特点，其中"少数服从多数"并不完全指节点个数，也可以是计算能力、股权数或者其他的计算机可以比较的特征量。"人人平等"是当节点满足条件时，所有节点都有权优先提出共识结果、直接被其他节点认同后，在最后有可能成为最终共识结果。以比特币为例，采用的是工作量证明，只有在控制了全网超过 51% 的记账节点的情况下，才有可能伪造出一条不存在的记录。当加入区块链的节点足够多时，这基本上不可能实现，从而杜绝了造假的可能。

3. 智能合约

智能合约（Smart Contract）的提出者设想其是一套以数字形式定义的承诺，包括合约参与方可以在上面执行这些承诺的协议。智能合约的目的是提供优于传统合约的安全方法，并减少与合约相关的其他交易成本。国际标准化组织在 2020 版的 ISO 22739 中对智能合约（3.72 条目）的解释为：存储在分布式账本系统中的计算机程序，其程序的任何执行结果都记录在分布式账本中。

智能合约可以理解为是部署在区块链上的计算程序，其由事件驱动，具有状态且获得多方承认，可自动运行、无需人工干预、能够根据预设条件自动处理相关交易资产。从本质上说智能合约的工作原理类似于计算机程序中的条件语句，当一个预设的条件符合时，自动触发相应的程序执行，不需要中心化机构的干预。智能合约运行在图灵完备的虚拟机上，其具体条款可以根据应用场景由开发人员编写，具体的技术细节包括编程语言、编译器、虚拟机、事件、状态机、容错机制等。智能合约本质上是一段程序，存在出错的可能性，需要做好充分的容错机制，通过系统化的手段，结合运行环境隔离，确保合约的正确执行。智能合约的特点在于强制执行性、防篡改性和可验证性。智能合约的部署成本远小于现实社会中法律或商业合同的签署成本。

11.3.5　区域链的主要技术类型

区块链从许可方式上大致可分为公有链、联盟链、私有链 3 类。公有链又称为开放区域链或非许可区块链，典型的有比特币；联盟链和私有链属于有许可区块链。

1. 公有链（Public Blockchains）

公有链指任何个体或者团体都可以发送交易，且交易能够获得该区块链的有效确认，任何人都可以参与其共识过程。公有链是去中心化的区块链系统，也是出现最早的类型，是目前应用最广泛的区块链。其网络不属于任何个人或组织，开放度最高，不需要授权或实名认证，任何人都可以访问，并且可以自由地加入或退出。链上的数据公开透明，参与者都有读、写和记账权限。公有链系统性能较低，不能满足高吞吐量业务应用场景的需求，应用受到很大限制。

2. 联盟（联合/行业）链（Consortium Blockchain）

联盟链是由若干组织机构共同建立的许可链，只有其成员可以参与交易、根据权限查询交易，但记账权（写权限）通常由参与群体内选定的部分高性能节点按共识和记账规则轮流承担。每个块的生成由所有的预选记账节点共同决定（预选节点参与共识过程），其他接入节点可以参与交易，但不过问记账过程（本质上还是托管记账，形式上是分布式记账，预选节点的多少，如何决定每个块的记账者成为该类区块链的主要风险点）。

联盟链本质上是一种多中心化的区块链系统，其开放程度介于公有链和私有链之间，联盟链上的数据可以选择性地对外开放，任何人可以通过该区块链开放的 API 接口进行限定性操作，使得一些非核心用户也能够利用联盟链满足其一些需求。

联盟链内部使用同样的账本，交易、结算、清算等业务效率较高，在保证数据隐私的前提下，满足交易信息与数据实时更新并共享到联盟中的所有用户，减少摩擦成本。联盟链上的交易只需少量节点达成共识即可，且节点间信任度较公有链高，效率也较公有链有较大提升。

3. 私有链（Private Blockchain）

私有链是在组织内部建立和使用的许可链，其读、写和记账权限严格按组织内部的运行规则设定。私有链仅使用总账技术进行记账，可以是一个公司，也可以是个人，独享该区块链的写入权限，结构上与其他的分布式存储方案一致。私有链是中心化的系统，但相比传统的中心化数据库，其具备完备性、可追溯、不可篡改、防止内部作恶等优势。由于私有链是中心化的，所有节点都在可控范围内，不需要分布式共识机制，效率更高。

可以发现，区块链的主要类型分类与前文所述的云计算部署模型有高度相似。从所有机制和管理视角来看，二者确实有共同之处。

11.4　人工智能

现代人工智能的起源通常认为是 1956 年达特茅斯会议（Dartmouth Conference），会议由约翰·麦卡锡（John McCarthy）、马文·明斯基（Marvin Minsky）、纳撒尼尔·罗切斯特（Nathaniel Rochester）以及克劳德·香农（Claude Shannon）4 人在 1955 年共同发起。该会议在达特茅斯学院进行了约 2 个月，这次会议最主要的成果就是明确提出了后来得到一致认同的人工智能（Artificial Intelligence，AI）这一概念术语，使其成为一个独立的研究学科。1956 年被认为是人工智能元年，此后出现了人工智能研究的第一个高潮阶段。

在与会学者中，明斯基提出：人工智能是一门科学，是使机器做那些人需要通过智能来做的事情。尼尔斯·约翰·尼尔森（Nils John Nilsson）指出：人工智能是有益于知识的科学，研究知识的表示、知识的获取和知识的运用。这两种认识对后面学者的研究和人们对人工智能的理解产生了重要影响。

11.4.1　人工智能的概念

在人工智能的发展过程中，随着时代的发展和技术的进度，人们对人工智能的认识不断推进，发展出了许多不同的解释和版本，分别从各种视角对人工智能进行了阐述，但是至今也没有一个普遍公认的明确定义，但并不妨碍人们不断研究和发展它。

从学科发展的视角看，人工智能是一门学科，其目标是实现人类的智能，其采用的技术手段随时代的发展不断进步，但基本上是运用计算机的计算能力来实现。从应用的角度看，人工智能是一种技术，能够通过特定的、以计算机为核心的技术设备，实现一些人类智能的功能。从宏观层面看，人工智能就是用计算机模拟人类的大脑。就目前的发展情况而言，人工智能已经能够实现人类智能中的一部分功能。

计算机本身就是能够模拟人脑进行计算的机器，俗称电脑。人类的大脑是大自然多年进化产生的，具有高级的智能，也就是所谓的思维能力，包括但不限于判断、计算、推理、类比、联想、学习、灵感等，还有尚未被发现的人类智能。人类的智能属于脑科学范畴，就目前的发展水平，人类尚没有完全了解大脑。

11.4.2　人工智能的基本发展过程

1. 人工智能的第一阶段

一般认为现代人工智能研究的第一次高潮，是自 1956 年达特茅斯会议起，到 20 世纪 60 年代末期。人工智能的研究与应用取得了重大进展，人工智能初步形成一门学科。

在人工智能发展的第一阶段出现了三大研究学派，基本理论架构已经初步成形。专业应用技术研究的思想、方法大体确定，当今广为人知的一些应用热点，如机器博弈、机器翻译、模式识别及专家系统等应用技术在当时均已出现。开发了基于计算机的应用，如棋类博弈、问答式翻译、梵天塔及迷宫问题求解、自动定理证明等应用。在此期间出现了专门用于人工智能的程序设计语言 LISP 和专家系统的应用。

但受制于当时计算机的硬件水平和相关理论的欠缺，随后的一段时间进入了所谓"人工智能冬季"。

2. 人工智能的第二阶段

经过 10 多年的徘徊，到 20 世纪 70 年代末，随着知识工程的发展及其应用的普及，人工智能出现了第二次发展高潮，知识工程代表了当时人工智能发展的一个新的方向，有完整的理论体系和系统的工程化方法。这一时期的代表性事件是 1977 年的第五届国际人工智能大会，另一个重大事件是日本提出了其五代机的概念，现在看来可以解释为一类用于知识推理的专用计算机。

这一时期，人工智能的理论与应用都得到了长足的发展。在理论方面主要是团结以知识为中心，从知识表示到知识获取和知识管理等，特别是基于符号主义的知识表示与获取方法，知识的逻辑推理方法和启发式搜索方法得到了充分发挥。在应用方面各种专家系统纷纷问世，充分与当时计算机的先进技术相结合，使人工智能产生了实际应用效果。

经过了 10 余年的蓬勃发展，但再次受限于当时的计算机能力和相关理论的水平，20 世纪 80 年代后期人工智能又一次进入发展低谷。

3. 人工智能的第三阶段

自 20 世纪 90 年代末以来，人工智能进入了快速发展的第三阶段。这一时期的第一个标志性事件是 IBM 的 Deep Blue 在 1997 年击败国际象棋大师卡斯帕罗夫。进入 21 世纪后，人工智能的研究不断取得突破性进展，主要标志体现在以下几个方面。

1）人工智能自身的理论发展：机器学习、人工神经网络、深度学习等理论的发展。

2）数据应用对人工智能的促进：数据仓库、数据挖掘等技术的出现和进步，近年来大数据技术的发展与人工智能有机结合。

3）计算机技术的发展：互联网的出现，物联网、云计算的发展，推动了分布式、并行计算等计算方式的发展，极大地提升了计算能力，为人工智能的新发展提供了坚实的硬件基础。

以"计算能力"+"大数据"+"深度学习"相结合的方式为代表的新技术，突破了原先长期困扰人工智能发展的技术瓶颈，在人机博弈、自然语言处理、语音识别、计算机视觉等领域取得突破性进展。人工智能发展进入新高潮的标志性事件是 2016 年 AlphaGo 与韩国棋手李世石对弈，以 4 比 1 的总比分获胜。随后 2017 年 5 月，在中国乌镇围棋峰会上，AlphaGo 与排名世界第一的中国棋手柯洁对弈，以 3 比 0 的总比分获胜，在与柯洁的围棋人机对弈之后，AlphaGo 团队宣布 AlphaGo 将不再参加围棋比赛。

现在人工智能已经全面进入实用阶段，在多个领域取得了全面的突破性进展，可以说人类已经进入人工智能时代。

11.4.3　人工智能的研究内容与层次

人工智能的研究内容大体包括两个部分：

1）人工智能研究模拟人类智能的思想、方法、理论及结构体系。

通过此类研究建立智能模型用以模拟人类智能的各种行为。人类的智能主要体现在大脑的活动中，因此人工智能主要的研究对象实际上是人类的大脑。

2）人工智能研究以计算机为工具用于智能模型的开发实现。

人工智能的模型是一种理论框架，其实现需要借助于计算机，通过计算机中的数据和程序等软件在一定的计算机硬件上运行，从而实现模型的具体功能。从计算机学科视角看，这种研究属于计算机开发应用，即计算机智能应用。这就是到目前为止，尽管人工智能在很多方面涉及脑科学等其他领域，但仍主要属于计算机学科的一个分支。

人工智能是一门难度与复杂度极高的学科，为便于研究，通常将其研究目标设定为 3 个层次，即弱人工智能、强人工智能与超强人工智能。弱人工智能指的是计算机只能局部、部分地模拟人类智能的功能；强人工智能指的是计算机能够实现与人类智能功能大致相当的功能；超强人工智能指的是计算机能够实现与人类智能功能完全一样，甚至局部超越人类智能功能。

就当前的研究和实际应用而言，主要还都是属于弱人工智能，强人工智能所需的资源规模非常庞大，仍属于探索阶段，距离实际应用还有相当一段距离，而实现超强人工智能的目标则更加遥远。目前人类对于自身智能行为和活动机理的研究仍处于初级阶段，知之甚少，未知甚多，因而人工智能的总体水平仍处于弱人工智能阶段。

11.4.4　人工智能的主要学派和学科体系

人工智能研究的是如何利用计算机更好地模拟人类的大脑，脑科学的研究极其复杂，学者们的研究通过不同的角度和层次进行，逐渐形成 3 种主要的学派。一种是从大脑思维活动形式表示的角度进行研究，称为功能主义或符号主义学派，其典型的研究代表是形式逻辑推理；另一种是从大脑内部生物结构角度进行研究，称为结构主义或连接主义学派，其典型的研究代表是人工神经网络（Artificial Neural Network，ANN）；第三种是从人类大脑活动所产生的外部行为角度进行研究，称为行为主义或进化主义学派，其典型的研究代表是智能体（Agent）。

1. 符号主义

符号主义（Symbolicism）又称为逻辑主义（Logicism）、心理学派（Psychologism）或计算机学派（Computerism），其主要思想从人脑思维活动功能形式化表示角度研究探索人类的思维活动规律，即以符号化形式为特征的研究方法，其在知识表示、知识图谱表示，以及基于知识表示的演绎推理中都起到关键性指导作用。符号主义以研究指名功能为主。

从亚里士多德研究形式逻辑，到莱布尼茨逐步发展出数理逻辑，也称符号逻辑（symbol logic），再到 20 世纪 30 年代开始用于描述智能行为。计算机出现后，在计算机上实现了逻辑演绎系统。符号主义为人工智能的发展作出重要贡献，尤其是专家系统的成功开发与应用，为人工智能走向工程应用和实现理论联系实际具有特别重要的意义。在人工智能的其他学派出现之后，符号主义仍然是人工智能的主流派别。从广义来看，凡是用抽象化、符号化形式研究人工智能的都可以归为这一学派。

2. 连接主义

连接主义（Connectionism）或联接主义又称为仿生学派（Bionicsism）或生理学派（Physiologism），其主要思想是从人脑神经生理学结构角度研究探索人类的智能活动规律；主要原理为神经网络及神经网络间的连接机制与学习算法。人类大脑的基本结构单元是神经元，大脑智能活动是相互连接的神经元之间相互作用的过程，这些相互关联的神经元构成神经网络。连接主义以研究指心功能为主。

基于仿生学的研究是对人脑模型的研究，1943 年生理学家麦卡洛克（McCulloch）和数理逻辑学家皮茨（Pitts）创立了首个神经元形式化的数学模型——MP 模型（McCulloch-Pitts Model），开创了用电子装置模仿人脑结构和功能的新途径。50 年代末，弗兰克·罗森布莱特（Frank Rosenblatt）提出了感知机（Perceptron）脑模型，80 年代霍普菲尔德（Hopfield）先后提出了离散的神经网络（DHNN）和连续的神经网络（CHNN）模型，1986 年，鲁梅尔哈特（Rumelhart）等人提出多层网络中的反向传播（Back Propagation，BP）算法。连接主义的人工神经网络研究，从模型到算法，从理论分析到工程实现，在图像处理、模式识别等领域取得多项关键突破，成为人工智能研究领域中重要的一派。

3. 行为主义

行为主义（Actionism）又称为进化主义（Evolutionism）或控制论学派（Cyberneticsism），其原理为控制论及"感知 - 行动"型控制系统的行为智能模拟方法。行为主义以研究指物功能为主。

控制论思想在 20 世纪四五十年代成为当时思潮的重要部分，影响了早期的人工智能工作者。维纳（Wiener）和麦克洛克（McCulloch）等人提出的控制论和自组织系统以及钱学森等人提出的工程控制论和生物控制论，影响了许多领域。控制论把神经系统的工作原理与信息理论、控制理论、逻辑以及计算机联系起来。早期的研究工作重点是模拟人在控制过程中的智能行为和作用，如对自寻优、自适应、自校正、自组织和自学习等控制论系统的研究，并进行"控制论动物"的研制。在 20 世纪六七十年代，上述这些控制论系统的研究取得一定进展，并在 20 世纪 80 年代诞生了智能控制和智能机器人系统。行为主义是 20 世纪末才以人工智能新学派的面孔出现的，引起许多人的兴趣。这一学派的代表作是布鲁克斯（Brooks）在 MIT 研制的的六足行走机器人试验系统，它被看作是新一代的"控制论动物"，是一个基于"感知 - 行动"模式模拟昆虫行为的控制系统。

行为主义面临的问题主要是莫拉维克悖论（Moravec's paradox），汉斯·莫拉维克（Hans Moravec）等学者在研究人工智能过程中发现与人们常识相悖的现象：要让计算机如成人般下棋是相对容易的，但是要让计算机拥有如一岁小孩般的感知和行动能力却是相当困难甚至是不可能的。也就是说计算机似乎更容易实现那些看似非常复杂的功能，而对于一些看似简单的、依靠人类基本的本能来实现的一些动作，用计算机实现起来出乎意料的难。尽管近年波士顿动力公司研制的人形机器人已经可以做高难度空翻等动作，莫拉维克悖论依然有效。

4. 人工智能的学科体系

人工智能在经历了 60 多年的发展后，到 2016 年形成稳定发展的学科体系。

（1）人工智能基础理论

人工智能基础理论主要研究的是用"模拟"人类智能的方法所建立的一般性理论。包括两个层次：人工智能的基本概念、研究对象、研究方法和基于知识的研究。基于知识的研究包括对知识表示、知识的组织管理、知识的获取、知识推理与发现等。

（2）人工智能应用技术

人工智能是一门应用性学科，在其基础理论支持下与各应用领域相结合进行研究，产生多个应用领域的技术，它们是人工智能学科的下属分支学科。目前这种与应用领域相关的分支学科随着人工智能发展而不断增加。人工智能应用性技术研究的是"模拟"人类智能的方法与各应用领域相融合所建立的理论。

人工智能应用技术研究主要包括机器博弈、自然语言处理、模式识别、知识工程与专家系统、智能决策支持、计算机视觉等。

（3）人工智能的计算机应用开发

人工智能是一门用计算模拟人脑的学科，因此在人工智能技术的下层应用领域中，最终均需用计算机实施应用开发，用一个具有智能能力的计算机系统以模拟应用领域中一定智能活动为其最终目标。人工智能的计算机应用开发研究的是智能模型的计算机开发实现。人工智能的计算机应用开发包括应用模型和基于应用模型的计算机系统开发两个方面。

人工智能学科体系的这 3 个部分是按层次相互依赖的。其中基础理论是整体体系的底层，而应用技术则是以基础理论作为支撑建立在各应用领域上的技术体系。最后以前两层技术与理论为基础用现代计算机技术为手段构建起一个能模拟应用中智能活动的计算机系统作为其最终目标。

11.4.5　人工智能的典型应用领域

人工智能的应用领域非常广阔，可以说只要有人类参与的活动，人工智能都可以应用，我们就当前最典型的应用领域如计算机视觉、自然语言处理、认知与推理、机器人学、机器博弈、机器学习等进行简要讨论。

1. 计算机视觉领域

计算机视觉是使用计算机模仿人类视觉系统的科学，让计算机拥有类似人类感知、理解和分析图像以及图像序列的能力。自动驾驶、机器人、智能医疗等领域均需要通过计算机视觉技术从可见光信号中提取并处理信息。随着深度学习的发展，预处理、特征提取与算法处理逐渐融合，形成端到端的人工智能算法技术。根据待解决的问题，计算机视觉可分为计算成像学、图像理解、三维视觉、动态视觉和视频编解码等 5 个方向。

（1）计算成像学

计算成像学探索人眼结构、视觉成像原理及其延伸应用的科学。在成像原理方面，计算成像学不断促进可见光相机的发展，使得其更加轻便、适用场景更广泛，在某些方面的性能已经超过人眼，例如不可见光的成像。在应用科学方面，计算成像通过图像去噪、去模糊、暗光增强、去雾等处理，使得成像质量更高，并能在很大程度上克服成像条件的限制，还可以实现全景成像、软件虚化、超分辨率等新功能。

（2）图像理解

图像理解是对图像的语义解释，以图像为对象，知识为核心，研究图像中有什么对象、对象之间的相互关系、图像是什么场景以及如何应用场景的学科。通常根据理解信息的抽象程度分为浅层理解、中层理解和高层理解 3 个层次。浅层理解包括图像边缘、图像特征点、纹理元素等；中层理解涉及物体边界、区域与平面等；高层理解根据需要抽取高层语义信息，大致包括识别、检测、分割、姿态估计、图像文字说明等。目前高层图像理解算法已经广泛应用于人工智能系统，如以人脸识别为基础的刷脸支付、智慧安防、图像搜索等应用。

（3）三维视觉

三维视觉研究如何通过视觉获取三维信息或称三维重建，以及如何理解所获取的三维信息。三维重建根据重建的信息来源，分为单目图像重建、多目图像重建和深度图像重建等。三维信息理解指使用三维信息辅助图像理解或者直接理解三维信息。三维信息理解也分为浅层理解、中层理解和高层理解 3 个层次。浅层理解包括角点、边缘、法向量等；中层理解包括平面、立体形状等；高层理解包括物体检测、识别、分割等。三维视觉技术广泛应用于机器人、无人驾驶、智慧工厂、VR/AR/MR 等方向。

（4）动态视觉

动态视觉分析视频或图像序列，模拟人处理时序图像。动态视觉问题通常定义为寻找图像元素，如像素、区域、物体在时序上的对应，以及提取其语义信息的问题。动态视觉研究广泛应用于视频分析以及人机交互等方面。

（5）视频编解码

视频编解码主要研究如何更有效地对视频或图像序列进行编码，在提升图像质量的同时尽可能减少编码量。从信息论观点看，描述信源的数据是信息和数据冗余的和，数据冗余有多种，如空间冗余、时间冗余、视觉冗余、统计冗余等。将图像作为信源，视频压缩编码的实质是减少图像中的冗余。视频编码压缩技术可以分为有损压缩和无损压缩两类。无损压缩也称可逆编码，指用压缩后数据重建图像时能够百分之百得到与原始图像完全相同的解码图像，压缩是完全无失真的。有损压缩也称不可逆编码，重构后的图像与原图像有一定差别，这在很多应用中是允许的，有损压缩广泛应用于视频会议、可视通信、视频广播、视频监控等领域，有损压缩的压缩比远高于无损压缩，对于传输和存储非常有利。

2. 自然语言处理领域

自然语言处理（Natural Language Processing，NLP）研究实现人与计算机之间用自然语言进行有效沟通的各种理论和方法；是人工智能领域的重要部分，也是其中难度最高的问题之一。NLP 融语言学、计算机科学、数学于一体，大体可分为自然语言理解和自然语言生成两部分。自然语言理解是使计算机能理解自然语言文本的意义，自然语言生成是让计算机能用自然语言表达给定的意图、思想等。NPL 应用广泛，通用的应用包括机器翻译、情感分析、智能问答、自动文摘、文本分类、知识图谱（Knowledge Graph）等。

3. 认知与推理

认知与推理是人工智能最集中的体现，融合神经网络、计算机技术、智能决策等多种技术，以实现对现有各种形式知识的正确理解，并根据实际情况进行有效地分析，从已知的信息中根据相关规则分析出不能直接可见的信息，或者产生新的知识。具体涉及知识的表示、智能算法、智能体的实现等。认知与推理在专家系统、机器人等领域是最核心的技术。

4. 机器人学

机器人学涵盖机器人的设计、制造、运行以及应用等诸多领域。机器人代替人类劳动，将人们从烦琐或危险的工作环境中解脱出来是研究智能机器人的初衷，智能机器人在工业、生活、军事等领域应用广泛。

5. 机器博弈

机器博弈水平代表了计算机的智能水平。在传统的制造业、家政服务等领域，机器人主要是模仿人类工作，如模仿人类操作、书写、发声等。在棋类博弈和其他一些对抗性的博弈中，需要更多发现或创造性的应用，博弈的实质是如何在有限的时间和空间中发现相对于对方更好的解决方式。博弈广泛存在于人与人、人与自然之间，机器博弈无疑是人类最有效的助手。

6. 机器学习

机器学习（Machine Learning，ML）研究计算机如何模拟或实现人类的学习行为，以获取新的知识和技能，重新组织已有知识使之不断改善自身的性能。ML 涉及概率论、统计学、逼近论、凸分析、算法复杂度理论等多领域，是典型的多学科交叉。ML 对于智能系统非常重要，任何系统设计时都不可能穷尽所有可能，系统在运行中总会遇到前所未见的情况，需要通过自学习以适应新的情况，或自动纠正原先的错误。ML 应用于专家系统、自动推理、自然语言理解、模式识别、计算视觉、智能机器人等领域。目前已有多种机器学习方法，其所用基本学习策略可归结为机械式学习、指导式学习、类比学习、归纳学习和解释学习 5 种类型。

11.5　从虚拟现实到元宇宙

虚拟现实（Virtual Reality，VR）是一类创建和体验虚拟世界的计算机仿真技术，其运用计算机生成与一定范围真实环境在视觉、听觉、触感等方面高度近似的数字虚拟环境，使用者通过专门的设备能够体验虚拟环境并与其中的对象进行交互，从而产生身临其境的体验。虚拟现实技术集成了多学科、多技术的综合性技术，具有多感知、可视化、三维建模、交互性、沉浸性、构想性等特点，出现后在科学研究、军事、航空航天、教育培训、工业制造、规划设计、城市建设、医疗健康、娱乐游戏等众多领域广泛应用。

11.5.1　虚拟现实及相关概念

虚拟现实技术经过多年的发展，已经形成包括虚拟现实、增强现实、混合现实等泛虚拟现实技术群。2018 年上映的电影《头号玩家》（如图 11-6 所示）描绘了未来的虚拟现实与真实世界混合交互的场景，在全球掀起了一阵 VR 的热潮。

图 11-6　2018 年电影《头号玩家》（Ready Player One）海报

1. 虚拟世界

我们人类真实生活的环境被称为现实世界。现实世界是一个三维空间与时间综合的时空关系，现实世界的物体必然存在于这个空间中的某个位置和某些时间点上，有些物体之间会产生交互，也就是互相的影响。虚拟世界（Virtual World，VW）是用计算机构造的一个三维空间，这个空间具备与现实空间的相似性，如空间位置关系和时间顺序关系等，甚至就是现实世界某个部分空间及时间的数字翻版，或者是根据人们的想象虚构的一个想象的空间和时间。这个虚拟世界并不存在于现实世界中，而是在计算机系统里用数据构建的，虚拟世界里也存在各种事物和事物间的关联与互动，这些事物同样也是由计算机构建的，虚拟世界与现实世界之间必须通过专门的技术进行沟通，比如使人感觉到这个虚拟世界的存在，甚至使人感觉置身于虚拟世界中，这种技术就是虚拟现实。

2. 虚拟现实

"虚拟现实"一词一般认为是美国学者杰伦·拉尼尔（Jaron Lanier）在 20 世纪 80 年代率先提出，并逐步得到广泛认同，因此其被称为虚拟现实之父。杰伦·拉尼尔在其专著中称其在 1984 年创立了 VPL 公司进行这方面的创业。虚拟现实利用计算机模拟产生一个三维空间，可以令使用者在这个虚拟的三维空间中产生自己身在其中的感觉，这里的感觉包括视觉、听觉、触觉等多个方面，使用者可以及时地、没有限制地观察虚拟三维空间中的事物，并与之进行互动。虚拟现实涉及多方面的技术，以满足人们感官感觉的真实性需要，如实时三维图形生成技术、三维影像显示技术、使用者动作跟踪技术、立体声场表示与呈现技术、触觉反馈技术等。之所以称为虚拟现实，其虚拟指的是人们所感觉到的空间和事物是虚拟的，而所谓现实，是指给人带来的感觉与在现实空间中一样，包括视觉、听觉和触觉等，人们在虚拟世界的行为方式方法与在现实世界相同，也会产生相同的效果，比如向某一方向移动就会在虚拟空间中变换自己的位置，如果将脸转向某个方向，就会看到原来位于某个方向的影像，或者是某个方位的事物发出的声音听起来就是从那个方向传来的。

为了达到虚拟现实的效果必须使用专门的硬件设备，才能让人感受到计算机创造的虚拟世界，是典型的是视觉设备和听觉设备。典型的产品如 HTC VIVE 和 HUAWEI VR Glass（如图 11-7 和图 11-8 所示）。

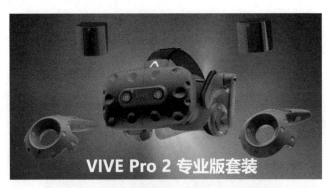

图 11-7　HTC VIVE Pro 2 专业版套装示意图

图 11-8　HUAWEI VR Glass

与传统的二维屏幕不同，沉浸式 VR 提供了三维空间的全景式视觉效果，配合相应的硬件，使得使用者的视觉空间感觉与自身肢体动作相协调一致，当用户头部转动或身体移动时，视景中同时产生对应的变化，这种配合叫作三维漫游。三维漫游特别适用于无人机训练，实际进行无人机目视操作和第一视角飞行时，都与三维漫游极其相近。VR 技术能够完全脱离现实空间，通过三维建模、显示等技术构造出虚拟空间，这个空间可以是现实中有的，也可以是现实中没有。通过六自由度电磁跟踪（6 FOD ElecTromagnetic Tracing）技术，可以感知操作人员头部和手部在三维空间的变化情况，并实时反馈到系统中。

3. 六自由度

为了真实呈现物体在三维空间中的动态变化，需要 6 个方面的参数来描述。首先需要构建如 x、y、z 的三维坐标系，物体在空间中的任意移动，都可以转化为三个坐标值的变化，或者说用坐标值的变化来表示物体发生位移，而当物体的朝向发生变化时，可以理解为其沿某一轴或多个轴进行了旋转，前后的旋转称为滚动或俯仰（Pitch），左右的旋转称为倾斜（Yaw），沿垂直轴的旋转称为摇摆（Roll），这 3 种转动可分别用 α、β、γ 来表示。三维空间中物体的任何位置和姿态变化均可以用这 6 个参数（X，Y，Z，α，β，γ）的变化进行描述，这 6 种参数被称为空间的 6 个自由度（Degrees of Freedom，FOD）。能够感知这 6 种参数变化的技术被称为六自由度跟踪技术，能够支持这个 6 个参数变化的设备被称为六自由度设备，如六自由度平台、六自由度传感器等。

4. 增强现实

增强现实技术（Augmented Reality，AR）技术是一种将虚拟信息与真实世界融合的技术，也称为扩增现实技术，其是在 VR 技术的基础上，将 VR 创造的虚拟场景与真实场景进行融合，以视觉为例，在用户看到真实场景的同时，能够看到虚拟对象的存在，并且提供视觉上的一致性，如光照、遮挡、几何、材质等，部分 AR 产品如图 11-9 所示。典型的如 Magic Leap，虚拟物体与真实物体有明显区分，虚拟对象的相对位置随设备移动。

图 11-9　部分 AR 产品示意图

在复杂的现实环境中，往往拥有大尺度的空间结构、高动态的运行演化及多关联的交互活动，这些特点使得人们难以直接凭借自身有限的感知能力来全面理解掌握其中的运行演化进程，从而影响人类对现实环境所发生的复杂对象（包括事物、人物）和事件的准确认知和有效应用。增强对复杂现实环境的感知能力一直是人类努力追求的重大科学目标。

增强现实技术通过建立虚拟环境和现实世界的映射关系，智能实时地将半相关信息融合呈现在位于现实环境的用户面前，达到增强用户临场感知能力的目标。"增强"主要体现在 3 个方面：

1）空间穿透。通过三维结构信息与相应现实环境在线、精准的空间注册和融合呈现来增强用户的环境智能理解能力，使用户可以在视觉上穿透现实空间环境，让"不可见的"变为"可见的"，让"可见的"变为"不可见的"，让"遥远的"变为"眼前的"。

2）时间折叠。通过的关联的历史和实时信息来扩展现实环境在时域上的维度，使用户既可临场回溯再现历史、分析预测未来，也可自由地组合呈现不同时刻的信息，让用户拥有先知先觉的能力。

3）知识叠加。自动识别环境中的实物对象，将其所关联的信息、知识或不同条件下的演化模拟结果实时叠加到该对象上，使用户即时了解现实环境和事件所需的关键信息和知识。

增强现实这 3 个特点为用户对复杂现实环境的准确感知和分析决策提供了一种重要的技术手段。增强现实将虚拟景物或信息与现实环境叠加融合，交互呈现在用户面前，从而营造出虚拟与现实共享同一空间的技术。本质上，增强现实是一种集定位、呈现、交互等软硬件技术于一体的新型界面技术，其目标是让用户在感官上感觉到虚实空间的时空关联和融合，以增强用户对现实环境的感知和认知。

增强现实有 3 个基本要素，即虚实空间的融合呈现、实时在线交互及虚实空间的三维注册。虚实空间融合呈现，强调虚拟元素与现实元素的并存，这是使得用户对现实环境的感知得以增强的关键；实时在线交互，强调用户和虚实物体之间互动响应计算的实时性，以满足用户感官对时间维度的响应需求；虚实空间的三维注册，强调用户对空间感知的精确性和智能性，体现了虚实融合呈现的时空一致性。

三维注册技术将虚拟场景与现实场景的坐标系进行绑定，随着用户的移动和视角变化，计算出虚拟场景在该视角下的投影信息，融合到真实场景的影像上，保证了虚拟场景与现实场景的几何一致性。所谓几何一致性指虚拟场景与真实场景共享同一空间。当二者相对静止时，它们之间的位置关系和尺度关系随着观察的视角和位置、姿态的变化保持一致；当二者相对运动时，三维注册技术精确求解出三维运动场景的几何信息和观察点的运动轨迹。人眼对画面的感知非常敏感，如果三维注册的结果不够准确，会导致呈现给用户的画面产生抖动或场景的漂移，影响用户的沉浸体验。三维注册技术对于专门硬件和软件的处理能力需求较高，这是限制增强现实技术发展和推广的重要因素，目前在大场景中多对象实时三维注册仍是难点。

理想的增强现实，不仅需要三维注册和几何一致性，还需要将虚拟景物或信息进行视觉呈现与融合，需要考虑虚拟景物的材质和现实环境的光照等因素，以保证虚实环境的光照一致性，如果不能提供光照一致性，虚拟景物与真实物体就不能有机融合，给人明显的区别，达不到增强现实所需要的效果。要达到光照一致性，对光照环境的获取是基础，在充分获取现场光照情况的基础上，对虚拟景物进行全局光照绘制，使之符合现实物体的光照效果。

5. 混合现实

混合现实（Mixed Reality，MR）技术，更倾向于以现实空间为主体，通过虚拟技术补充现实中没有的元素，以微软 Hololens 系列为代表（如图 11-10 所示），虚拟对象与真实对象没有明显界线，虚拟对象的空间位置也与现实对象的空间一致，不会随设备变化，比如在现实空间增加一个虚拟的人物，那么这位虚拟人物的大小、位置关系等能够与现实场景很好地融合。MR 更倾向于将实现对象叠加到虚拟空间，将现实环境与虚拟环境相互混合，也可以看成是 VR 与 AR 的混合。根据微软网站提供的数据，在教育领域中应用 MR 技术，保留率上获得 50% 的提升，所需的课堂时间减少 40%。

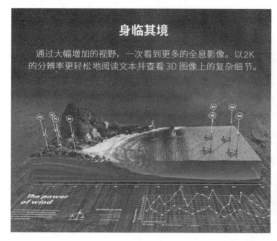

图 11-10　微软 Hololens 系列示意图

11.5.2　虚拟现实的基本特征

虚拟现实用计算机生成了一种虚拟环境，人可以通过使用专门设计的设备将自己置身于这个虚拟环境中，在个虚拟环境里进行虚拟的操作、控制，并能感觉到操作所产生相应的效果，与传统的通过屏幕、键盘、鼠标等设备操作计算机有着很大的不同。美国学者 Grigore C. Burdea 和法国学者 Philippe Coiffet 在其合作的著作中提出虚拟现实的 3 个基本特征：交互性（Interaction）、沉浸性（Immersion）和构想性（Imagination），简称 3I 特征，得到业界的广泛认同。

1. 交互性

交互性指用户对虚拟环境内事物的可操作程度和从环境得到反馈的自然程度（包括实时性等方面）。用户进入虚拟空间，通过专门的设备与虚拟环境产生相互作用，当用户进行某种操作时，其所处的虚拟环境中的事物会产生相应的反应。人能够以自然的方式与虚拟世界中的对象进行交互操作或者交流，如通过人的头和手等肢体动作或自然语言等方式进行互动，如果人用手触碰或抓取虚拟世界中的物体，可以感觉到物体的重量、软硬等质感，同时视野中也呈现出物体被碰到或抓住的景象。

2. 沉浸性

沉浸性又称临场感，指用户感觉到存在于虚拟环境中的真实程度。用户能够完全融入计算机所构建的虚拟环境中，感觉自己确实身在其中，从生理和心理的角度上认同自己已经置于这个环境中，人身体的各种感官均能获得与现实世界中相同的真实感觉。沉浸性取决于系统的多感知性（Multi Sensory）。多感知性指包括视觉、听觉、力、触觉、运动等方面的感知，甚至可以包括味觉、嗅觉等。理想情况下系统能够具有人的一切感知能力。受限于技术条件，目前虚拟现实的感知功能主要体现在视觉、听觉、力感、触觉、运动等几种，并且以视觉为最主要的方式，听觉次之，然后不同的系统根据设计和应用领域在力感、触觉、运动等方面有所实现。

3. 构想性

构想性也称想象性，指用户在虚拟空间中，能够与周围的事物进行互动，从而拓宽认知范围，创造客观世界不存在的场景或不可能发生的现象的能力程度。构想性也可以理解为使用者进入虚拟空间，根据自己的感觉与认知能力吸收知识、发散思维，得到感性和理性的认识，在虚拟世界中根据所获取的多种信息和自身在系统中的行为，通过联想、推理和逻辑判断等思维过程，对事物运行的未来进展进行想象，以获取更多的知识，认识复杂系统深层次运行机理和规律性。构想性使得虚拟现实技术成为一种用于认识事物、模拟自然，进而更好地适应和利用自然的科学方法和技术。

虚拟现实采用以计算机技术为核心的高新技术生成仿真度很高的视觉、听觉、触觉等一体化特定范围的虚拟世界，用户借助必要的设备以自然的方式参与到虚拟世界中，与虚拟的对象进行交互，从而产生等同于真实环境的感受和体验，系统需要构建出使人类感官获得高度真实感的环境，并且提供自然交互的能力和实时的动态响应。

11.5.3　虚拟现实的关键技术

一般认为，虚拟现实技术的概念与理论初步成形于 20 世纪 70 年代，之前有过一定的萌芽探索时期，在 20 世纪 90 年代，虚拟现实理论与技术进一步发展完善，90 年代初，钱学森开始了解到"Virtual Reality"（虚拟现实技术），便想到将之应用于人机结合和人脑开发的层面上，并给其取名为"灵境"。被网友评价为"来自科学家的浪漫"，受制于当时的技术条件并未形成规模。进入 21 世纪该领域呈现出指数级的进步，特别是随着互联网的发展在民用领域兴起，2016 年成为行业的关键年，被称为"虚拟现实元年"。

虚拟现实的核心工作是以现实世界中事物的空间、时间关系构造出虚拟世界，进而呈现给用户，感知用户的交互行为，并做出相应的反应。经过长期的发展和积累人们研究了多种技术手段，归结起来大体包括实物虚化、虚物实化、人机交互等几个方面的技术。

1. 实物虚化

虚拟世界虽然是用计算机构建的虚拟空间，但其并非完全凭想象构建，其基础是现实空间，否则不可能给人以现实感受，因此虚拟空间中的事物在现实世界中通常有其基本原型，实物虚化是将现实世界中的事物映射到虚拟空间的过程，通常包括事物外观的造型建模和动作行为建模。

（1）造型建模

造型建模是在虚拟环境中形成物体形状和外观的核心。物体的外观形状通常是由多个多边形或三角形、相交的边和顶点等几何元素构成，而其外观的质感则涉及表面纹理、色彩、光照等元素综合而成。为构建具有真实感的虚拟空间，要根据需要将现实世界相应的元素情况逐一进行几何造型建模，如山川、河流、树木、花草、天空、云、雾、雨、雪、动物、人造建筑、车辆、家具和人员等。构建的虚拟物品要具有合理的大小尺寸和真实的质感，比如金属材料与木材或皮革等表面的不同。几何造型建模技术经过多年的发展，现在已经能够实现较为精细的构建，在一些产品中已经能够比较精细地再现动物的毛发等细节，有些资料将这部分工作称为物理建模。几何造型建模与物理建模的目标是在虚拟世界中打造与现实世界看起来尽可能一致的事物。

（2）行为建模

在虚拟现实中仅有外观是不够的，人要能参与其中，必须要与相应的事物进行交互，需要事物有真实的反应，就是所谓的让事物"动起来真实"，虚拟空间中事物的运动和行为模式符合现实世界的客观规律。比如人抓取一个金属的物体的重量感觉比同等大小的木质物体感觉要重，物品如果脱离了支撑会受重力作用自然下落、水在河流中会自高处向低处流淌、云朵在空中会随气流飘荡、车轮的转动、动物和人员的行为动作要真实自然等。在早期的系统中动作一般比较僵硬，与现实世界有明显的区别，近年来随着技术的进步，虚拟事物的行为已经比较流畅、自然。

2. 虚物实化

虚物实化是将建模的虚拟世界呈现给用户的过程，其包括视觉、听觉、触觉等多感官的综合呈现。根据系统的设计虚物实化过程主要包括视觉绘制、声音渲染和力触觉渲染等方面。

（1）视觉绘制

人类学研究表明，人类获取外界的信息中 80% 以上是通过眼睛，也就是视觉感知，因此视觉呈现是虚拟现实中最重要的部分，也是业界研究的重点。现代医学研究表明人眼的感光部分视网膜有视杆细胞约 1.2 亿个，对弱光刺激敏感，视锥细胞有 600 万～ 800 万个，对强光和颜色敏感，这些感光细胞不均匀地分布在视网膜上。视网膜中心区域是高分辨率的色彩感知区，周围部分是低分辨率的感知区域。眼睛能够观察到的范围被称为视场（Field of View，FOV），人类单眼的视场水平方向大约是 150°，垂直方向大约为 120°，双眼叠加的水平视场有所增加，并且通过双眼在空间位置上差异，能够得到立体成像。虚拟现实的视觉绘制中很重要的一方面就是不仅要在建模的基础上呈现出真实自然的事物，还要能够在人类的视场中呈现出立体的画面，现在这一技术主要是通过双眼的分视场实现，全裸眼 3D 显示仍有待进一步的研究。

（2）声音渲染

良好的声音渲染能够在很大程度上提升用户的真实体验感。人类学研究表明，人类获取信息中有 10% 左右源于听觉。人有两只耳朵，能够感知 20Hz ～ 20kHz 的声波，具有水平和垂直方向的方位和距离感知能力。虚拟现实系统要令虚拟环境中的事物，根据虚拟的空间位置，提供相应的声音效果，在技术上称为三维虚拟立体拟声。立体拟声主要应用了人耳听音原理的双耳效应，研究表明，由于人耳空间位置的关系，同一声源的声波到达两只耳朵具有一定的时间差，通常在 0.4 ～ 0.5ms，并且具有一定的声强差和相位差，人脑能够根据两只耳朵接收声波信号的差异情况判断声源的大体位置。研究表明人耳对不同频率的声波的感应程度和方式不同，对于 20 ～ 200Hz 的低频声波主要是相位差定位，对于 300 ～ 4000Hz 的中频声波主要是声强差定位，而对于高频声波主要是时间差定位。在模拟声场时需要充分运用相关原理，通过不同的扬声器发出相应差别的声波，以达到尽可能真实的效果。

（3）力触觉渲染

力触觉渲染是视觉和听觉之外最重要的感觉，是人类认识外界环境并与环境交互的重要方式。在用户与虚拟场景交互之中，力触觉类的真实程度对真实性影响很大，如果用户在虚拟空间中抓住一个看着很大、很重的物体，比如一辆汽车，而又能毫不费力地将其举起，显然与真实的认知感觉不符。力触觉渲染涉及力触觉感知和力触觉反馈，力触觉感知主要通过力触觉传感器、温度传感器等实现，而力触觉反馈主要通过接触反馈、力反馈、温度反馈等方式实现，使用户能够感觉到虚拟事物具备与现实事物相近的软硬力触感、力量和温度等。

3. 人机交互

人机交互技术是虚拟现实的关键技术之一，交互装置是虚拟现实系统的重要组成部分，其目标是以用户为中心，利用各种设备或界面，与虚拟或现实的目标进行互动，通过信息交换完成确定的任务。在虚拟现实系统中，允许用户在虚拟空间或虚实融合的三维空间中进行交互，通过连接相关设备对虚拟对象进行操作。交互方式对沉浸感有极大影响，交互方式需要尽可能地按自然、贴近用户习惯的方式进行。虚拟现实在呈现虚拟环境或虚实混合环境的同时，需要提供便捷高效的交互工具，包括用户界面形态、3D交互、触控交互、手势交互、语音交互、实物交互、眼动交互等，最近发展的脑机接口（Brain Computer Interface）技术有可能成为新一代交互方式。

11.5.4　虚拟现实技术的典型应用

在虚拟现实技术发展的初期，由于当时的技术限制，特别是成本因素的影响，主要应用于军事、航空航天等领域，普通人很少能够接触，随着技术的进步特别是成本的下降，近年逐步大规模进入人们的生产和生活，是计算机技术发展应用的主要热点之一，随着各种技术的深度融合、相互促进，虚拟现实技术在社会生活的许多方面，如科研、教育、医疗、工业、艺术、娱乐等领域都呈现出良好的应用效果和美好的应用前景。

虚拟现实技术的应用领域通常具有以下特点：需要高成本的设备或装备，如航空航天或军事领域；对人体有危险的环境，如核试验、飞行、外层空间或深海探索；尚未出现或完成建设的环境，如新建筑、未知领域的研究、微小环境等；艺术创意设计、景观展示和娱乐性环境空间等。

1. 教育培训

在教育培训领域，虚拟现实技术主要体现为虚拟实验室、虚拟实训、虚拟图书馆、远程虚拟课堂等。传统的教学培训方式主要通过书本配合平面的课件等电子资源，对于一些需要在三维空间展示的内容显得比较抽象，在某种程度上影响学生的接受效果，比如机器装置的组合与装配、空间天体的相对位置关系和运行轨道或者是飞行器的飞行操作等。

2. 工业制造

在工业制造领域，虚拟现实技术在工业制造设计研发、装配、检修、培训等环节已经实现应用。

在工业制造的产品设计研发环节，虚拟现实技术能够帮助研发人员在产品制造出来之前，就能够体验到其真实的效果，在提高设计效率的同时避免设计方面的失误，避免由于设计失误导致真实的零部件不能有效装配。在航空领域，先进的飞机制造企业已经实现飞机的整体虚拟设计。

在产品装配环节，虚拟现实技术主要应用于精密加工和大型装备产品制造领域，通过高精度设备、精密测量、精密伺服系统与虚拟现实技术的协同，实现细致均匀的工作材质、恒温恒湿洁净防震的加工环境、系统误差和随机误差极低的加工系统间的精准配合，提高装备效率和质量。

在设备检修维护环节，虚拟现实技术应用于复杂系统的检修工作中，实现从出厂到售后的全流程检测，突破空间限制、缩短服务响应时间、提升服务效率、拓展服务内容，将制造业服务水平推向新的高度。

3. 城市建设

城市是人类社会发展的产物，是人类根据自身生活和生产需要创造的。现代化城市规模大，结构复杂，如何将城市建设得更加科学，使得人们的生产生活更加美好是需要不断探索的重要课题。虚拟现实技术可以帮助人们更科学合理地设计城市，如建筑仿真、城市景观设计、道路交通仿真、防灾减灾设计等。

现代城市集人口居住、工业生产、商业活动、交通物流、医疗保健、文化娱乐等多功能于一体，城市的规划设计是指导城市建设的重要环节，如果规划设计不当，建设出来的城区必然运行不畅，再想修改成本极大甚至是不可能实现的任务，虚拟现实技术可以在真实建设施工之前，有效模拟城市各方面的运行情况，为合理设计提供有效、有帮助的参考，可以从虚拟环境中尝试各种设计方案，从而选择尽可能合理的方式发展建设我们的城市。

4. 健康医疗

随着人们对生命的理解，健康医疗在现代社会中的地位越来越重要，虚拟现实技术在健康医疗领域广泛应用于医学教学、疾病诊断、手术模拟、康复医疗、远程医疗等方面，包括虚拟人体与虚拟解剖、虚拟手术（Virtual Surgery）、虚拟医院（Virtual Hospital）、远程手术、康复训练和新药物等典型应用。

5. 文艺娱乐

文艺娱乐是现代城市生活的重要部分，也是虚拟现实应用最为普及或普通人最容易接触到的领域。在文化艺术领域，虚拟现实技术主要应用于通过数字虚拟手段进行文物古迹的复原、珍贵文物和艺术品的展示，提供虚拟场景进行雕塑、立体绘画等艺术创作等。虚拟现实技术在影视娱乐业广泛应用，前文中提到的《头号玩家》只是代表性产品之一。在电子游戏领域几乎全部的虚拟现实技术都得以应用，大幅提升了游戏的真实感和可玩性。

虚拟现实技术在各行各业的应用远不止上述，作为高速发展的高新技术，虚拟现实技术已经展现出其广泛的实用性，其不仅促进相应领域的发展，提升传统产业的生产质量，同时虚拟现实产业本身也具有巨大的潜在发展空间和市场价值。

11.5.5　元宇宙

元宇宙（Metaverse）是计算机科学领域的新兴概念，一般认为元宇宙是利用科技手段进行链接与创造的、与现实世界映射和交互的虚拟世界，具备新型社会体系的数字生活空间。有人称 2021 年是元宇宙元年。元宇宙仍是一个不断发展、演变的概念，不同参与者以自己的方式不断丰富着它的含义。

元宇宙一词源于美国作家尼尔·斯蒂芬森（Neal Stephenson）1992 年出版的科幻小说《雪崩》，小说中描绘了一个庞大的虚拟现实世界，人们用数字化身来控制，并相互竞争以提高自己的地位。

元宇宙是整合多种新技术而产生的新型虚实相融的互联网应用和社会形态，它基于扩展的虚拟现实技术提供沉浸式体验，通过数字孪生（Digital Twin）技术生成现实世界的镜像，通过区块链技术搭建经济体系，将虚拟世界与现实世界在经济系统、社交系统、身份系统上密切融合，并且允许每个用户进行内容生产和编辑。

清华大学新媒体研究中心发布的《2020-2021元宇宙发展研究报告》将元宇宙的英文Metaverse解释为Meta加Universe。北京大学的学者研究认为元宇宙具有5个基本特征或属性：社会与空间属性（Social & Space）；科技赋能的超越延伸（Technology Tension）；人、机与人工智能共创（Artifical, Machine & AI）；真实感与现实映射性（Reality & Reflection）；交易与流通（Trade & Transaction），如图11-11所示。

图11-11 元宇宙特征与属性START图谱

尽管我们还不能准确地描述什么是元宇宙，但是至少有两点可以明确，首先元宇宙不能等同于电子游戏，元宇宙的某些属性使之具有某些电子游戏特征，但是电子游戏是完全虚构的，游戏中的任何结果不会对现实社会产生直接的影响，而元宇宙与现实世界是紧密关联的，也就是说元宇宙中的很多操作会在现实世界中有直接的作用；另一方面，元宇宙在很大程度上需要虚拟现实技术支撑，但其不等同于虚拟世界，只能说元宇宙有虚拟的成分，或者说是现实世界在虚拟空间的延伸或拓展。

元宇宙概念的出现，对于虚拟现实、互联网的发展都将产生重要影响，也有人将其描述为互联网3.0时代。要实现元宇宙，在技术上需要强大的算力和存储空间支持，这将带动相关计算机技术的进一步发展，也会催生一些新的产业出现。目前，大规模的元宇宙产品还十分遥远，但虚实融合的互联网发展趋势已经得到广泛认同。网络技术的发展提供了越来越大的可用数据带宽，在5G刚刚运行的时候，人们甚至在担心要用这么大的带宽传输什么，而元宇宙所需要的带宽，即便是5G也不能完全满足，元宇宙的发展将会使得计算机科学领域的所有技术进行全面融合和升级，并将人机交互水平提升到全新的高度，也许在不久的将来，人们将同时生活在现实空间和虚拟空间共同构成的元宇宙中。

本章小结

计算机科学是快速发展的领域，在这个领域不断有新的突破。本章就云计算、物联网、区块链、人工智能和虚拟现实及元宇宙等几个方面进行了简要的讨论。

云计算小节的主要知识点有云计算的基本概念内涵、云计算的 4 种服务模式、4 种部署模式等。云计算是以资源虚拟化为核心，将众多传统的物理设备抽象化，形成庞大的资源池，动态地为用户提供服务。云平台集成了大量的资源，因而具有超越传统计算机系统的强大能力，云计算是应对大数据的有效手段和方法。云计算的服务模式包括基础设施作为服务、平台作为服务、软件作为服务、数据作为服务 4 种类型。云计算的部署模式有公有云、社区云、私有云和混合云 4 种。云计算系统具有规模大且动态变化、边界模糊等特点。

物联网小节的主要知识点包括物联网的内涵，即物品与物品相互连接的互联网，这里的物品需要是智能物品，并不是任何物品都能接入物联网。物联网基于互联网，并且将其服务拓展到了物品上。物联网具有全面感知、智能处理、可靠传递等特征。物联网系统架构自底向上包括感知层、网络层、平台层、应用层 4 个层次。智能传感器技术是物联网最典型的关键技术。

区块链小节的主要知识点包括区块链的概念内涵、基本特征、关键技术和主要类型等。区块链是分布式数据存储、点对点传输、共识机制、加密算法等计算机技术的新型应用模式。具有去中心化、安全性、可信性、隐私性、自治性和可靠性等基本特征。其关键技术包括分布式账本、共识机制、智能合约等，区块链从许可方式上大致可分为公有链、联盟链、私有链 3 类。

在人工智能小节，我们简要回顾了人工智能的发展历程，大体将其划分为 3 个阶段。从学科的层面讨论了人工智能的概念内涵，人工智能是运用计算机技术来模拟人类智能活动的技术。介绍了人工智能领域的符号主义、连接主义和行为主义等主要学派，讨论了包括关于人工智能基础理论、应用技术和应用开发的学科体系，最后简要讨论了人工智能的典型应用领域。

虚拟现实是近几年计算机科学应用的热点，我们讨论了虚拟现实包括增强现实和混合现实在内的几种技术形态，对其视觉、听觉等感官的建模、呈现和互动等核心关键技术进行了简要的说明，解析了当前的主要典型应用。最后基于元宇宙的概念，讨论了虚拟现实，包括新一代互联网、区块链等诸多计算机技术的综合运用发展前景。

本章习题

一、复习题

1. 简述云计算的内涵。

2. 简述云计算的主要特点。

3. 简述物联网的内涵。

4. 简述物联网系统的技术架构。

5. 简述区块链的内涵。

6. 简述区块链的关键技术。

7. 简述人工智能的内涵。

8. 简述人工智能的主要应用。

9. 简述虚拟现实的内涵。

10. 简述虚拟现实的关键技术。

二、练习题

（一）填空题

1. 资源虚拟化主要包括_____、_____、_____和_____。

2. 云计算的服务模式包括_____、_____、_____和_____等几种形式。

3. 云计算的部署模式包括_____、_____、_____和_____等几种。

4. 物联网的特征包括_____、_____和_____等。

5. 物联网系统架构可分为_____、_____、_____和_____等层次。

6. 区块链的主要特征可以总结归纳为以下几个方面：_____、_____、_____、_____和_____。

7. 区块链从许可方式上大致可分为_____、_____和_____3种主要的技术类型。

8. 区块链的共识机制主要包括_____、_____和_____等几类。

9. 人工智能的学科体系包括_____、_____和_____3个部分。

10. 人工智能的研究内容大体包括_____和_____2个部分。

11. 人工智能的研究目标可以划分为_____、_____和_____3个层次。

12. 人工智能的典型应用领域包括_____、_____、_____、_____和_____。

13. 虚拟现实技术群包括_____、_____和_____3类。

14. 虚拟现实技术的三大基本特征包括_____、_____和_____，简称_____特征。

15. 学者研究认为元宇宙具有5个基本特征是_____、_____、_____、_____和_____。

（二）选择题

1. 云计算的服务模式包括_____。

   A. IaaS   B. PaaS   C. SaaS   D. DaaS

2. 云计算的部署模式包括_____。

   A. 私有云   B. 公有云   C. 混合云   D. 社区云

3. 云计算的服务模式中，用户自己管理内容最多的是_____。

   A. IaaS   B. PaaS   C. SaaS   D. DaaS

4. 云计算的服务模式中，用户自己管理内容最少的是_____。

   A. IaaS   B. PaaS   C. SaaS   D. DaaS

5. 物联网系统架构中，最基础的是_____。

   A. 感知层   B. 网络层   C. 平台层   D. 应用层

6. 物联网系统架构中，作为数据源的是_____。

   A. 感知层   B. 网络层   C. 平台层   D. 应用层

7. 从连接对象看，物联网主要是_____。

   A. H2T   B. H2M   C. M2M   D. T2T

8. 不属于物联网基本特征的是_____。

   A. 规模巨大   B. 全面感知   C. 智能处理   D. 可靠传递

9. 从技术角度分析，要修改区块链中的数据，需要掌握_____数据节点。

   A. 自身节点   B. 全部节点   C. 51%以上节点   D. 相邻节点

10. 从仿生学角度进行人工智能的研究，属于_____学派。

　　A. 符号主义　　　　　　B. 连接主义　　　　　　C. 行为主义　　　　　　D. 进化主义

11. 人工智能研究中的莫拉维克悖论，是_____学派的主要问题。

　　A. 符号主义　　　　　　B. 连接主义　　　　　　C. 行为主义　　　　　　D. 心理主义

12. 从人类获取信息的角度看，虚拟现实中最主要的是_____的仿真。

　　A. 视觉　　　　　　　　B. 听觉　　　　　　　　C. 触觉　　　　　　　　D. 嗅觉

（三）判断题

1. 有了云计算，就可以放弃传统的个人计算机了。　　　　　　　　　　　　　　（　　）

2. 虚拟化的处理器性能强于物理处理器。　　　　　　　　　　　　　　　　　　（　　）

3. 社区云的部署模式介于私有云和公有云之间。　　　　　　　　　　　　　　　（　　）

4. 任何物品都可以接入物联网。　　　　　　　　　　　　　　　　　　　　　　（　　）

5. RFID 是物联网感知层的关键技术之一。　　　　　　　　　　　　　　　　　（　　）

6. 区块链的逻辑结构是线性结构。　　　　　　　　　　　　　　　　　　　　　（　　）

7. 区块链是绝对安全的，从技术上讲不可能进行篡改。　　　　　　　　　　　　（　　）

8. 智能合约是智能化的商业合同。　　　　　　　　　　　　　　　　　　　　　（　　）

9. 区块链就是数字货币。　　　　　　　　　　　　　　　　　　　　　　　　　（　　）

10. 人工智能的发展不会对人类造成威胁。　　　　　　　　　　　　　　　　　　（　　）

11. 近年来人工智能领域发展迅速，已经进入强人工智能层次。　　　　　　　　　（　　）

12. 莫拉维克悖论已经突破。　　　　　　　　　　　　　　　　　　　　　　　　（　　）

13. 在近年的人机对弈中计算机在多种棋类比赛中战胜了顶级的人类选手，说明人工智能已经超越了人
　　类自身的智能水平。　　　　　　　　　　　　　　　　　　　　　　　　　　（　　）

14. 人类学研究表明，人类获取外界的信息中 80% 以上是通过眼睛。　　　　　　（　　）

15. 虚拟现实场景中所有对象都是虚构的。　　　　　　　　　　　　　　　　　　（　　）

（四）讨论题

1. 资源虚拟化技术如何突破物理设备的限制？

2. 云计算为什么被称为"云"？

3. 云计算的常见应用方式有哪些？

4. 云计算部署类型社区云的社区概念是什么？

5. 什么样的"物"能够接入物联网？

6. 简述区块链的共识机制。

7. 人工智能领域的主要学派有哪些，各派的主要主张和主要贡献是什么？

8. 简述莫拉维克悖论的内涵。

9. 什么是"六自由度"？

10. 虚拟现实、增强现实与混合现实的区别是什么？

11. 简述虚拟现实的基本特征。

12. 简述虚拟现实的典型应用。

13. 简述元宇宙的内涵及可能的发展前景。

参 考 文 献

［ 1 ］ 刘艺，蔡敏，等. 新编计算机科学概论［M］. 北京：机械工业出版社，2013.

［ 2 ］ 教育部高等学校大学计算机课程教学指导委员会. 大学计算机基础课程教学基本要求［M］. 北京：高等教育出版社，2016.

［ 3 ］ 国际计算机学会 ACM.CC2020，CE2016，CS2013［R/OL］.［2022-01-23］. https://www.acm.org/education/curricula-recommendations.

［ 4 ］ 唐培和，秦福利，等. 论计算思维及其教育［M］. 北京：科学技术文献出版社，2018.

［ 5 ］ PETER J D，CRAIG H M. Great principles of computing［M］. Cambridge：The MIT Press，2015.

［ 6 ］ 中国社会科学院语言研究所词典编辑部. 现代汉语词典［M］. 7 版. 北京：商务印书馆，2016.

［ 7 ］ JEANNETTE M W.Computational thinking［J/OL］. Communication of the ACM，2006，49（3）：33-35.http://www.cs.cmu.edu/afs/cs/usr/wing/www/publications/Wing06.pdf.

［ 8 ］ DENNING P J，COMER D E，Michael C M，et al.Computing as a discipline［J］. Computer，1989, 22(4): 63-70.

［ 9 ］ 中国高性能计算机性能 TOP100 排行榜［EB/OL］. http://www.hpc100.cn.

［10］ 世界高性能计算机性能 TOP500 排行榜［EB/OL］. https://www.top500.org.

［11］ 唐铸文. 计算思维与计算机应用基础［M］. 武汉：华中科技大学出版社，2019.

［12］ 陆军. 大学计算机基础与计算思维［M］. 北京：中国铁道出版社，2019.

［13］ 海依，帕佩. 计算思维史话［M］. 武传海，陈少芸，译. 北京：人民邮电出版社，2020.

［14］ 费吉鲍姆，麦考黛克. 第五代：人工智能与日本计算机对世界的挑战［M］. 汪致远，童振华，等译. 上海：格致出版社，2020.

［15］ 萨尔加尼克. 计算社会学［M］. 赵红梅，赵婷，译. 北京：中信出版社，2019.

［16］ 黛尔，路易斯. 计算机科学概论：第 7 版［M］. 吕云翔，杨洪洋，等译. 北京：机械工业出版社，2020.

［17］ 佛罗赞. 计算机科学导论：第 4 版［M］. 吕云翔，杨洪洋，等译. 北京：机械工业出版社，2020.

［18］ 布鲁克希尔，布里罗. 计算机科学概论：第 13 版［M］. 英文版. 北京：人民邮电出版社，2020.

［19］ 丹宁，马特尔. 伟大的计算原理［M］. 罗英伟，高良才，等译. 北京：机械工业出版社，2017.

［20］ 塞奇威克，韦恩. 计算机科学导论：跨学科方法［M］. 宫晓利，郭宇飞，等译. 北京：机械工业出版社，2020.

［21］ 图灵. 无所不能：从逻辑运算到人工智能计算机科学趣史［M］. 沈麾，译. 北京：中国妇女出版社，2019.

［22］ 蒂莫西·奥利里，琳达·奥利里，丹尼尔·奥利里. 计算机科学引论［M］. 2021 英文精编版. 北京：机械工业出版社，2020.

［23］ 吕廷杰，王元杰，等. 信息技术简史［M］. 北京：电子工业出版社，2018.

［24］ 坎贝尔–凯利，阿斯普雷，等. 计算机简史：第 3 版［M］. 蒋楠，译. 北京：人民邮电出版社，2020.

［25］　Python 主页［EB/OL］. https://www.python.org.

［26］　JetBrains 主页［EB/OL］. https://www.jetbrains.com/zh-cn/pycharm.

［27］　Python 中文网主页［EB/OL］. https://www.cnpython.com.

［28］　The Python Package Index 主页［EB/OL］. https://pypi.org.

［29］　葛立恒，高德纳，帕塔什尼克. 具体数学：计算机科学基础：第 2 版［M］. 英文版. 北京：机械工业出版社，2019.

［30］　葛立恒，高德纳，帕塔什尼克. 具体数学：计算机科学基础：第 2 版［M］. 张明尧，张凡，译. 北京：人民邮电出版社，2013.

［31］　高文，赵德斌，马思伟. 数字视频编码技术原理［M］. 2 版. 北京：科学出版社，2018.

［32］　卢官明，秦雷，卢峻禾. 数字视频技术［M］. 2 版. 北京：机械工业出版社，2021.

［33］　冈萨雷斯，伍兹. 数字图像处理第 4 版［M］. 阮秋琦，阮宇智，译. 北京：电子工业出版社，2020.

［34］　李泽年，德鲁，刘江川. 多媒体技术教程：第 2 版［M］. 于俊清，胡海苗，等译. 北京：机械工业出版社，2019.

［35］　卢官明，宗昉. 数字音频原理及应用［M］. 3 版. 北京：机械工业出版社，2017.

［36］　谢明. 数字音频技术及应用［M］. 北京：机械工业出版社，2017.

［37］　韩纪庆，张磊，郑铁然. 语音信号处理［M］. 3 版. 北京：清华大学出版社，2019.

［38］　梁瑞宇，赵力，王青云. 语音信号处理（C++ 版）［M］. 北京：机械工业出版社，2018.

［39］　沃法德. 计算机系统：核心概念及软硬件实现：第 5 版［M］. 贺莲，龚奕利，译. 北京：机械工业出版社，2019.

［40］　英特尔公司主页［EB/OL］. https://www.intel.com.

［41］　英伟达公司主页［EB/OL］. https://www.amd.com.

［42］　刘权胜. 基于 RISC-V 指令集的超标量处理器设计与实现［M］. 上海：上海科学技术文献出版社，2020.

［43］　亨尼西，帕特森. 计算机体系结构：量化研究方法［M］. 5 版. 贾洪峰，译. 北京：人民邮电出版社，2013.

［44］　英特尔软件学院教材编写组. 处理器架构［M］. 上海：上海交通大学出版社，2011.

［45］　虞志益，曾晓洋，魏少军. 微处理器设计：架构、电路及实现［M］. 北京：科学出版社，2019.

［46］　麦克洛克林. 计算机系统：嵌入式方法［M］. 刘雯，译. 北京：机械工业出版社，2020.

［47］　帕特森，轩尼诗. 计算机组成与设计［M］. 王党辉，康继昌，安建峰，译. 北京：机械工业出版社，2020.

［48］　克莱门茨. 计算机组成原理［M］. 沈立，王苏峰，肖晓强，译. 北京：机械工业出版社，2017.

［49］　蒋本珊. 计算机组成原理学习指导与习题解析［M］. 4 版. 北京：清华大学出版社，2019.

［50］　唐朔飞. 计算机组成原理［M］. 3 版. 北京：高等教育出版社，2020.

［51］　白中英，戴志涛. 计算机组成原理［M］. 6 版. 北京：科学出版社，2019.

［52］　白中英，戴志涛. 计算机组成原理试题解析［M］. 6 版. 北京：科学出版社，2019.

［53］　英特尔第 12 代酷睿处理器［EB/OL］. https://www.intel.cn/content/dam/www/central- libraries/us/en/documents/12th-gen-processor-product-brief.pdf.

［54］　USB Implementers Forum 主页［EB/OL］. https://www.usb.org.

［55］　严蔚敏，吴伟民. 数据结构［M］. 北京：清华大学出版社，2020.

［56］　古德里奇，塔马西亚，戈德瓦瑟. 数据结构与算法：Python 语言实现［M］. 张晓，赵晓南，等

译. 北京：机械工业出版社，2018.

［57］　王争. 数据结构与算法之美［M］. 北京：人民邮电出版社，2021.

［58］　吴军. 计算之魂［M］. 北京：人民邮电出版社，2021.

［59］　斯蒂芬斯. 算法基础：Python 和 C# 语言实现：第 2 版［M］. 余青松，江红，等译. 北京：机械工业出版社，2021.

［60］　裘宗燕. 数据结构与算法：Python 语言描述［M］. 2 版. 北京：机械工业出版社，2021.

［61］　高德纳. 计算机程序设计艺术：卷 1　基本算法：第 3 版［M］. 李伯民，范明，等译. 北京：人民邮电出版社，2016.

［62］　高德纳. 计算机程序设计艺术：卷 2　半数值算法：第 3 版［M］. 巫斌，范明，等译. 北京：人民邮电出版社，2016.

［63］　高德纳. 计算机程序设计艺术：卷 3　排序与查找：第 2 版［M］. 贾洪峰，译. 北京：人民邮电出版社，2017.

［64］　周幸妮，任智源，马彦卓，等. 数据结构与算法分析新视角［M］. 北京：电子工业出版社，2016.

［65］　微软（中国）主页［EB/OL］. http://www.microsoft.com/china.

［66］　Apple 公司（中国）iOS 主页［EB/OL］. https://www.apple.com.cn/ios.

［67］　Chrome 下载页面［EB/OL］. https://www.chromedownloads.net.

［68］　HarmonyOS 开发者主页［EB/OL］. https://developer.harmonyos.com.

［69］　西尔伯沙茨，高尔文，加涅. 操作系统概念：第 9 版［M］. 郑扣根，唐杰，等译. 北京：机械工业出版社，2018.

［70］　陈海波，夏虞斌. 现代操作系统：原理与实现［M］. 北京：机械工业出版社，2020.

［71］　西尔伯沙茨，高尔文，加涅. 操作系统概念精要［M］. 郑扣根，唐杰，等译. 北京：机械工业出版社，2018.

［72］　雷姆兹·阿帕希杜塞尔，安德莉亚·阿帕希杜塞尔. 操作系统导论［M］. 王海鹏，译. 北京：人民邮电出版社，2019.

［73］　斯托林斯. 操作系统：精髓与设计原理：第 8 版［M］. 郑然，邵志远，等译. 北京：人民邮电出版社，2018.

［74］　李明禄. 英汉云计算·物联网·大数据辞典［M］. 上海：上海交通大学出版社，2018.

［75］　全国科学技术名词审定委员会. 计算机科学技术名词［M］. 3 版. 北京：科学出版社，2018.

［76］　中华人民共和国数据安全法［EB/OL］. http://www.gov.cn/xinwen/2021-06/11/content_5616919.htm.

［77］　阿尔塔米拉洞窟岩画相关网页［EB/OL］. https://whc.unesco.org/en/list/310.

［78］　黄寿祺，张善文. 周易译注［M］. 上海：上海古籍出版社，2012.

［79］　黄寿祺张善文. 周易译注［M］. 北京：中华书局，2018.

［80］　Gary Urton. Signs of the Inka Khipu［M］. Austin: University of Texas Press，2003.

［81］　西尔伯沙茨，科思，苏达尔尚. 数据库系统概念：第 7 版［M］. 杨冬青，李红燕，张金波，等译. 北京：机械工业出版社，2021.

［82］　康诺利，贝格. 数据库系统：设计、实现与管理（基础篇）：第 6 版［M］. 宁洪，李珊珊，王静，等译. 北京：机械工业出版社，2018.

［83］　王珊，萨师煊. 数据库系统概论［M］. 5 版. 北京：高等教育出版社，2014.

［84］　王珊，张俊. 数据库系统概论（第 5 版）习题解析与实验指导［M］. 北京：高等教育出版社，

2015.

[85] 因蒙，林斯泰特. 数据架构：第 2 版［M］. 黄智濒，陶袁，译. 北京：机械工业出版社，2021.

[86] 徐洁磐. 数据库技术实用教程［M］. 2 版. 南京：东南大学出版社，2020，

[87] 李海翔. 数据库事务处理的艺术：事务管理与并发控制［M］. 北京：机械工业出版社，2017.

[88] 勒玛肖，凡登，布鲁克. 数据库管理：大数据与小数据的存储、管理及分析实战［M］. 李川，林望群，何军，等译. 北京：机械工业出版社，2020.

[89] 张尧学，胡春明，中国电子学会. 大数据导论［M］. 北京：机械工业出版社，2018.

[90] 袁燕妮. NoSQL 数据库技术［M］. 北京：北京邮电大学出版社，2020.

[91] 熊江，许桂秋. NoSQL 数据库原理与应用［M］. 杭州：浙江科学技术出版社，2020.

[92] 朝乐门. 数据科学［M］. 北京：清华大学出版社，2016.

[93] 杨旭，汤海京，丁刚毅. 数据科学导论［M］. 2 版. 北京：北京理工大学出版社，2017.

[94] 欧高炎，朱占星，董彬，等. 数据科学导引［M］. 北京：高等教育出版社，2017.

[95] SALGANIK M J.Bit by bit: social research in the digital age［M］. Princeton：Princeton University Press，2017.

[96] 芭氏，亨利. IT 之火：计算机技术与社会、法律和伦理：第 5 版［M］. 郭耀，译. 北京：机械工业出版社，2020.

[97] 陈封能，卡帕坦，等. 数据挖掘导论：第 2 版［M］. 段磊，张天请，等译. 北京：机械工业出版社，2019.

[98] 李涛. 大数据时代的数据挖掘［M］. 北京：人民邮电出版社，2019.

[99] 熊赟，朱扬勇，陈志渊. 大数据挖掘［M］. 上海：上海科学技术出版社，2016.

[100] 吴信东，库玛尔. 数据挖掘十大算法［M］. 李文波，吴素研，译. 北京：清华大学出版社，2013.

[101] 萨默维尔. 软件工程：第 10 版［M］. 彭鑫，赵文耘，等译. 北京：机械工业出版社，2018.

[102] 徐，卡拉姆，博纳尔. 软件工程导论：第 4 版［M］. 崔展齐，潘敏学，王林章，译. 北京：机械工业出版社，2018.

[103] 萨默维尔. 现代软件工程：面向软件产品［M］. 李必信，廖力，等译. 北京：机械工业出版社，2021.

[104] 弗里格，阿特利. 软件工程：第 4 版［M］. 修订版. 杨卫东，译. 北京：人民邮电出版社，2019.

[105] 朴勇，周勇. 软件工程［M］. 北京：电子工业出版社，2019.

[106] 伽玛，赫尔姆，约翰逊，等. 设计模式：可复用面向对象软件的基础［M］. 李英军，蔡敏，等译. 北京：机械工业出版社，2019.

[107] GOMAA H. 软件建模与设计：UML、用例、模式和软件体系结构［M］. 彭鑫，赵文耘，等译. 北京：机械工业出版社，2014.

[108] 陈，贝迪. 软件需求与可视化模型［M］. 方敏，朱嵘，等译. 北京：清华大学出版社，2016.

[109] 郑人杰，马素霞. 软件工程概论［M］. 3 版. 北京：机械工业出版社，2020.

[110] 胡思康. 软件工程基础［M］. 3 版. 北京：清华大学出版社，2019.

[111] 敏捷软件开发宣言（中文版）［EB/OL］. https://agilemanifesto.org/iso/zhchs/manifesto.html.

[112] 敏捷软件开发宣言（英文版）［EB/OL］. https://agilemanifesto.org/iso/en/principles.html.

[113] 马丁. 敏捷软件开发［M］. 鄢倩，徐进，等译. 北京：清华大学出版社，2020.

[114] 麦康奈尔. 快速开发［M］. 席相霖，译. 北京：清华大学出版社，2020.

[115] 罗伯特·马丁，米咖·马丁. 敏捷开发［M］. 简方达，译. 北京：清华大学出版社，2021.

[116] 极限编程合作社（XP Coop）主页［EB/OL］. http://www.extremeprogramming.cn.

[117] 敏捷开发中文社区主页［EB/OL］. https://www.minjiekaifa.com/xp.html.

[118] SCRUM 中文网主页［EB/OL］. https://www.scrumcn.com/agile.

[119] 库罗斯，罗斯. 计算机网络：自顶向下方法：第 7 版［M］. 陈鸣，译. 北京：机械工业出版社，2018.

[120] 卡鲁曼希，达莫达拉姆，拉奥. 计算机网络基础教程：基本概念及经典问题解析［M］. 许昱玮，译. 北京：机械工业出版社，2016.

[121] 史蒂文斯. TCP/ IP 详解：卷 1　协议［M］. 英文版. 北京：人民邮电出版社，2016.

[122] 敖志刚. 万兆位以太网及其实用技术［M］. 北京：电子工业出版社，2007.

[123] 谢希仁. 计算机网络［M］. 8 版. 北京：电子工业出版社，2021.

[124] 黄胜强. 互联网规范使用手册［M］. 北京：中国民主法制出版社，2016.

[125] 中华人民共和国工业和信息化部主页［EB/OL］. https://www.miit.gov.cn.

[126] 袁载誉. 互联网简史［M］. 北京：中国经济出版社，2020.

[127] RFC 主页［EB/OL］. https://www.rfc-editor.org.

[128] 国际电联 5G 移动通信技术主页［EB/OL］. https://www.itu.int/en/mediacentre/backgrounders/Pages/5G-fifth-generation-of-mobile-technologies.aspx.

[129] 刘毅，刘红梅，张阳，等. 深入浅出 5G 移动通信［M］. 北京：机械工业出版社，2019.

[130] 陈威兵，张刚林，冯璐，等. 移动通信原理［M］. 2 版. 北京：清华大学出版社，2019.

[131] 崔勇. 移动互联网：原理、技术与应用［M］. 2 版. 北京：机械工业出版社，2018.

[132] 宋铁成，宋晓勤. 移动通信技术［M］. 北京：人民邮电出版社，2018.

[133] 中华人民共和国国家安全法［EB/OL］. http://www.gov.cn/xinwen/2015-07/01/content_2888316.htm.

[134] 中华人民共和国网络安全法［EB/OL］. http://www.gov.cn/xinwen/2016-11/07/content_5129723.htm.

[135] 中华人民共和国个人信息保护法［EB/OL］. http://www.gov.cn/xinwen/2021-08/20/content_5632486.htm.

[136] 中华人民共和国计算机信息系统安全保护条例［EB/OL］. http://www.gov.cn/zhengce/2020-12/25/content_5575080.htm.

[137] 沈昌祥，左晓栋. 网络空间安全导论［M］. 北京：电子工业出版社，2018.

[138] 薛丽敏，韩松，林晨希，等. 信息安全管理［M］. 北京：国防工业出版社，2018.

[139] 印润远. 信息安全导论［M］. 2 版. 北京：中国铁道出版社，2021.

[140] 施奈尔. 数据与监控：信息安全的隐形之战［M］. 李先奇，黎秋玲，译. 北京：金城出版社，2018.

[141] 石瑞生. 大数据安全与隐私保护［M］. 北京：北京邮电大学出版社，2019.

[142] 李伯虎，中国电子学会. 云计算导论［M］. 北京：机械工业出版社，2018.

[143] 梅宏，金海. 云计算：信息社会的基础设施和服务引擎［M］. 北京：中国科学技术出版社，2020.

[144] 工业和信息化部电信研究院. 云计算白皮书（2012）［EB/OL］. http://www.caict.ac.cn/.

[145] 中国信息通信研究院. 云计算白皮书（2021）［EB/OL］. http://www.caict.ac.cn/.

[146] 刘鹏. 云计算［M］. 3 版. 北京：电子工业出版社，2015.

[147] 吕云翔，张璐，王佳玮. 云计算导论［M］. 北京：清华大学出版社，2017.

[148]　中国云计算主页［EB/OL］. http://www.chinacloud.cn.

[149]　李兆延，罗智. 云计算导论［M］. 北京：航空工业出版社，2020.

[150]　马睿，苏鹏，周翀. 大话云计算：从云起源到智能云未来［M］. 北京：机械工业出版社，2020.

[151]　美国国家标准与技术研究院关于云计算定义［EB/OL］. https://www.nist.gov/publications/nist-definition-cloud-computing.

[152]　国际电联互联网报告 2005 主页［R/OL］. https://www.itu.int/pub/S-POL-IR.IT-2005.

[153]　田景熙. 物联网概论［M］. 2 版. 南京：东南大学出版社，2017.

[154]　刘云浩. 物联网导论［M］. 3 版. 北京：科学出版社，2017.

[155]　彭木根. 物联网基础与应用［M］. 北京：北京邮电大学出版社，2019.

[156]　卡马尔. 物联网导论［M］. 李涛，卢治，董前琨，等译. 北京：机械工业出版社，2020.

[157]　张鸿涛，徐连明，刘臻. 物联网关键技术及系统应用［M］. 2 版. 北京：机械工业出版社，2017.

[158]　韦鹏程，石熙，邹晓兵，等. 物联网导论［M］. 北京：清华大学出版社，2017.

[159]　高泽华，孙文生. 物联网——体系结构、协议标准与无线通信［M］. 北京：清华大学出版社，2020.

[160]　柴洪峰，马小峰. 区块链导论［M］. 北京：中国科学技术出版社，2020.

[161]　杨保华，陈昌. 区块链原理、设计与应用［M］. 北京：机械工业出版社，2020.

[162]　马小峰. 区块链技术原理与实践［M］. 北京：机械工业出版社，2020.

[163]　袁煜明. 区块链技术进阶指南［M］. 北京：机械工业出版社，2020.

[164]　毛德操. 区块链教程［M］. 杭州：浙江大学出版社，2021.

[165]　巴希尔. 精通区块链：第 2 版［M］. 英文版. 南京：东南大学出版社，2019.

[166]　国家互联网信息办公室. 区块链信息服务管理规定［EB/OL］. http://www.cac.gov.cn/2019-01/10/c_1123971164.htm.

[167]　The Cryptography and Cryptography Policy Mailing List 主页［EB/OL］. https://www.metzdowd.com/mailman/listinfo/cryptography.

[168]　比特币主页［EB/OL］. https://bitcoin.org.

[169]　比特币中文主页［EB/OL］. https://bitcoin.org/zh_CN.

[170]　IBM 区块链主页［EB/OL］. https://www.ibm.com/topics/what-is-blockchain.

[171]　MCCARTHY J, MINSKY M J, ROCHESTER N, et al.A proposal for the dartmouth summer research project on artificial intelligence［J］. AI Mag, 2006, 27(1): 12-4 .

[172]　VINYALS O, BABUSCHKIN I, SILVER D. Grandmaster level in StarCraft II using multi-agent reinforcement learning［J］. Nature, 2019, 575: 350-354.

[173]　李德毅. 人工智能导论［M］. 北京：中国科学技术出版社，2018.

[174]　徐洁磐. 人工智能导论［M］. 北京：中国铁道出版社，2019.

[175]　焦李成，刘芳，刘若辰，等. 简明人工智能［M］. 西安：西安电子科技大学出版社，2019.

[176]　杨杰，黄晓霖，高岳，等. 人工智能基础［M］. 北京：机械工业出版社，2020.

[177]　柏拉图. 泰阿泰德［M］. 詹文杰，译. 北京：商务印书馆，2018.

[178]　阿纳迪，吉顿，莫罗. 虚拟现实与增强现实：神话与现实［M］. 侯文军，将之阳，等译. 北京：机械工业出版社，2020.

[179]　斯蒂芬森. 雪崩［M］. 郭泽，译. 成都：四川科学技术出版社，2018.

[180]　沈江. 虚拟现实与增强现实：从视觉革命到思维革命的演进［M］. 北京：科学技术文献出版社，2019.

［181］ 陶文源，翁仲铭，孟昭鹏. 虚拟现实概论［M］. 南京：江苏凤凰科学技术出版社，2019.

［182］ 李建，王芳，张天伍，等. 虚拟现实技术基础与应用［M］. 北京：机械工业出版社，2018.

［183］ 鲍虎军，章国锋，秦学英. 增强现实：原理、算法与应用［M］. 北京：科学出版社，2019.

［184］ 米利. 虚拟现实 VR 和增强现实 AR［M］. 李鹰，译. 北京：人民邮电出版社，2019.

［185］ 邢杰，赵国栋，徐远重，等. 元宇宙通证［M］. 北京：中译出版社，2021.

［186］ 赵国栋，易欢欢，徐远重. 元宇宙［M］. 北京：中译出版社，2021.

［187］ 北京大学学者发布元宇宙特征与属性 START 图谱［EB/OL］. https://m.gmw.cn/baijia/2021-11/19/35323118.html.

［188］ 清华大学 2021 年元宇宙发展报告［R/OL］. https://new.qq.com/rain/a/20211102A0D7SV00.

［189］ 清华大学发布《元宇宙发展研究报告 2.0 版》［R/OL］. https://www.sohu.com/a/519141260_257199.

［190］ 北大元宇宙报告［R/OL］. https://xw.qq.com/amphtml/20220125A0BSGF00.